中国国家标准汇编

545

GB 28645～28698

（2012年制定）

中国标准出版社　编

中国标准出版社

北　京

图书在版编目(CIP)数据

中国国家标准汇编:2012 年制定.545:
GB 28645～28698/中国标准出版社编.—北京:
中国标准出版社,2013.10
ISBN 978-7-5066-7276-4

Ⅰ.①中… Ⅱ.①中… Ⅲ.①国家标准-
汇编-中国-2012 Ⅳ.①T-652.1

中国版本图书馆 CIP 数据核字(2013)第 186347 号

中国标准出版社出版发行
北京市朝阳区和平里西街甲 2 号(100013)
北京市西城区三里河北街 16 号(100045)

网址 www.spc.net.cn
总编室:(010)64275323 发行中心:(010)51780235
读者服务部:(010)68523946

中国标准出版社秦皇岛印刷厂印刷
各地新华书店经销

*

开本 880×1230 1/16 印张 35.75 字数 1 107 千字
2013 年 10 月第一版 2013 年 10 月第一次印刷

*

定价 220.00 元

出 版 说 明

1.《中国国家标准汇编》是一部大型综合性国家标准全集。自1983年起，按国家标准顺序号以精装本、平装本两种装帧形式陆续分册汇编出版。它在一定程度上反映了我国建国以来标准化事业发展的基本情况和主要成就，是各级标准化管理机构，工矿企事业单位，农林牧副渔系统，科研、设计、教学等部门必不可少的工具书。

2.《中国国家标准汇编》收入我国每年正式发布的全部国家标准，分为“制定”卷和“修订”卷两种编辑版本。

“制定”卷收入上一年度我国发布的、新制定的国家标准，顺延前年度标准编号分成若干分册，封面和书脊上注明“20××年制定”字样及分册号，分册号一直连续。各分册中的标准是按照标准编号顺序连续排列的，如有标准顺序号缺号的，除特殊情况注明外，暂为空号。

“修订”卷收入上一年度我国发布的、被修订的国家标准，视篇幅分设若干分册，但与“制定”卷分册号无关联，仅在封面和书脊上注明“20××年修订-1，-2，-3，……”字样。“修订”卷各分册中的标准，仍按标准编号顺序排列(但不连续)；如有遗漏的，均在当年最后一分册中补齐。需提请读者注意的是，个别非顺延前年度标准编号的新制定的国家标准没有收入在“制定”卷中，而是收入在“修订”卷中。

读者配套购买《中国国家标准汇编》“制定”卷和“修订”卷则可收齐由我社出版的上一年度我国制定和修订的全部国家标准。

3.由于读者需求的变化，自1996年起，《中国国家标准汇编》仅出版精装本。

4.2012年我国制修订国家标准共2 101项。本分册为“2012年制定”卷第545分册，收入国家标准GB 28645～28698的最新版本。

中国标准出版社

2013年8月

目　　录

ICS 13.300
A 80

中华人民共和国国家标准

GB 28645.1—2012

危险品检验安全规范　化学氧气发生器

Safety code for inspection of dangerous goods—Chemical oxygen generator

2012-07-31 发布　　2012-12-01 实施

中华人民共和国国家质量监督检验检疫总局
中国国家标准化管理委员会　发布

前　　言

本标准第 4 章、第 5 章、第 7 章和第 8 章为强制性的，其余为推荐性的。

本标准按照 GB/T 1.1—2009 给出的规则起草。

本标准与联合国《关于危险货物运输的建议书　规章范本》（第十六修订版）的一致性程度为非等效。

本标准由全国危险化学品管理标准化技术委员会（SAC/TC 251）提出并归口。

本标准起草单位：湖南出入境检验检疫局检验检疫技术中心、天津出入境检验检疫局、江南大学。

本标准主要起草人：王利兵、李宁涛、李学洋、熊中强、韩伟、赵琢。

危险品检验安全规范　化学氧气发生器

1　范围

本标准规定了含氧化性物质的化学氧气发生器的术语和定义、要求、性能试验、包装规定和检验规则。

本标准适用于含氧化性物质的化学氧气发生器的标记和检验，不适用于含有爆炸式启动装置且列入第1类的化学氧气发生器的检验。

2　规范性引用文件

下列文件对于本文件的应用是必不可少的。凡是注日期的引用文件，仅注日期的版本适用于本文件。凡是不注日期的引用文件，其最新版本(包括所有的修改单)适用于本文件。

GB/T 2828.1　计数抽样检验程序　第1部分：按接受质量限(AQL)检索的逐批检验抽样计划

GB/T 4857.5　包装　运输包装件　跌落试验方法

GB 19432　危险货物大包装检验安全规范

GB 19434　危险货物中型散装容器检验安全规范

GB 19458　危险货物危险特性检验安全规范　通则

联合国《关于危险货物运输的建议书　规章范本》(第十六修订版)

联合国《关于危险货物运输的建议书　试验和标准手册》(第五修订版)

3　术语和定义

联合国《关于危险货物运输的建议书　规章范本》、《关于危险货物运输的建议书　试验和标准手册》、GB/T 2828.1界定的以及下列术语和定义适用于本文件。

3.1

检验批　inspection lot

相同牌号的材料、同一制作工艺连续生产的、同一规格和尺寸的气瓶，简称批。

3.2

化学氧气发生器　chemical oxygen generator

装有化学品在启动后即释放由化学反应产生的氧气的装置。

4　要求

4.1　一般外观要求

4.1.1　化学氧气发生器(以下简称发生器)的设计、制造、试验和装备要结构合理、防护性能好、能承受正常运输条件下的风险。

4.1.2　发生器材质不得与拟装货物发生任何影响其强度的反应。

4.1.3　发生器上的铸印、印刷或粘贴标记、标志和危险货物彩色标签应准确清晰，符合GB 19458有关规定要求。

4.2 性能要求

4.2.1 在不适用外包装的情况下，发生器应能耐受从1.8 m高度以最易受损部位跌落在坚硬、无弹性、平坦的水平表面上的试验，既不漏失内装物，也不造成启动。

4.2.2 有启动装置的发生器应至少有两种能防止意外启动的有效装置。

5 性能试验

5.1 试验设备

跌落试验仪，符合GB/T 4857.5要求。

5.2 跌落高度

跌落高度为1.8 m。

5.3 试验步骤

5.3.1 第一组三个试样的跌落部位：将样品倾斜至上部凸棱处于最高点，重心的重力线通过下部凸棱处，与冲击面垂直，以该最低点撞击冲击面上。如样品无凸边，则应以圆周接缝或边缘撞击。

5.3.2 第二组三个试样的跌落部位：应以第一组跌落时，所没有试验到的最薄弱部位撞击在冲击面上，如阀门保护装置、样品焊(接)缝处。

5.3.3 对跌落后的样品，观察内容物是否泄漏，发生器是否启动。

6 抽样

一般外观抽样按GB/T 2828.1正常检测一次抽样一般检查水平Ⅱ进行，抽样数量见表1，跌落试验抽样数量为6件。

表1 外观抽样数量

单位为件

批量范围	抽样数量
1～8	2
9～15	3
16～25	5
26～50	8
51～90	13
91～150	20
151～280	32
281～500	50
501～1 200	80
1 201～3 200	125
3 201～5 000	200

7 包装规定

7.1 发生器单件包装应符合Ⅱ类包装性能水平。

7.2 若使用中型散装容器或大包装应符合 GB 19434 和 GB 19432 规定。

7.3 装运发生器的包装件应在包件中有一个发生器启动时能满足如下条件：

a) 其他发生器不会启动；

b) 材料不会点燃；

c) 整个包件的外表面温度不会超过 100 ℃。

8 检验规则

8.1 检验项目

按本标准第 4 章、第 5 章的要求逐项进行检验。

8.2 检验条件

有下列情况之一时，应进行危险特性检验：

——新产品投产或老产品转产时；

——正式生产后，如材料、工艺有较大改变，可能影响产品性能时；

——在正常生产时，每半年一次；

——产品长期停产后，恢复生产时；

——出厂检验结果与上次危险特性检验结果有较大差异时；

——国家质量监督机构提出进行危险特性检验。

8.3 判定规则

8.3.1 外观

按标准要求首先进行一般外观检验，判定规则采用 GB/T 2828.1 正常检查一次抽样方案，接收质量限为 4.0(AQL=4.0)，合格判定数见表 2。

表 2 合格判定数

单位为件

正常一次抽样 AQL=4.0		
样品数	合格判定数	不合格判定数
2～5	0	1
8～13	1	2
20	2	3
32	3	4
50	5	6
80	7	8
125	10	11
200	14	15

8.3.2 跌落

在一般外观检验合格基础上进行性能检验，按照第5章进行试验。要求发生器既不漏失内容物，也不造成启动。

8.4 不合格批处理

如检验结果仅有一项不合格，则应加倍抽样重新进行检验，如仍有一项或一项以上不合格，则判定该检验批不合格。

ICS 13.300
A 80

中华人民共和国国家标准

GB 28645.2—2012

危险品检验安全规范　密封蓄电池

Safety code for inspection of dangerous goods—Nonspillage electric storage

2012-07-31 发布　　2012-12-01 实施

中华人民共和国国家质量监督检验检疫总局
中国国家标准化管理委员会　发布

前 言

本标准第 4 章、第 5 章、第 7 章和第 8 章为强制性的，其余为推荐性的。

本标准按照 GB/T 1.1—2009 给出的规则起草。

本标准与联合国《关于危险货物运输的建议书　规章范本》(第十六修订版)的一致性程度为非等效。

本标准由全国危险化学品管理标准化技术委员会(SAC/TC 251)提出并归口。

本标准起草单位：湖南出入境检验检疫局检验检疫技术中心、天津出入境检验检疫局、江南大学。

本标准主要起草人：王利兵、于艳军、赵黎华、张园、王华。

危险品检验安全规范　密封蓄电池

1　范围

本标准规定了湿的密封蓄电池术语和定义、要求、性能试验、包装规定及检验规则。

本标准适用于湿的密封蓄电池危险性能检验。

2　规范性引用文件

下列文件对于本文件的应用是必不可少的。凡是注日期的引用文件，仅注日期的版本适用于本文件。凡是不注日期的引用文件，其最新版本(包括所有的修改单)适用于本文件。

GB/T 2828.1　计数抽样检验程序　第1部分：按接受质量限(AQL)检索的逐批检验抽样计划

GB 19458　危险货物危险特性检验安全规范　通则

联合国《关于危险货物运输的建议书　规章范本》(第十六修订版)

3　术语和定义

GB/T 2828.1界定的以及下列术语和定义适用于本文件。

3.1

检验批　inspection lot

相同牌号的材料、同一制作工艺连续生产的、同一规格和尺寸的蓄电池，简称批。

4　要求

4.1　一般外观要求

蓄电池应有标识，并符合联合国《关于危险货物运输的建议书　规章范本》的相关要求。

4.2　性能要求

4.2.1　振动要求

电池能够经受住振动试验而没有电池液漏出。

4.2.2　压差要求

电池能够经受住压差试验而没有电池液漏出。

4.2.3　渗漏要求

经过振动试验和渗漏试验而没有发生电池液漏出，在55 ℃时电解液不会从裂开或者有裂缝的外壳流出，且没有游离液体流出。

5 性能试验

5.1 振动试验

5.1.1 试验设备

振动机。

5.1.2 试验方法

电池牢固地夹在振动机平台上，施加振幅为 0.8 mm(最大总偏移 1.6 mm)的简谐振动。频率在 10 Hz～55 Hz 之间按 1 Hz/min 变化。对电池的每一安装位置(振动方向)来回施加全部振动频率范围，时间 95 min±5 min。对电池的三个互相垂直的位置，如果有注入孔和排气孔，将其位置向下，都进行相等时间的试验。

5.2 压差试验

5.2.1 试验设备

压力计。

5.2.2 试验方法

在振动试验之后，把电池在 24 ℃±4 ℃下存放 6 h，同时施加至少 88 kPa 的压差。对电池的三个互相垂直的位置，如果有注入孔和排气孔，将其位置向下，都进行至少 6 h 的试验。

5.3 渗漏试验

5.3.1 试验设备

防爆烘箱。

5.3.2 试验方法

在温度 55 ℃时观察电解液是否从裂开或有裂缝的外壳流出及有无游离液体流出。

6 抽样

一般外观抽样按 GB/T 2828.1 正常检测一次抽样一般检查水平Ⅱ进行，抽样数量见表 1，性能试验抽样数量为 3 件。

表 1 外观抽样数量

单位为件

批量范围	抽样数量
1～8	2
9～15	3
16～25	5
26～50	8
51～90	13

表 1（续）

单位为件

批量范围	抽样数量
91～150	20
151～280	32
281～500	50
501～1 200	80
1 201～3 200	125
3 201～5 000	200

7 包装规定

7.1 所使用的包装容器应符合危险货物运输规定，使用的外容器应是足够强度的适当材料和根据与容器的容量和用途相适应的设计制造的，包装容器的类别应等于或高于危险货物运输所要求的包装类别。

7.2 包装容器上应铸印或印刷包装标记及批号，包装标记、批号应正确、清晰、牢固，符合 GB 19458 有关规定要求。

7.3 包装容器表面应清洁，不允许有引起危险的残留物、污染，不得有渗漏。

7.4 内包装应牢固地固定在外包装内，防止在正常运输中发生破裂、戳穿或渗漏。电池应加以保护，以防在容器内发生短路。

7.5 外容器与内容器间应有足够的衬垫材料防止电池液的渗漏。

7.6 密封圈不得与所装危险货物起化学反应，而失去密封效果或影响货物品质。

7.7 振动试验和压差试验没有电池液漏出的电池如果是机械或电子设备的一个组成部分并且是开动设备所必需的，应牢固地固定在设备的电池座上并且加以保护以防损坏和短路。

8 检验规则

8.1 检验项目

按本标准第 4 章、第 5 章的要求逐项进行检验。

8.2 检验条件

有下列情况之一时，应进行危险特性检验：

——新产品投产或老产品转产时；

——正式生产后，如材料、工艺有较大改变，可能影响产品性能时；

——在正常生产时，每半年一次；

——产品长期停产后，恢复生产时；

——出厂检验结果与上次危险特性检验结果有较大差异时；

——国家质量监督机构提出进行危险特性检验。

8.3 判定规则

8.3.1 外观

按标准要求首先进行一般外观检验，判定规则采用 GB/T 2828.1 正常检查一次抽样方案，接收质量限为 4.0（AQL＝4.0），合格判定数见表 2。

表 2 合格判定数

单位为件

正常一次抽样 AQL=4.0		
样品数	合格判定数	不合格判定数
2～5	0	1
8～13	1	2
20	2	3
32	3	4
50	5	6
80	7	8
125	10	11
200	14	15

8.3.2 性能

在一般外观检验合格基础上进行性能检验，按照第5章进行试验，电池在三项试验中有一项发生漏液现象，即按照危险货物要求进行包装和运输。如在三项试验中均未发生漏液现象，则不受危险货物运输规定限制。

8.4 不合格批处理

如检验结果仅有一项不合格，则应加倍抽样重新进行检验，如仍有一项或一项以上不合格，则判定该检验批不合格。

ICS 13.300;11.100
A 80

中华人民共和国国家标准

GB/T 28646—2012

化学品
体外哺乳动物细胞微核试验方法

Chemicals—Test method of mammalian cell micronucleus in vitro

2012-07-31 发布　　2012-12-01 实施

中华人民共和国国家质量监督检验检疫总局
中国国家标准化管理委员会　发布

前　言

本标准按照GB/T 1.1—2009给出的规则起草。

本标准同经济合作与发展组织(OECD)化学品测试导则No.487(2010)《体外哺乳动物细胞微核试验》(英文版)技术性内容一致。

本标准做了下列结构和编辑性修改:

——将OECD487原文中的“简介”和“初步考虑”部分内容作为本标准的“引言”;

——将OECD487原文中“附录:定义”中的部分内容作为本标准中的“2 术语和定义”;

——增加了范围一章。

本标准由全国危险化学品管理标准化技术委员会(SAC/TC 251)提出并归口。

本标准起草单位:中国疾病预防控制中心职业卫生与中毒控制所、辽宁省职业病防治院、中国化工经济技术发展中心、中国检验检疫科学研究院。

本标准主要起草人:孙金秀、曲波、林铮、李雪飞、白羽、王晓兵、李晞。

引　言

本试验的目的是通过检测处于间期细胞的胞质中微核(micronuclei,MN)形成的频率,评价受试物的遗传毒性。微核可来源于无着丝粒的染色体断片或在细胞有丝分裂后期不能迁往细胞两极的整条染色体。该试验用于检测在细胞暴露受试物期间或暴露后受试物对经历过分裂的细胞诱发断裂和非整倍体作用的活性[1-2]。本标准规定在制定的操作规范中允许使用和不使用细胞胞浆移动阻断剂——松胞素B(cytochalasin B,cyto B)两种方式进行试验。在细胞有丝分裂期前加入cyto B,可阻断细胞质分裂,使细胞为双核细胞[3-4],从而可在完成了一次细胞分裂的细胞中进行微核的识别以及微核发生率的选择性分析。如能提供所分析的细胞群发生了有丝分裂的证据时,可按不使用cyto B进行试验操作。

另外,使用本方法除了可以鉴定化学物诱发微核外,还可应用胞浆移动阻断剂、着丝点免疫标记、和着丝粒/末端着丝粒探针杂交技术(原位免疫荧光杂交技术,fluorescence in situ hybridisation,FISH),提供染色体损伤和微核形成机制的信息[5-16]。在观察到微核形成增加,并希望确定这种增加是断裂作用还是诱发非整倍体作用,可应用标记和杂交的技术进行操作。

微核损伤是可以传递到子细胞的,而分裂中期细胞出现的染色体畸变是不能传递到下一代细胞;由于所检测到的间期细胞微核是比较客观的,因此试验人员只需要测定细胞是否经过了分裂,以及含微核的细胞有多少。所以,标本的制备、分析记录相对比较迅速,而且也能实现自动化分析;这使原来只能对每个处理组计数分析数百个细胞增加到数千个细胞,从而增加了试验方法的检测效力。最后,如果微核来源于滞后的整条染色体,本方法可对使用传统的染色体畸变分析(OECD 473)存在困难的诱发非整倍体作用的化学物进行检测分析[17]。但是,如果不使用FISH等特异性技术,体外微核试验是不能鉴别化学物是诱发多倍体剂还是断裂剂。

体外微核试验是在试管内体外条件下使用培养的人体或啮齿类细胞进行的试验。由于本试验同时能检测到非整倍体剂作用和断裂剂作用,因此可为探讨体外条件下染色体的潜在损伤作用提供综合基础。

体外试验通常需要使用外源性代谢活化系统。外源性代谢活化系统不能完全模拟体内代谢条件。应注意避免存在影响化学物固有的致突变活性的因素,如pH值、或渗透压的明显改变、或者是在高浓度下引起严重细胞毒性的条件进行试验,以免发生假阳性结果。

为了分析诱发微核作用,最关键的是处理组和对照组培养物的细胞核必需已经经历过或完成了核分裂。计数微核最有利的时期是受试物处理期间或处理后细胞已经完成一个有丝分裂的阶段。

体外微核试验应用多种细胞类型进行试验都是非常有效的,无论是在用或不用cyto B处理的情况下;如已经有大量的研究资料表明体外微核试验应用各种啮齿类细胞株(CHO、V79、CHL/IU和L5178Y)和人体淋巴细胞都被确认是非常有效的[8,19-31]。其中包括,特别是由遗传毒性技术科学委员会(Société Française de Toxicologie Génétique,SFTG)主持的国际有效性合作研究[8,19-22]和国际遗传毒性试验工作组的报告。

已有欧盟替代方法有效性[4,16]的欧洲中心(European Centre for the Validation of Alternative Methods,ECVAM)一项权重证据回顾性的有效性研究所作的再评价的资料[2,33-34],并且该组织的专家顾问委员会(ECVAM Scientific Advisory Committee,ESAC)认为体外微核试验是科学有效的。已经有使用TK6类成淋巴细胞系[5]、HepG2细胞株[36-37]和叙利亚地鼠胚胎细胞的报告[38],尽管这些细胞尚未进行有效性研究。

化学品
体外哺乳动物细胞微核试验方法

1 范围

本标准规定了化学品体外哺乳动物细胞微核试验方法的术语和定义、试验原理、试验方法、试验数据和报告。

本标准适用于化学品体外哺乳动物细胞微核试验。

2 术语和定义

下列术语和定义适用于本文件。

2.1

非整倍体诱导(剂) aneugen

通过与细胞有丝分裂和减数分裂周期相关的成分相互作用,引起细胞或生物体非整倍染色体形成的任何物质(非整倍体诱导剂)或过程。

2.2

非整倍体 aneuploidy

染色体数与正常二倍体(或单倍体)染色体数不同,其数目或是单条或多条的染色体的增多或减少,而不是整套染色体的偏移,整套染色体的改变为多倍体。

2.3

细胞凋亡 apoptosis

是细胞的程序化死亡,其特点是细胞经一系列连续的崩解步骤变成被膜包围的微粒,然后被吞噬细胞吞噬或蜕落排除。

2.4

细胞增殖 cell proliferation

作为细胞有丝分裂的结果,细胞的数量增加。

2.5

着丝粒 centromere

一条染色单体内的两条染色单体连接在一起的脱氧核糖核酸(Deoxyribonucleic acid,DNA)区域。

2.6

断裂(剂) clastogen

能够引起细胞群或生物体的染色体结构畸变的任何物质或过程。

2.7

细胞浆分裂 cytokinesis

细胞核在有丝分裂或减数分裂后形成两个子细胞的胞浆分离过程。

2.8

胞浆移动阻断增殖指数 cytokinesis-block proliferation index,CBPI

胞浆移动阻断剂处理组的细胞群的激发分裂细胞数与未处理的细胞群对照的比率。

2.9

细胞分裂停滞　cytostasis

细胞生长增殖抑制。

2.10

细胞毒性　cytotoxicity

对细胞结构或功能的有害作用，最终可致细胞死亡。

2.11

遗传毒性　genotoxicity

涵盖DNA和染色体所有损伤的一般性术语，包括断裂、加合物、再排列、突变、染色体畸变和非整倍体。不是所有的遗传毒性作用都会导致突变或稳定的染色体损伤。

2.12

着丝点　kinetochore

在细胞分裂期间纺锤丝与染色体的着丝粒相聚合，使子细胞的染色体有规则地向两个子细胞极端移动的含蛋白的结构物。

2.13

微核　micronuclei

从细胞主核分离并独立于细胞主核的小核，由在细胞有丝分裂或减数分裂末期遗留在胞质内的染色体片段或整条染色体形成。

2.14

有丝分裂指数　mitotic index

中期相细胞数与所观察的细胞总数之比值，是一项反映细胞增殖程度的指标。

2.15

致突变　mutagenic

基因上的DNA碱基对序列或染色体的结构（染色体畸变）产生了可遗传的改变。

2.16

不分离　non-disjunction

配对的染色单体不能拆开和不能分开到子细胞中，结果子细胞中的染色体数目异常。

2.17

多倍体　polyploidy

细胞或生物体中整套的染色体数目畸变，与单条染色体或多条染色体（非整倍体）不相同的。

2.18

增殖指数　proliferation index，PI

不使用cyto B时测定细胞毒性的方法。（见附录A的公式）

2.19

细胞计数增加比率　relative increase in cell count，RICC

不使用cyto B时测定细胞毒性的方法。（见附录A的公式）

2.20

细胞群倍增比率　relative population doubling，RPD

不使用cyto B时测定细胞毒性的方法。（见附录A的公式）

2.21

复制指数　replication index，RI

在暴露期和恢复时处理组完成的细胞分裂与未处理的对照相比所占的比率。（见附录A的公式）

3 试验原理

人体和哺乳动物来源的细胞体外培养，在加和不加(所使用的细胞对所研究的受试物具有足够的代谢能力)外来的代谢活化系统情况下暴露于受试物。试验时均设平行的溶剂/载体对照和阳性对照。在暴露受试物期间、暴露后细胞经足够的时间生长，能让在细胞间期由受试物造成的染色体或纺锤体的损伤形成微核。测定诱导非整倍体作用应在有丝分裂期间接触受试物。只对在暴露期间或在暴露后完成有丝分裂细胞微核进行分析。在培养物进行胞浆移动阻滞处理时只计数双核细胞的微核，未进行胞浆移动阻滞处理的应证实所分析的细胞在暴露期间和暴露受试物后已经进行了细胞分裂。所有的操作，都要证明处理组和对照组的培养物的细胞发生了细胞增殖，并对分析微核培养物(或平行培养物)由受试物引起的细胞毒性或细胞停滞程度进行评价。

进行体外试验一般需要使用外源性代谢活化系统，除非试验所用的细胞对受试物具有代谢活化能力。外源性代谢活化系统是不能完全模拟体内的条件；应当注意避免出现如 pH 值和渗透压的明显改变；或者严重的细胞毒性[39-41]。如果受试物加入培养介质后引起了的 pH 值的变化，应当首选缓冲液的储备液调整 pH 值，使所有的试验浓度组与对照组的试验液体的体积相同。

为了对微核诱导作用进行分析，需要处理组和非处理组的细胞核发生分裂；计数微核最为适当的阶段是在受试物处理期间或处理后细胞已经完成了一次有丝分裂之后。

4 试验方法

4.1 准备

4.1.1 细胞

原代培养人体外周血淋巴细胞[5,19,42,43]和啮齿类细胞株(如 CHO、V79、CHL/IU 和 L5178Y)都可以使用的[18-22,25-28,30]。使用其他细胞株和细胞类型应根据本标准规定可接受的条件说明其合理性。由于微核发生的背景频率可影响到试验方法的敏感性，建议试验中使用微核背景频率较低、稳定的细胞类型。

使用人体外周淋巴细胞，应当从年轻的(年龄 18 岁～35 岁)、健康的、不吸烟的、近期未暴露已知的遗传毒性化学物和放射性的个体获得；如果从一个以上的供血者得到的细胞混合使用，应当说明供血者的数量；女性的微核频率随着年龄增加而增加的现象要比男性更为明显[44]，因此在选择混合使用的供血者时应予以注意。

4.1.2 培养基和培养条件

细胞培养时应使用合适的培养基和培养条件(如培养皿、CO_2 浓度、温度和湿度)。使用已建系的细胞株应当常规地对其染色体数目的稳定性和是否有支原体污染状况进行检查验证。不应使用含有支原体污染或染色体数目改变了的细胞株。掌握本试验室培养条件下所使用的细胞的正常细胞周期时间；如用胞浆移动阻断剂处理细胞，其使用浓度应根据所特定使用的细胞类型进行优化，并能产生良好的便于分析的双核细胞。

4.1.3 培养细胞和 cyto B 的制备

4.1.3.1 已建系的细胞株：从干培养物中取出进行细胞增殖；使收获前不影响单层细胞的覆盖度或者在悬浮培养时不产生过量细胞密度来进行接种，并在 37 ℃培养。

4.1.3.2 淋巴细胞：用抗凝剂(如肝素)处理的全血，或是分离得到的淋巴细胞，在暴露受试物和加入

cyto B之前在含有促细胞分裂剂如植物血球凝集素(phytohaemagglutinin,PHA)的培养基中进行培养。

4.1.4 代谢活化

当选用的细胞缺乏内源性代谢能力时需使用外源性代谢活化系统。最常用的活化系统是从经酶诱导物如 Aroclor 1254[45-46]、或是苯巴比妥与β-萘黄酮混合物处理的啮齿类动物肝脏后线粒体(post-mitochondrial)组分(S9)再加其他辅助因子组成[46-49]。诱导时,后者更符合关于持久性有机污染物斯德哥尔摩公约的规定[50],并被证明在诱导混合功能氧化酶上与 Aroclor 1254 同样有效[46-49]。

S9 组分在培养基中的终浓度一般为体积分数 1%～10%。代谢活化系统的使用可能取决于受试物的种类,在某些情况下可能需要使用一种以上的 S9 的浓度。

经遗传工程构建的可以表达人类或啮齿类动物特异性活化酶的某些细胞株可能不需要外源物活化系统,可以作为试验细胞;但应当取得这些特异性活化酶与受试物代谢的混合功能氧化酶之间存在关联性,以及他们在对已知的断裂剂和诱发非整倍体剂的所起的作用等证明是有科学依据的[51]。研究者应当清楚受试物可能不会被表达的混合功能氧化酶所代谢,此时所得到的阴性结果并不表示受试物不具有诱发微核的作用。

4.1.5 受试物的准备

固体的受试物应当溶解在适当的溶剂和载体中,然后在暴露处理细胞前再进行适当的稀释;液态的受试物可以直接/或在处理细胞前经稀释加入到试验体系中;气态或挥发性受试物的蒸气要对标准操作程序做适当修改,如在密闭容器中进行暴露处理等[52-53]。试验时应使用新鲜配制的受试物,如有制备物的稳定性数据证明储存物是可接受的,仍可使用储存的制备物。

4.2 试验条件

4.2.1 溶剂/载体

溶剂/载体不应当与受试物发生反应,或所使用的浓度不能影响细胞的存活或影响 S9 活性的维持;不使用已为大家接受的溶剂/载体(如水、培养基、二甲基亚砜)而使用其他溶剂/载体,要有资料支持这些溶剂与受试物相适合,并不具有遗传毒性。推荐尽可能地首选水作为溶剂/载体。

4.2.2 使用 cyto B 作为胞浆移动阻断剂

4.2.2.1 进行体外微核试验时要确保所分析计数微核的细胞是在暴露处理期间或在处理后的培养期间已经完成了有丝分裂的细胞。cyto B 是一种广泛应用的胞浆移动阻断剂。推测其通过抑制肌动蛋白的集结组合作用,在有丝分裂后可阻止两个子细胞的分离,导致双核细胞的形成[5,54-55];所以微核的计数分析只限定对在处理期间或处理后经过了有丝分裂的细胞。应同时测定受试物对细胞增殖动力学的影响。还有已经使用的其他方法用于确定所分析的细胞是否已经发生分裂。当使用人体淋巴细胞进行试验时,规定应使用 cyto B 进行处理,这是因为培养物内彼此之间和供血者之间细胞周期时间互不相同,也因为不是所有的淋巴细胞都对 PHA 发生反应。

4.2.2.2 cyto B 的合适浓度一般为 3 μg/mL～6 μg/mL。试验室应测定每种细胞类型使用 cyto B 合适浓度,以保证在溶剂/载体对照组中获得理想的双核细胞频率。

4.2.3 染毒浓度、细胞增殖和细胞毒性的测定

4.2.3.1 当选择最高浓度时,应避免引起假阳性反应的浓度,如过度的细胞毒性、在培养基中出现沉淀、pH 值和渗透压的明显改变等[39-41]。

4.2.3.2 测定细胞增殖，证实暴露处理的细胞在试验期间发生有丝分裂，并保证暴露处理是在引起适当的细胞毒性水平进行。在不使用 cyto B 时，对不需代谢活化的细胞进行试验，应测定外加和不加代谢活化系统条件下的细胞毒性，其指标是 RICC、RPD（见附录 A）。在使用 cyto B 情况下，可以通过测定复制指数来表示细胞毒性。

4.2.3.3 用 cyto B 处理培养的细胞，测定培养物中单核、双核和多核细胞相对出现频率可提供暴露处理对细胞增殖作用、细胞毒性和细胞停滞作用的准确的定量[5]，并能确保只对暴露处理期间和处理后发生分裂的细胞进行分析计数。

在使用 cyto B 的试验中，细胞停滞/细胞毒性可以由 CBPI 来进行定量[5,26,56]；或者通过每个培养物至少 500 个细胞推算出来的 RI 来定量（见附录 A）。此时对细胞的增殖评价，也是通过对每个培养物至少 500 个细胞来测定推算 CBPI 或 RI。还可以通过对处理和对照培养物的一些测定得到的量值大小进行比较来估算细胞毒性。评估细胞毒性的其他标志，如细胞覆盖程度（confluency）、细胞数量、细胞凋亡、坏死变性、中期相数等都可以提供有价值的信息。

在不使用 cyto B 的试验中，应证明所计数的细胞在暴露处理期间或处理后已发生了有丝分裂，否则可能得到假阴性反应的结果。证实细胞发生了分裂的方法，可用 5-溴脱氧尿嘧啶（BrdU）掺入细胞后并对其进行测定，鉴别出已发生了复制的细胞[57]；对来源于耐受细胞株形成的克隆进行处理，可在显微镜下进行原位观察分析得到 PI[25-28]；或测定 RPD，或 RICC；也可使用文献[16,56,58,59]所提供的方法（见附录 A）。评估细胞毒性和细胞停滞的其他标志，如细胞覆盖度、细胞数量、细胞凋亡、坏死变性、中期相数量等都可以提供有价值的信息。

4.2.3.4 至少要评价 3 个可供分析的试验浓度组。为此，应设多个组距较近的浓度组，根据各浓度组微核形成情况，得到引起细胞毒性适宜的浓度范围；也可进行细胞毒性预试验来缩窄最后进行试验的浓度范围。最高浓度组的细胞毒性发生率应控制在 55%±5%；较高的浓度水平应达到能因细胞毒性而继发产生染色体损伤；要求所设试验浓度出现细胞毒性发生率应涵盖从引起 55%±5%到引起轻微或没有细胞毒性的范围。

4.2.3.5 最高试验浓度，如没有过高细胞毒性和受试物过浓而沉淀析出等，应当达到 0.01 M，5 mg/mL 或 5 μL/mL。可以任何一个浓度作为最低的浓度组[60]；一般情况下所选择的进行分析的浓度的组间距应不要超过$\sqrt{10}$；出现较陡峭的剂量-反应曲线的受试物，其浓度组距的设置应当比较密，这样对中、低浓度组也能进行计数分析。

4.2.3.6 如受试物最高浓度的细胞毒性未超过规定的上限，而受溶解性所限，此时最高浓度应达到培养物中可见到极少沉淀的浓度作为最低浓度，当然这个浓度不应当干扰计数分析。可用光学显微镜来评价沉淀物的状态，说明沉淀是持续存在的还是培养期间（处理结束）产生的。

4.2.4 对照

4.2.4.1 每个试验都应同时设加和不加代谢活化系统的阳性对照组和阴性对照组（溶剂/载体对照组）。

4.2.4.2 阳性对照物：为了证实对所用细胞的作用能力、试验方案的正确性、是断裂剂还是诱发非整倍体剂、S9 制备物的代谢活化能力等都需要设阳性对照。阳性对照物应当是已知的给予尽可能少的量就能诱发微核形成的物质，其诱发的超过微核形成背景频率范围的增加是可重复的，并要证实试验系统对阳性物的敏感性。阳性对照物的浓度应达到引起明确作用的浓度，但是不能让阅片人直接认出标本是哪一组的。

4.2.4.3 应当使用需要代谢活化的断裂剂（如环磷酰胺，苯并芘）来证实试验系统的代谢活化能力和试验系统对断裂剂的检测能力。如果有根据也可使用其他阳性对照物。由于某些需要代谢活化的阳性对照物，在某些处理条件下或者在某些细胞株在没有外源性代谢活化系统下也可被活化，因此要求在所用细胞株和设定试验浓度下对代谢活化作用和 S9 制备物的活性进行试验。到目前为止，还没有已知的非整倍体诱导剂需要代谢活化才能发挥遗传毒性作用[16]。现在可以使用的非整倍体活性阳性对照物有秋水仙素(colchicine) 和长春碱(vinblastine)。对只诱发微核,无论是原发的还是通过非整倍体活性产生的微核作用的其他物质,也可以作为阳性物使用。在不加活化系统时为了避免设置两种作用的阳性对照(断裂作用和诱发非整倍体作用),诱发非整倍体作用的对照可以作为不加 S9 的阳性对照,断裂作用的对照可以作为试验所用代谢活化系统活性是否合适的阳性对照。能同时作为断裂作用和诱发非整倍体作用的阳性对照物,应当使用不需要 S9 的细胞株进行试验。推荐使用的阳性对照物名单见附录 B。

4.2.4.4　使用其他的阳性对照物应说明理由。应考虑到按照化学品类别选择阳性对照物;所有阳性对照物都应当与试验用的细胞类型和活化条件相适合。

4.2.4.5　每次试验应设只含溶剂/载体的阴性对照组,除不暴露受试物外,处理方式与暴露组相同。

另外,还应当设置未处理的(没有溶剂/载体)阴性对照组,除非已有文献或实验室的历史上的对照数据能证明所选择的溶剂在所使用的浓度下没有遗传毒性和其他的可测定到的影响时,可不设定。

4.3　试验步骤

4.3.1　染毒基本原则

为了能最大程度的检测出细胞周期某特殊阶段诱发非整倍体或断裂剂作用,非常重要的是在细胞周期的所有阶段要有足够的被受试物处理的细胞数量。对细胞株和原代培养的细胞培养物的处理与淋巴细胞的操作有些不同,后者需要使用有丝分裂刺激剂启动细胞周期,这一操作上的不同在 4.3.2 也需要注意[16]。

理论上和公开的资料[18]都表明在加和不加 S9 暴露处理 3 h～6 h、移除受试物后,再培养 1.5 个～2.0 个细胞周期都可以检测到绝大部分的非整倍体诱导剂和断裂剂。在开始暴露处理或处理结束后的大约 1.5 个～2.0 个正常细胞的细胞周期时间(如未处理的细胞周期)进行细胞采样(见表 1)[6]。如已知或怀疑受试物对细胞周期时间有影响,采样和回收时间需要延长(例如:检测核苷类似物)。

由于 S9 制备物可能对培养的哺乳动物细胞存在潜在的细胞毒性,应只对不加 S9 时把暴露处理时间延长 1.5 个～2.0 个正常细胞周期。使用和不使用 cyto B 都可以采用这种延长细胞暴露处理的操作。如选择使用 cyto B,需注意受试物与 cyto B 之间会发生相互作用的可能。表 1 列出了建议的细胞处理的操作程序。这些通用的操作程序要根据所用细胞对受试物的稳定性和反应性,特别是所用细胞的生长特性来进行调整。所有的暴露处理都应在细胞呈现指数增长期开始和结束。

表 1　体外微核试验细胞暴露处理和收获时间

<table>
<tr><td rowspan="3">经 cyto B 处理的淋巴细胞,原代细胞和细胞株</td><td>+S9</td><td>在加入 S9 条件下细胞暴露处理 3 h～6 h,移去含 S9 和受试物的培养基;更换新鲜的培养基和 cyto B,培养 1.5 个～2.0 个正常细胞周期后收获细胞</td></tr>
<tr><td>−S9
短期染毒</td><td>细胞暴露处理 3 h～6 h,移去含受试物的培养基;更换新鲜的培养基和 cyto B,培养 1.5 个～2.0 个正常细胞周期后收获细胞</td></tr>
<tr><td>−S9
延长染毒</td><td>方案 A:在使用 cyto B 条件下,细胞暴露 1.5 个～2.0 个正常细胞周期,在染毒期结束时收获
方案 B:在使用 cyto B 条件下,染毒 1.5 个～2.0 个正常细胞周期,移去含受试物的培养基;更换新鲜的培养基和 cyto B,培养 1.5 个～2.0 个正常细胞周期后收获细胞</td></tr>
<tr><td>未经 cyto B
处理的细胞株</td><td colspan="2">除了不经 cyto B 处理外与上面的操作完全相同</td></tr>
</table>

4.3.2 经 cyto B 处理的淋巴细胞,原代细胞和细胞株

淋巴细胞:最有效的方法是在 PHA 刺激后 44 h～48 h 开始暴露受试物,此时,淋巴细胞的细胞周期不再同步[5]。预试验阶段应分别在加入和不加入 S9 条件下,细胞经 3 h～6 h 短时间暴露受试物,然后移去含受试物的培养基,替换为新鲜的含有 cyto B 的培养基,培养 1.5 个～2.0 个正常细胞周期后收获细胞。

如果在加和不加 S9 的两项短期处理(3 h～6 h)预试验结果是阴性或可疑的,随后应做一个不加 S9 的延长暴露处理的试验。其操作方法有两个等效的、都可接受的暴露处理方案可供选择:方案 A 适合 PHA 激发的淋巴细胞在刺激后的第 96 小时细胞指数增长处于衰退中的细胞;方案 B 适合在试验结束采样时培养皿内细胞还完成完全覆盖。

方案 A:细胞暴露处理受试物 1.5 个～2 个正常细胞周期,在处理结束时收获细胞。

方案 B:细胞暴露处理受试物 1.5 个～2 个正常细胞周期,移去含受试物的培养基,更换新鲜的培养基,继续再培养 1.5 个～2 个细胞周期后再收获细胞。

原代细胞和细胞株暴露处理操作除了不需要用 PHA 刺激激发 44 h～48 h 之外,暴露处理的方式与淋巴细胞相似。淋巴细胞以外的其他细胞,如直到试验结束仍处于对数生长期,暴露处理应当持续到试验结束。

4.3.3 未经 cyto B 处理的细胞株

在加入或不加入 S9 的条件下细胞应该暴露处理 3 h～6 h,移去含受试物的培养基,更换新鲜的培养基,培养 1.5 个～2.0 个正常细胞周期后收获细胞。

如果在不加入 S9 条件下短期暴露处理 3 h～6 h 获得了阴性或可疑的结果,那么在不加入 S9 的条件下延长暴露处理时间。试验操作有两个等效的,可以接受的暴露处理方案可供选择:

方案 A:细胞用受试物暴露处理 1.5 个～2 个正常细胞周期,在暴露处理结束时收获细胞。

方案 B:细胞用受试物染毒 1.5 个～2 个正常细胞周期。移去含受试物的培养基,更换新鲜的培养基,继续培养 1.5 个～2 个细胞周期后再收获细胞。

在培养物的单层细胞层中,在暴露处理 3 h～6 h 结束时会有丝分裂的细胞出现,这些呈圆形的分裂细胞使用常规的方法是可以识别的,也容易从器皿表面脱落分离;因为这些有丝分裂细胞很容易脱落分离,因此当移去含有受试物的培养基时可能会丢失;在冲洗培养物细胞时应该注意收集可能丢失的细胞,并将其放回培养物中;收获细胞时,避免丢失这些处于有丝分裂期的最可能发生微核的细胞。

4.3.4 样本数

每个受试物浓度组、载体/溶剂对照及阴性对照组都应设 2 个平行的培养物。如果实验室的历史资料能够证明 2 个平行培养物间的变异非常小,那么每组只设单个培养物浓度组不设平行样也是可以接受的。如果浓度组使用单个培养物进行试验,建议增加供分析的浓度组的数量。

4.3.5 收获细胞与标本片制备

4.3.5.1 每个培养物都应当分别单独收获细胞和制备处理。细胞样品的制备可能涉及到低渗处理,但如果观察到有足够的分散良好细胞,则不需要进行低渗处理。为了制备高质量的用于分析计数的细胞标本片可使用各种制片技术。应当固定细胞胞浆以便观察分析微核和(在使用 cyto B 时)对双核细胞准确可靠的辨别。

标本片可用多种方法染色(如,吉姆萨、DNA 特异性荧光染色)[59]。使用 DNA 特异性染色(如吖啶橙,acridine orange)[61]或 Hoechst 33258 加派若宁-Y 染色(Hoechst 33258 plus pyronin-Y)[62]可以排除在非 DNA 特异性染色的一些人为的伪象。如果对微核形成的机制感兴趣可应用抗着丝粒抗体、全

着丝粒DNA探针原位荧光杂交、全着丝粒特异性引物原位延伸标记、并结合适当的DNA复染等技术来鉴别微核的成分(染色体/染色体断片)[15-16]。如果受试物表现出断裂剂或诱发非整倍体等作用时，可采用其他的方法鉴别受试物是染色体断裂剂还是非整倍体诱变剂。

4.3.6 分析

4.3.6.1 在显微镜分析之前，所有的标本片(包括溶剂/载体对照、阳性对照和阴性对照标本片)均应编写唯一性编号。也可使用适用于在自动流式细胞仪或图像分析系统使用的有效的编号方法。

4.3.6.2 经cyto B处理的培养物标本片，计数微核时每个浓度组至少要分析计数2 000个双核细胞(每个浓度组的平行的两个培养物至少各计数1 000个双核细胞)；如果每个浓度组使用了单个的培养物，计数微核时每个浓度组至少要分析计数2 000个双核细胞；如果实际计数2个平行培养物的每个培养物低于1 000个双核细胞，或每个浓度设单个培养物时每个培养物低于2 000个双核细胞，虽然达不到上述计数标准要求，还可以按照每个浓度进行分析计数。如未观察到微核率显著意义的增加，此时或使用较多的细胞或以毒性较低的浓度重复试验，两个方法任何一个都是可以的。需要注意不计数形状不规则的、或两个核大小差别很大的双核细胞；也不要被分散不好的多核细胞混淆误认为是双核细胞；不要分析计数含有多于两个主核细胞的微核，因为在这些细胞中的微核频率背景基线比较高[63-64]。如果受试物表现出干扰cyto B的活性，计数单核细胞的微核也是可以接受的。

4.3.6.3 在未经cyto B处理细胞株的微核试验中，微核计数应每个浓度组至少要分析计数2 000个细胞(每个浓度组的两个培养物至少各计数1 000个细胞)；而每个浓度组只有一个培养物的试验时，每个浓度组至少要计数2 000个细胞。

4.3.6.4 如果使用了cyto B，应当测定CBPI或RI，评价细胞增殖情况，方法是每个培养物至少计数500个细胞(见附录A)。当暴露处理在未使用cyto B条件下，有必要提供所分析的细胞发生了增殖的证据，证实所分析的细胞发生了分裂的方法见4.2.3.3。

4.3.7 试验可接受的标准

4.3.7.1 提出应用本标准所描述方法进行试验的实验室，应证实其具备应用附录B中的参考物质(阳性对照物)，除了已知的阴性物质外，在加入和不加入代谢活化系统条件下，都能准确可靠地测定出已知的诱发非整倍体作用和诱发断裂作用活性的能力。此时还需实验室应提供在不使用cyto B时被计数的微核形成的细胞已经完成了一个核分裂周期的证据，作为实验室有能力正确执行本方法的证据。

4.3.7.2 附录B中列出的化学物是推荐使用的参照化学物。对活性已知、诱发微核机制相同、以及表明将来会应用于体外微核试验试验的相关其他化学物可作为替代物可列入到附录B中。但需要证明，在对多种物质测定中应用是有效的、或者基于受试物化学类别的专一性色谱特征、或是根据损伤机制研究的结果。

4.3.7.3 溶剂/载体对照和未处理的培养物应当有重现性很好的低而稳定的微核频率(本标准规定使用的细胞典型的微核频率范围为5 MN/1 000个～25 MN/1 000个细胞)；如果在体外微核试验中使用有效，但反应范围不同的其他类型的细胞，应测定其反应频率范围；从阴性对照、溶剂和阳性对照所得到的微核率的数据资料应当用于建立历史对照数据范围。这些数据应当用于评判试验所设的同步阴性/阳性对照是否合适。

4.3.7.4 如果试验使用自动分析替代手工分析计数技术，或使用了新型细胞，虽然对操作规范只作较少的修改，在所修改的操作规范认为可用之前，需要证实改变的操作规范是有效的。有效性的证实包括能检测到染色体断裂、增加和丢失等主要机制、对各个不同类别的化学物的试验都能得到相应的阳性和阴性结果；或者是对大量的各种物质进行的试验。

5 试验数据和报告

5.1 数据处理

5.1.1 如果使用了胞浆移动阻断技术，只观察分析双核细胞的微核发生率（单独每个细胞的微核数）用于对诱发微核作用的评价；对细胞中出现一个、两个或更多的微核虽可以提供有价值的信息，但不做强行规定进行统计分析。

5.1.2 应当对所有的处理组、溶剂/载体对照的细胞毒性和/或细胞停滞状态进行同时测定[58]。使用cyto B的技术处理时，测定处理组和对照组培养物的细胞周期的延迟作用，来计算CBPI和RI；在未使用cyto B的试验中，要使用相对细胞群倍比率和细胞计数增值比率这两个参数评价细胞增殖和细胞毒性。（见附录A）

5.1.3 应提供每个培养物单个的数据资料，同时所有的数据资料都要以表格的形式进行总结。

5.1.4 在体外微核试验中测定到诱发微核的化学物，可能成为它们诱发染色体断裂、丢失，或者两种损伤发生的原因。应用抗着丝粒抗体、全着丝粒特异性原位探针和其他的技术可进一步分析确定微核的诱发是由于断裂作用或是诱发非整倍体作用活性所致。

5.2 结果评价

5.2.1 明确的阳性反应和阴性反应都不要求附加其他试验来进行证实；对可疑的结果要对所有的培养物的1 000个细胞进行计数分析，来进行澄清明确；如果上述操作还不能解决，应当作进一步的试验；如果试验条件的参数范围做了修改，或是扩大或是变窄了，证实合适，在以后的试验中应当采纳；可能需要修改的试验参数包括试验浓度的组间距、细胞的暴露处理和收获的时间，以及代谢活化的条件等。

5.2.2 判断阳性结果有几个标准，如微核率出现浓度（剂量）相关的增加，或者含有微核的细胞计数出现有统计学显著意义的增加等。首先考虑的是所得到结果的生物学的相关性。在评价反应的生物学意义时，可以根据观察值是否在历史对照范围之内的分析来指导对结果判断评价。适当合理的统计分析处理方法会对试验结果的评价提供有力帮助[65]。然而，应根据剂量-反应来评价统计学检测的结果。此外，还应当考虑到试验的重现性和与历史数据比较。

5.2.3 尽管大多数试验都会得到明确的阳性或阴性结果，有时根据试验数据对受试物的活性很难得出明确的判断。不管试验重复多少次，其结果仍可能是不明确的、或有疑问的，而得不出明确的判断结论。

5.2.4 体外微核试验阳性，表明受试物诱发了培养中的哺乳动物细胞的染色体产生了损伤；阴性结果则表明在所采用的试验条件下，受试物未引起培养中的哺乳动物细胞染色体结构损伤、或获得或丢失等染色体数量的改变。

5.3 试验报告

试验报告应包括下列内容：

a) 受试物：
——受试物特征性资料和化学文摘注册号；
——物理性状和纯度；
——与试验相关的理化特性；
——受试物与溶剂/载体或细胞培养基的反应活性。

b) 溶剂/载体：
——说明所选择溶剂/载体的合理性。
——受试物在溶剂/载体中的溶解性和稳定性。

c) 细胞：

——所用细胞类型和来源；

——所用细胞类型的适用性；

——无支原体污染的资料(如适合，可用)；

——细胞周期时间、细胞数倍增时间、增殖指数；

——使用淋巴细胞试验时，供血者性别、年龄和供血者的人数(如适合，可用)；

——淋巴细胞试验时，暴露处理是全血还是分离出来的淋巴细胞；

——细胞传代数 (如适合，可用)；

——细胞培养方法(如适合，可用)；

——染色体正常数目；

——正常的(阴性对照组)细胞周期时间。

d) 试验条件：

——胞浆移动阻断剂(如 cyto B)的特性、使用浓度、作用于细胞的时间；

——说明选择受试物浓度及各组样本数的合理性，包括受试物对细胞的毒性作用资料、溶解度限值资料(如适合，可用)；

——培养基组成成分和 CO_2 浓度(如适合，可用)；

——受试物浓度；

——溶剂和所加受试物的浓度(和/或体积)；

——培养温度和培养时间；

——暴露处理时间；

——暴露处理后的收获时间；

——接种的细胞密度 (如合适，可用)；

——代谢活化系统的类型和组成及其判断可接受的标准；

——阳性对照物和阴性对照物；

——制片和染色所用技术及方法；

——微核的识别标准；

——观察的细胞数；

——试验细胞毒性的方法；

——其他反应细胞毒性的辅助信息；

——判断试验结果为阳性、阴性或可疑的标准；

——采用的方法(如采用着丝粒抗体方法来判定微核是否来源于整条染色体还是染色体断片)；

——统计学分析方法。

e) 结果：

——细胞毒性的试验：

- 如使用胞浆移动阻滞技术时，CBPI 或 RI 数；
- 未使用胞浆移动阻滞技术时，细胞计数增加比率、细胞倍增比率和 PI；
- 其他的指标，如细胞覆盖程度、细胞凋亡、细胞坏死、中期相细胞数、双核细胞频率。

——对培养体系析出沉淀表现的描述；

——用于暴露处理的培养基的 pH 值和渗透压资料(如进行了测定)；

——符合用于分析的细胞的定义；

——如果使用了胞浆移动阻断的方法时培养物内单核、双核和多核细胞的分布比率；

——每个暴露处理组和对照组的培养物应分别计数带有微核的细胞数，并说明其是双核细胞

还是单核细胞(如合适,可用);

——浓度/剂量-反应关系(如可能);

——同步设置的阴性(溶剂/载体)和阳性对照资料(浓度/剂量和溶剂);

——历史性阴性对照(溶剂/载体)和阳性对照资料,包括范围、均数及标准差以及置信区间(如95%置信限);

——统计学分析,p 值(如果有)。

f) 结果讨论。

g) 结论。

附 录 A
（规范性附录）
细胞毒性评价公式

A.1 使用 cyto B 时，用 CBPI 或 RI 评价细胞毒性。

$$细胞阻滞(\%)=100\%-100\%\{[CBPI_T-1]/[CBPI_C-1]\} \quad (A.1)$$

式中：

T——试验化学物暴露处理组细胞；

C——溶剂对照组细胞。

$$CBPI=\frac{[(单核细胞数)+(2\times 双核细胞数)+(3\times 多核细胞数)]}{(细胞总数)} \quad (A.2)$$

因而，一个为 1（所有细胞都是单核的）的 CBPI 等于 100% 的细胞。

$$细胞增殖停滞率(\%)=100\%-RI \quad (A.3)$$

式中：

$$RI=\frac{[(双核细胞数)+(2\times 多核细胞数)]\div(染毒组细胞总数)}{[(双核细胞数)+(2\times 多核细胞数)]\div(对照组细胞总数)}\times 100\% \quad (A.4)$$

A.2 RI 为 53% 即意味着染毒组分裂形成双核细胞和多核细胞的细胞数为对照组的 53%，也就是 47% 被抑制。

A.3 当不使用 cyto B 时，依靠细胞计数增加比率或细胞群倍增比率来评估细胞毒性，因为两者考虑的是分裂的细胞总数。

$$\begin{matrix}细胞计数增加比率\\(RICC)\end{matrix}=\frac{[染毒组细胞增加数(期末-初始)]}{[对照组细胞增加数(期末-初始)]}\times 100\% \quad (A.5)$$

$$\begin{matrix}细胞群倍增比率\\(RPD)\end{matrix}=\frac{(染毒组细胞倍增数)}{(对照组细胞倍增数)}\times 100 \quad (A.6)$$

式中：

$$倍增数=[\lg(处理后细胞数\div 初原始细胞数)]\div \lg 2 \quad (A.7)$$

A.4 细胞相对增加比率或细胞相对倍增比率为 53%，即意味着 47% 的细胞毒性/细胞郁积。

A.5 应用增殖指数(PI) 即通过计算 cl1、cl2、cl3～cl4、cl5～cl8 克隆的组成数来评价细胞毒性；

$$PI=\frac{[(1\times cl1)+(2\times cl2)+(3\times cl4)+(4\times cl8)]}{(cl1+cl2+cl4+cl8)} \quad (A.8)$$

A.6 在不使用 cyto B 的原位培养的细胞株 PI 指标已经作为有价值的可靠的细胞毒性参数。

附　录　B
（规范性附录）
推荐使用的对照物

表 B.1 给出了推荐使用的对照物。

表 B.1　推荐使用的对照物[a]

分类	特征	化　学　物	美国化学文摘登记号
1	不需要代谢活化的断裂剂	胞嘧啶阿拉伯糖苷(Cytosine arabinoside)	147-94-4
		丝裂霉素 C(Mitomycin C)	50-07-7
2	需要代谢活化的断裂剂	苯(并)芘(Benzo(a)pyrene)	50-32-8
		环磷酰胺(Cyclophosphamide)	50-18-0
3	诱发非整倍体阳性物	秋水仙碱(Colchicine)	64-86-8
		长春碱(Vinblastine)	143-67-9
4	阴性对照物	(2-乙烷基)邻苯二甲酸盐[Di(2-ethylhexyl)phthalate]	117-81-7
		萘啶酮酸(Nalidixic acid)	389-08-2
		芘(Pyrene)	129-00-0
		氯化钠(Sodium chloride)	7647-14-5

[a] 对照物是推荐使用的化学物。对活性已知、诱发微核机制相同以及将来会用体外微核试验进行试验的相关其他化学物作为替代物可列入本附录中，但应根据选择对照物的目的，在说明理由时还应当或根据在多种物质测定中应用是有效的、或者基于受试物化学类别的专一性色谱特征、或是根据损伤机制研究的结果。

参考文献

[1] Kirsch-Volders, M. Towards a validation of the micronucleus test. Mutation Res., 1997, 392:1-4

[2] Parry, J. M. and Sors, A. The detection and assessment of the aneugenic potential of environmental chemicals: the European Community aneuploidy project. Mutation Res., 1993, 287: 3-15

[3] Fenech, M. and Morley, A. A. Solutions to the kinetic problem in the micronucleus assay. Cytobios., 1985, 43:233-246

[4] Kirsch-Volders, M., Sofuni, T., Aardema, M., Albertini, S., Eastmond, D., Fenech, M., Ishidate, M. Jr, Lorge, E., Norppa, H., Surralles, J., von der Hude, W. and Wakata, A. Report from the In Vitro Micronucleus Assay Working Group. Environ. Mol. Mutagen., 2000, 35: 167-172

[5] Fenech, M. Cytokinesis-block micronucleus cytome assay. Nature Protocols, 2007, 2(5): 1084-1104

[6] Fenech, M. and Morley, A. A. Cytokinesis-block micronucleus method in human lymphocytes: effect of in-vivo ageing and low dose X-irradiation. Mutation Res., 1986, 161:193-198

[7] Eastmond, D. A. and Tucker, J. D. Identification of aneuploidy-inducing agents using cytokinesis-blocked human lymphocytes and an antikinetochore antibody. Environ. Mol. Mutagen., 1989, 13:34-43

[8] Eastmond, D. A. and Pinkel, D. Detection of aneuploidy and aneuploidy-inducing agents in human lymphocytes using fluorescence in-situ hybridisation with chromosome-specific DNA probes. Mutation Res., 1990, 234:9-20

[9] Miller, B. M., Zitzelsberger, H. F., Weier, H. U. and Adler, I. D. Classification of micronuclei in murine erythrocytes: immunofluorescent staining using CREST antibodies compared to in situ hybridization with biotinylated gamma satellite DNA. Mutagenesis, 1991, 6:297-302

[10] Farooqi, Z., Darroudi, F. and Natarajan, A. T. The use of fluorescence in-situ hybridisation for the detection of aneugens in cytokinesis-blocked mouse splenocytes. Mutagenesis, 1993, 8: 329-334

[11] Migliore, L., Bocciardi, R., Macri, C. and Lo Jacono, F. Cytogenetic damage induced in human lymphocytes by four vanadium compounds and micronucleus analysis by fluorescence in situ hybridization with a centromeric probe. Mutation Res., 1993, 319:205-213

[12] Norppa, H., Renzi, L. and Lindholm, C. Detection of whole chromosomes in micronuclei of cytokinesis-blocked human lymphocytes by antikinetochore staining and in situ hybridization. Mutagenesis, 1993, 8:519-525

[13] Eastmond, D. A, Rupa, D. S. and Hasegawa, L. S. Detection of hyperdiploidy and chromosome breakage in interphase human lymphocytes following exposure to the benzene metabolite hydroquinone using multicolor fluorescence in situ hybridization with DNA probes. Mutation Res., 1994, 322:9-20

[14] Marshall, R. R., Murphy, M., Kirkland, D. J. and Bentley, K. S. Fluorescence in situ hybridisation (FISH) with chromosome-specific centromeric probes: a sensitive method to detect aneuploidy. Mutation Res., 1996, 372:233-245

[15] Zijno, P. , Leopardi, F. , Marcon, R. and Crebelli, R. Analysis of chromosome segregation by means of fluorescence in situ hybridization: application to cytokinesis-blocked human lymphocytes. Mutation Res. ,1996,372:211-219

[16] Kirsch-Volders, M. , Sofuni, T. , Aardema, M. , Albertini, S. , Eastmond, D. , Fenech, M. , Ishidate Jr. , M. , Lorge, E. , Norppa, H. , Surrallés, J. , von der Hude, W. and Wakata, A. Report from the in vitro micronucleus assay working group. Mutation Res. , 2003,540:153-163

[17] OECD (1997). OECD Guideline for Testing of Chemicals. No. 473: In Vitro Mammalian Chromosome Aberration Test. [Available: www. oecd. org/env/testguidelines]

[18] Lorge, E. , Thybaud, V. , Aardema, M. J. , Oliver, J. , Wakata, A. , Lorenzon G. and Marzin, D. SFTG International collaborative Study on in vitro micronucleus test. I. General conditions and overall conclusions of the study. Mutation Res. , 2006,607:13-36

[19] Clare, G. , Lorenzon, G. , Akhurst, L. C. , Marzin, D. , van Delft, J. , Montero, R. , Botta, A. , Bertens, A. , Cinelli, S. , Thybaud, V. and Lorge, E. SFTG International collaborative study on the in vitro micronucleus test. II. Using human lymphocytes. Mutation Res. , 2006,607:37-60

[20] Aardema, M. J. , Snyder, R. D. , Spicer, C. , Divi, K. , Morita, T. , Mauthe, R. J. , Gibson, D. P. , Soelter, S. , Curry, P. T. , Thybaud, V. , Lorenzon, G. , Marzin, D. and Lorge, E. SFTG International collaborative study on the in vitro micronucleus test. III. Using CHO cells. Mutation Res. , 2006,607:61-87

[21] Wakata, A. , Matsuoka, A. , Yamakage, K. , Yoshida, J. , Kubo, K. , Kobayashi, K. , Senjyu, N. , Itoh, S. , Miyajima, H. , Hamada, S. , Nishida, S. , Araki, H. , Yamamura, E. , Matsui, A. , Thybaud, V. , Lorenzon, G. , Marzin, D. and Lorge, E. SFTG International collaborative study on the in vitro micronucleus test. IV. Using CHO/IU cells. Mutation Res. , 2006,607:88-124

[22] Oliver, J. , Meunier, J. -R. , Awogi, T. , Elhajouji, A. , Ouldelhkim, M. -C. , Bichet, N. , Thybaud, V. , Lorenzon, G. , Marzin, D. and Lorge, E. SFTG International collaborative study on the in vitro micronucleus test. V. Using L5178Y cells. Mutation Res. , 2006,607:125-152

[23] Albertini, S. , Miller, B. , Chetelat, A. A. and Locher, F. Detailed data on in vitro MNT and in vitro CA: industrial experience. Mutation Res. ,1997,392:187-208

[24] Miller, B. , Albertini, S. , Locher, F. , Thybaud, V. and Lorge, E. Comparative evaluation of the in vitro micronucleus test and the in vitro chromosome aberration test: industrial experience. Mutation Res. , 1997,392:45-59

[25] Miller, B. , Potter-Locher, F. , Seelbach, A. , Stopper, H. , Utesch, D. and Madle, S. Evaluation of the in vitro micronucleus test as an alternative to the in vitro chromosomal aberration assay: position of the GUM Working Group on the in vitro micronucleus test. Gesellschaft fur Umwelt-Mutations-forschung. Mutation Res. , 1998,410:81-116

[26] Kalweit, S. , Utesch, U. , von der Hude, W. and Madle, S. Chemically induced micronucleus formation in V79 cells-comparison of three different test approaches. Mutation Res. 1999, 439:183-190

[27] Kersten, B. , Zhang, J. , Brendler Schwaab, S. Y. , Kasper, P. and L. Müller, L. The application of the micronucleus test in Chinese hamster V79 cells to detect drug-induced photogenotoxicity. Mutation Res. 1999,445:55-71

[28] von der Hude, W. , Kalweit, S. , Engelhardt, G. , McKiernan, S. , Kasper, P. , Slacik-

Erben, R., Miltenburger, H. G., Honarvar, N., Fahrig, R., Gorlitz, B., Albertini, S., Kirchner, S., Utesch, D., Potter-Locher, F., Stopper, H. and Madle, S. In vitro micronucleus assay with Chinese hamster V79 cells - results of a collaborative study with in situ exposure to 26 chemical substances. Mutation Res., 2000,468:137-163

[29] Garriott, M. L., Phelps, J. B. and Hoffman, W. P. A protocol for the in vitro micronucleus test. I. Contributions to the development of a protocol suitable for regulatory submissions from an examination of 16 chemicals with different mechanisms of action and different levels of activity. Mutation Res., 2002,517:123-134

[30] Matsushima, T., Hayashi, M., Matsuoka, A., Ishidate, M. Jr., Miura, K. F., Shimizu, H., Suzuki, Y., Morimoto, K., Ogura, H., Mure, K., Koshi, K. and Sofuni, T. Validation study of the in vitro micronucleus test in a Chinese hamster lung cell line (CHL/IU). Mutagenesis, 1999,14:569-580

[31] Elhajouji, A., and Lorge, E. Special Issue: SFTG International collaborative study on in vitro micronucleus test. Mutation Res., 2006,607:1-152

[32] ECVAM (2006). Statement by the European Centre for the Validation of Alternative Methods (ECVAM) Scientific Advisory Committee (ESAC) on the scientific validity of the in vitro micronucleus test as an alternative to the in vitro chromosome aberration assay for genotoxicity testing. ESAC 25th meeting, 16-17 November, 2006. Available: [http://ecvam.jrc.it/index.htm]

[33] ESAC (2006). ECVAM Scientific Advisory Committee (ESAC) Peer Review. Retrospective Validation of the In Vitro Micronucleus Test. Summary and Conclusions of the Peer Review Panel. Available: [http://ecvam.jrc.it/index.htm]

[34] Corvi, R., Albertini, S., Hartung, T., Hoffmann, S., Maurici, D., Pfuhler, S, van Benthem, J., Vanparys P. ECVAM Retrospective Validation of in vitro Micronucleus Test (MNT). Mutagenesis, 2008,23:271-283

[35] Zhang, L. S., Honma, M., Hayashi, M., Suzuki, T., Matsuoka, A. and Sofuni, T. A comparative study of TK6 human lymphoblastoid and L5178Y mouse lymphoma cell lines in the in vitro micronucleus test. Mutation Res., 1995,347:105-115

[36] Ehrlich, V., Darroudi, F., Uhl, M., Steinkellner, S., Zsivkovits, M. and Knasmeuller, S. Fumonisin B1 is genotoxic in human derived hepatoma (HepG2) cells. Mutagenesis, 2002,17:257-260

[37] Knasmüller, S., Mersch-Sundermann, V., Kevekordes, S., Darroudi, F., Huber, W. W., Hoelzl, C., Bichler, J. and Majer, B. J. Use of human-derived liver cell lines for the detection of environmental and dietary genotoxicants; current state of knowledge. Toxicol., 2004,198:315-328

[38] Gibson, D. P., Brauninger, R., Shaffi, H. S., Kerckaert, G. A., LeBoeuf, R. A., Isfort, R. J. and Aardema, M. J. Induction of micronuclei in Syrian hamster embryo cells: comparison to results in the SHE cell transformation assay for National Toxicology Program test chemicals. Mutation Res., 1997,392:61-70

[39] Scott, D., Galloway, S. M., Marshall, R. R., Ishidate, M. Jr., Brusick, D., Ashby, J. and Myhr, B. C. International Commission for Protection Against Environmental Mutagens and Carcinogens. Genotoxicity under extreme culture conditions. A report from ICPEMC Task Group 9. Mutation Res., 1991,257:147-205

[40] Morita, T., Nagaki, T., Fukuda, I. and Okumura, K. Clastogenicity of low pH to various cultured mammalian cells. Mutation Res., 1992,268:297-305

[41] Brusick, D. Genotoxic effects in cultured mammalian cells produced by low pH treatment conditions and increased ion concentrations. Environ. Mutagen., 1986,8:789-886

[42] Fenech, M. and Morley, A. A. Measurement of micronuclei in lymphocytes. Mutation Res., 1985,147:29-36

[43] Fenech, M. The advantages and disadvantages of cytokinesis-blood micronucleus method. Mutation Res., 1997,392:11-18

[44] Bonassi, S., Fenech, M., Lando, C., Lin, Y. P., Ceppi, M., Chang, W. P., Holland, N., Kirsch-Volders, M., Zeiger, E., Ban, S., Barale, R., Bigatti, M. P., Bolognesi, C., Jia, C., Di Giorgio, M., Ferguson, L. R., Fucic, A., Lima, O. G., Hrelia, P., Krishnaja, A. P., Lee, T. K., Migliore, L., Mikhalevich, L., Mirkova, E., Mosesso, P., Muller, W. U., Odagiri, Y., Scarffi, M. R., Szabova, E., Vorobtsova, I., Vral, A. and Zijno, A. HUman MicroNucleus Project: international database comparison for results with the cytokinesis-block micronucleus assay in human lymphocytes. I. Effect of laboratory protocol, scoring criteria and host factors on the frequency of micronuclei. Environ. Mol. Mutagen. 2001,37:31-45

[45] Maron, D. M. and Ames, B. N. Revised methods for the Salmonella mutagenicity test. Mutation Res., 1983,113:173-215

[46] Ong, T.-m., Mukhtar, M., Wolf, C. R. and Zeiger, E. Differential effects of cytochrome P450-inducers on promutagen activation capabilities and enzymatic activities of S-9 from rat liver. J. Environ. Pathol. Toxicol., 1980,4:55-65

[47] Elliott, B. M., Combes, R. D., Elcombe, C. R., Gatehouse, D. G., Gibson, G. G., Mackay, J. M. and Wolf, R. C. Alternatives to Aroclor 1254-induced S9 in in-vitro genotoxicity assays. Mutagenesis, 1992,7:175-177

[48] Matsushima, T., Sawamura, M., Hara, K. and Sugimura, T. A safe substitute for Polychlorinated Biphenyls as an Inducer of Metabolic Activation Systems. In: de Serres, F. J., Fouts, J. R., Bend, J. R. and Philpot, R. M. (eds). In Vitro Metabolic Activation in Mutagenesis Testing, Elsevier, North-Holland, 1976:85-88

[49] Johnson, T. E., Umbenhauer, D. R. and Galloway, S. M. Human liver S-9 metabolic activation: proficiency in cytogenetic assays and comparison with phenobarbital/beta-naphthoflavone or Aroclor 1254 induced rat S-9. Environ. Mol. Mutagen., 1996,28:51-59

[50] UNEP (2001). Stockholm Convention on Persistent Organic Pollutants, United Nations Environment Programme (UNEP). Available: [http://www.pops.int/]

[51] Doherty, A. T., Ellard, S., Parry, E. M. and Parry, J. M. An investigation into the activation and deactivation of chlorinated hydrocarbons to genotoxins in metabolically competent human cells. Mutagenesis, 1996,11:247-274

[52] Krahn, D. F., Barsky, F. C. and McCooey, K. T. CHO/HGPRT Mutation Assay: Evaluation of Gases and Volatile Liquids. In: Tice, R. R., Costa, D. L. and Schaich, K. M. (eds). Genotoxic Effects of Airborne Agents. New York, Plenum, 1982:91-103

[53] Zamora, P. O., Benson, J. M., Li, A. P. and Brooks, A. L. Evaluation of an exposure system using cells grown on collagen gels for detecting highly volatile mutagens in the CHO/HGPRT mutation assay. Environ. Mutagenesis 1983,5:795-801

[54] Fenech, M. The cytokinesis-block micronucleus technique: a detailed description of the method and its application to genotoxicity studies in human populations. Mutation Res., 1993,285: 35-44

[55] Phelps, J. B. , Garriott, M. L. , and Hoffman, W. P. A protocol for the in vitro micronucleus test. II. Contributions to the validation of a protocol suitable for regulatory submissions from an examination of 10 chemicals with different mechanisms of action and different levels of activity. Mutation Res. , 2002,521:103-112

[56] Kirsch-Volders, M. , Sofuni, T. , Aardema, M. , Albertini, S. , Eastmond, D. , Fenech, M. , Ishidate, M. Jr. , Kirchner, S. , Lorge, E. , Morita, T. , Norppa, H. , Surralles, J. , Vanhauwaert, A. and Wakata, A. Corrigendum to "Report from the in vitro micronucleus assay working group". Mutation Res. , 2004,564:97-100

[57] Pincu, M. , Bass, D. and Norman, A. An improved micronuclear assay in lymphocytes. Mutation Res. , 1984,139:61-65

[58] Lorge, E. , Hayashi, M. , Albertini, S. and Kirkland, D. Comparison of different methods for an accurate assessment of cytotoxicity in the in vitro micronucleus test. I. Theoretical aspects. Mutation Res. , 2008,655:1-3

[59] Surralles, J. , Xamena, N. , Creus, A. , Catalan, J. , Norppa, H. and Marcos, R. Induction of micronuclei by five pyrethroid insecticides in whole-blood and isolated human lymphocyte cultures. Mutation Res. , 1995,341:169-184

[60] Galloway, S. Cytotoxicity and chromosome aberrations in vitro: Experience in industry and the case for an upper limit on toxicity in the aberration assay. Environ. Molec. Mutagenesis 2000,35:191-201

[61] Hayashi, M. , Sofuni, T. , and Ishidate, M. Jr. An Application of Acridine Orange Fluorescent Staining to the Micronucleus Test. Mutation Res. , 1983,120:241-247

[62] MacGregor, J. T. , Wehr, C. M. , and Langlois, R. G. A Simple Fluorescent Staining Procedure for Micronuclei and RNA in Erythrocytes Using Hoechst 33258 and Pyronin Y. Mutation Res. , 1983,120:269-275

[63] Hayashi, M. , Sofuni, T. and Ishidate, M. Jr. An application of acridine orange fluorescent staining to the micronucleus test. Mutation Res. , 1983,120:241-247

[64] Fenech, M. , Chang, W. P. , Kirsch-Volders, M. , Holland, N. , Bonassi, S. and Zeiger, E. HUMN project: detailed description of the scoring criteria for the cytokinesis-block micronucleus assay using isolated human lymphocyte cultures. Mutation Res. , 2003,534:65-75

[65] Hoffman, W. P. , Garriott, M. L. and Lee, C. In vitro micronucleus test. In: Encyclopedia of Biopharmaceutical Statistics, Second edition. S. Chow (ed.), Marcel Dekker, Inc. New York, NY, 2003:463-467

ICS 13.300;11.100
A 80

中华人民共和国国家标准

GB/T 28647—2012

化学品　啮齿类动物子宫增重试验　雌激素作用的短期筛选试验

Chemicals—Test method of uterotrophic bioassay in rodents—A short-term screening test for oestrogenic properties

2012-07-31 发布　　2012-12-01 实施

中华人民共和国国家质量监督检验检疫总局
中国国家标准化管理委员会　发布

前　言

本标准按照 GB/T 1.1—2009 给出的规则起草。

本标准技术性内容与经济合作与发展组织(OECD)化学品测试导则 No. 440(2007)《啮齿类动物子宫增重试验　雌激素作用的短期筛选试验》(英文版)一致。

本标准做了下列结构和编辑性修改：

——将 OECD 440 原文中的“前言”和“最初考虑和局限性”部分内容作为本标准的“引言”；

——增加了范围一章；

——将 OECD 440 原文中的“附录 1　定义”部分内容作为本标准的“术语和定义”；

——将 OECD 440 原文中的“附录 2　OECD 内分泌干扰物测定与评价的概念框架”部分内容作为本标准的“附录 A”。

本标准由全国危险化学品管理标准化技术委员会(SAC/TC 251)提出并归口。

本标准起草单位：中国疾病预防控制中心职业卫生与中毒控制所、辽宁省职业病防治院、中国化工经济技术发展中心、中国检验检疫科学研究院。

本标准主要起草人：侯粉霞、曲波、王晓兵、李雪飞、白羽、李晞。

引　言

1998年，OECD启动了一项具有高度优先权的行动，即，修订现有指南、建立用于筛查和检测潜在内分泌干扰物的新指南[1]。行动的内容之一就是建立啮齿类动物子宫增重试验的试验指南。之后，对啮齿类动物子宫增重试验开展了广泛的验证程序，包括详细的背景文件的编辑[2-3]以及通过应用强活性参比雌激素、弱活性雌激素受体激动剂、强活性雌激素受体拮抗剂、阴性参比化学物等作为受试物，开展广泛的实验室内和实验室间的比对来说明该试验的相关性和可重复性[4-9]。该试验指南440是在汲取了验证试验中的经验和参照了雌激素激动剂类受试物试验结果后形成的。

子宫增重试验是一个始于20世纪30年代的短期筛选试验[27-28]，在1962年被一个专家委员会首次定为筛选试验[32,35]。它是基于子宫质量的增加或者子宫增重反应(参见5.3)，用于评价一个化学物引起与天然雌激素(例如17β-雌二醇，17β-estradiol)的激动剂或拮抗剂作用相一致的生物学作用的能力。然而，该方法用于检测雌激素拮抗剂比用于检测雌激素激动剂要少得多。子宫对雌激素的反应方式有两种。最初的反应是吸收水分而引起子宫质量增加。此后，子宫组织增长进一步引起其质量增加[30]。大鼠和小鼠的子宫反应具有可比性。

该试验是一项体内筛选试验，它的应用可参见"OECD内分泌干扰物测定与评价的概念框架"(附录A)。在这个概念框架中，子宫增重试验作为一项体内试验位于框架的第3级，阐明单一一种内分泌作用机制，即雌激素样作用。

子宫增重试验希望被纳入用于检测潜在内分泌干扰作用的系列体内和体外试验中，最终用于对人类健康和环境影响进行危险评价。OECD在开展该方法验证试验时，使用强活性和弱活性的雌激素激动剂来评估该试验检测雌激素样作用物质的效能[4-8]。因此，除了实验室内和实验室间良好的可重复性外，该试验用于检测雌激素样作用物质的敏感性也得到了很好的证实。

在该方法的验证试验中，仅使用了一种阴性参比物，有报道该种物质的子宫增重试验以及体外受体结合试验和受体检测试验为阴性。此外，也对验证试验之外的资料进行了评价，这些资料进一步证明了子宫增重试验用于筛选雌激素样作用物质的特异性。

雌激素激动剂和拮抗剂作为雌激素α受体和β受体的配体，可分别活化或抑制受体的转录。这可引起潜在的健康危害，包括对生殖和发育产生影响。因此，需要快速地评价化学物是否有可能是雌激素激动剂或拮抗剂。虽然受试物与雌激素受体的亲和力、雌激素受体基因转录活化体外试验等方面的资料可提供信息，但这些信息仅是决定是否有可能产生有害作用的因素之一。其他的决定因素包括化学物进入体内后的代谢活化和失活、在各组织的分布情况、从体内清除的情况等；这些情况至少部分地依赖于染毒途径和被检测的受试物。这就需要了解受试物在体内环境中的活性，除非已有资料可说明该化学物的吸收—分布—代谢—排泄的特征。子宫组织在受到雌激素刺激后发生快速增长，特别是啮齿类实验动物(其发情周期持续约4 d)。啮齿类动物，特别是大鼠，被广泛应用于危害评估的毒物学试验中。因此，啮齿类动物的子宫对于体内筛选雌激素激动剂和拮抗剂是一个适宜的靶器官。

本标准是基于那些在OECD验证试验中使用的试验方法，这些验证试验的结果已经表明该方法在实验室内和实验室间是可靠的和可重复的[5,7]。现在可以利用两种方法，即切除卵巢的成年雌性动物方法(ovx-adult method)和未发育成熟的不切除卵巢的方法(immature method)。OECD验证试验结果显示这两种方法有可比较的敏感性和可重复性。然而，对于未发育成熟的动物，因为其具备完整的下丘脑—垂体—性腺(HPG)轴，用于试验时其反应的特异性要差一些，但却比切除卵巢的动物检测的范围更大一些，因为它除了可用于检测作用于雌激素受体的物质，也可用于检测作用于HPG轴的物质。在大约为15日龄时，大鼠的HPG轴具有了功能。在这之前，用促性腺激素释放激素等处理不能促进青春期发育。在即将到达青春期、阴道开口之前，雌性动物将经历几个类似休眠的性周期，在这期间未引起阴道开口和排卵，但是激素水平会有波动。如果化学物直接或间接地刺激 HGP 轴，则可引起青春期提前、早排卵和加快阴道开口。除了可作用于 HPG 轴的物质外，若饲料中虽然不含有雌激素物质但含有较高水平的可代谢能量，也可刺激动物发育、加快阴道口开放。上述这些物质不会引起切除卵巢的成年动物的子宫增重反应，因为它们的 HPG 轴没有功能。

考虑到动物福利，该方法应优先使用未发育成熟的大鼠，这样可以避免对动物做手术，也可避免由于动物进入发情周期而将动物废弃的可能性(见 5.4.1)。

子宫增重不是完全由雌激素引起的，也就是说除了雌激素激动剂和拮抗剂之外的其他物质也可引起子宫增重。例如相对高剂量的黄体酮(progesterone)、睾酮或者各种人工合成的孕激素(progestin)都可刺激子宫增重[30]。子宫增重的任何改变可以通过组织学检查阴道角化而予以确定[30]。不管诱发因素是什么，如果子宫增重试验结果为阳性，则一般应进一步对其起因予以阐明。其他资料，如雌激素受体结合试验和雌激素受体转录活化试验等体外试验的资料以及雌性动物青春期分析等体内试验的资料，也可用于证明雌激素样作用。

由于子宫增重试验是作为一种体内筛选试验，因此，所开展的方法验证试验既要考虑动物福利的要求，又要考虑分阶段开展试验的策略。验证试验主要是为了充分证明其检测雌激素样作用(是许多化学物需要关注的方面)的可重复性和敏感性，而对其检测抗雌激素样作用仅做了少量的验证工作。仅采用了一个强活性抗雌激素物质进行了验证，这是因为有明确的抗雌激素样作用(未受某些雌激素活性作用的干扰)资料的物质是很有限的。因此，本标准是针对雌激素样作用，而描述检测抗雌激素样作用的试验方法则包含在一个指南文件中。本方法用于检测单纯的抗雌激素物质的可重复性和敏感性在今后(当检测抗雌激素样作用的方法被常规使用了一段时间和使用本方法检测出了更多的抗雌激素样作用物质后)会有更清楚的描述。

众所周知，所有与动物有关的试验程序都应符合当地动物管理的标准；下面所述有关动物管理和处理的要求是最低标准，可被当地的动物管理要求所替代。OECD 给出了仁慈对待动物的指南文件[25]。

与所有使用活体动物进行的试验一样，应在试验前确定是否需要开展该试验。例如在下列两种情况可开展该试验：(1)潜在的暴露量大(见附录 A、概念框架中的第 1 级)、或者其雌激素样作用结果提示需通过开展体内试验来证明这种作用。(2)概念框架中第 4 级或第 5 级的体内试验结果提示需证实所产生的效应是与雌激素机制有关的，而体外试验不能对此予以证明。

化学品 啮齿类动物子宫增重试验 雌激素作用的短期筛选试验

1 范围

本标准规定了化学品啮齿类动物子宫增重试验雌激素作用的短期筛选试验方法的术语和定义、试验原理、试验方法描述、试验步骤、试验数据和报告、结果的解释和认可。

本标准适用于雌激素作用短期筛选啮齿类动物子宫增重试验。

2 术语和定义

下列术语和定义适用于本文件。

2.1

抗雌激素样作用 antioestrogenicity

化学品抑制哺乳动物体内17*β*-雌二醇(estradiol 17*β*)作用的能力。

2.2

出生日期 date of birth

出生后第0天。

2.3

给药 dosage

表示染毒剂量、染毒次数和染毒期限的一个总称。

2.4

剂量 dose

染毒受试物的量。对于子宫增重试验,剂量表示为实验动物每天每单位体重的受试物质量[如mg/(kg·d)]。

2.5

最大耐受剂量 maximum tolerable dose,MTD

进入体内未引起实验动物死亡的受试物的最大量(用 DL_0 表示)。

2.6

雌激素样作用 oestrogenicity

化学品可在哺乳动物体内引起类似17*β*-雌二醇(estradiol 17*β*)作用的能力。

2.7

出生后 *x* 天 postnatal day *x*

出生日之后生活的第 *x* 天。

2.8

敏感性 sensitivity

将阳性/有活性物质检测出阳性结果的比例。是对试验方法精确性(能正确检测出不同活性的物质)的量度标准,而且是评价试验方法相关性时需认真考虑的方面。

2.9

特异性 specificity

将阴性/无活性物质检测出阴性结果的比例。是对试验方法精确性(能正确检测出不同活性的物质)的量度标准,而且是评价试验方法相关性时需认真考虑的方面。

2.10

子宫增重 uterotrophic

描述对子宫组织增长的阳性影响。

2.11

验证 validation

一个科学过程,用于对一种试验方法的操作要求及其检测的局限性进行具体规定,并证明该试验方法用于某种特定检测目的具有可靠性和相关性。

3 试验原理

3.1 子宫增重试验的敏感性依赖于一种动物试验系统,即,动物的下丘脑-垂体-卵巢轴没有功能、导致很低的内源性雌激素水平,这样的试验系统可以保证子宫维持低质量以及雌激素染毒后动物的反应达到最大范围。雌性啮齿类动物有两种雌激素敏感状态可满足上述要求,即:

——断奶之后至青春期之前未发育成熟的雌性动物;

——卵巢切除且在卵巢切除后经过了足够长的时间使子宫组织退化的初成年雌性动物。

3.2 每日经口灌胃或皮下注射染毒受试物。至少设两个剂量组(见5.6.1),剂量应具有一定梯度,每组染毒一个剂量,若采用未成熟动物则其染毒期限为连续染毒3 d;若采用切除卵巢的成年动物则其染毒期限为至少连续染毒3 d。于末次染毒后约24 h对动物进行大体解剖。对于雌激素激动剂,应评价染毒组的平均子宫质量与对照组相比是否有统计学意义的明显增高。如果染毒组动物的平均子宫质量明显增高,则说明该试验结果为阳性。

4 试验方法描述

4.1 动物种属的选择

4.1.1 应使用常用的啮齿类动物品系,如本试验在验证时采用了SD大鼠和Wistar大鼠两个品系。如果已知或怀疑某种品系动物子宫的反应性差,则不应使用这种品系的动物。实验室应说明所使用的动物品系的敏感性(见5.1)。

4.1.2 子宫增重试验中一直常规使用大鼠和小鼠。OECD对本试验进行验证时仅使用了大鼠,这是因为OECD认为使用大鼠和小鼠可能不会有什么不同,为了节省资源和动物,国际范围内的验证试验使用一种品系的动物就足够了。大鼠是多数生殖和发育毒性试验的首选动物种属。考虑到小鼠有大量既往资料、扩大本试验中啮齿类动物的使用范围而使用小鼠,因此,随后用小鼠开展了一些验证试验[16]。为了与起初设定的节省资源和动物的目的相一致,验证试验采用了如下简化的办法:缩小了参与验证的化学物和实验室的数量、未使用编码样品进行实验。用这种简化方法进行的卵巢切除的初成年小鼠验证试验的结果,从定性和定量两方面说明了大鼠和小鼠的验证试验结果对应性很好。如果子宫增重试验是作为一个长期试验的预实验,则长期试验可选择使用与预实验相同的动物品系和动物来源。上述简化的方法仅限于切除卵巢的成年小鼠,未提供关于未成熟小鼠验证试验结果的资料,因此,在本标准的范围内不考虑使用未成熟小鼠进行试验。

4.1.3 在有些情况下有可能使用小鼠而不使用大鼠。应依据毒理学、药代动力学和/或其他方面的资料说明使用小鼠的理由。使用小鼠时，也许需要对试验方法进行修改，例如由于小鼠单位体重的摄食量比大鼠多，因此小鼠饲料中植物雌激素的含量应比大鼠的低[9,20,22]。

4.2 饲养条件

4.2.1 有关动物饲养的所有操作均应符合实验室所在地动物管理标准的要求。下面所述对动物管理和处理的要求仅是最低标准，如果当地有相关要求，也许应按照当地的动物管理要求。动物房温度应为22 ℃±3 ℃，相对湿度最低为30%，最好不超过70%(清洁动物房时除外)。相对湿度的控制目标为在50%～60%。采用人工照明，每日光照周期为明/暗各12 h。

4.2.2 动物应可自由摄食和饮水。初成年动物可单笼饲养或最多每笼3只群养。未发育成熟动物的年龄小，建议采用群养。

4.2.3 已知饲料中高水平的植物雌激素能使啮齿类动物子宫质量增加到足以干扰子宫增重试验的结果[13-15]。如果使用未发育成熟的动物，饲料中高水平的植物雌激素和代谢产生的能量可使动物早熟。饲料中的植物雌激素主要来源于饲料中的大豆和苜蓿成分，而且不同批次的饲料中植物雌激素的浓度也不同[23]。体重是一个重要的变量，因为摄食量与体重有关。因此，不同种属、不同年龄的动物从相同的饲料中所摄取的植物雌激素的剂量就可能不同[9]。对于未发育成熟的雌性大鼠，其单位体重摄食量大约是切除卵巢的初成年雌性大鼠的2倍。对于初成年的小鼠，其单位体重摄食量大约是切除卵巢的初成年雌性大鼠的4倍。

4.2.4 子宫增重试验的结果显示，饲料中含有一定水平的植物雌激素是可接受的，不会降低该试验的敏感性[9,17-19]。对于未发育成熟的SD和Wistar大鼠，可参考每克饲料中植物雌激素的水平应不超过350 μg染料木黄酮当量(genistein equivalents)[6,9]。这一参考同样适用于初成年切除卵巢的大鼠，因为其单位体重摄食量比未发育成熟的动物少。如果使用成年的切除卵巢的小鼠或使用对植物雌激素相对敏感的大鼠时，应按比例降低饲料中植物雌激素水平[20]。另外，不同饲料经代谢所产生能量多少的差异可导致青春期开始时间的改变[21-22]。

4.2.5 试验前，应对饲料进行仔细选择以免由于饲料中植物雌激素水平高[6,9]或代谢产生的能量高而影响试验结果[15,17,19,22,36]。确保实验室所开展的试验可达到6.1.1和6.1.2中的要求是重要的。为了确保与良好实验室规范(Good laboratory practice,GLP)要求相一致，应对试验中的每批饲料进行代表性抽样以便必要时分析其中植物雌激素的含量(例如当对照组子宫质量比历史对照值高时或对参比雌激素17α-乙炔基雌二醇产生了不适当的反应时)。抽取的样品应进行分析，或将其−20 ℃冷冻保存，或采取某种可防止样品在分析前分解的方式保存。

4.2.6 某些垫料中可能含有天然雌激素或抗雌激素物质(如已知玉米芯做成的垫料可影响大鼠的性周期，表现为抗雌激素样作用)。选择的垫料中植物雌激素的水平应尽可能的低。

4.3 动物的准备

将没有任何疾病和身体异常的动物随机分配到对照组和染毒组。应使由于笼具摆放位置而可能对动物产生影响最小化。动物应有唯一编号。对于未发育成熟动物，其在试验前观察期最好与母鼠或代哺母鼠同笼饲养至断奶。对于初成年动物以及与母鼠或代哺母鼠同笼饲养的未发育成熟动物，试验前观察期大约为5 d，对于已经断奶无母鼠跟随的未发育成熟动物，也许有必要缩短试验前观察期，因为染毒应在断奶后马上开始(见5.3)。

5 试验步骤

5.1 实验室能力验证

5.1.1 可选择如下两种方式验证实验室的能力：

——定期验证，这有赖于最初基准阳性对照试验(5.1.2)的情况。至少每6个月一次，而且每次应有一个可能影响试验结果的改变(如饲料配方改变、进行子宫解剖的人员发生改变，动物品系或供应商发生改变等)；通过使用适当剂量(依据5.1.2)的参比雌激素：17α-乙炔基雌二醇(17α-ethinyl estradiol，EE)(CAS：57-63-6)来验证试验系统(动物模型)的反应性。

——每个试验应同时设一个用合适剂量的参比雌激素染毒的对照组。

如果上述试验未得到预期结果，则应对试验条件做相应检查和修改。建议上述两种方式中使用的参比雌激素的剂量约为效应剂量的70%～80%。

5.1.2 基准阳性对照试验：在首次开展本试验前，实验室应通过测试动物模型的反应性来证明其能力，至少设立4个剂量组用于建立对参比雌激素：17α-乙炔基雌二醇(17α-ethinyl estradiol，EE)(CAS No. 57-63-6)产生反应的剂量效应关系。子宫质量增加的情况与已有的历史资料进行比较[5]。如果该基准阳性对照试验未产生预期结果，则应对试验条件进行检查和修改。

5.2 动物的数量和条件

各染毒组和对照组应至少包括6只动物(对未发育成熟动物和切除卵巢动物两个模型都适用)。

5.3 未发育成熟的动物的年龄

对于未发育成熟动物的子宫增重试验，应记录每只动物的出生日期。应尽早开始染毒以确保在染毒结束后与青春期有关的内源性雌激素水平还没有增高。另一方面，有证据表明年龄太小的动物可能敏感性较差。为了确定动物的最佳年龄，每个实验室应从其历史资料中了解有关动物成熟日期方面的资料。

一般来说，大鼠的染毒可在出生后第18天早期断奶后立即开始。大鼠的染毒最好在出生后第21天完成，但最晚不可超过出生后的第25天，因为此后大鼠的下丘脑—垂体—卵巢轴开始出现功能，内源性雌激素水平可能开始增高，同时子宫质量均值及其标准差也增加[2-3,10-12]。

5.4 卵巢切除术的程序

5.4.1 对于切除卵巢的雌性大鼠和小鼠(染毒组和对照组)，卵巢切除应在6周龄至8周龄进行。对于大鼠，卵巢切除与染毒首日之间最少要间隔14 d以便使子宫退缩到最小、最稳定。对于小鼠，卵巢切除与染毒首日之间最少要间隔7 d。由于少量的卵巢组织就足以引起明显的体内雌激素水平[3]，因此，使用动物前应连续5 d(例如卵巢切除后第10天至第14天)对动物进行阴道上皮涂片检查以检测动物的发情周期。如果证明某只动物进入了发情周期，则这只动物不能被用于试验。此外，解剖检查时，应注意检查是否存在残留的卵巢，有残留卵巢组织的动物不应计算在结果中[3]。

5.4.2 进行卵巢切除时，采用一种适当的麻醉方法将动物麻醉后置于腹卧位。在腹腔后外侧壁切口，切口应为长度约1 cm的纵向切口，其中点为肋下缘和髂骨顶部之间的中间点，横向距腰肌外侧缘几毫米。将卵巢从腹腔移至无菌环境。将卵巢与输卵管和子宫体分离。确认无大量出血后缝合腹壁，皮肤用夹子关闭切口或用适当的缝合线缝合。切除点在图1中有图示。应使用有经验的啮齿类动物兽医推荐的方法对动物进行术后镇痛处理。

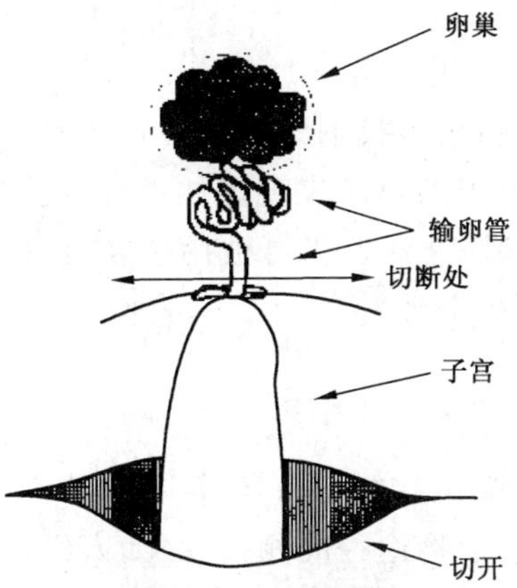

说明：进行卵巢切除时，先在腹腔后外侧壁切口，其中点为肋下缘和髂骨嵴之间的中间点，横向距腰肌外侧缘几毫米。在一个无菌的区域，将卵巢从腹腔移出来，在卵巢和子宫之间放一个绷带止血，于输卵管和每个子宫角的连接点处切掉卵巢。确定没有大的持续性出血后缝合腹壁，皮肤切口用夹子关闭或用适当的缝合线缝合。使用动物前至少应有 14 d 的时间使动物恢复和使子宫质量减少。

图 1 手术取出卵巢的过程示意图

5.5 体重

对于切除卵巢动物，体重和子宫质量并不相对应，这是因为子宫质量受激素(如雌激素)的影响，但不受调节身体大小的生长因子的影响。但是，对于未切除卵巢的断奶动物，在性成熟过程中其体重与子宫质量却是相关的[34]。因此，对于未发育成熟动物，试验开始时动物体重的差异应为最小或不超过平均体重的±20%。这就意味着饲养者应使每窝留取相同数量的仔鼠以确保每窝仔鼠都可以得到基本相同的哺育。将动物随机分配到各组(对照组和染毒组)以便各组的平均体重无统计学显著性差异。在不增加试验用仔鼠总数的前提下，应尽量避免将同窝仔鼠分配到相同的染毒组。

5.6 剂量

5.6.1 为了确定受试物是否具有体内雌激素作用，一般设两个剂量组和一个对照组就足够了。这种设计也最符合动物福利的要求。如果为了获得剂量-反应曲线或为了向更低剂量外推，则只是需要 3 个剂量组。如果需要获得雌激素作用之外的信息(如估计其作用的潜能)，则可能考虑另外的剂量设计。除了不染毒受试物外，对照组动物应与染毒组的处理相一致。染毒受试物时如果使用了某种溶剂，则对照组应使用与染毒组相同量的溶剂(各染毒组使用溶剂量不同时，对照组按最高的溶剂量使用)。

5.6.2 子宫增重试验的剂量设计是为了选择出连续 3 d 染毒受试物后可确保动物存活且对动物不产生明显毒性或痛苦的剂量，最大剂量不超过 1 000 mg/(kg·d)。各剂量选择时应考虑受试物或其有关物质的已有的毒性及毒代动力学资料。最高剂量应首先参照受试物的 LD_{50} 值和/或急性毒性资料以避免动物出现死亡、严重的疾病和痛苦表现[24-26]。最高剂量可代表 MTD；也可以为引起子宫增重反应阳性的剂量水平。作为筛选试验，采用大的剂量间隔(例如 0.5 个对数单位，对应的剂量间距为 3.2；或更大，采用 1 个对数单位)一般是可以接受的。如果没有合适的资料供参考，也许应通过开展预试验来确定剂量范围。

5.6.3 另外，如果受试物体外试验(或结构-活性)可提供其雌激素样作用的资料，这些资料也可用于剂量设计。例如要了解受试物引起子宫增重在多大剂量相当于参比雌激素激动剂(乙炔基雌二醇，ethinyl estradiol)引起该作用的剂量，可通过评价其在体外试验中相当于乙炔基雌二醇作用的剂量来了解。可将对应的乙炔基雌二醇剂量乘以一个因子，例如 10 或 100，作为染毒的最高剂量。

5.7 确定剂量范围应考虑的问题

必要时，可用少量动物开展预试验来寻找剂量范围。可根据 OECD 第 19 号指导性文件[25]来判定动物是否出现了可预示动物毒性和痛苦的临床表现。如果预试验确定的剂量范围是可行的，应在末次染毒后约 24 h 分离子宫并称重。然后，这些资料可被用于在设计正式试验时作为参考(选择一个可接受的最大和较低剂量，并确定剂量组的个数)。

5.8 染毒

5.8.1 经灌胃或皮下注射方式染毒受试物。选择染毒途径时应从动物福利和毒理学方面进行考虑。毒理学方面需要考虑与人接触这种化学物途径的相关性(如人经口接触时则动物采用灌胃染毒，人经吸入或经皮肤接触时则动物采用皮下注射方式染毒)，受试物的物理/化学特性，特别是已有的毒理学信息和代谢动力学方面资料(如应避免受试物在首次吸收部位被代谢，使其经某一特定途径吸收时效率更高)。

5.8.2 建议尽可能首先考虑使用水溶液或水悬浮液。由于多数雌激素配体或其代谢前体往往不能溶于水，最常用的方法是使用油溶液或油悬浮液(如玉米油、花生油、芝麻油或橄榄油)。这些油含有一定的热量和脂肪含量，从而使动物摄入的可代谢能量的总量发生改变，并对试验的观察终点(如子宫的质量)产生潜在影响[33]。因而，在试验前应开展试验来说明溶剂对照组与不使用溶剂的对照组的结果有无区别。可将受试物溶解于尽可能小量的 95％乙醇或其他适当溶剂中，用溶剂稀释到最终工作浓度。应了解溶剂的毒性特征并在试验时设立溶剂对照组。如果受试物是稳定的，则可采用轻微加热和强烈的机械动作来促进其溶解。应测定受试物在溶剂中的稳定性。如果在试验期间受试物稳定，可先配制受试物的储备液，每天现配制指定剂量的稀释液。

5.8.3 染毒时间依赖于使用的动物模型(未发育成熟动物模型参见 5.3，卵巢切除动物模型参见 5.4)。未发育成熟雌性大鼠每天染毒一次受试物，连续 3 d。切除卵巢的雌性大鼠也同样推荐采用 3 d 染毒，但是增加染毒天数也是可以接受的，而且可有助于弱雌激素活性受试物的检测。对于切除卵巢的雌性小鼠，3 d 的染毒应就足够了，对于强雌激素样受试物，染毒延长至 7 d 没有很大意义，然而，对于弱雌激素样受试物染毒是否需要延长至 7 d 在方法验证时[16]没有被证明，因而，对于切除卵巢的小鼠可连续染毒 7 d。应在每天基本相同的时间染毒，应根据动物体重调整染毒量[例如 mg/(kg · d)]。应通过调整染毒溶液的浓度使单位体重的染毒体积基本不变，无论采取何种染毒途径，这样可保证各剂量组单位体重的染毒体积固定不变。

5.8.4 采用灌胃方式染毒时，每天用胃管或适当的插管对动物进行一次染毒。每次染毒的受试物溶液的最大容积应依据实验动物的大小而定。应遵循当地动物管理的要求，但最大容积应不超过 5 mL/kg，水溶液则最大容积可为 10 mL/kg。

5.8.5 经皮下注射染毒受试物时，应每日染毒一次。应在背侧肩胛区或腰区通过消毒的针头[如 23 号或 25 号(OECD TG 440 中要求的规格)]和结核菌素注射器注射受试物。注射部位是否去毛可自行选择。应记录在注射部位任何注射量的损失、漏出或注射不完全。每只大鼠每天注射的总量应不超过 5 mL/kg，并分别在 2 个部位注射，水溶液注射总量可为 10 mL/kg。

5.9 观察

5.9.1 一般观察和临床观察

一般的临床观察应至少每天一次，观察到毒性表现后应增加每天的观察次数。最好在每天固定时间进行观察、并考虑到染毒后预期的效应峰值时间。观察所有动物的死亡率、发病率和一般的临床表现，如行为、皮肤、毛发、眼睛、黏膜、分泌物和排泄物及自主行为(例如流泪、毛发竖立、瞳孔大小改变、异常呼吸模式)等方面的改变。

5.9.2 体重和饲料消耗

从染毒开始前,即动物被随机分组后开始,应对所有动物每天称量一次体重,精确到0.1 g。可以测定也可以不测定染毒期间饲料的消耗量,测量时可由动物饲养员对期间每笼动物的饲料消耗量进行测量。饲料消耗量应表示为克/每只大鼠/天。

5.9.3 子宫解剖和称重

5.9.3.1 于末次染毒后24 h安乐死大鼠。理想的情况是随机安排各组动物的解剖顺序,以避免由高剂量组到低剂量组或由低剂量组到高剂量组进行解剖而产生的细微影响。本试验是要测量子宫的湿重和去除子宫腔内液体后的子宫质量。子宫湿重包括子宫及子宫腔内液体的质量。去除子宫腔内液体后的子宫质量是在去除子宫腔内成分后进行测量。

5.9.3.2 未发育成熟的动物在分离子宫前应检查阴道的开口情况。解剖过程首先从耻骨联合开始打开腹壁。看到喇叭状子宫和卵巢后将其从腹后壁分离。从子宫和阴道的腹面和外侧面去除膀胱和输尿管。分离直肠和阴道之间的纤维粘连直至能够看到阴道口和会阴皮肤的连接处。通过切开会阴皮肤汇合处上方的阴道壁将子宫和阴道从身体分离,见图2。小心地剪断每个与喇叭状子宫连接的所有肠系膜而将子宫与身体后壁分离。子宫一旦从身体分离后,应尽快予以处理以免组织干燥。对于子宫这样的小组织,由干燥而导致质量损失是很明显的[23]。应在输卵管处分离卵巢以免子宫腔内液体流出。对于切除卵巢的动物,应检查是否有残存的卵巢组织。应去除多余的脂肪组织和结缔组织。在子宫颈稍下方分离阴道,这样子宫颈可与子宫体在一起,见图2。

说明:首先,从耻骨联合处切开腹壁,然后将卵巢和子宫从腹后壁分离。将位于子宫和阴道腹面和侧面的膀胱和输尿管去除。分离直肠和阴道之间的纤维组织直至可看到阴道口与会阴部皮肤的连接点。通过切开阴道与会阴部皮肤连接点上方的阴道壁分离出子宫和阴道。小心剪开腹腔后侧和外侧所有与子宫连接的肠系膜将子宫分离。去除子宫多余的脂肪组织和结缔组织。在输卵管处切掉卵巢并避免子宫腔内液体从子宫角流出。对于已切除卵巢的动物,应检查是否有残留的卵巢组织。在紧挨子宫颈的下面将阴道与子宫分离,这样,子宫颈仍然与子宫在一起。然后,称量子宫的质量。

图2 测定子宫质量时组织的切除和准备示意图

5.9.3.3 将每个子宫放置于有唯一编号且称过重的容器内(如皮氏培养皿或塑料称量瓶),继续小心保管以避免称重前组织干燥(如将稍微沾湿了生理盐水的滤纸放在容器中)。称量含子宫腔内容物的子宫(子宫湿重)时应精确到0.1 mg。

5.9.3.4 然后去除每个子宫腔内的液体。将两个子宫刺破或纵向切开。将子宫放在稍微潮湿的滤纸上(如沃特曼3号,whatman No.3),用另一块稍微潮湿的滤纸轻轻挤压以完全去除子宫腔内的液体。称量去除子宫腔内液体后的子宫质量时应精确到0.1 mg。

5.9.3.5 试验结束时，子宫的质量可被用于证明所使用的未发育成熟模型大鼠的年龄未超过试验要求的适当年龄，这需要参考试验所选用的某种品系大鼠的历史资料（见7.3）。

5.9.4 其他检测

可自行选择以下检测：称重后，将子宫固定在10%中性福尔马林缓冲液中，苏木素-伊红染色后进行组织病理学检查。阴道也可做组织病理学检查（见引言的第9段）。另外，可对子宫内膜上皮进行形态测量以便定量比较。

6 试验数据和报告

6.1 数据

试验数据应包括：

——试验开始时的动物数；

——试验期间死亡或被安乐死的动物数量和编号、动物死亡或被安乐死的日期和时间；

——毒性表现的动物数量和编号，观察到的毒性表现进行描述，包括其出现时间、持续时间和严重程度；

——出现任何损伤的动物数量和编号，对损伤类型进行描述。

6.2 数据分析

每只动物应记录如下资料：体重、子宫湿重和去除子宫腔内液体后子宫的质量。分析染毒受试物是否引起子宫增重有统计学显著性改变时，应采用单侧统计学分析（$p<0.05$）。应采用适当的统计学分析方法来检验子宫质量增加是否有统计学意义。例如可采用协方差分析方法（ANCOVA）对数据进行统计分析，以解剖时动物的体重作为协变量。子宫质量的数据在分析前可先进行方差稳定性对数转换。达尼特（Dunnett）和苏（Hsu）的检验适合对每个剂量组与溶剂对照组之间做两两比较，并计算置信区间。可应用学生分布残差图（studentised residual plot）来发现偏离大的值和进行方差一致性检验。OECD在进行方法验证时，应用广义线性模型类（PROC GLM）统计学分析系统（SAS协会，Cary，NC）的第8版软件[6-7]进行分析时，采用了上述统计学方法。

6.3 最终报告

最终的报告应包括如下内容：

6.3.1 试验机构

——参与试验的人员及其职责；

——基准阳性对照试验的数据和定期阳性对照组的数据（见5.1.1和5.1.2）。

6.3.2 受试物

——受试物的描述；

——物理性状及相关的物理化学性质；

——稀释液的配制方法和配制次数；

——关于稳定性的任何资料；

——任何对制备的受试物溶液所做的分析。

6.3.3 溶剂

——溶剂描述(性质、供应商、批号);
——溶剂选择的理由(除水之外)。

6.3.4 实验动物

——选择种属和品系的选择理由;
——供应商及其能力;
——购买时的日龄;
——对于未发育成熟的动物是否提供了母鼠或代哺母鼠,说明断奶日期;
——动物试验前观察期的详细资料;
——每笼动物数;
——每只和每笼动物编号的详细情况及编号方法。

6.3.5 试验条件

——随机分组过程的详细资料(即随机分组所用的方法);
——剂量选择的合理性;
——受试物组分的详细说明,所配制受试物溶液的浓度、稳定性和均匀性的资料;
——受试物染毒的详细情况,所选染毒途径的合理性;
——饲料(名称、类型、供应者、组成成分、植物雌激素水平(若已知));
——饮用水的来源(如自来水还是滤过水)和供给(从大容器通过管道供给还是经水瓶供给);
——垫料(名称、类型、供应者、组成成分);
——记录笼具情况、照明间隔、室内温度和湿度、房间清洁等情况;
——详细描述解剖和子宫称重过程;
——描述统计方法。

6.3.6 结果

6.3.6.1 单个动物

——每天每只动物的体重(从随机分组一直到解剖)(精确到 0.1 g);
——染毒开始时每只动物的日龄(计算日龄时出生日为第 0 天);
——每次染毒的日期和时间;
——计算的染毒容积和染毒剂量,应记录染毒时和染毒后染毒剂量的损失情况;
——每日记录动物状态,包括相应的症状和观察结果;
——死亡的可能原因(包括试验过程中濒死动物及死亡动物);
——动物安乐死的日期和时间及其与末次染毒间隔的时间;
——子宫湿重(精确到 0.1 mg)及在分离子宫时引起子宫腔内液体流出的情况记录;
——去除子宫腔内液体后子宫的质量(精确到 0.1 mg)。

6.3.6.2 每组动物

——动物每日(从动物分组直至解剖时)的体重均值(精确到 0.1 g)及其标准差;
——子宫湿重和去除子宫腔内液体后子宫的质量(精确到 0.1 mg)的均值和标准差;
——如果测量了饲料消耗量,应计算每日的饲料消耗量(表示为每只动物消耗饲料的克数);

——染毒组与溶剂对照组的子宫湿重和去除子宫腔内液体后子宫的质量相比较的统计学分析的结果；

——染毒组与溶剂对照组的体重和体重增加值相比较的统计学分析的结果。

6.3.7 试验方法要点汇总(见表1)

表1 试验方法要点汇总

动物	大鼠	小鼠
品系	常用的啮齿类实验动物品系	
动物数量	每剂量组至少6只动物	
组数	最少2个染毒组(见5.6.1)和1个阴性对照组;阳性对照组见5.1.1和5.1.2	
饲养条件		
动物房温度	22 ℃±3 ℃	
相对湿度	50%～60%,不低于30%、不超过70%	
每日光照顺序	明/暗各12 h	
饲料和饮水	自由摄食和饮水	
饲养	单笼饲养或每笼不超过3只群养(未发育成熟的动物推荐群养)	
饲料和垫料	建议饲料和垫料中植物雌激素的水平要低	
试验操作要求		
方法	未发育成熟动物不切除卵巢的方法(首选); 切除卵巢的成年雌性动物方法	切除卵巢的成年雌性动物方法
未发育成熟动物开始染毒时的日龄	最早在出生后第18天,应在出生后第25天前完成染毒	在本标准范围内未涉及
卵巢切除时动物的年龄	6周龄至8周龄之间	
切除卵巢动物开始染毒时的年龄	自卵巢切除至首次染毒至少应间隔14 d	自卵巢切除至首次染毒至少应间隔7 d
体重	体重变异应最小,不超过平均体重的±20%	
染毒		
染毒途径	经口灌胃或经皮下注射	
染毒次数	每天染毒一次	
经口灌胃或经皮下注射染毒时的染毒体积	≤5 mL/kg(水溶液则可不大于10 mL/kg)(经皮下注射染毒时应经2个部位注射)	
染毒持续时间	采用未发育成熟动物时连续染毒3 d; 采用切除卵巢动物时连续染毒至少3 d	采用切除卵巢动物时连续染毒7 d
解剖时间	末次染毒后约24 h	
结果		
阳性反应	子宫质量均值的增加有统计学显著性(湿重和/或去除子宫腔内液体后子宫的质量)	
参比雌激素	17α-乙炔基雌二醇	

7 结果的解释和认可

7.1 如果染毒组(至少是高剂量组)的子宫质量与溶剂对照组相比有统计学显著性增加($p<0.05$),则可认为雌激素试验结果为阳性。若存在生物学上可接受的剂量-反应关系则可进一步支持阳性结果,注意受试物产生的雌激素样作用和抗雌激素样作用相叠加可影响剂量-反应关系曲线的形状。

7.2 染毒剂量应不超过最大耐受剂量。解释数据时应全面评价体重降低、毒性表现和其他试验结果。

7.3 子宫增重试验的结果是否被认可的一个重要考虑因素是溶剂对照组的子宫质量。对照组子宫质量大可降低该试验的反应性和检测雌激素样作用非常弱的受试物的能力。文献资料和该试验验证试验的数据提示,对照组子宫质量大的情况确实存在,尤其是未发育成熟的动物[2-3,6,9]。因为未发育成熟大鼠的子宫质量依赖于很多变量如品系或体重,不能给出一个确定的子宫质量的上限值。如果未发育成熟对照组大鼠的去除子宫腔内液体后子宫的质量为 40 mg~45 mg,则可认为结果是可疑的,若该质量超过 45 mg 可能需要重新进行该试验。然而,这需要根据情况进行分析[3,6,8]。选用成年大鼠进行试验时,如果切除卵巢不完全,遗留的卵巢组织可产生内源性雌激素并妨碍子宫的退缩。

7.4 对于未发育成熟的雌性大鼠,若对照组大鼠的去除子宫腔内液体后子宫的质量小于体重的 0.09%,则认为结果是可以被接受的;或对于切除卵巢的初成年大鼠,若对照组大鼠的去除子宫腔内液体后子宫的质量小于体重的 0.04%,则认为结果是可以被接受的。如果对照组的子宫质量超过了上述限值,则应细察多种因素,包括动物的年龄、卵巢切除方法、饲料中植物雌激素的水平,等等,在判定试验结果为阴性(不显示雌激素活性)时应慎重。

7.5 实验室应保存溶剂对照组的历史资料,也应保存阳性对照物,如 17α-乙炔基雌二醇(17α-ethinyl estradiol)的历史试验资料。实验室还应用已知的弱雌激素激样物质进行试验。可将所有这些资料与现有资料[2-8]比较来证明该实验室的方法足够敏感。

7.6 OECD 用该方法的验证试验结果表明,去除子宫腔内液体后子宫的质量比子宫湿重的变异性小[6-7]。然而,两种子宫质量无论哪一种出现了显著性改变,都可说明受试物的雌激素样作用为阳性。

7.7 子宫增重不完全是由雌激素引起的,然而,子宫增重试验结果阳性一般应理解为受试物在体内具有雌激素样作用,通常需要进一步开展试验对其雌激素样作用进行进一步的证明(见引言的第 9 段和附录 A)。

附　录　A
（规范性附录）
OECD 内分泌干扰物测定与评价的概念框架[1]

A.1　OECD 内分泌干扰物测定与评价的概念框架

OECD 内分泌干扰物测定与评价的概念框架

<table>
<tr><td>1 级
根据现有信息对受试物进行分类并对某些物质特别关注</td><td colspan="2">——理化特性，如分子量、反应性、挥发性、生物降解度；
——人类和环境暴露受试物的情况，如受试物的产量、释放情况、使用方式；
——危害，如相关的毒理学资料</td></tr>
<tr><td>2 级
体外试验，提供机制方面的资料</td><td colspan="2">——与雌激素、雄激素和甲状腺素受体的结合亲和力；
——转录活化；
——体外芳香酶和类固醇合成；
——芳香烃受体识别/结合；
——定量结构活性关系；
——高通量预筛选；
——甲状腺功能；
——鱼类肝细胞卵黄蛋白((vitellogenin，VTG)试验；
——其他(适合的)</td></tr>
<tr><td>3 级
体内试验，提供单一的内分泌机制和效应资料</td><td>——子宫增重试验(检测雌激素样活性物质)；
——Hershberger 试验(检测雄激素活性物质)；
——非受体介导的激素功能；
——其他(如甲状腺)</td><td>——鱼类 VTG 试验(检测雌激素样活性物质)</td></tr>
<tr><td>4 级
体内试验，提供多种内分泌机制和效应资料</td><td>——新版 OECD407 (内分泌相关的评价指标)；
——雄性和雌性的青春期测定；
——成年的完整的雄性动物试验</td><td>——鱼类性腺组织病理学检测；
——蛙类变态发育试验</td></tr>
<tr><td>5 级
体内试验，提供内分泌以及其他机制方面的效应资料</td><td>——一代繁殖试验(新版 TG415)[a]；
——两代繁殖试验(新版 TG416)[a]；
——生殖筛选试验(新版 TG421)[a]；
——28 d 合并生殖毒性筛选试验(新版 TG422)[a]</td><td>——对鱼类、鸟类、两栖类和无脊椎动物的部分和全部生命时间进行的试验(发育和生殖)</td></tr>
<tr><td colspan="3">[a] VMG mamm(哺乳动物试验和评估方法确认管理小组)将考虑对这些 TG 进行修订</td></tr>
</table>

A.2　对框架的注解

a)　根据受试物现有的用于危害和危险度评价的资料的性质，可选择不同级别进行试验。

b)　在第 5 级试验中，生态毒理学试验应包括可反映有害作用机制和对人潜在损伤的评价指标。

---

1)　该文件是测试导则编写秘书处根据内分泌干扰物测试与评价(EDTA)任务组第 6 次会议达成的协议基础上形成的。

c) 当多种内分泌效应机制试验包括了若干个单一检测终点时，应进行多种内分泌效应机制试验来代替这些单一终点试验。

d) 对每一种化学物进行评价时应根据化学物的具体情况进行分析，要考虑所有可能利用的信息，要记住框架中各级别的功能。

e) 就目前来说，并不能认为这一框架是全面的，第 3、4、5 级中所包含的试验有的通过了方法验证，有的正在验证中。这些正在被验证的方法只是暂时被包括进来，一旦被正式验证后这些试验将被正式纳入本框架中。

f) 不能认为第 5 级中列出的仅仅是几个试验名称，该级别中的试验被认为对于受试物的危害和危险评估都是有帮助的。

参 考 文 献

[1] OECD (1998). Report of the First Meeting of the OECD Endocrine Disrupter Testing and Assessment (EDTA) Task Force,10th-11th March 1998,ENV/MC/CHEM/RA(98)5

[2] OECD (2003). Detailed Background Review of the Uterotrophic Bioassay:Summary of the Available Literature in Support of the Project of the OECD Task Force on Endocrine Disrupters Testing and Assessment (EDTA) to Standardise and Validate the Uterotrophic Bioassay. OECD Environmental Health and Safety Publication Series on Testing and Assessment No. 38. ENV/JM/MONO (2003)1

[3] Owens JW,Ashby J. Critical Review and Evaluation of the Uterotrophic Bioassay for the Identification of Possible Estrogen Agonists and Antagonists:In Support of the Validation of the OECD Uterotrophic Protocols for the Laboratory Rodent. Crit. Rev. Toxicol,2002,32:445-520

[4] OECD (2006). OECD Report of the Initial Work Towards the Validation of the Rodent Uterotrophic Assay—Phase 1. OECD Environmental Health and Safety Publication Series on Testing and Assessment No. 65. ENV/JM/MONO(2006)33

[5] Kanno,J,Onyon L,Haseman J,Fenner-Crisp P,Ashby J,Owens W. The OECD program to validate the rat uterotrophic bioassay to screen compounds for in vivo estrogenic responses:Phase 1. Environ Health Perspect,2001,109:785-94

[6] OECD (2006). OECD Report of the Validation of the Rodent Uterotrophic Bioassay:Phase 2—Testing of Potent and Weak Oestrogen Agonists by Multiple Laboratories. OECD Environmental Health and Safety Publication Series on Testing and Assessment No. 66. ENV/JM/MONO(2006)34

[7] Kanno J,Onyon L,Peddada S,Ashby J,Jacob E,Owens W. The OECD program to validate the rat uterotrophic bioassay:Phase Two—Dose Response Studies. Environ. Health Persp,2003,111:1530-1549

[8] Kanno J,Onyon L,Peddada S,Ashby J,Jacob E,Owens W. The OECD program to validate the rat uterotrophic bioassay:Phase Two—Coded Single Dose Studies. Environ. Health Persp,2003,111:1550-1558

[9] Owens W,Ashby J,Odum J,Onyon L. The OECD program to validate the rat uterotrophic bioassay:Phase Two—Dietary phytoestrogen analyses. Environ. Health Persp,2003,111:1559-1567

[10] Ogasawara Y,Okamoto S,Kitamura Y,Matsumoto K. Proliferative pattern of uterine cells from birth to adulthood in intact,neonatally castrated,and/or adrenalectomized mice assayed by incorporation of [I125]iododeoxyuridine. Endocrinology,1983,113:582-587

[11] Branham WS,Sheehan DM,Zehr DR,Ridlon E,Nelson CJ. The postnatal ontogeny of rat uterine glands and age-related effects of 17β-estradiol. Endocrinology,1985,117:2229-2237

[12] Schlumpf M,Berger L,Cotton B,Conscience-Egli M,Durrer S,Fleischmann I,Haller V,Maerkel K,Lichtensteiger W. Estrogen active UV screens. SÖFW-J,2001,127:10-15

[13] Zarrow MX,Lazo-Wasem EA,Shoger RL. Estrogenic activity in a commercial animal ration. Science,1953,118:650-651

[14] Drane HM,Patterson DSP,Roberts BA,Saba N. The chance discovery of oestrogenic activity in laboratory rat cake. Fd. Cosmet. Toxicol,1975,13:425-427

[15] Boettger-Tong H, Murphy L, Chiappetta C, Kirkland JL, Goodwin B, Adlercreutz H, Stancel GM,Makela S. A case of a laboratory animal feed with high estrogenic activity and its impact

on *in vivo* responses to exogenously administered estrogens. Environ. Health Perspec, 1998, 106: 369-373

[16] OECD (2007). Additional data supporting the Test Guideline on the Uterotrophic Bioassay in rodents. OECD Environmental Health and Safety Publication Series on Testing and Assessment No. 67

[17] Degen GH, Janning P, Diel P, Bolt HM. Estrogenic isoflavones in rodent diets. Toxicol. Lett, 2002, 128: 145-157

[18] Wade MG, Lee A, McMahon A, Cooke G, Curran I. The influence of dietary isoflavone on the uterotrophic response in juvenile rats. Food Chem. Toxicol, 2003, 41: 1517-1525

[19] Yamasaki K, Sawaki M, Noda S, Wada T, Hara T, Takatsuki M. Immature uterotrophic assay of estrogenic compounds in rats given different phytoestrogen content diets and the ovarian changes in the immature rat uterotrophic of estrogenic compounds with ICI 182,780 or antide. Arch. Toxicol, 2002, 76: 613-620

[20] Thigpen JE, Haseman JK, Saunders HE, Setchell KDR, Grant MF, Forsythe D. Dietary phytoestrogens accelerate the time of vaginal opening in immature CD-1 mice. Comp. Med, 2003, 53: 477-485

[21] Ashby J, Tinwell H, Odum J, Kimber I, Brooks AN, Pate I, Boyle CC. Diet and the aetiology of temporal advances in human and rodent sexual development. J. Appl. Toxicol, 2000, 20: 343-347

[22] Thigpen JE, Lockear J, Haseman J, Saunders HE, Caviness G, Grant MF, Forsythe DB. Dietary factors affecting uterine weights of immature CD-1 mice used in uterotrophic bioassays. Cancer Detect. Prev, 2002, 26: 381-393

[23] Thigpen JE, Li L-A, Richter CB, Lebetkin EH, Jameson CW. The mouse bioassay for the detection of estrogenic activity in rodent diets: I. A standardized method for conducting the mouse bioassay. Lab. Anim. Sci, 1987, 37: 596-601

[24] OECD Acute oral toxicity-up-and-down procedure. OECD Guideline for the testing of chemicals 425, 2001

[25] OECD Guidance document on the recognition, assessment and use of clinical signs as humane endpoints for experimental animals used in safety evaluation. Environmental Health and Safety Monograph Series on Testing and Assessment No 19. ENV/JM/MONO(2000)7

[26] OECD Guidance document on acute oral toxicity. Environmental Health and Safety Monograph Series on Testing and Assessment No 24. ENV/JM/MONO(2001)4

[27] Bulbring, E., and Burn, J. H. The estimation of oestrin and of male hormone in oily solution. J. Physiol, 1935, 85: 320-333

[28] Dorfman, R. I., Gallagher, T. F. and Koch, F. C. The nature of the estrogenic substance in human male urine and bull testis. Endocrinology, 1936, 19: 33-41

[29] Reel, J. R., Lamb IV, J. C. and Neal, B. H. Survey and assessment of mammalian estrogen biological assays for hazard characterization. Fundam. Appl. Toxicol, 1996, 34: 288-305

[30] Jones, R. C. and Edgren, R. A. The effects of various steroid on the vaginal histology in the rat. Fertil. Steril, 1973, 24: 284-291

[31] OECD (1982). Organization for Economic Co-operation and Development-Principles of Good Laboratory Practice, ISBN 92-64-12367-9, Paris

[32] Dorfman R. I. (1962). Methods in Hormone Research, Vol. II, Part IV: Standard Methods

Adopted by Official Organization. New York:Academic Press

[33] Thigpen J. E. et al. Selecting the appropriate rodent diet for endocrine disruptor research and testing studies. ILAR J,2004,45(4):401-416

[34] Gray L. E. and Ostby J. Effects of pesticides and toxic substances on behavioral and morphological reproductive development:endocrine versus non-endocrine mechanism. Toxicol Ind Health, 1998,14 (1-2):159-184

[35] Booth AN,Bickoff EM and Kohler GO. Estrogen-like activity in vegetable oils and mill by-products. Science,1960,131:1807-1808

[36] Kato H, Iwata T, Katsu Y, Watanabe H, Ohta Y, Iguchi T. Evaluation of estrogenic activity in diets for experimental animals using in vitro assay. J. Agric Food Chem,2004,52:1410-1414

ICS 13.300;11.100
A 80

中华人民共和国国家标准

GB/T 28648—2012

化学品　急性吸入毒性试验　急性毒性分类法

Chemicals—Acute inhalation toxicity testing—Acute toxic class method

2012-07-31 发布　　2012-12-01 实施

中华人民共和国国家质量监督检验检疫总局
中国国家标准化管理委员会　发布

前　　言

本标准按照 GB/T 1.1—2009 给出的规则起草。

本标准与经济合作与发展组织(OECD)化学品测试导则 No.436(2009)《急性吸入毒性试验:急性毒性分类法》(英文版)技术性内容一致。

本标准做了下列结构和编辑性修改:

——增加了范围一章;

——将 OECD No.436 原文中的"介绍"和"初步考虑"作为本标准的引言;

——计量单位改成我国法定计量单位。

本标准由全国危险化学品管理标准化技术委员会(SAC/TC 251)提出并归口。

本标准起草单位:中国疾病预防控制中心职业卫生与中毒控制所、广东出入境检验检疫局、中国化工经济技术发展中心、中国检验检疫科学研究院。

本标准主要起草人:孙金秀、李朝林、许崇辉、林铮、刘慧智、温巧玲、潘芳、王晓兵、李晞。

引　言

OECD 化学品测试导则需要随着科学技术的发展、管理规定变更的需要和动物福利方面的考虑而定期进行修订。最初的急性吸入毒性测试导则(OECD 403)于 1981 年公布实施,并在以后进行过修订[1]。由于在 2001 年公布实施了急性经口毒性分类法(Test guideline 423,TG 423)[5]才考虑编写相应的急性吸入毒性分类法(Acute toxic class,ATC)[2-4]。对急性吸入毒性分类法(ATC)数据资料的回顾性评估表明该方法非常适合于对化学物的毒性分级和产品标签规定的需要[6]。急性吸入毒性分类法测试导则提供的是连续操作步骤按照规定的浓度进行测试从而提供受试物毒性类别和 LC_{50} 的估测范围;死亡率是本项试验的关键终点,但是在动物处于难以忍受的疼痛、应激或正在处于濒临死亡的情况下为了减少动物的痛苦应人道的将这些动物安乐死。关于处死动物人道的终点在 OECD 的指导性文件 19 号中[7]做出了规定。

对进行本项测试导则和解释可在 OECD 的指导性文件第 39 号[8]“关于急性吸入毒性试验”找到。

本标准所使用的术语定义列在了 OECD 的指导文件第 39 号内[8]。

本标准可得到受试物危害性质的信息,并可按照联合国全球化学品分类和标签管理协调制度(the United Nations (UN) Globally Harmonized System of Classification and Labelling of Chemicals, GHS)的化学品急性毒性标准进行分级[9]。在需要对急性吸入 LC_{50} 的点估计值和浓度-反应进行分析时,按照 OECD403[1]是比较合适的。更多需要选择的测试导则可在 OECD 指导文件 39 号[8]文中找到。本标准并不是特定为测试难溶的同分异构物,或纤维材料,或纳米材料而制定的。

在按照本标准进行试验之前关于受试物的所有信息资料,包括那些支持不需要进行附加试验的已有的试验报告,以尽可能减少试验所用的动物数量。对于那些可以帮助选择最合适的动物种属、品系、性别、暴露方式和最佳的暴露浓度等信息,如特有的性状、化学结构、理化性质等;任何体外和体内的试验结果;预期用途和人体潜在的暴露情况;结构-活性资料和与结构上相关的化学物的毒理学资料;本标准规定:不以腐蚀性或严重的刺激性引起严厉的疼痛和应激的浓度来进行试验(见指导文件 39 号)[8]。

化学品　急性吸入毒性试验　急性毒性分类法

1　范围

本标准规定了化学品急性吸入毒性的急性毒性分类试验方法的试验原则、试验方法、数据和报告。

本标准适用于化学品急性吸入毒性的急性毒性分类。

2　试验原则

本试验采用分步操作的方法，观察试验动物暴露 4 h 的反应，从而得到满足对受试物急性吸入毒性等级进行分类的信息。为了特殊管理目的也可采用其他暴露时限（不是 4 h）的试验。每步试验使用每性别 3 只动物在确定的浓度下进行暴露试验。根据动物死亡和/或濒死状态，有时只进行 2 步试验操作就可以对受试物的急性吸入毒性类别做出判断。如果有证据表明某种性别的动物比另外一种动物的敏感性要高时，可以只使用敏感性别动物进行试验。前面一步操作的试验结果决定着下一步试验操作：

a)　无需进行下一步试验；

b)　每性别 3 只动物；或

c)　只使用 6 只敏感性别的动物。方法是每个试验浓度组使用 6 只敏感性别的动物，性别不限，以估测的毒性类别界限范围值中较低的浓度来进行试验。

应人道地处死濒临死亡的、处于难以忍受疼痛的和严重持久痛苦的动物，结果按照试验死亡进行统计。对动物的濒死、严重的痛苦做出人道处死的标准，以及预测不可避免死亡的确认方法，在 OECD 指导文件 19 号“人道终点的辨认、评价和应用”内[7]。

3　试验方法

3.1　方法描述

3.1.1　动物种属的选择

应使用健康年轻、实验室中常用的种属动物进行试验。首选大鼠，如使用其他动物应进行论证，说明理由和依据。

3.1.2　动物的准备

雌性动物应是未经产的、未妊娠。要保证每步试验暴露时的鼠龄在 8 周～12 周；体重应控制在上一步骤相同鼠龄、相同性别动物平均体重的 20%之内。采用随机选择原则，并对每只动物做出标记。在进行试验之前至少要在笼内饲养 5 d 以适应实验室饲养条件。试验前还需在试验设备中进行短期的适应训练，以减少因为进入新的设备环境造成的应激。

3.1.3　饲养条件

实验动物暴露前和暴露结束后，室内温度应在 22 ℃±3 ℃。相对湿度 30%～70%，但试验暴露期间以水为载体时很难做到。

实验动物暴露结束后按性别、浓度分笼饲养，但是每笼动物的数量不能妨碍对每只实验动物的观察，并应减少由于同种相残和相互撕咬而造成实验动物信息的丢失。以口-鼻式装置暴露时，需将动物放入固定管内使其适应固定管的环境。固定管不能过度的增加动物体力、热量和活动的负荷。限制固定可以影响动物的生理终点如体温(过热)和/或每分钟动物呼吸量。如果有资料表明这些改变没有达到可感觉到的程度，就不一定需要预先在固定管内进行适应操作。整体暴露气溶胶的动物暴露期间需各自相隔互不接触，防止柜体内动物的相互趴卧造成被毛对气溶胶的过滤作用。给予常规检验合格的饲料(暴露期间禁食)，自由饮水。采用人工照明，每 12 h 明暗交替。

3.1.4 吸入染毒装置

要根据受试物的性质和试验目的来选择吸入染毒方式。首选的染毒方式是口-鼻式(nose-only)染毒，是指仅头部暴露、鼻部暴露和鼻口部暴露三种吸入模式。受试物是液体、固态气溶胶和能产生气溶胶的蒸气时，首选口-鼻式暴露方式。如证实整体暴露方式较好地满足特殊试验目的时还是可以使用的，但是应在试验报告中进行论述说明。为了保证整体染毒时柜体内空气中受试物的稳定性实验动物的总体积不应超过染毒柜总容积的 5%。在 OECD 指导文件 39 号[8]中对口-鼻式和整体暴露技术的原理和各自的优缺点进行了论述。

3.2 暴露条件

3.2.1 染毒浓度

3.2.1.1 推荐暴露吸入时间为固定的 4 h，但需除去达到浓度稳定平衡所需时间。根据特殊需要也可采用其他的暴露时限，但是需在试验报告中进行论述。整体暴露时的动物要各自相隔互不接触，防止染毒柜内其他动物的理毛行为经口摄入受试物。吸入暴露期间需要禁食。整体暴露时可提供饮水。

3.2.1.2 动物吸入暴露的受试物是气体、蒸气、气溶胶或是它们的混合物。试验时将受试物制备成的何种物态(气溶胶、粉尘)取决于受试物的理化性质、设定的浓度，和/或按照实际加工使用期间的物理状态等。吸湿性的及会发生化学反应的受试物试验中需保证所用空气干燥。需注意避免使用发生爆炸的浓度进行试验。

3.2.2 颗粒粒径的分布

对所有的气溶胶和可能形成气溶胶的蒸气都需测定颗粒粒径的大小。为了使整个呼吸道都能暴露受试物，推荐的气溶胶颗粒的半数质量空气动力学直径(Mass median aerodynamic diameters，MMAD)为 1 μm～4 μm，其几何标准差为 1.5～3.0[8,13-14]。需尽量达到这个标准，实在达不到时需由专家做出评判。例如，金属烟尘比本标准的粒径要小，但是带电的粒子、纤维和吸湿性受试物(在呼吸道湿性环境下其粒径增加)可超过这个标准。

3.2.3 用载体对受试物的配制

为了制备受试物在试验空气中合适的浓度和粒径大小需要使用载体溶剂。作为一条规定首选载体是水。颗粒物需要机械加工达到要求的粒径大小，但要注意加工中是否引起受试物的分解和变性。如机械加工改变了受试物组成成分(由于过度摩擦产生高温)，受试物的组成要经过检验分析进行确认。需严格注意不要污染受试物。对不能形成可吸入性的、非易成为粉末的颗粒材料不需要进行试验。磨损试验是用来证明操作这些颗粒物材料时会不会产生呼吸性颗粒物。如果经磨损试验证实可产生呼吸性颗粒物，该被加工的材料应当进行吸入毒性试验。

3.2.4 对照动物

不需要设立同步阴性(空气)对照。即便制备试验空气的载体不是水，也只有在没有载体的历史数据的情况下才设立载体对照组。如果所用载体制备的受试物没有引起毒性，说明至少在试验的浓度下载体是没有毒性的，所以不需要设立载体对照组。

3.3 暴露条件的监测

3.3.1 染毒装置内气流

通过染毒柜(装置)的气流速率需严格控制，可连续在线监测记录或每次暴露期间至少每小时监测记录一次。试验所用空气中受试物浓度(或其稳定性)监测数据是对染毒系统中各个动力学参数作用的综合结果，因此这些数据可提供控制制备动态空气设备相关参数的间接方法。在口-鼻式染毒时通过染毒系统的试验气体的气流动力不足时，需注意动物的在染毒装置内发生重复吸入。已有确定在所选定的操作条件下不会发生重复吸入的方法[8,15]。氧气的浓度至少为19%；二氧化碳的浓度不超过1%。如果证实确实不能达到这个标准，需要测定试验空气中氧气和二氧化碳的浓度。

3.3.2 染毒装置柜体内温度和相对湿度

染毒柜内温度维持在22 ℃±3 ℃。口-鼻式和整体暴露都需监测记录动物呼吸带的相对湿度，在吸入染毒的4 h之内至少3次；吸入染毒暴露期限较短的试验可以每小时监测记录1次。理想的相对湿度需维持在30%～70%；但是有时很难达到(受试物的水制备物)，有时是受试物与测定方法发生干扰而无法测定。

3.3.3 受试物

3.3.3.1 计算浓度

无论何时都尽量计算和记录染毒暴露柜空气中的计算浓度。计算浓度是指制备产生的受试物的量除以通过染毒系统的空气总体积得到的参数。虽然计算浓度不是用来描述动物暴露特征，但是可通过计算浓度与实际浓度进行比较可以得到试验系统制备效率的指征，从而可发现制备染毒空气过程中存在的问题。

3.3.3.2 实际浓度

3.3.3.2.1 实际浓度是吸入染毒柜内动物呼吸带的受试物的浓度，可以通过特异性的方法(如采用吸附或化学反应的原理直接采样，然后进行分析)，或是通过非特异性的方法如滤膜增重法来得到。单一成分的粉末、低挥发性液体的气溶胶才能使用增重法，同时还需要专门预试验的支持。对多成分的粉末气溶胶也可以用增重分析法测量，但是这需要证实所制备的空气与最初受试物的组成成分相似。如果没有这样的资料，需要在试验期间按照规定的时间间隔对制备产生的空气进行再分析(理想的是染毒柜中的空气)。对可挥发的或易升华的气溶胶，需证实所用方法能收集到所有物相的受试物。需在试验报告中报告靶浓度、计算浓度和实际浓度，但只有实际浓度用来计算致死浓度值。

3.3.3.2.2 应使用同一批试验受试物。技术可行时尽可能将试验样品保存在能维持纯度、均匀性和稳定性的条件下。开始试验前对受试物的特征有充分的了解和描述，如纯度、鉴别特征和鉴定出来的污染物和杂质。这可用以下参数来证实，如保留时间、相对峰面积和通过质谱、气相色谱或其他的检测方法得到的分子量，不限于这些。虽然受试物样品的特征鉴别不是实验室的责任，实验室还是需要对委托方提供的受试物进行简单有限的描述(如颜色、物理状态等)。

3.3.3.2.3 需尽可能的保持染毒空气成分稳定，可采用分析方法连续或间隔采样监测。间隔采样时，吸入染毒4 h的试验至少采样2次。如果由于系统内染毒空气流量过低所限，或染毒浓度太低需采集较大的空气样品时而不能完全满足连续或间隔采样量的要求，可在整个暴露期内只采集一个样品。如果样品与样品之间出现明显波动，进行下一个浓度试验时需在暴露期间采集4个样品进行分析。染毒空气各个样品之间的浓度波动范围规定:气体和挥发性受试物不得超过平均浓度±10%;液体或固体气溶胶不超过平均值的±20%;需计算柜内空气受试物达到平衡时的时间(T_{95})。一个暴露期间需要考虑到制备受试物空气的时间和达到 T_{95} 的时间;可参阅指导文件 39 号计算 T_{95} 的估算方法[8]。对组成非常复杂混合物的蒸气/气体、气溶胶(如推动终端装置设备产生的燃烧空气和试验物形成的)在染毒柜内空气中每一相成分物相各不相同,至少要选择一个标志性物质来进行分析,通常是受试制备物中处在某一物相(蒸气/气体或气溶胶)的主要的活性物质。如果试验物质是制剂(商品形式的产品)分析报告的浓度应是制剂的总浓度,不是活性成分的或某成分的浓度。关于实际浓度的更多的信息参见 OECD 指导文件 39 号文[8]。

3.3.3.3 颗粒物粒径的分布

气溶胶的粒径大小需在染毒的 4 h 期间至少测定 2 次,方法是使用撞击采样器或其他替代的设备如空气动力学粒径仪等。如果撞击时采样器与替代的测定方法所得到的结果相同,在整个试验期间的就可以使用替代的方法进行监测。后一种检测方法,如滤膜增重或尘埃测定器/气体发泡收集管等,与最初确定的测定方法进行平行试验,来验证原来测定方法的收集效率。粒径大小分析得到的质量浓度应与采用滤膜分析法得到的质量浓度的一个合理的限度之内(见指导文件 39 号)[8]。如果在试验开始阶段就证明两种试验方法的质量浓度相同,就可以免去验证性试验。从动物福利考虑,需采取措施减少无确定结果的数据资料,因为这会要求重复进行暴露试验。如果空气中的蒸气受试物能发生凝结而形成气溶胶,或者染毒蒸气空气中测定到颗粒物也就是暴露空气存在潜在的混合相,需对这种受试物进行粒径的测定。

3.4 操作

3.4.1 正式试验

3.4.1.1 每一步使用雌雄各 3 只动物,或 6 只敏感性别的动物。如果采用口-鼻式暴露使用的啮齿类动物不是大鼠,需要调整最长的暴露时间以减少动物种属之间的负荷的差异。可从 4 个固定的起始浓度水平染毒,这个浓度应能引起染毒动物中的某些动物出现毒性作用。气体、蒸气和气溶胶的试验步骤图的浓度水平是 GHS 1 类～4 类的分级标准的界限值[9]:气体为(100 mL/m^3/4 h、500 mL/m^3/4 h、2 500 mL/m^3/4 h、20 000 mL/m^3/4 h)(见图 A.1～图 A.2);蒸气为(0.5 mg/L/4 h、2 mg/L/4 h、10 mg/L/4 h、20 mg/L/4 h)(见图 B.1～图 B.3);气溶胶为(0.05 mg/L/4 h、0.5 mg/L/4 h、1 mg/L/4 h、5 mg/L/4 h)(见图 C.1～图 C.4)。高于各相应物态类别的上限浓度就归为第 5 类。按照各自的试验图表来确定起始浓度。根据人道处死和动物死亡的数量,按照图中的指示的箭头来决定下一步的操作,直到能对受试物作出毒性分类时结束试验。

3.4.1.2 进行下一个暴露浓度组试验的时间间隔长短要根据毒性体征的发作时间、持续时间和严重程度来决定。决定进行暴露下一个浓度水平需要直到前一个浓度水平的动物存活状态完全确定下来后再进行。建议的每个浓度水平之间的时间间隔为 3 d～4 d,这可以观察到可能存在的迟发毒性。如出现的反应不能确定,可适当调整时间间隔的长短。

3.4.2 限度试验

3.4.2.1 如已知道,或估计受试物属实际无毒时可进行限度试验,如在管理某限值以上时才引起毒性反应的受试物。受试物的毒性的信息可从已经检测的类似化合物、混合物或产物结果得到,此时要考虑到已知的具有毒理学意义的受试物的特性、混合物构成的百分比等。在没有或很少毒性信息的情况下,或者是估计受试物是具有毒性,需进行正式试验(更多的指南参见指导文件 39 号)[8]。

3.4.2.2 正常的操作程序下,每种性别动物使用 3 只,或使用 6 只敏感性别的动物,本标准规定的限度试验动物暴露水平是:气体 20 000 mL/m^3;蒸气 20 mg/L;粉尘/雾 5 mg/L(如果能做成)。受试物制备成气溶胶时,需粒径的大小达到可呼吸性粒子的大小(如 MMAD 为 1 μm～4 μm)。绝大部分的受试物都能在 2 mg/L 的浓度水平进行试验。要进行高于 2 mg/L 浓度水平的气溶胶试验,受试物应能够制备成可呼吸性粒子大小(更多的信息参见指导文件 39 号)[8]。从动物福利来考虑,GHS 不主张超过限度浓度的试验[9]。

3.4.2.3 只在有可能直接涉及到人类健康[9]需要的情况下才进行 GHS 中第 5 类物质浓度水平的试验,并需在试验报告中论述理由。对潜在爆炸性受试物试验设计时要认真研究避免引起发生爆炸的条件出现。为了避免不必要的使用动物,开始限度试验前需染毒系统不放置动物的预试验以确认染毒条件是否能达到限度试验的水平。

3.4.3 观察

3.4.3.1 暴露期间要对实验动物经常进行临床观察。暴露染毒结束后的当日至少要观察 2 次,还可根据动物对染毒的反应还可增加观察次数;此后的 14 d 内至少每日观察 1 次。观察期期限的长短不是固定不变的,需要根据临床体征出现的性质、时间和体征消失的长短来决定。毒性体征出现和消失的时间是十分重要的,尤其是注意是否存在毒性体征延迟出现的倾向。对每只动物的所有的观察都要分别作系统的记录。

3.4.3.2 对处于濒死的动物和表现出严重的疼痛和/或持续的严重痛苦的动物从动物福利考虑要人道的处死。对最初出现的微弱的毒性体征和由于暴露操作引起的短暂的呼吸道的异常改变等临床体征要认真分析区别,不要错误认为这些都是染毒处理引起的毒性作用。要按照列在人道观察终点的指南文件中"人道终点"的原则和标准进行操作[7]。对人道处死的或发现已经死亡的动物处死和死亡时间要尽可能的准确的记录。笼外观察包括动物皮肤和被毛、眼和粘膜、呼吸、循环和中枢神经系统的改变,以及身体活动和行为方式等变化。尽可能的注意局部作用与系统作用之间的任何差别。关注点是对颤动、抽搐、流涎、腹泻、嗜睡、睡眠和昏迷。测定直肠温度可辨别出是否存在因处理或在固定管内过度的限制造成的反射性呼吸过缓、体温过热提供有力的支持。

3.4.4 体重

进入实验室适应环境期间每只至少要称量一次体重;暴露当日的开始试验前(第 0 天)、暴露后的 1 d、3 d、7 d(此后每周一次)、死亡时和染毒后超过 1 d 以后人道处死的动物都要称量每只动物的体重。体重已经作为界定毒性作用的指标,并且规定体重持续低于试验前体重的 20%要给予密切观察。试验结束时存活动物称量体重后并人道地处死。

3.4.5 病理学

所有实验动物,包括试验期间死亡的、人道处死的动物和动物福利考虑从试验队列中退出的,都需进行大体解剖检查。如果发现动物死亡后不能立即进行解剖检查,将死亡动物放入冰箱冷藏箱内(不是冷冻)低温存放,以减少动物尸体的分解。大体尸检应在死亡后 1 d～2 d 进行。每只动物大体解剖所见的病理学改变都记录,特别注意呼吸道出现的任何变化。辅助的其他检查,包括可能对试验结果做出解释的所设计检查,如测定存活大鼠的肺脏重量或者对呼吸道进行显微检查提供受试物刺激性的证据等。检查的器官涉及到染毒后存活 24 h 以上的动物出现大体解剖改变的器官、或者已知或估计可能受到影响的器官。全呼吸道的显微组织学检查对鉴定出是否与水发生反应的受试物,如酸和吸湿性的受试物非常有价值的信息。

4 数据和试验报告

4.1 数据

需提供每只动物的体重、大体解剖检查所见的全部资料。临床观察的数据需要总结成表格的形式:

包括能表示出每个试验组使用的动物数、出现特异性毒性体征的动物数、试验期间死亡或人道处死的动物数、每只动物的死亡时间、详细描述毒性作用的发生、发展的时间进程和体征的可逆性；大体解剖所见。

4.2 试验报告

试验报告需包括以下信息：

a) 实验动物和饲养条件：

——饲养笼具的描述：每笼动物的数量（或动物变化的数量）、垫料、环境温度、相对湿度、光照周期、饲料合格认证资料；

——使用的动物种属和品系，不使用大鼠进行试验的论证依据；

——动物的数量、周龄和性别；

——随机化选择分组的方法；

——动物食物、饮水的质量（包括饲料的类型/来源和供水的来源）；

——试验前的所有的包括饲料、检疫、疾病的处理等描述。

b) 受试物：

——物理性状、纯度、相关的理化性质（包括同分异构体）；

——受试物特征性数据和化学文摘注册号（如果已知）。

c) 载体：

——如果不是用水作为载体，所用的载体是什么，对采用这种载体的理由作出论述；

——既往历史或是同步对照所使用的载体不会干扰试验结果的资料。

d) 吸入染毒装置：

——吸入染毒装置的描述包括大小尺度和体积；

——除了描述制备染毒空气操作外，还需动物暴露所用设备及其来源进行描述；

——测定气温、湿度、粒径大小和实际浓度的仪器设备；

——空气的来源、空气供给/解压处理、调节供给条件所使用的系统；

——确保试验空气均匀所使用的调节设备和方法；

——压差（正压或负压）；

——每个吸入装置动物暴露孔的数量（口-鼻式装置）；每个染毒装置的动物数（整体染毒设备）试验时空气中受试物的均匀性、稳定性；

——温度和湿度感受器、采样孔所在的部位；

——空气流速，包括口-鼻式固定孔处的空气流速、整体染毒柜内放置动物处的空气流速；

——如果测定了空气中氧气和二氧化碳需要提供所用设备的信息；

——达到吸入染毒柜空气浓度稳定平衡的时间（T_{95}）；

——每小时空气体积更换次数；

——计量仪器设备。

e) 暴露数据：

——正式试验中选择设定靶浓度的理由；

——计算浓度（制备的试验物质进入到吸入染毒设备的总量除以通过染毒柜空气的总体积）；

——从动物呼吸带收集到的受试物的实际浓度；对制备受试物中形成不同物态的混合物（气体、蒸气和气溶胶）需分别对每一物态进行测定；

——所有的空气浓度都要用质量单位（如 mg/L，mg/m^3 等）来表示，当然也可以用体积单位来报告；

——颗粒物粒径大小的分布用 MMAD 和几何标准差来表示，同时列出得到这个参数的计算方法；每个检测的粒径大小的数据都应报告。

f) 试验条件：

——受试物制备的详细操作，包括固态物质制备成降低颗粒物直径大小的详细操作，或是将受试物制备成溶液的操作；

——如机械加工时可能改变了受试物的组成成分，还要提交加工后受试物组成成分的检测分析的结果；

——制备试验空气所用设备和动物暴露染毒试验空气操作的描述(可以应用示意图)；

——所用化学分析方法的详细描述和分析方法的可靠性的详细描述(包括从空气媒介样品中受试物的回收效率)；

——设定选择试验浓度的理由和根据。

g) 结果：

——列表表示染毒装置内空气环境的温度、湿度和流速；

——列表显示染毒空气中计算浓度、实际浓度数据；

——列表颗粒粒径大小的数据，包括样品的采集测试方法、粒径大小的分布、MMAD及几何标准差的计算等；

——列表动物出现反应的数据和每只动物暴露浓度水平(如死亡、正常、严重程度和作用的持续时间等毒性体征的动物数量)；

——试验中收集到的每只动物的体重、计划试验结束人道处死前动物死亡的日期和时间、毒性体征出现的时间和过程，以及每只动物出现的毒性体征是否是可逆的等；

——每只动物大体解剖和组织病理学检查(如果进行了组织学检查)所见；

——受试物按照GHS分类属于哪类和LC_{50}界限值。

h) 讨论和结果的解释：

——需要特别强调的是所有方法的描述要达到本标准规定的标准，如限度浓度试验和颗粒粒径大小的规定；

——从整个试验所见可知制备受试物达到可呼吸性粒径是事关重大的，特别注意是不是未能到达到颗粒粒径大小的标准；

——对测定计算浓度和实际浓度所采用的方法的一致性做出评价；并在对整个试验评价过程中都要涉及到计算浓度与实际浓度的相互关系；

——对动物可能的死亡原因和主要的作用机制(是系统的或局部的)作出分析估测；

——如果因为动物疼痛、或表现出严重的持久的痛苦状态而人道地处死动物，要根据OECD人道终点标准的指导文件[7]作出说明解释。

附 录 A
（规范性附录）
气体（mL/m^3）吸入 4 h 的各起始浓度应遵循的操作程序

A.1 下列图中的各试验流程图的起始浓度，按试验操作程序概要如下：

——图 A.1：起始浓度为 100 mL/m^3；

——图 A.2：起始浓度为 500 mL/m^3；

——图 A.3：起始浓度为 2 500 mL/m^3；

——图 A.4：起始浓度为 20 000 mL/m^3。

A.2 依据死亡或人道处死的动物数，用箭头表示试验操作程序。

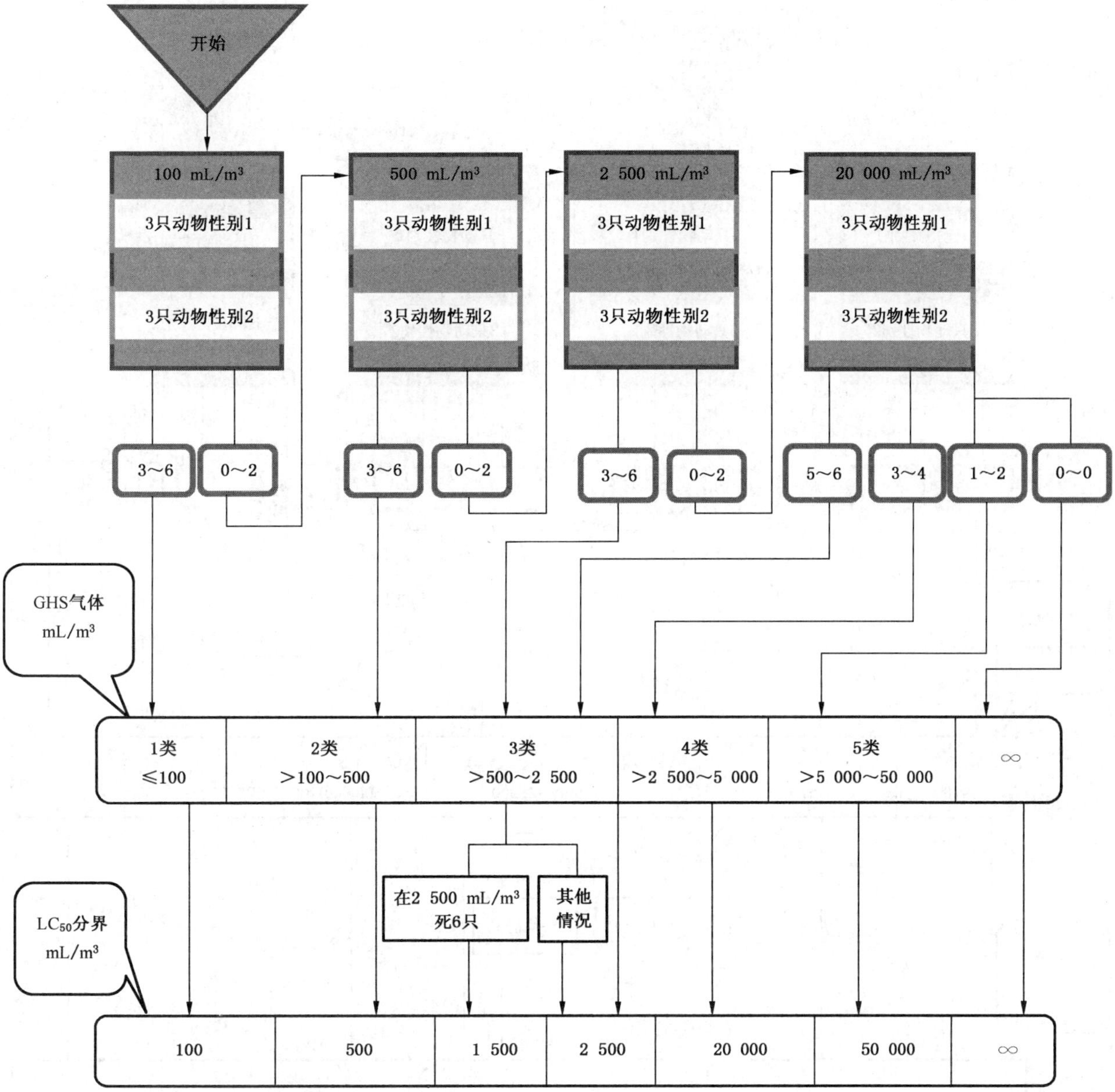

——每一步骤使用 3 只雌性和 3 只雄性动物或者是 6 只相对敏感性别动物；
——0～6：每一试验浓度下濒死或死亡的动物；
——GHS：全球化学品统一分类和标签制度；
——∞：非此类；
——在≥20 000 mL/m^3 吸入 4 h 的试验：见指引文件 39[8]。

图 A.1　急性吸入毒性：起始浓度为 100 mL/m^3 吸入 4 h 气体试验程序

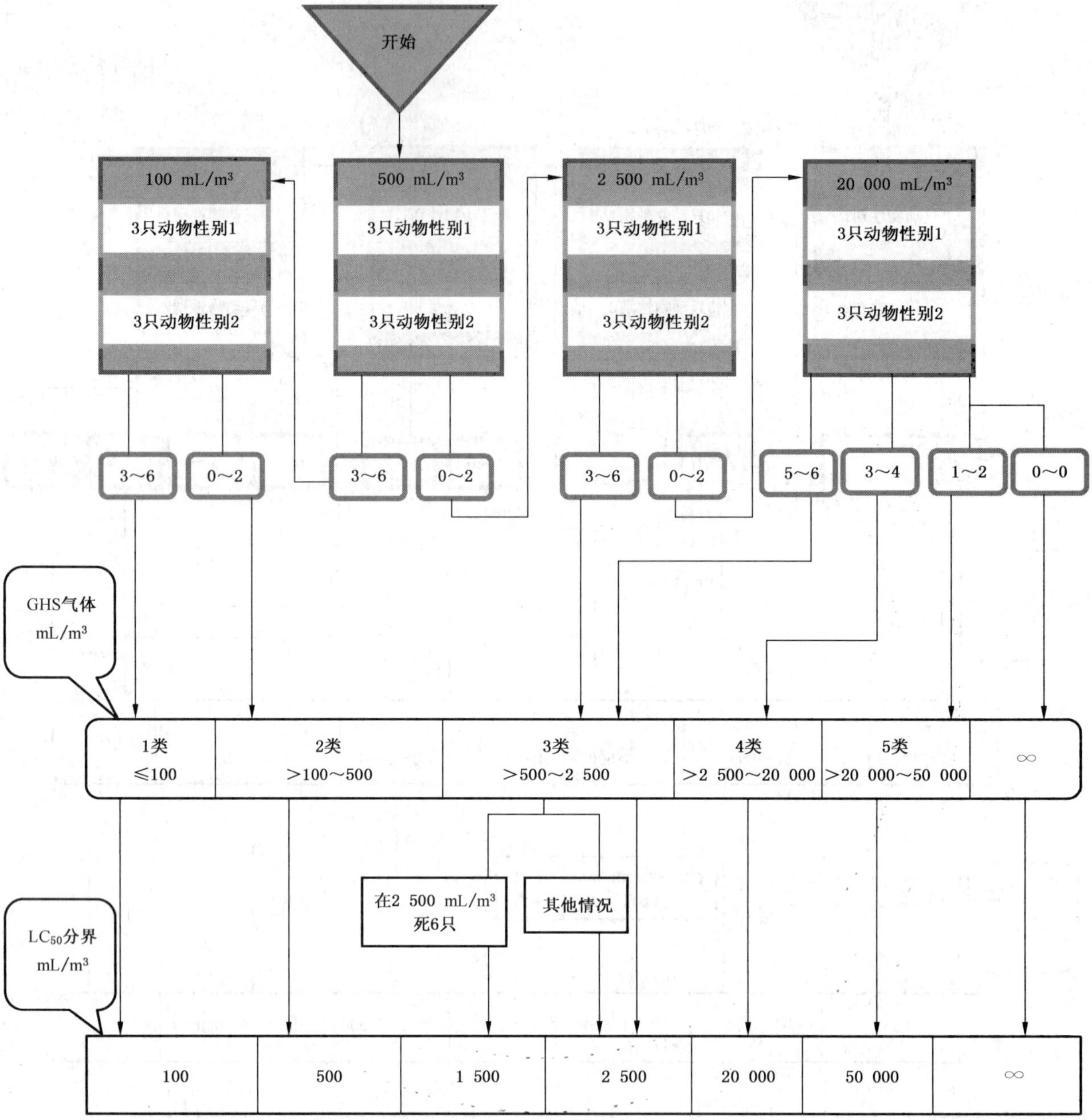

——每一步骤使用 3 只雌性和 3 只雄性动物或者是 6 只相对敏感性别动物；

——0～6：每一试验浓度下濒死或死亡的动物；

——GHS：全球化学品统一分类和标签制度；

——∞：未分类；

——在≥20 000 mL/m^3 吸入 4 h 的试验：见指引文件 39[8]。

图 A.2 急性吸入毒性：起始浓度为 500 mL/m^3 吸入 4 h 气体试验程序

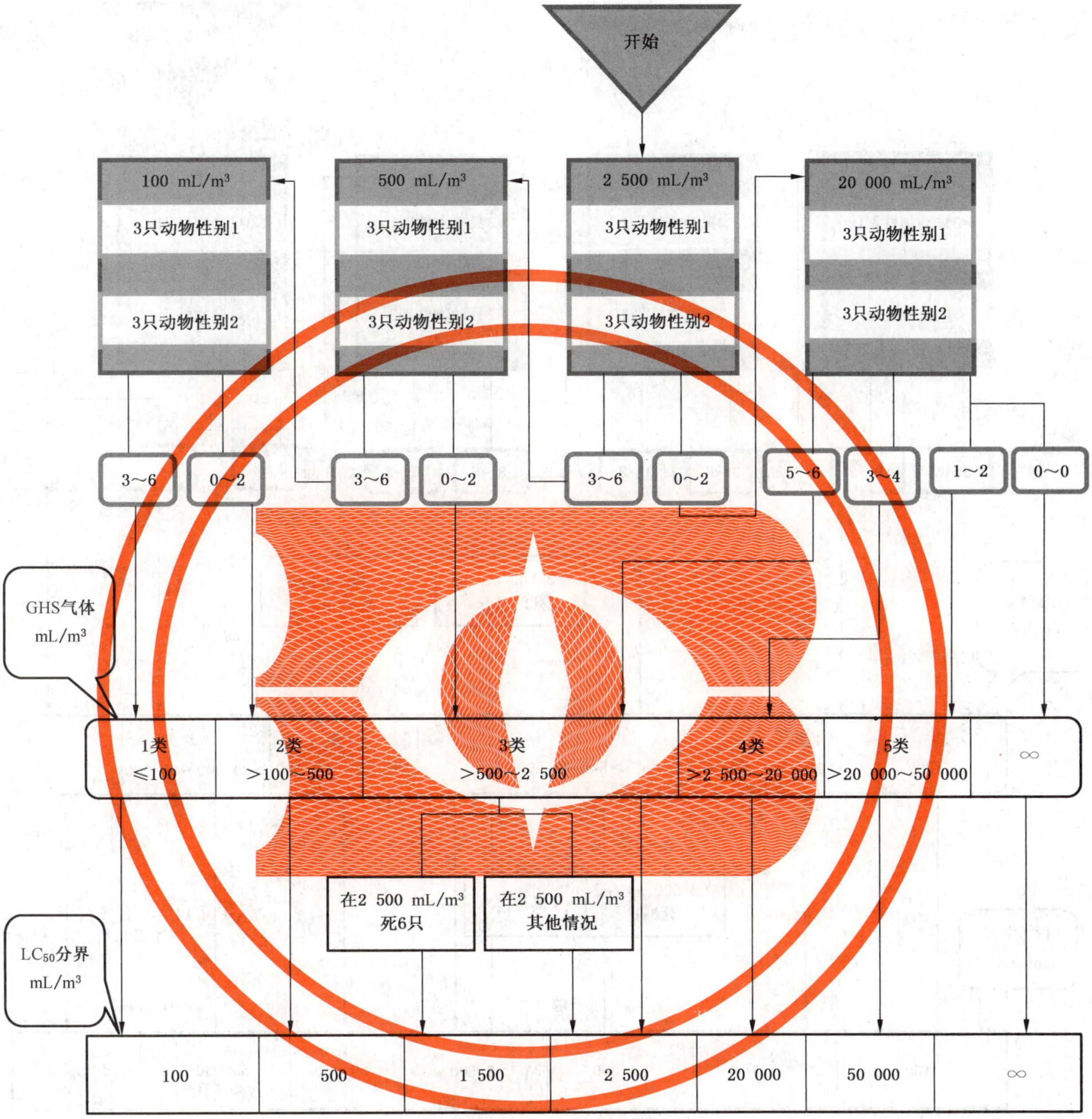

——每一步骤使用 3 只雌性和 3 只雄性动物或者是 6 只相对敏感性别动物；
——0～6：每一试验浓度下濒死或死亡的动物；
——GHS：全球化学品统一分类和标签制度；
——∞：未分类；
——在≥20 000 mL/m³ 吸入 4 h 的试验：见指引文件 39[8]。

图 A.3　急性吸入毒性：起始浓度为 2 500 mL/m³ 吸入 4 h 气体试验程序

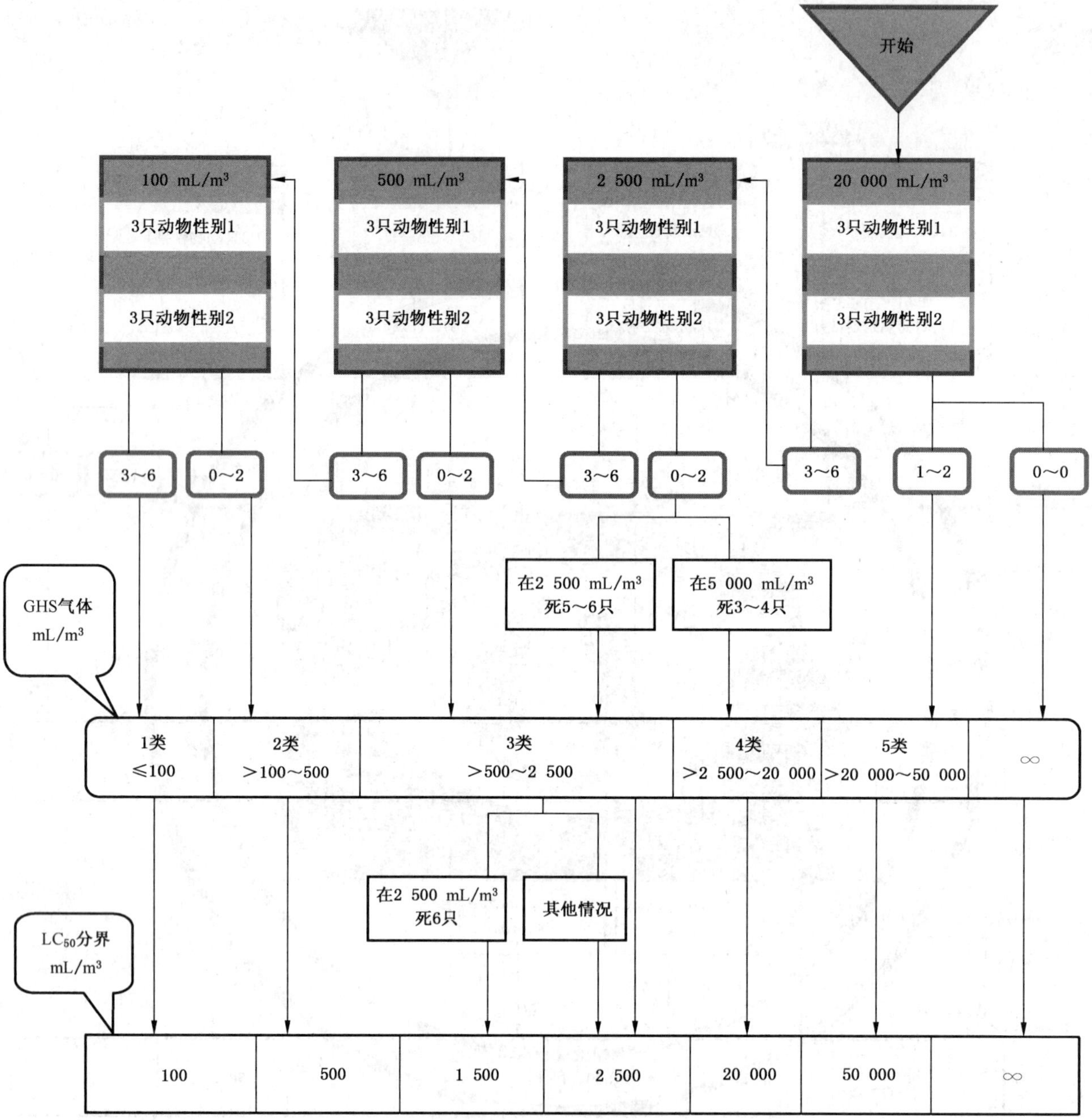

——每一步骤使用 3 只雌性和 3 只雄性动物或者是 6 只相对敏感性别动物；
——0～6：每一试验浓度下濒死或死亡的动物；
——GHS：全球化学品统一分类和标签制度；
——∞：未分类；
——在≥20 000 mL/m³ 吸入 4 h 的试验：见指引文件 39[8]。

图 A.4 急性吸入毒性：起始浓度为 20 000 mL/m³ 吸入 4 h 气体试验程序

附 录 B
（规范性附录）
蒸气（mg/L）吸入 4 h 各起始浓度应遵循的操作程序

B.1 下列图中的各试验流程图的初始剂量，按试验操作程序概要如下：

——图 B.1：起始浓度为 0.5 mg/L；

——图 B.2：起始浓度为 2.0 mg/L；

——图 B.3：起始浓度为 10 mg/L；

——图 B.4：起始浓度为 20 mg/L。

B.2 依据死亡或人道处死的动物数，用箭头表示试验操作程序。

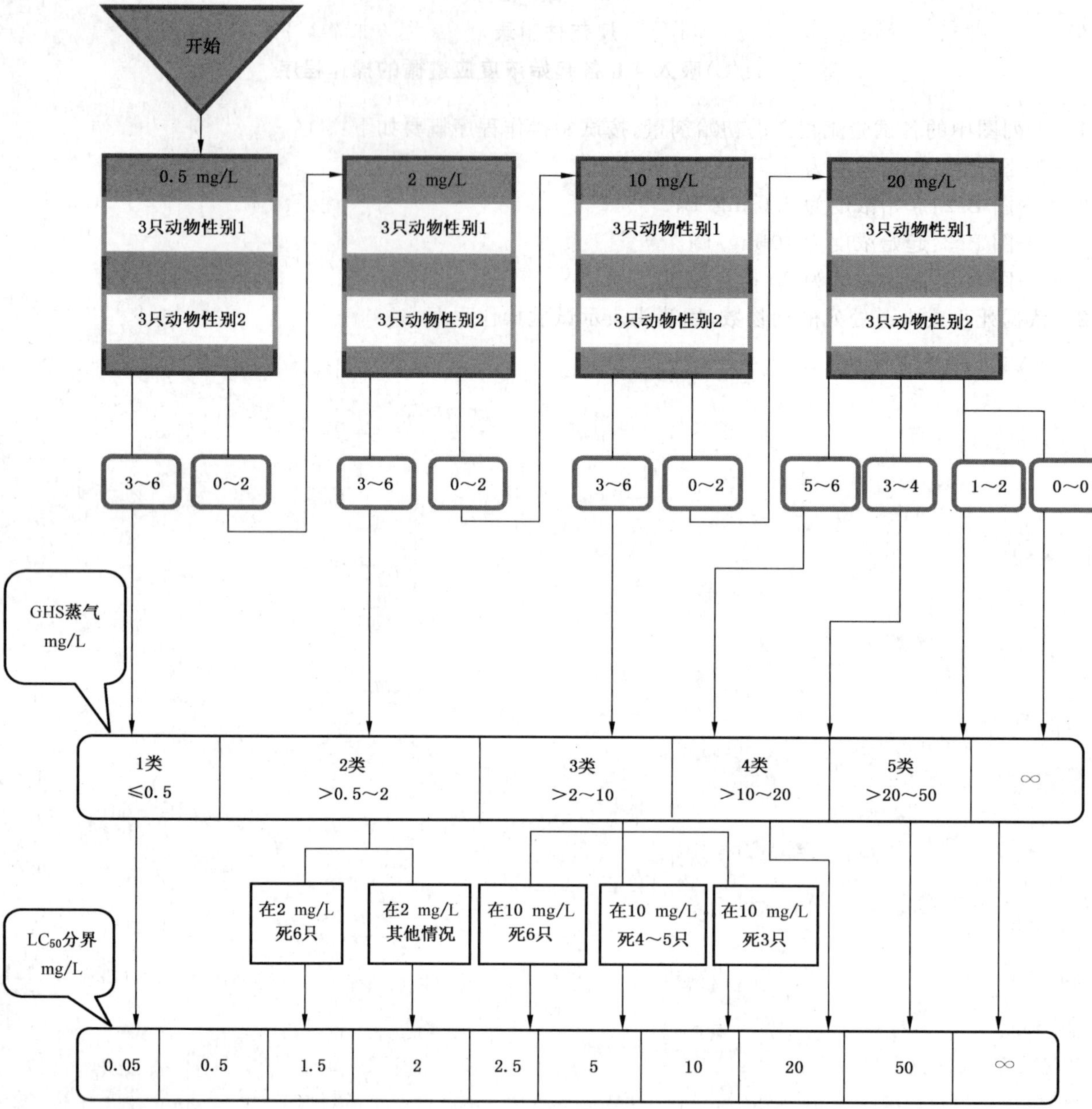

——每一步骤使用 3 只雌性和 3 只雄性动物或者是 6 只相对敏感性别动物；
——0～6：每一试验浓度下濒死或死亡的动物；
——GHS：全球化学品统一分类和标签制度；
——∞：非此类；
——在≥50 mg/L 吸入 4 h 的试验：见指引文件 39[8]。

图 B.1　急性吸入毒性：起始浓度为 0.5 mg/L 吸入 4 h 蒸气试验程序

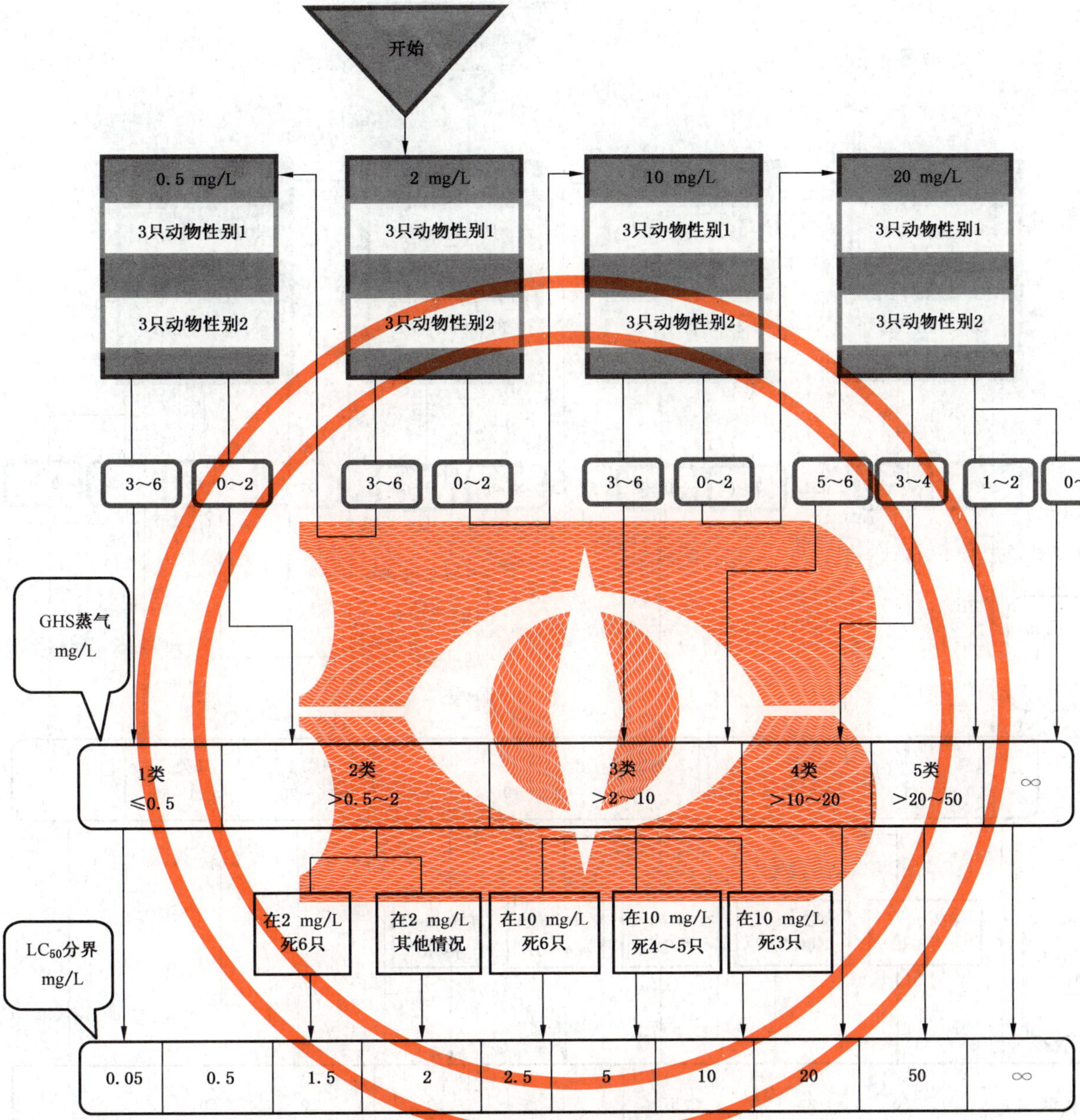

——每一步骤使用3只雌性和3只雄性动物或者是6只相对敏感性别动物；
——0~6：每一试验浓度下濒死或死亡的动物；
——GHS：全球化学品统一分类和标签制度；
——∞：未分类；
——在≥50 mg/L吸入4 h的试验：见指引文件39[8]。

图 B.2 急性吸入毒性：起始浓度为2 mg/L吸入4 h蒸气试验程序

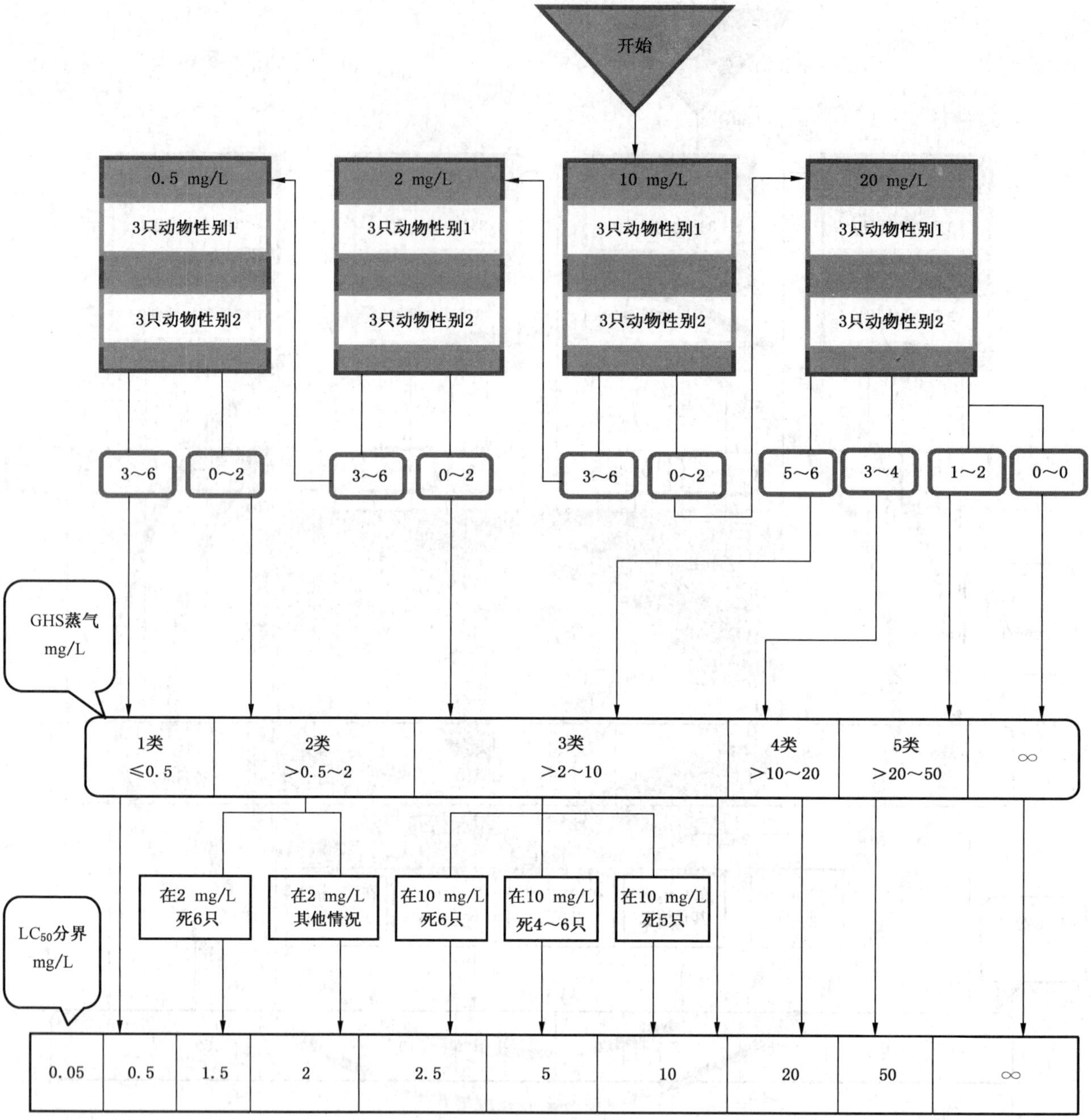

——每一步骤使用3只雌性和3只雄性动物或者是6只相对敏感性别动物；
——0～6：每一试验浓度下濒死或死亡的动物；
——GHS：全球化学品统一分类和标签制度；
——∞：未分类；
——在≥50 mg/L吸入4 h的试验：见指引文件39[8]。

图 B.3　急性吸入毒性：起始浓度为 10 mg/L 吸入 4 h 蒸气试验程序

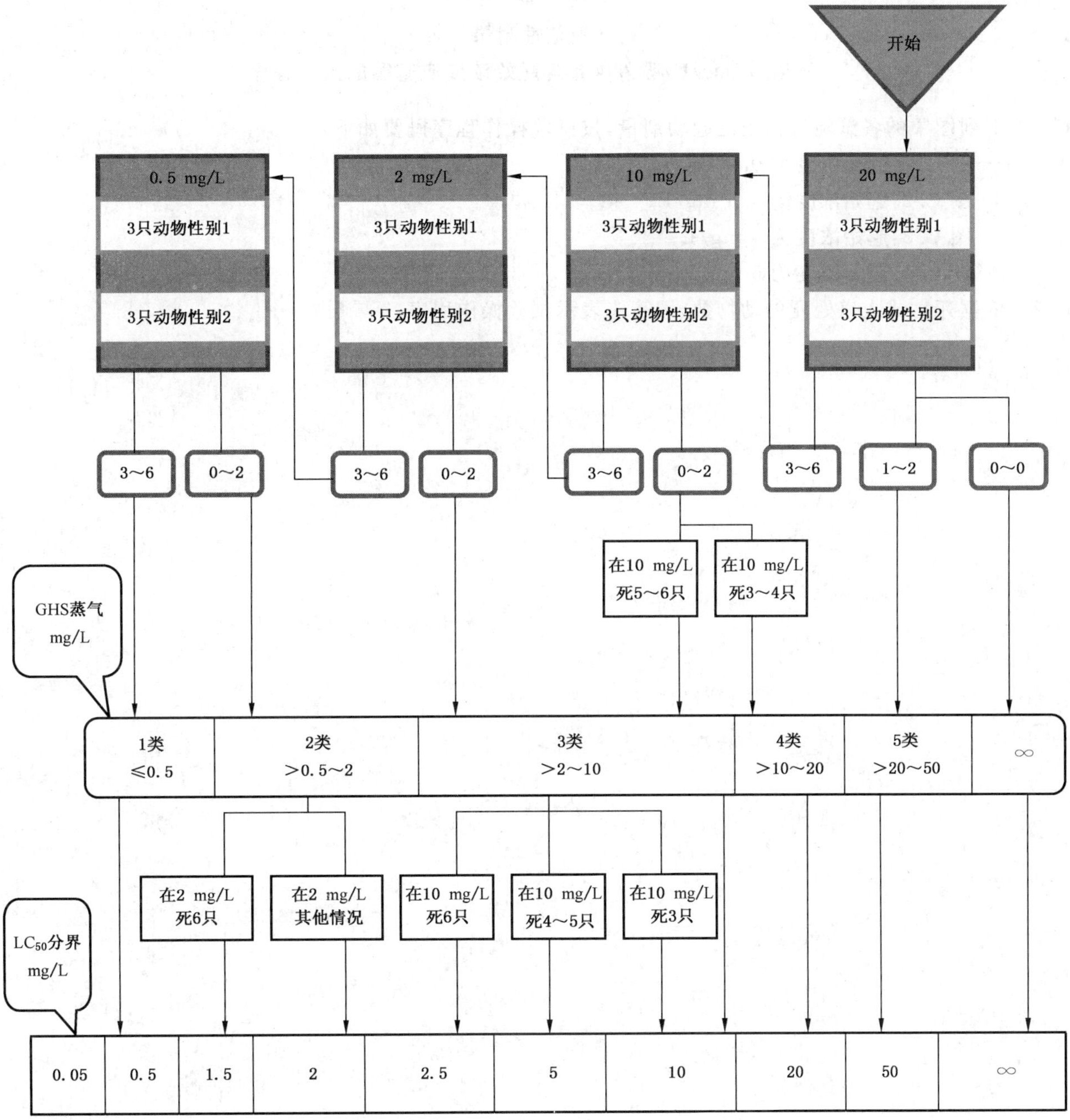

——每一步骤使用 3 只雌性和 3 只雄性动物或者是 6 只相对敏感性别动物；

——0~6：每一试验浓度下濒死或死亡的动物；

——GHS：全球化学品统一分类和标签制度；

——∞：未分类；

——在≥50 mg/L 吸入 4 h 的试验：见指引文件 39[8]。

图 B.4　急性吸入毒性：起始浓度为 20 mg/L 吸入 4 h 蒸气试验程序

附 录 C
（规范性附录）
气溶胶(mg/L)吸入 4 h 各起始浓度应遵循的操作程序

C.1 下列图中的各试验流程图的起动剂量，按试验操作程序概要如下：

——图 C.1：起始浓度为 0.05 mg/L；

——图 C.2：起始浓度为 0.5 mg/L；

——图 C.3：起始浓度为 1 mg/L；

——图 C.4：起始浓度为 5 mg/L。

C.2 依据死亡或人道处死的动物数，用箭头表示试验操作程序。

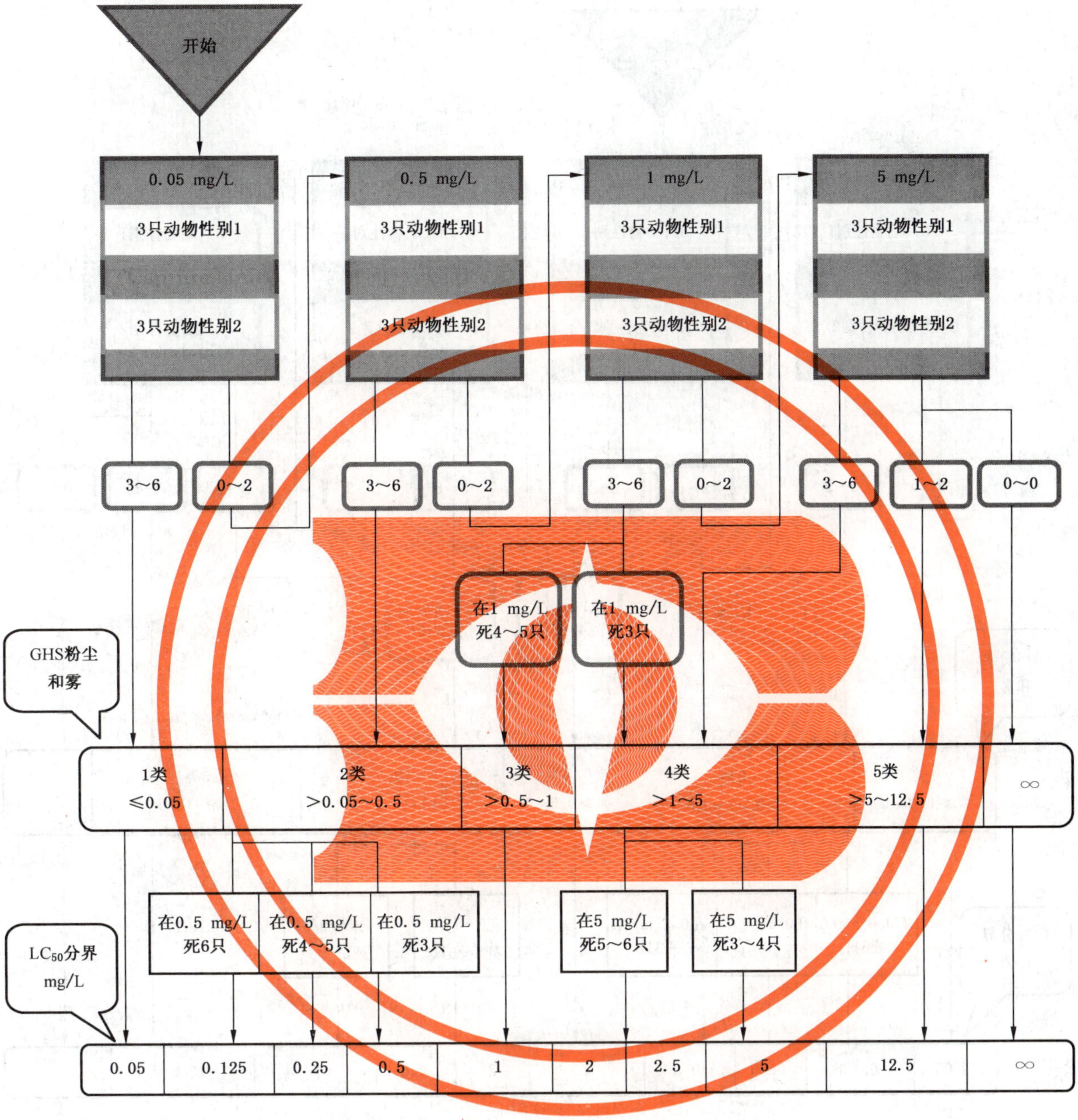

——每一步骤使用3只雌性和3只雄性动物或者是6只相对敏感性别动物；
——0～6：每一试验浓度下濒死或死亡的动物；
——GHS：全球化学品统一分类和标签制度；
——∞：未分类；
——在≥12.5 mg/L吸入4 h的试验：见指引文件39[8]。

图 C.1 急性吸入毒性：起始浓度为0.05 mg/L吸入4 h气溶胶试验程序

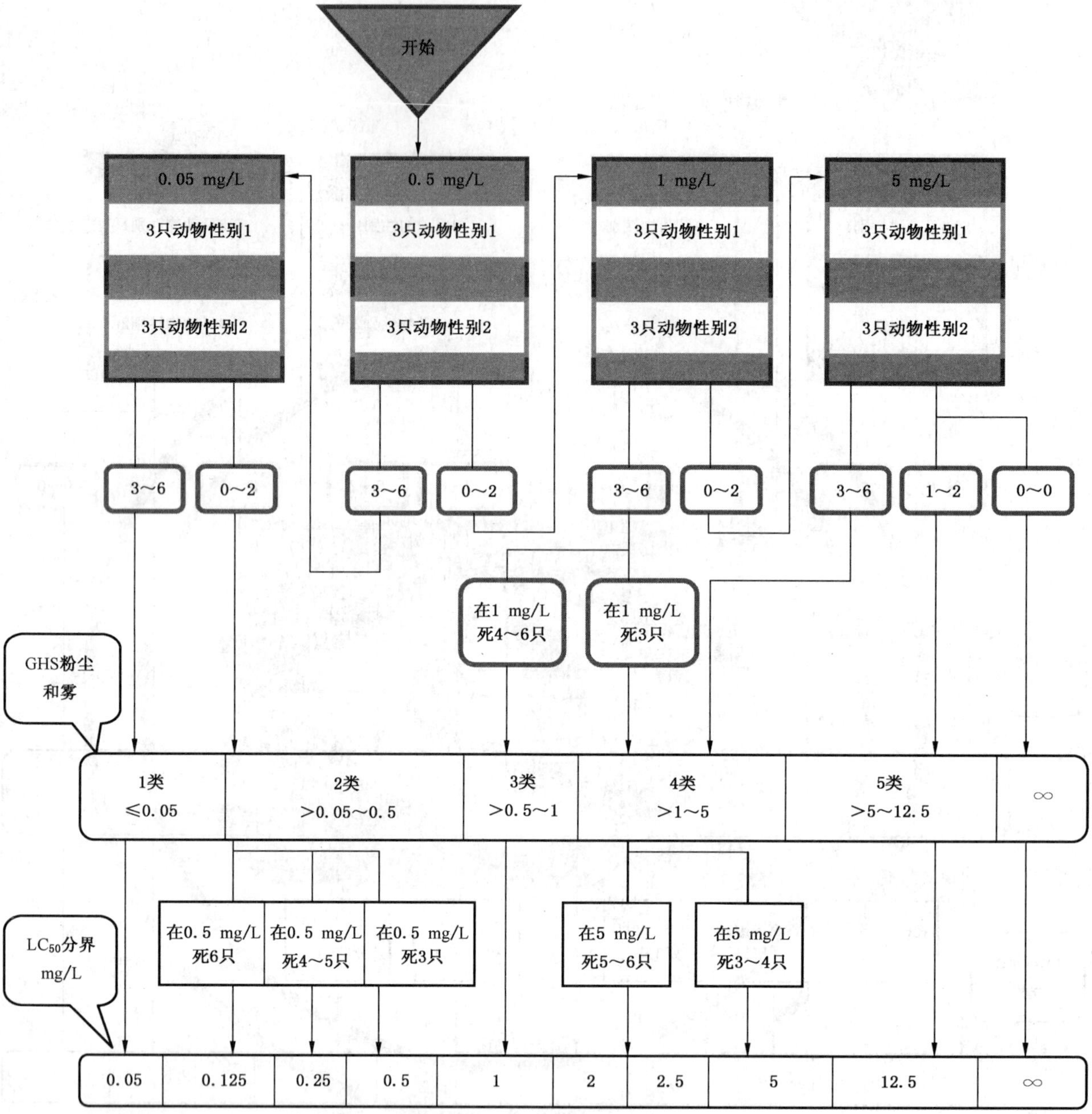

——每一步骤使用 3 只雌性和 3 只雄性动物或者是 6 只相对敏感性别动物；
——0~6：每一试验浓度下濒死或死亡的动物；
——GHS：全球化学品统一分类和标签制度；
——∞：未分类；
——在≥12.5 mg/L 吸入 4 h 的试验：见指引文件 39[8]。

图 C.2 急性吸入毒性：起始浓度为 0.5 mg/L 吸入 4 h 气溶胶试验程序

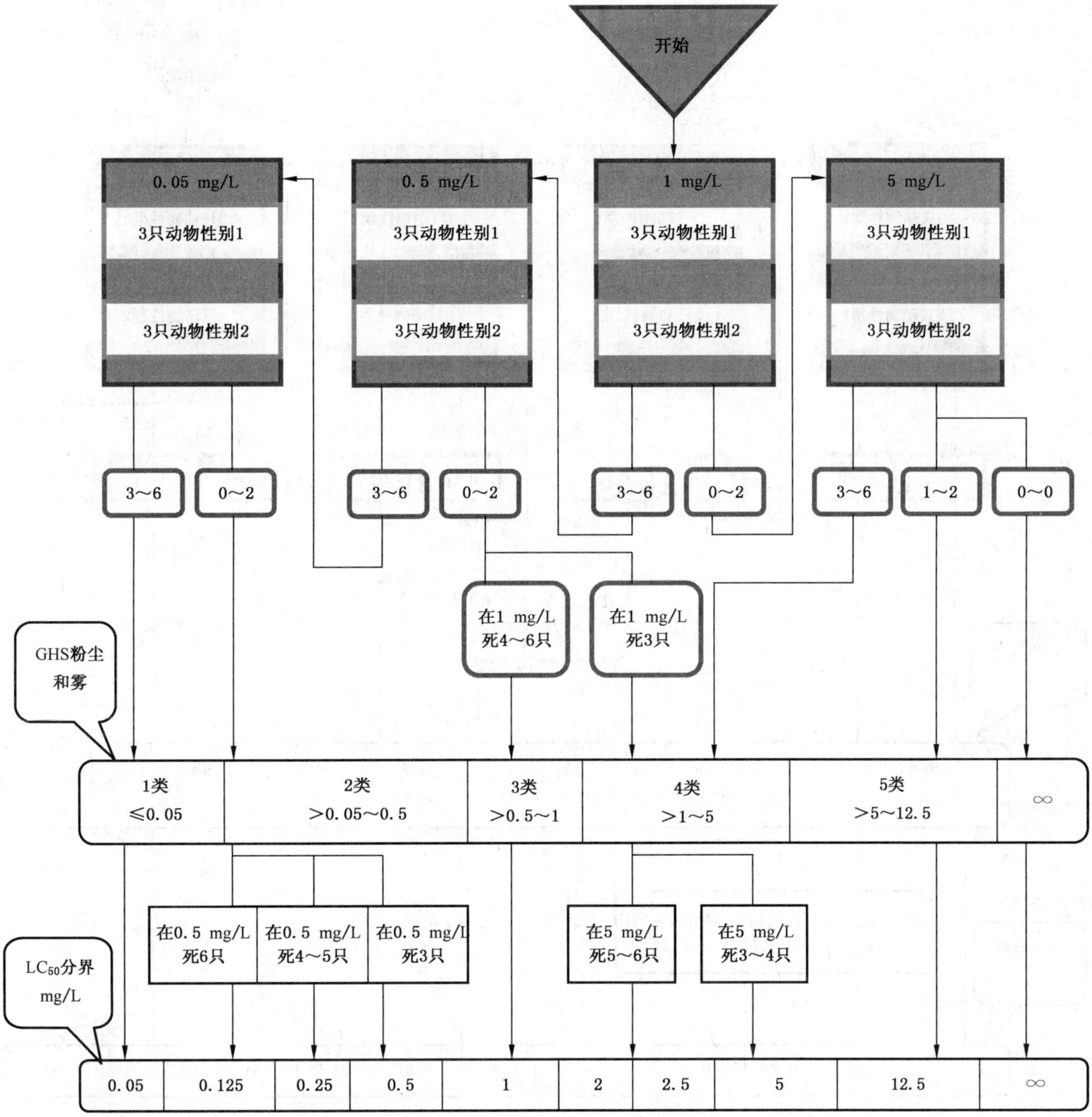

——每一步骤使用 3 只雌性和 3 只雄性动物或者是 6 只相对敏感性别动物；

——0~6：每一试验浓度下濒死或死亡的动物；

——GHS：全球化学品统一分类和标签制度；

——∞：未分类；

——在≥12.5 mg/L 吸入 4 h 的试验：见指引文件 39[8]。

图 C.3 急性吸入毒性：起始浓度为 1 mg/L 吸入 4 h 气溶胶试验程序

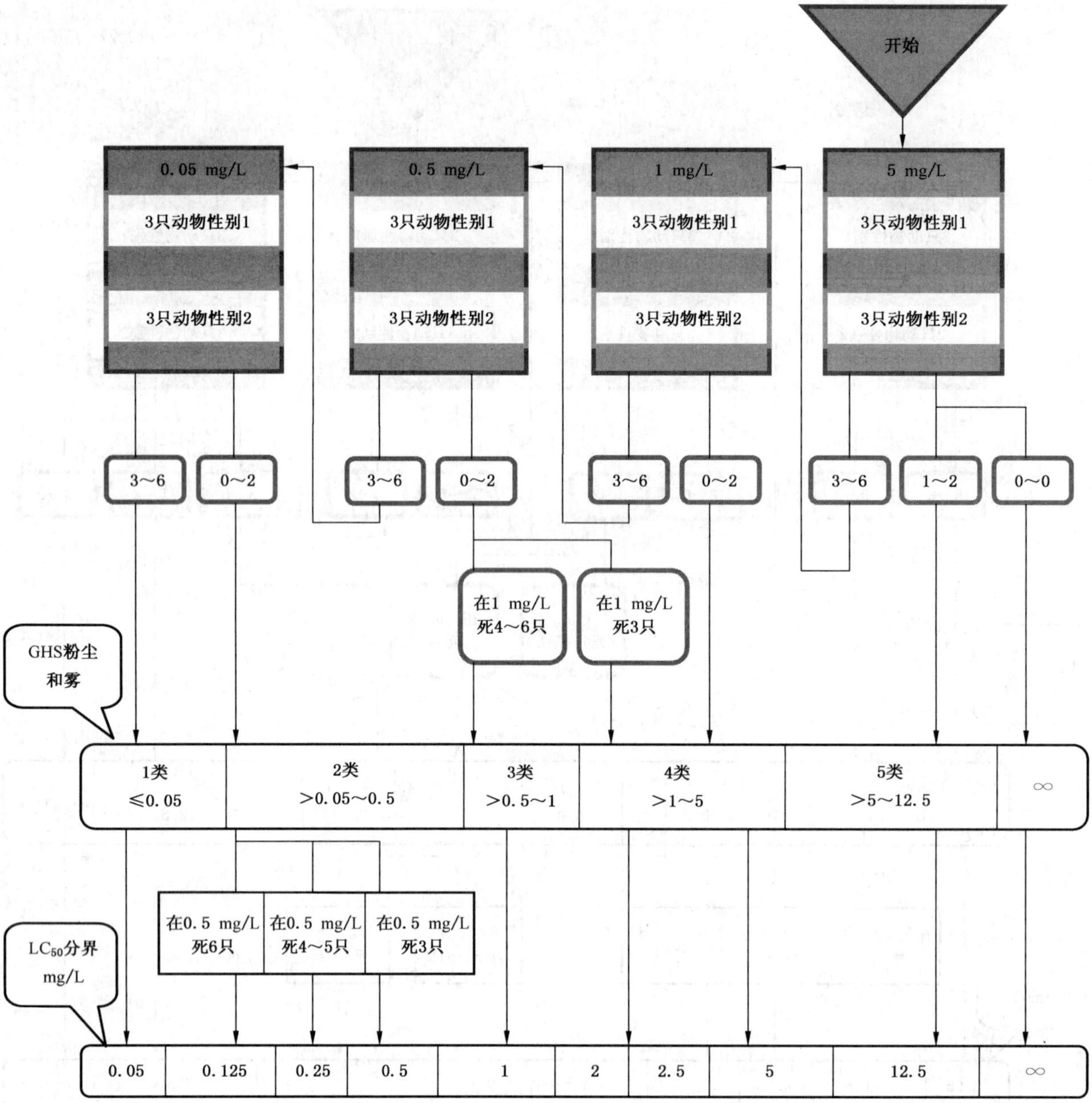

——每一步骤使用 3 只雌性和 3 只雄性动物或者是 6 只相对敏感性别动物；
——0～6：每一试验浓度下濒死或死亡的动物；
——GHS：全球化学品统一分类和标签制度；
——∞：未分类；
——在≥12.5 mg/L 吸入 4 h 的测试：见指引文件 39[8]。

图 C.4 急性吸入毒性：起始浓度为 5 mg/L 吸入 4 h 气溶胶试验程序

参 考 文 献

[1] OECD (2009), Acute Inhalation Toxicity Testing. OECD Guideline for Testing of Chemicals No. 403, OECD, Paris. Available at: [http://www.oecd.org/env/testguidelines]

[2] Holzhütter, H-G, Genschow, E., Diener, W., and Schlede, E. Dermal and Inhalation Acute Toxicity Class Methods: Test Procedures and Biometric Evaluations for the Globally Harmonized Classification System. Arch. Toxicol, 2003, 77: 243-254

[3] Diener, W., Kayser, D. and Schlede, E. The Inhalation Acute-Toxic-Class Method; Test Procedures and Biometric Evaluations. Arch. Toxicol, 1997, 71: 537-549

[4] Diener, W, and Schlede, E. Acute Toxic Class Methods: Alternatives to LD/LC_{50} Tests. ALTEX, 1999, 1: 129-134

[5] OECD (2001), Acute Oral Toxicity—Acute Toxic Class Method. OECD Guideline for Testing of Chemicals No. 423, OECD, Paris. Available at: [http://www.oecd.org/env/testguidelines]

[6] OECD (2009), Report on Biostatistical Performance Assessment of the Draft TG 436 Acute Toxic Class Testing Method for Acute Inhalation Toxicity. Environmental Health and Safety Monograph Series on Testing and Assessment No. 105, OECD, Paris. Available at: [http://www.oecd.org/env/testguidelines]

[7] OECD (2000), Guidance Document on the Recognition, Assessment and Use of Clinical Signs as Humane Endpoints for Experimental Animals Used in Safety Evaluation. Environmental Health and Safety Monograph Series on Testing and Assessment No. 19. Available at: [http://www.oecd.org/env/testguidelines]

[8] OECD (2009), Guidance Document on Acute Inhalation Toxicity Testing. Environmental Health and Safety Monograph Series on Testing and Assessment No. 39, OECD, Paris. Available at:
[http://www.oecd.org/env/testguidelines]

[9] UN (2007), United Nations Globally Harmonized System of Classification and Labelling of Chemicals (GHS), ST/SG/AC. 10/30, UN New York and Geneva. Available:
[http://www.unece.org/trans/danger/publi/ghs/ghs_welcome_e.htmL]

[10] OECD (2004), In Vitro Skin Corrosion—Transcutaneous Electrical Resistance Test (TER). OECD Guideline for testing of chemicals No. 430, OECD, Paris. Available at:
[http://www.oecd.org/env/testguidelines]

[11] OECD (2004), In Vitro Skin Corrosion—Human Skin Model Test. OECD Guideline for testing of chemicals No. 431, OECD, Paris. Available at: [http://www.oecd.org/env/testguidelines]

[12] OECD (2005), In Vitro Membrane Barrier Test Method for Skin Corrosion. OECD Guideline for testing of chemicals No. 435, OECD, Paris. Available at: [http://www.oecd.org/env/testguidelines]

[13] Phalen, R. F. (2009), Inhalation Studies: Foundations and Techniques. (2nd Edition) Informa Healthcare. New York

[14] SOT Technical Committee of the Inhalation Specialty Section, Society of Toxicology (SOT). Recommendations for the Conduct of Acute Inhalation Limit Tests. Fund. Appl. Toxicol, 1992, 18: 321-327

[15] Pauluhn, J. and Thiel, A. A Simple Approach to Validation of Directed-Flow Nose-Only Inhalation Chambers. J. Appl. Toxicol, 2007, 27: 160-167

ICS 93.080.30
R 82

中华人民共和国国家标准

GB/T 28649—2012

机动车号牌自动识别系统

Automatic recognition system for vehicle license plate

2012-07-31 发布

2013-01-01 实施

中华人民共和国国家质量监督检验检疫总局
中国国家标准化管理委员会 发布

前言

本标准按照 GB/T 1.1—2009 给出的规则起草。

本标准由全国智能运输系统标准化技术委员会(SAC/TC 268)提出并归口。

本标准起草单位:北京星通联华科技发展有限公司、四川川大智胜软件股份有限公司、天津星通联华物联网应用技术研究院。

本标准主要起草人:周欣、张全升、柴治、田新、蒋欣荣、洪占新、赵树龙、江成军、兰时勇、张胜旺、周群彪、沈文、柳岸、李兆兴、沈益民。

机动车号牌自动识别系统

1 范围

本标准规定了机动车号牌自动识别系统的技术要求、试验方法及其数据存储和压缩的内容及要求。

本标准适用于以摄像机等图像采集设备为基础的各类机动车号牌自动识别系统，不适用于单车道公路收费系统。

2 规范性引用文件

下列文件对于本文件的应用是必不可少的。凡是注日期的引用文件，仅注日期的版本适用于本文件。凡是不注日期的引用文件，其最新版本（包括所有的修改单）适用于本文件。

GB/T 2423.1 电工电子产品环境试验 第2部分：试验方法 试验A：低温

GB/T 2423.2 电工电子产品环境试验 第2部分：试验方法 试验B：高温

GB/T 2423.3 电工电子产品环境试验 第2部分：试验方法 试验Cab：恒定湿热试验

GA 24.7 机动车登记信息代码 第7部分：号牌种类代码

GA 36 中华人民共和国机动车号牌

ISO/IEC 15444：2000 信息技术 JPEG 2000 图像编码技术（Information technology—JPEG 2000 image coding system）

3 术语和定义

下列术语和定义适用于本文件。

3.1

机动车号牌 vehicle license plate（VLP）

按照机动车管理机关要求在机动车规定位置悬挂的号码牌，以下简称号牌。

3.2

号牌自动识别系统 vehicle license plate automatic recognition system（VLPARS）

基于计算机视觉技术，对号牌进行自动获取、分析识别并输出号牌完整信息的系统。

3.3

号牌图像 VLP image

由图像采集设备采集的、包含完整的号牌信息的图像。

3.4

有效号牌 valid VLP

被检测机动车的号牌完整、清晰、安装规范，且无遮挡、无严重污损（人眼可辨识）。

3.5

无效号牌 invalid VLP

被检测机动车的号牌不满足有效号牌条件。

3.6

号牌识别正确 correct recognition for VLP

识别出的号牌字符和机动车号牌字符一致。

3.7

号牌颜色识别正确　correct recognition for VLP color

识别出的号牌颜色和机动车号牌颜色一致。

4　技术要求

4.1　适用条件

4.1.1　温度

系统正常工作环境温度适用等级分为Ⅰ、Ⅱ、Ⅲ型，具体为：

1)　Ⅰ型：−20 ℃～+55 ℃。

2)　Ⅱ型：−40 ℃～+50 ℃。

3)　Ⅲ型：−55 ℃～+45 ℃。

4.1.2　大气压力

系统正常工作大气压力：86 kPa～106 kPa。

4.2　系统组成

4.2.1　图像成像单元

4.2.1.1　摄像机抓拍图像的原始分辨率不小于720×288像素。

4.2.1.2　号牌图像中机动车号牌的图像原始水平分辨率不小于100像素。

4.2.1.3　摄像机及其控制单元在强光、夜间等情况下，对光照的动态适应能力不小于90 dB。

4.2.2　辅助照明单元

当外界光线条件不能满足工作需要时，可使用辅助照明设备。辅助照明设备不应对驾驶人造成强光刺激。在限速20 km以上的道路拍摄机动车前牌时，不能使用可见光闪光灯；不能使用距补光灯10 m处光照度大于200 lx的可见光补光灯。

4.2.3　车辆检测单元

车辆检测单元可使用视频触发，也可使用非视频外部触发(包括线圈、激光、微波等)。

4.2.4　图像识别单元

图像识别单元的功能是号牌识别、控制图像成像单元和输出号牌信息。

4.3　号牌识别

4.3.1　识别范围

号牌的基本元素为：汉字、英文字母、数字、号牌颜色。

识别号牌范围如下：

——GA 24.7中代码为01、02、03、04、05、06、15、16、18、23的号牌，号牌的式样应符合GA 36的要求；

——军队机动车号牌，号牌的式样为2004式军用号牌；

——武警机动车号牌，号牌的式样为2007式武警号牌。

4.3.2 识别车速

对车速在 0 km/h～140 km/h 范围的车辆进行识别。

4.3.3 其他识别信息

对于没有号牌的图像，系统应给出无牌的识别结果。

4.4 性能指标

4.4.1 号牌识别正确率

号牌识别正确率为：统计时间内机动车号牌识别正确的总数与实际通过的具有有效号牌的机动车数量的比值。号牌识别正确率见表 1。

表 1 号牌识别正确率

识别条件		识别正确率(白天)	识别正确率(夜间)
号牌图像水平分辨率	100 像素至 120 像素	≥85%	≥75%
	120 像素以上	≥90%	≥85%

4.4.2 号牌颜色识别正确率

号牌颜色识别正确率为：统计时间内号牌颜色识别正确的总数与实际通过的具有有效号牌的机动车数量的比值。号牌颜色识别正确率见表 2。

表 2 号牌颜色识别正确率

号牌颜色识别正确率(白天)	号牌颜色识别正确率(夜间)
≥80%	≥75%

4.4.3 车辆图像捕获率

车辆图像捕获率为：统计时间内有效抓拍机动车图片数量(不计重复图片)与这段时间内实际通过的机动车数量的比值。具体见表 3。

表 3 车辆图像捕获率

触发条件	车辆图像捕获率(白天)	车辆图像捕获率(夜间)
视频触发	≥95%	≥85%
非视频外部触发(包括线圈、激光、微波等)	≥99%	≥99%

4.4.4 车辆图像抓拍有效率

车辆图像抓拍有效率为：1－(统计时间内实际抓拍的重复车辆图像的数量与这段时间内实际通过的机动车数量的比值)。具体见表 4。

表 4 车辆图像抓拍有效率

触发条件	车辆图像抓拍有效率(白天)	车辆图像抓拍有效率(夜间)
视频触发	≥80%	≥70%
非视频外部触发(包括线圈、激光、微波等)	≥95%	≥95%

4.4.5 校时功能

号牌自动识别系统具有手工或自动校时功能。24 h 累计时钟误差≤3 s。

4.5 数据存储和压缩

4.5.1 号牌图像文件存储格式与压缩

在不影响号牌识别的前提下,宜采用 ISO/IEC 15444:2000 中的规定进行压缩,压缩因子宜为 70。

4.5.2 识别数据存储

识别系统存储的检测记录至少应包括以下数据项:车道代码、检测时间、号牌号码、号牌颜色、号牌位置(号牌在图像中的位置坐标)和号牌图像。

具体应用时可根据需求对识别记录数据项进行扩展。

4.5.3 数据项说明

4.5.3.1 概述

数据项若用 XML 文件表示,则可参见附录 A 号牌信息 XML 文件模板。

4.5.3.2 车道代码

车道代码为检测车道的惟一标志代码,数据项的记录名为:RoadID。

代码用八位阿拉伯数字字符表示,结构见图 1,“备用”的初始值取“0000”:

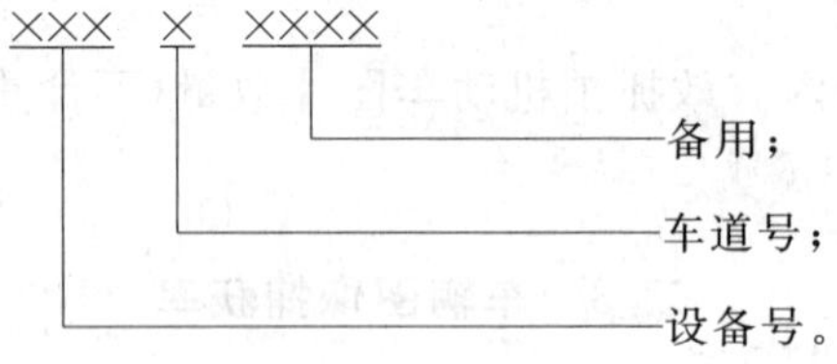

图 1 车道代码

4.5.3.3 检测时间

检测时间为系统检测到机动车的时间,数据项的记录名:CaptureTime。

代码使用 14 位阿拉伯数字组成:

CaptureTime:YYYYMMDDHHNNSS

4.5.3.4 号牌号码

数据项的记录名:VehiclePlate。

4.5.3.5 号牌颜色

数据项的记录名:PlateColor。

代码使用一位阿拉伯数字表示,数字编码规则如下:

——0:蓝色;

——1:黑色;

——2:黄色;

——3:白色。

4.5.3.6 号牌位置

号牌位置为号牌在图像中左顶点的横纵坐标、号牌宽度和号牌长度,数据项的记录名分别为:PlateLeft、PlateTop、PlateWidth、PlateHeight。

4.5.3.7 号牌图像

号牌图像数据项保存识别所对应的图片,存储方式见4.5.1。

4.6 环境适应性

4.6.1 耐低温性能

在−20 ℃±2 ℃(或−40 ℃±2 ℃、−55 ℃±2 ℃)的温度下,连续通电工作8 h。系统应能启动,工作正常,逻辑正确。

4.6.2 耐高温性能

在55 ℃±2 ℃(或50 ℃±2 ℃、45 ℃±2 ℃)的温度下,连续通电工作8 h。系统应能启动,工作正常,逻辑正确。

4.6.3 耐湿热性能

在温度为40 ℃±2 ℃、相对湿度为80%~90%环境中保持48 h后,接通电源工作48 h,系统应能启动,工作正常,逻辑正确。

5 试验方法

5.1 性能指标

5.1.1 试验条件

选择东西走向的一条或多条车道的适当位置进行实地安装设备,提供电源、网络接口,根据需要提供触发信号接口,调试配置系统。

5.1.2 试验要求

试验期间不能对系统进行操作;试验时系统能自动保存数据,数据包括抓拍结果图片、识别结果数据和视频录像。

5.1.3 试验步骤

步骤如下:

a) 试验前对历史数据进行清除；

b) 系统手工或自动校时，记录试验开始标准时间(以秒为单位)，试验开始；

c) 试验开始后，试验时间应至少连续工作 24 h；

d) 试验期间采用其他录像系统同步对测试道路进行全景与各个车道近景录像，其录像数据作为人工统计的基本数据；

e) 试验结束后提取数据。从 0～24 h 每小时时间段内连续取前 100 条数据，如果上述数据中某个时间段数据量小于 100，则可选择多天有效试验时间的该时段数据以累计至少达到 100 条，根据时间段整理成白天数据和夜晚数据两部分。记录试验结束时的标准时间与系统时间(以秒为单位)。

5.1.4 试验数据统计

5.1.4.1 分别对白天和夜晚两个时段独立统计如下数据：

a) 实际通过的机动车数量(N_{AP})：人工方式对视频全景录像和近景录像进行统计的实际通过的机动车数量，摩托车、电动自行车不纳入统计。

b) 号牌有效的机动车数量(N_{VVLP})：人工方式利用抓拍结果图片并结合录像视频，查看该时段内通过的具有有效号牌的机动车数量，机动车号牌完整，干净并悬挂正常，因参检设备无法适应环境光照影响而成像质量差导致无法看清的应纳入统计。

c) 有效抓拍机动车图片数量(N_{VP})：人工方式从抓拍结果图片中统计有效抓拍的机动车图片数量。如果同一辆车被抓拍多次，只选一个图片统计；优先选号码和颜色都正确的，如没有则选号码正确颜色有误的，如还没有，则选正确字符数最多的。

d) 重复抓拍机动车图片数量(N_{RP})：人工方式从抓拍结果图片中统计重复抓拍机动车图片数量。对同一辆车抓拍两张图片算一张重复机动车图片，对同一辆车抓拍 3 张图片算两张重复机动车图片；以此类推。

e) 机动车号牌识别正确数量(N_{VLPCR})：人工方式从有效抓拍机动车图片中，统计识别结果全部字符识别正确的图片数量。

f) 机动车号牌颜色识别正确数量(N_{VLPCCR})：人工方式从机动车号牌识别正确的图片中，统计识别结果号牌颜色和机动车号牌颜色信息一致的图片数量。

5.1.4.2 时间计算

a) 实际试验时间(T_S)：试验结束的标准时间与试验开始的标准时间之差。

b) 误差时间(T_E)：试验结束的标准时间与试验结束的系统时间之差。

5.1.5 号牌识别正确率

按式(1)计算号牌识别正确率：

$$R_{VLPCR}=(N_{CR}/N_{VVLP})\times 100\% \quad \cdots\cdots(1)$$

式中：

R_{VLPCR}——号牌识别正确率。

5.1.6 号牌颜色识别正确率

按式(2)计算号牌颜色识别正确率：

$$R_{VLPCCR}=(N_{VLPCCR}/N_{VVLP})\times 100\% \quad \cdots\cdots(2)$$

式中：

R_{VLPCCR}——号牌颜色识别正确率。

5.1.7 车辆图像捕获率

按式(3)计算车辆图像捕获率：

$$R_{VLPCC} = (N_{VP}/N_{AP}) \times 100\% \quad \cdots\cdots(3)$$

式中：

R_{VLPCC}——车辆图像捕获率。

5.1.8 车辆图像抓拍有效率

按式(4)计算车辆图像抓拍有效率：

$$R_{VLPEC} = [1-(N_{RP}/N_{AP})] \times 100\% \quad \cdots\cdots(4)$$

式中：

R_{VLPEC}——车辆图像抓拍有效率。

5.1.9 24 小时累计时钟误差

按式(5)计算 24 小时累计时钟误差：

$$T_C = 24 \times 3\ 600 \times T_E/T_S \quad \cdots\cdots(5)$$

式中：

T_C——24 小时累计时钟误差。

5.2 环境适应性

5.2.1 耐低温性能

试验按 GB/T 2423.1 进行。

5.2.2 耐高温性能

试验按 GB/T 2423.2 进行。

5.2.3 耐湿热性能

试验按 GB/T 2423.3 进行。

5.2.4 光照适应能力

在照度不高于 0.1 lx 的环境，摄像机及其控制单元以工作方式对悬挂有效号牌的车辆进行图像采集，清晰度应能满足人工对车辆号牌信息认定的要求。

在照度不低于 30 000 lx 的环境，摄像机及其控制单元以工作方式对悬挂有效号牌的车辆进行图像采集，清晰度应能满足人工对车辆号牌信息认定的要求。

6 检验规则

6.1 检验分类

机动车号牌自动识别系统的检验分为型式检验和出厂检验。

6.2 型式检验

6.2.1 产品的型式检验一般由国家法定的质量监督机构组织进行。

6.2.2 凡有下列情况之一，应进行型式检验：

a) 新产品试制定型鉴定或老产品转厂生产；

b) 正式生产后，如结构、材料、工艺有较大改变，可能影响产品性能时；

c) 产品停产半年以上，恢复生产时；

d) 正常批量生产时，每年一次；

e) 国家质量监督机构提出要求时。

6.2.3 型式检验的样品应随机抽取一件完整的产品。

6.2.4 型式检验的项目和顺序按表5规定执行。

6.2.5 型式检验中，若出现不合格项，应在同一批产品中加倍抽取样品，对不合格项进行检验，若仍不合格，则该次型式检验不合格。

6.3 出厂检验

6.3.1 对于批量不大于3个的产品，由产品生产企业质量检验部门按表5规定，逐个进行检验，检验合格后签发合格证，方可出厂。

6.3.2 对于批量大于3个的产品，出厂检验的样品应从生产线终端随机抽取不少于30%的样品，但不少于3个完整的产品。若全部合格则整个检验批合格，签发合格证，允许出厂；若有不合格，则需对整个批进行逐个检验，剔除不合格品。

6.3.3 出厂检验中，若出现一项不合格，则对该批产品的该项目进行全部检验，剔除的不合格品允许返修，返修后重新对不合格项进行检验。

表5 试验项目

序号	试验项目	试验要求	试验方法	型式检验	出厂检验
1	光照适应能力	4.2.1.3	5.2.4	√	√
2	号牌识别正确率	4.4.1	5.1.5	√	√
3	号牌颜色识别正确率	4.4.2	5.1.6	√	√
4	车辆图像捕获率	4.4.3	5.1.7	√	√
5	车辆图像抓拍有效率	4.4.4	5.1.8	√	√
6	校时功能	4.4.5	5.1.9	√	√
7	耐低温性能	4.6.1	5.2.1	√	
8	耐高温性能	4.6.2	5.2.2	√	
9	耐湿热性能	4.6.3	5.2.3	√	

附 录 A
（资料性附录）
号牌信息 XML 文件模板

```
〈? xml version="X. X" encoding="GB2312"?〉
  〈Package〉
      〈Data〉
          〈RoadID〉{检测车道代码}〈/RoadID 〉
          〈CaptureTime〉{检测时间}〈/CaptureTime〉
          〈VehiclePlate〉{号牌号码}〈/VehiclePlate〉
          〈PlateColor〉{号牌颜色}〈/PlateColor〉
          〈FileName〉{车牌图片名称}〈/FileName〉
          〈PlatePos〉
            〈PlateLeft〉{号牌左上点 X 坐标}〈/PlateLeft〉
            〈PlateTop〉{号牌左上点 Y 坐标}〈/PlateTop〉
            〈PlateWidth〉{号牌宽度}〈/PlateWidth〉
            〈PlateHeight〉{号牌高度}〈/PlateHeight〉
          〈/PlatePos〉
          〈Picture〉
            〈PicName〉{图片名称}〈/PicName〉
            〈{图片名称}〉{图像数据}〈/{图片名称}〉
          〈/Picture〉
      〈/Data〉
  〈/Package〉
```

注：以上模板均为基本信息，实际应用可根据具体需求增加数据项。

参 考 文 献

［1］ GB 2312 信息交换用汉字编码字符集 基本集

ICS 93.080.01
R 18

中华人民共和国国家标准

GB/T 28650—2012

公路防撞桶

Road safety barrel

2012-07-31 发布　　2013-01-01 实施

中华人民共和国国家质量监督检验检疫总局
中国国家标准化管理委员会　发布

前　言

本标准按照 GB/T 1.1—2009 给出的规则起草。

本标准由全国交通工程设施(公路)标准化技术委员会(SAC/TC 223)提出并归口。

本标准起草单位:交通运输部公路科学研究院、北京交科公路勘察设计研究院有限公司。

本标准主要起草人:葛书芳、吴京梅、孙智勇、唐琤琤。

公 路 防 撞 桶

1 范围

本标准规定了公路防撞桶产品的规格、尺寸、技术要求、试验方法、检验规则及包装、标志、运输和贮存等内容。

本标准适用于高速公路及一二级公路上所用防撞桶，其他公路和城市道路的防撞桶可参照执行。

2 规范性引用文件

下列文件对于本文件的应用是必不可少的。凡是注日期的引用文件，仅注日期的版本适用于本文件。凡是不注日期的引用文件，其最新版本(包括所有的修改单)适用于本文件。

GB/T 528 硫化橡胶或热塑性橡胶 拉伸应力应变性能的测定

GB/T 1040(所有部分) 塑料 拉伸性能的测定

GB/T 2423.17 电工电子产品环境试验 第2部分:试验方法 试验Ka:盐雾

GB/T 2918 塑料试样状态调节和试验的标准环境

GB/T 3681 塑料大气暴露试验方法

GB/T 5470 塑料 冲击法脆化温度的测定

GB/T 16422.2 塑料实验室光源暴露试验方法 第2部分:氙弧灯

GB/T 18833 公路交通标志反光膜

GB/T 23827—2009 道路交通标志板及支撑件

3 术语和定义

下列术语和定义适用于本文件。

3.1

防撞桶 road safety barrel

设置在公路的转弯、出入口、收费岛头、桥梁护栏端头、上跨桥的桥墩处、隧道洞口处等存在严重安全隐患的地方，起警示和减缓冲击作用的圆形安全设施。在发生车辆冲撞时，能降低事故严重度，减少事故损失。

3.2

组合防撞桶 road safety barrel combination

由多个防撞桶按照一定的方式组合，能够达到特定防撞效果的设施。

4 产品型号

产品型号形式如下：

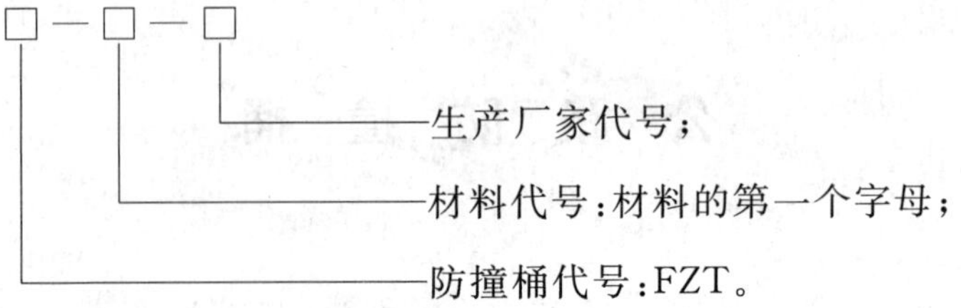

示例：SD 厂家生产的塑料防撞桶表示为：FZT—S—SD。

5 技术要求

5.1 防撞桶的结构

防撞桶由桶盖、桶身、横隔板、配载物及逆反射材料(反光膜)组成。

5.2 防撞桶的形状、尺寸及外观要求

5.2.1 形状及外观要求

防撞桶桶身为圆柱形，外表颜色为黄色，为中空形式，桶盖与桶身可通过自身丝扣或自攻螺丝固定；防撞桶桶身可设计结构件加固；防撞桶应有泄气孔，下部可设置排泄口；防撞桶表面不应有裂纹及明显凹痕和变形，不应有明显的划痕、损伤和颜色不均匀。

防撞桶内部应设置横隔板，放置水、砂等配载物；横隔板的强度应能承受配载物的自重；防撞桶在空桶状态及加载配载物后均可成型正面放置，加装配载物竖直放置时，配载物不能有内部和外向泄漏。

5.2.2 尺寸

防撞桶的直径为 900 mm，高为 950 mm，壁厚不小于 6 mm，防撞桶外贴反光膜，反光膜单条宽度不小于 50 mm，连续长度不小于 100 mm，反光膜颜色和方向可根据实际情况调整，见图 1，其外形尺寸允许偏差为＋0.5％。

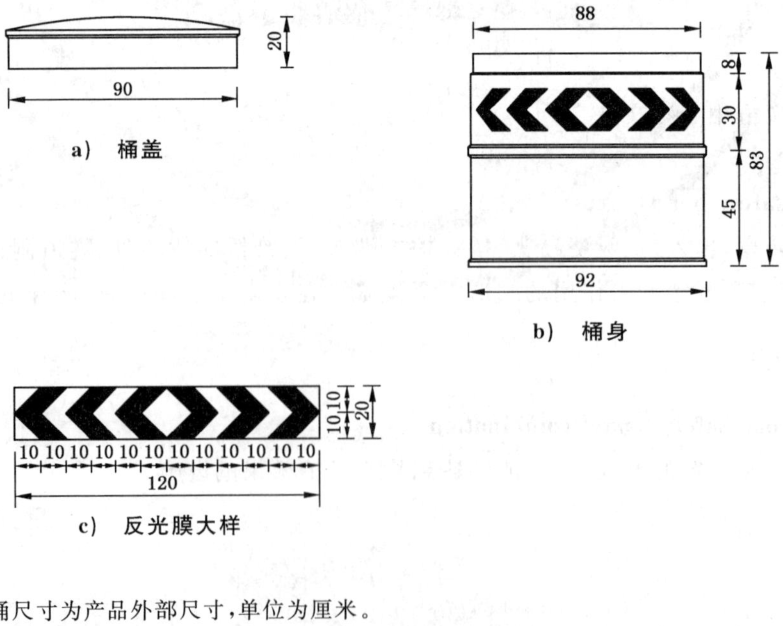

a) 桶盖

b) 桶身

c) 反光膜大样

注 1：图中防撞桶尺寸为产品外部尺寸，单位为厘米。

注 2：图中反光膜颜色和粘贴方向仅为示意，可根据实际需要确定。

图 1 防撞桶大样图

5.3 材料

5.3.1 防撞桶桶盖、桶身、横隔板所用材料为聚乙烯、聚丙烯或其他类型合成树脂为原材料的塑料或硫化橡胶或热塑橡胶等；外贴反光膜等级为二级及以上；配载物所用砂为普通中砂，细度模数在3.0～2.3之间。

5.3.2 材料要求：

a) 拉伸强度应不小于15 MPa；

b) 断裂伸长率(扯断伸长率)应不小于200%；

c) 塑料的冲击脆化温度低于−40 ℃；

d) 反光膜的色度性能、光度性能、耐候性能、耐盐雾腐蚀性能、耐溶剂性能、抗冲击性能、耐弯曲性能、抗高低温性能应符合GB/T 18833的要求。

5.4 耐高温性能

承受高温后，不应有明显变色、永久性形变及表面贴膜剥裂等现象。

5.5 耐低温性能

承受低温后，不应有明显变色、永久性形变、裂纹、碎裂或翘曲及表面贴膜剥裂等现象。

5.6 耐候性能

在正常使用气候环境下，防撞桶应无明显的裂缝、刻痕、凹陷、气泡、侵蚀、剥离、粉化或变形，防撞桶用反光膜不应出现边缘被剥离的现象。拉伸强度试验数值不低于5.3.2a)要求规定值的80%。

5.7 耐盐雾腐蚀性能

在正常使用盐雾环境下，防撞桶桶体及桶盖不应有变色、损伤或被侵蚀的痕迹。防撞桶用反光膜不应出现边缘被剥离的现象。

5.8 反光膜对防撞桶的附着性能

反光膜对防撞桶的附着性能应符合GB/T 23827—2009中反光膜对标志底板的附着性能的规定。

5.9 系统碰撞性能要求

5.9.1 乘员安全性能

车辆碰撞防撞桶系统后，乘员纵横向碰撞速度均不超过12 m/s，纵横向碰撞加速度10 ms间隔平均值的最大值不大于20 g。

5.9.2 结构安全性

在发生碰撞时，防撞桶各结构组成部分及配载物不能飞散，不能对碰撞车辆、周围的行人及其他车辆产生损坏或伤害。

5.9.3 车辆行驶轨迹

碰撞车辆能被有效地减速和停止，不能产生碰撞车辆穿越或翻越防撞桶。

6 试验方法

6.1 试样的制备

试样按如下方法制备：

a) 随机抽取或截取防撞桶粘贴反光膜中间，尺寸不小于 150 mm×150 mm 的试件，作为产品试样；
b) 随机抽取生产使用的反光膜，截成尺寸为 150 mm×150 mm 大小，按生产工艺要求，粘贴在大小为 200 mm×200 mm 的防撞桶试样上，作为反光膜试样。

6.2 测试的环境要求

试验在 GB/T 2918 所规定的"23/50"标准环境下进行。

6.3 外观检查

在白天室外照度大于 80 lx 的条件下，目测产品外观。

6.4 尺寸测量

用直尺、钢卷尺、板厚千分尺测量防撞桶的外形尺寸和壁厚。

6.5 拉伸强度试验

塑料材料防撞桶按照 GB/T 1040 的规定和要求（试样类型选用 2 型）进行试验，橡胶材料防撞桶按照 GB/T 528 的要求（试样选用哑铃状试样 1 型）进行试验。

6.6 断裂伸长率（扯断伸长率）试验

塑料材料防撞桶按照 GB/T 1040 的规定和要求（试样类型选用 2 型）进行试验，橡胶材料防撞桶按照 GB/T 528 的要求（试样选用哑铃状试样 1 型）进行试验。

6.7 冲击脆化温度试验

塑料材料防撞桶的冲击脆化温度按照 GB/T 5470 的规定进行测试。

6.8 反光膜性能试验

反光膜的色度性能、光度性能、耐候性能、耐盐雾腐蚀性能、耐溶剂性能、抗冲击性能、耐弯曲性能、抗高低温性按照 GB/T 18833 的规定进行测试。

6.9 碰撞性能测试

防撞桶以一组为一个防撞系统，按厂家的要求进行配组和安装，加载配载物。

质量为 1 500 kg 的汽车，以 0°的碰撞角度，速度为 60 km/h 对组合防撞桶实施碰撞试验。

6.10 高温试验

将防撞桶试件置入 65 ℃±2 ℃的环境中 24 h 后取出，用四倍放大镜检查桶体外观。

6.11 低温试验

将防撞桶试件置入－40 ℃±2 ℃的环境中 24 h 后取出，用四倍放大镜检查桶体外观。

6.12 耐候性能试验

6.12.1 自然暴露试验

按照 GB/T 3681 的要求，将防撞桶安装在至少高于地面 0.8 m 的暴晒架上，试验地点应尽可能近似实际使用环境或代表某一气候最严酷的地方。自然暴露时间为两年。

6.12.2 氙弧灯暴露试验

按照 GB/T 16422.2 的要求，试样经受的辐射强度为 550 W/m^2±55 W/m^2，辐射强度偏差不大于±10%，辐射光光谱波长为 290 nm～800 nm，低于 290 nm 的光线的辐射强度不应大于 1 W/m^2，箱内黑板温度为 65 ℃±3 ℃，相对湿度 65%±5%，喷水周期为 18 min±0.5 min/102 min±0.5 min（喷水时间/不喷水时间）。采用连续光照，试验时间规定为 1 200 h（若试件累计辐射能量小于 2.376×10^6 kJ/m^2，则应延长试验时间）。试验后检查外观和性能。

6.13 盐雾腐蚀试验

按照 GB/T 2423.17，把化学纯的氯化钠溶于蒸馏水，配成 5%±0.1%（质量分数）的盐溶液（pH 值在 6.5～7.2 之间），使该盐溶液在盐雾箱内连续雾化，箱内温度保持 35 ℃±2 ℃。试样受试面与垂直方向成 30°角，相邻两样品保持一定的间隙，行间距不小于 75 mm，试样在盐雾空间连续暴露 120 h。试验结束后，用流动水轻轻洗掉试样表面的盐沉积物，再用蒸馏水漂洗，洗涤水温不得超过 35 ℃，然后在标准的大气条件下放置 1 h～2 h，用四倍放大镜进行检查。

6.14 反光膜对防撞桶的附着性能试验

反光膜对防撞桶的附着性能按 GB/T 23827—2009 中 6.12 的规定进行测试。

7 检验规则

7.1 检验的分类和要求

对防撞桶的质量检验分型式检验和出厂检验。

7.1.1 型式检验

有下列情况之一，生产厂家应进行产品的型式检验：

a) 新产品鉴定；

b) 老产品转厂生产；

c) 停产一年或以上，又恢复生产；

d) 产品的设计、工艺或材料的改变影响产品性能时；

e) 产品在实际使用中出现较大质量问题时；

f) 正常生产的产品每经历两年时间；

g) 国家有关技术监督部门提出要求时。

检验项目见表 1。

表 1　检验项目表

序号	试验项目	试验方法	型式检验	出厂检验
1	外观检查	6.3	√	√
2	尺寸测量	6.4	√	√
3	拉伸强度试验	6.5	√	—
4	断裂伸长率试验	6.6	√	—
5	冲击脆化温度试验	6.7	√	—
6	反光膜性能试验	6.8	√	—
7	碰撞性能试验	6.9	√	—
8	高温试验	6.10	√	—
9	低温试验	6.11	√	—
10	自然暴露试验	6.12.1	√	—
11	氙弧灯暴露试验	6.12.2	√	—
12	耐盐雾腐蚀试验	6.13	√	—
13	反光膜对防撞桶的附着性能试验	6.14	√	—
注：表中"√"表示进行此项试验。				

7.1.2　出厂检验

防撞桶生产厂在产品出厂前，应按照表 1 的要求，逐一对防撞桶进行出厂检验，以保证出厂产品质量符合本标准要求。

7.2　判定规则

型式检验抽检的防撞桶不得少于 10 只，拉伸强度、断裂伸长率试验所需塑料或橡胶样品数量不得少于 20 块，按表 1 的要求进行检验，检验项目结果应全部符合标准的要求，如有一项不合格，则判定产品不合格。

8　标志、包装、运输和贮存

8.1　标志

防撞桶应有清晰耐久的标志，注明以下内容：

a)　生产厂家名称、地址；

b)　产品名称、代号；

c)　产品所执行或符合的标准编号及名称；

d)　生产日期及批号。

8.2　包装

产品的包装应包含以下文件：

a)　产品使用、维护说明书；

b） 产品质量等级检验合格证。

8.3 运输

产品运输时应固定牢靠，防止损伤反光膜和其他部分。

8.4 贮存

产品在运输和贮存时应防止被化学物品腐蚀。

ICS 03.220.20
R 80

中华人民共和国国家标准

GB/T 28651—2012

公路临时性交通标志

Road temporary traffic signs

2012-07-31 发布　　　　2013-01-01 实施

中华人民共和国国家质量监督检验检疫总局
中国国家标准化管理委员会　发布

前 言

本标准按照GB/T 1.1—2009给出的规则起草。

本标准由全国交通工程设施(公路)标准化技术委员会(SAC/TC 223)提出并归口。

本标准起草单位:交通运输部公路科学研究院、国家交通安全设施质量监督检验中心、北京交科公路勘察设计研究院有限公司、北京中交华安科技有限公司。

本标准主要起草人:葛书芳、杨曼娟、唐琤琤、孙智勇、张帆。

公路临时性交通标志

1 范围

本标准规定了公路临时性交通标志的组成、技术要求、试验方法、检验规则以及标志、包装、运输和贮存。

本标准适用于我国各级公路用临时性交通标志,其他道路用临时性交通标志可参考使用。

2 规范性引用文件

下列文件对于本文件的应用是必不可少的。凡是注日期的引用文件,仅注日期的版本适用于本文件。凡是不注日期的引用文件,其最新版本(包括所有的修改单)适用于本文件。

GB/T 228.1 金属材料 拉伸试验 第1部分:室温试验方法

GB/T 700 碳素结构钢

GB/T 1040.1 塑料 拉伸性能的测定 第1部分:总则

GB/T 1446 纤维增强塑料性能试验方法总则

GB/T 2651 焊接接头拉伸试验方法

GB/T 3098.1 紧固件机械性能 螺栓、螺钉和螺柱

GB/T 3195 铝及铝合金拉制圆线材

GB/T 3250 铝及铝合金铆钉线与铆钉剪切试验方法及铆钉线铆接试验方法

GB 5768.2 道路交通标志和标线 第2部分:道路交通标志

GB/T 18226 高速公路交通工程钢构件防腐技术条件

GB/T 18833 公路交通标志反光膜

GB/T 23827 道路交通标志板及支撑件

JT/T 495 公路交通安全设施质量检验抽样及判定

3 术语和定义

下列术语和定义适用于本文件。

3.1

公路临时性交通标志 road temporary traffic signs

临时设置于公路上或在公路上临时使用的道路交通标志。

3.2

支架 support

支撑标志板的构件。

3.3

连接件 connector

连接标志板与支架,起紧固作用的构件。

4 组成

临时性公路标志由标志板和支架及连接件组成,标志板包括标志面、标志底板。

5 技术要求

5.1 结构形式

5.1.1 公路临时性交通标志支架可采用以下几种形式,如图 1～图 4 所示。也可采用附着式,附着于其他结构物上。

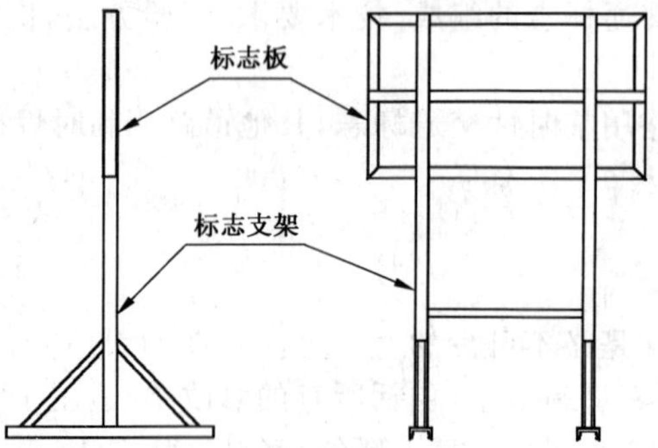

图 1 双柱式

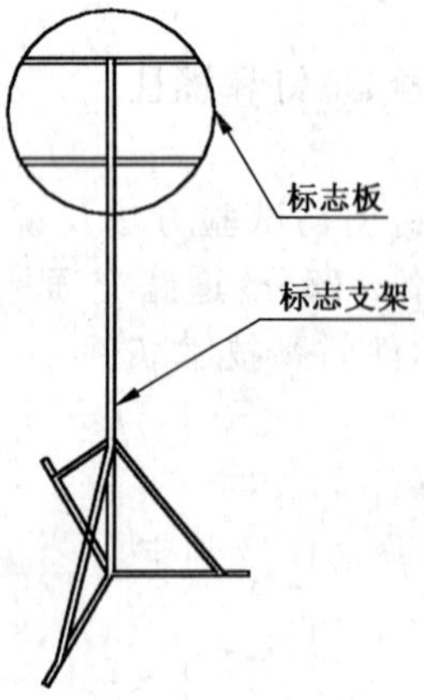

图 2 单柱式

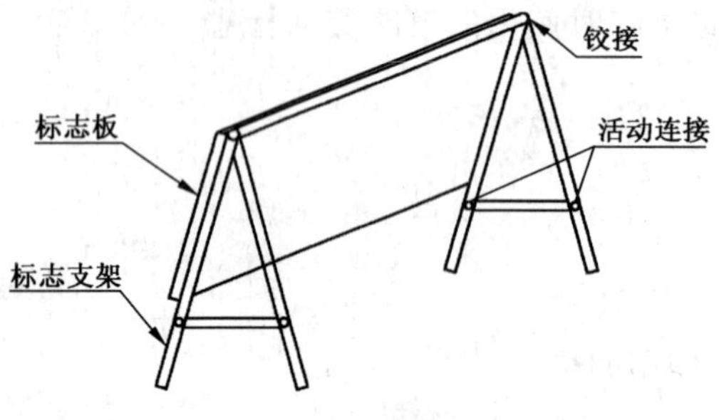

图 3 凳式

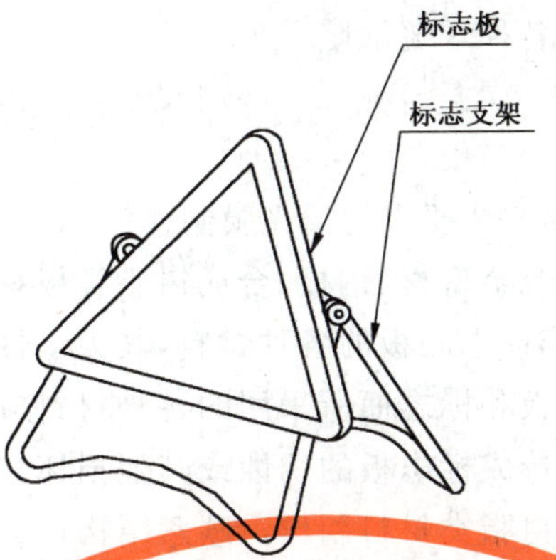

图 4　镜架式

5.1.2　标志安装好后，标志板下缘距离支撑面应不小于 200 mm，见图 5a)。当标志是一个路障时，标志板下缘距离支撑面应不小于 500 mm，标志板中心线应距离支撑面 750 mm～1 250 mm，见图 5b)。

5.1.3　当标志板垂直于支撑面安装时，其板面应垂直于行车方向；当标志板与支撑面倾斜安装时，倾斜角不应大于 22.5°，见图 5a)。

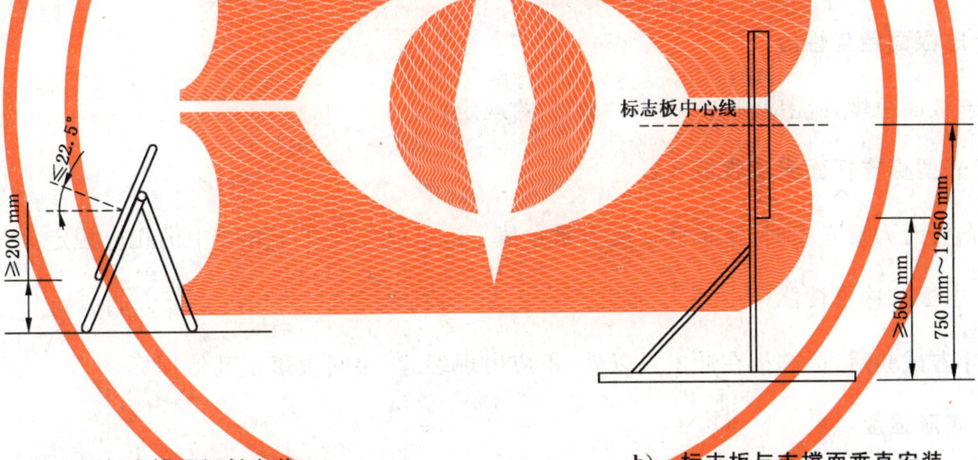

a)　标志板与支撑面倾斜安装　　　　b)　标志板与支撑面垂直安装

图 5　标志板安装要求示意图

5.1.4　标志板与支架的连接应符合材料和设计要求。安装好的标志板不应在支架上活动(旋转、摆动等)。

5.2　外形尺寸

5.2.1　标志板的形状、尺寸应符合 GB 5768.2 的规定或有关设计的要求。

5.2.2　标志板的外形尺寸允许偏差应符合 GB/T 23827 的规定。

5.3　外观质量

5.3.1　标志面上的字符、图形等应符合 GB 5768.2 的规定。

5.3.2　标志板外观质量应符合 GB/T 23827 的规定。

5.3.3 支架的所有焊接、穿孔应在与标志板连接之前进行。支架、连接件等应表面光洁,颜色均匀一致,不应有破损、变形、锈蚀、漏镀及各种焊缝缺陷。

5.4 材料及力学性能

5.4.1 标志面应采用符合 GB/T 18833 要求的反光膜制作。

5.4.2 标志底板可用铝合金板、铝合金型材、钢板、合成树脂类板材等材料制作。应采用允许塑性变形的材料,不能采用易碎的材料。制作标志底板的各种材料,其力学性能应符合 GB/T 23827 的规定。

5.4.3 在同一块标志板上,标志底板和标志面所采用的各种材料应具有相容性,不应因电化学作用、不同的热膨胀系数或其他化学反应等造成标志板的锈蚀或其他损坏。

5.4.4 支架可用碳素结构钢、合成树脂类材料制作。碳素结构钢的力学性能及化学成分指标应不低于 GB/T 700 规定的 Q235 号钢的要求。合成树脂类材料的力学性能应符合相关标准的要求。

5.4.5 连接件的力学性能应符合 GB/T 3195、GB/T 3098.1 及有关设计要求。

5.5 钢构件防腐层质量

采用钢构件制作的标志部件,其防腐层质量应符合 GB/T 18226 的要求,其中采用单一热浸镀锌处理时,热浸镀锌量应满足以下规定:

a) 标志底板、支架等大型构件,其镀锌量不低于 600 g/m^2;

b) 连接件等小型构件,其镀锌量不低于 350 g/m^2。

5.6 标志板面色度性能

标志板面色度性能应符合 GB/T 23827 的规定。

5.7 反光型标志板面光度性能

标志板面为反光膜时,其板面逆反射系数值不应低于 GB/T 18833 中的相应规定。

5.8 标志板抗冲击性能

抗冲击试验后,标志板在冲击点以外,不应出现裂缝、层间脱落或其他损坏。

5.9 抗变形强度

标志板能抗意外破坏作用,当受到任意方向的大小为 500 N 的力作用时,标志板残余变形不应大于 100 mm/m。

5.10 倾覆稳定性

支架应具有稳定性,无压载时,支架和标志板在 15°的斜面上应不会倾覆。

5.11 抗风强度及稳定性

支架应能承受水平作用于标志板的基本风荷载。基本风荷载的计算方法见 6.10。按 6.10 规定的抗风强度试验方法测试,支架和标志板应能通过自重或压载物配重保持整体稳定性,并且标志板的挠度较初始位置不能超过 5°。

5.12 附着性能

标志面与标志底板的附着性能应符合 GB/T 23827 的规定。

6 试验方法

6.1 测试准备

6.1.1 试样的制备

根据不同情况按下列办法之一制备试样：

a) 随机抽取标志生产厂商制作的标志，或从该标志中截取相应尺寸作为试样；

b) 随机抽取生产厂商使用的原材料、设备、工艺，或按生产厂商的使用说明，将反光膜及黑膜粘贴到铝合金标志底板上，制成标志板试样。

6.1.2 测试环境

试样测试前，应在温度 23 ℃±2 ℃、相对湿度 50%±10%的环境中放置 24 h，然后进行各种测试工作。

一般的测试工作宜在温度 23 ℃±2 ℃、相对湿度 50%±10%的环境中进行。

6.2 结构尺寸

结构组成采用目测，外形尺寸、铆接间距、板厚、外径、壁厚等，应采用精度和量程满足要求的直尺、卷尺、板厚千分尺等工具测量。

6.3 外观质量

标志板的外观检测及性能试验方法参照 GB/T 23827。

6.4 钢构件防腐层质量

按 GB/T 18226 的方法进行测试。

6.5 材料力学性能

按 GB/T 228.1、GB/T 1040.1、GB/T 1446、GB/T 2651、GB/T 3250 等有关标准的要求进行测试。

6.6 标志板面色度性能

制取 150 mm×150 mm 的单色标志板面试样，或直接在需进行测试的标志板面上，按 GB/T 18833 的方法进行测试。

6.7 反光型标志板面光度性能

制取 150 mm×150 mm 的单色标志板面试样，或直接在需进行测试的标志板面上，按照 GB/T 18833 的方法进行测试。

6.8 标志板抗冲击性能

将 150 mm×150 mm 的试样标志板面朝上，或直接在需进行测试的标志板面上，按照 GB/T 18833 的方法进行测试。

6.9 标志板抗变形强度试验

对各种类型标志板(见图 6),沿纵向轴固定,记录下初始位置,在图示作用点处施加力,逐渐加大到 500 N,然后解除,用毫米直尺测量永久变形。

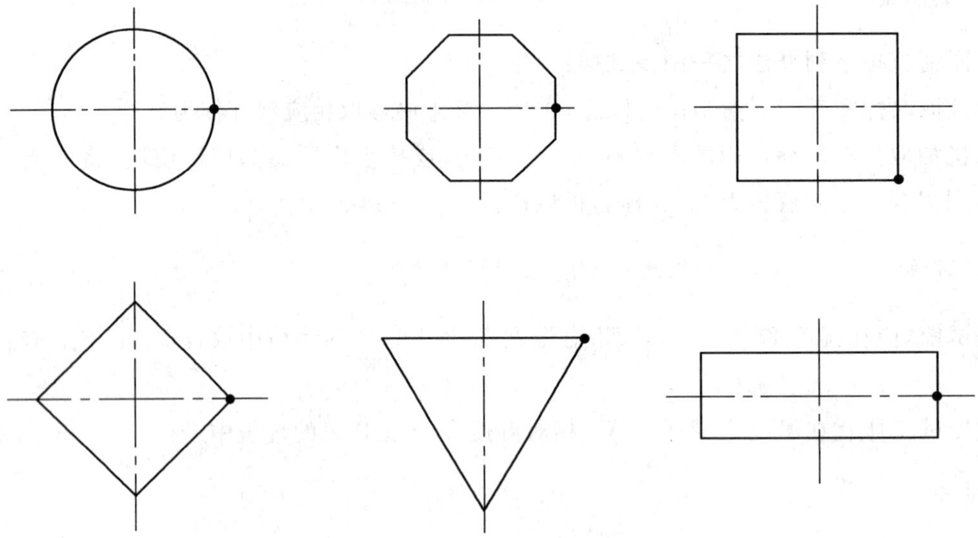

图 6 标志板抗变形强度试验

6.10 标志支架稳定性试验

6.10.1 斜面无压载稳定性试验

测定活动支架和标志整体的前稳定性、后稳定性和侧稳定性,见图 7,支架不应在三个方向的任何一个方向摇晃、倾覆(滑移限位块紧靠支架)。

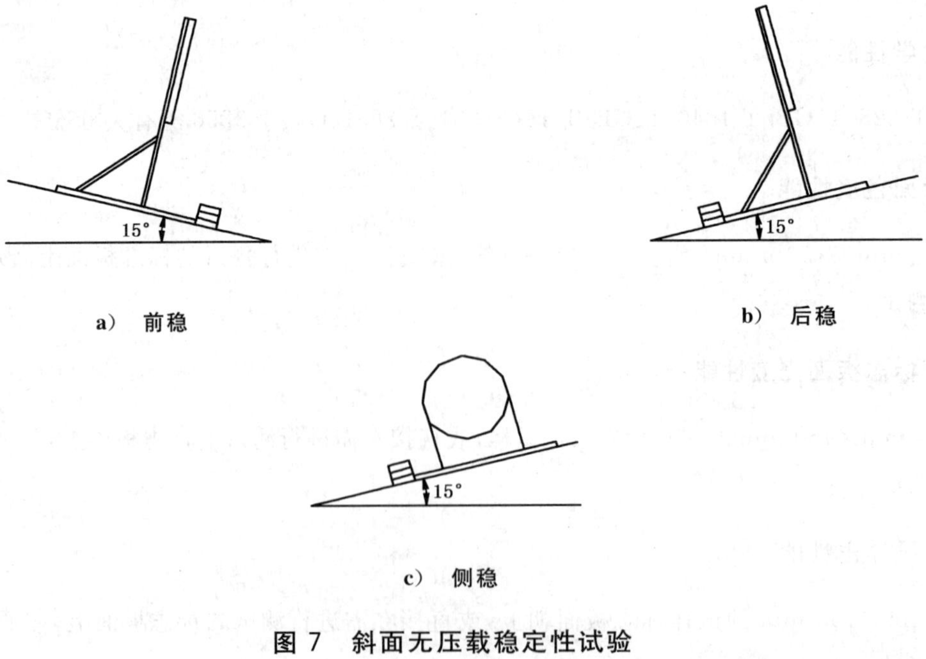

图 7 斜面无压载稳定性试验

6.10.2 抗风强度试验

试验装置见图 8。支架和标志板安装好置于水平面上，并在一端放置滑移限位块，另一端放置制造商规定的压载物(配重)，相当于锚固作用力。施一水平力作用于标志板的重心，其大小为标志板所受风荷载在水平方向上的分量[见式(1)]。

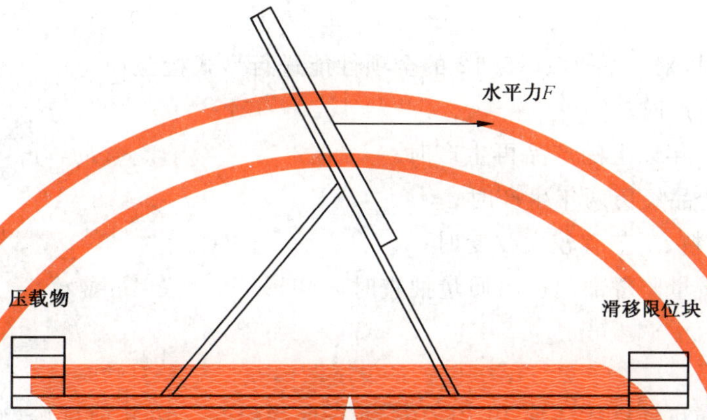

图 8 抗风强度试验

$$P = F\sin\alpha \tag{1}$$

式中：

F ——标志板所受的风荷载，单位为牛(N)；

α ——标志板倾斜角，单位为度(°)。

标志板所受风荷载按式(2)计算：

$$F = \gamma_0 \gamma_Q \left(\frac{1}{2}\rho C v^2\right) A \tag{2}$$

式中：

F ——标志板所受的风荷载，单位为牛(N)；

γ_0——结构重要性系数，取 $r_0 = 1.0$；

γ_Q——可变作用效应的分项系数，风荷载的分项系数取 $\gamma_Q = 1.1$；

ρ ——空气密度($1.225\ 8\ N \cdot s^2 \cdot m^{-4}$)；

C ——风力系数(标志板的风力系数取 $C = 1.2$)；

v ——风速，单位为米每秒(m/s)，应选择用当地比较空旷平坦地面上离地 10 m 高，重现期为 10 年的 10 min 平均最大风速值进行计算，最小值为 25 m/s；

A ——标志板的面积，单位为平方米(m^2)。

作用力 F 用测力计测定。试验应在前后两个方向进行，试验中，压载物处的标志支架不应脱离地面。

6.11 标志面与标志底板的附着性能

标志面与标志底板的附着性能试验方法参照 GB/T 23827。

7 检验规则

7.1 出厂检验

产品出厂前，应随机抽样，对 5.2、5.3、5.6、5.7、5.8、5.9、5.10、5.11 各项性能进行自检，合格者附合格证才可出厂。

7.2 型式检验

有下列情况发生时，对产品 5.1～5.12 的全项性能进行型式检验：

a) 老产品转厂生产时；

b) 停产一年或一年以上的产品再生产时；

c) 正常生产的产品经历两年生产时；

d) 产品结构、材料、工艺有较大改变时；

e) 国家授权的质量监督部门提出质量抽查时。

7.3 抽样方法

对每批产品进行随机抽样或依据 JT/T 495 进行抽样检测。按各项试验，宜抽样三个或三个以上产品。

7.4 判定规则

各项试验其检测频率及结果判定应符合如下规定：

a) 每项试验至少检测三个数据(宜在不同试样上进行)，取其平均值为检测结果；

b) 检测数据全部符合标准要求，则判定该批产品合格；

c) 检测数据有一项不符合标准要求，抽取双倍数量的产品对该项指标进行复检。若复检合格，则判定该批产品合格；若复检不合格，则判定该批产品不合格。

8 标志、包装、运输和贮存

8.1 标志

8.1.1 标志板在适当位置，应清晰、耐久地做出如下标志：

a) 生产厂商的名称、商标或其他有关信息；

b) 应用的标准号；

c) 标志板的类别；

d) 生产日期及批号等。

8.1.2 对于每批标志板及支撑件产品，厂方应提供使用说明，内容包括：

a) 装配和安装说明；

b) 使用和维修说明；

c) 使用地点限制的说明等。

8.2 包装、运输和贮存

要求如下：

a) 标志板在装箱前应逐件包装，或形状尺寸相同的标志板每两块一起包装，标志板面应有软衬垫材料加以保护，以免搬运中受到刻划或其他损伤；
b) 标志板及支撑件装箱时，应随箱附有产品使用说明及产品质量等级检验合格证，包括各种材质、牌号、状态及反光膜等级等内容；
c) 标志板应存放在室内干燥通风的地方，贮存期不宜超过一年。

ICS 71.060.50
G 12

中华人民共和国国家标准

GB 28652—2012

高品质无水氟化钾

High quality anhydrous potassium fluoride

2012-09-03 发布　　2013-06-01 实施

中华人民共和国国家质量监督检验检疫总局
中国国家标准化管理委员会　发布

前　言

本标准第7章和第8章中8.1、8.3、8.4和第9章内容为强制性的，其余为推荐性的。

本标准按照GB/T 1.1—2009给出的规则起草。

本标准由中国石油和化学工业联合会提出。

本标准由全国化学标准化技术委员会无机化工分会(SAC/TC 63/SC 1)归口。

本标准起草单位：中海油天津化工研究设计院、新乡市黄河精细化工有限公司、浙江省化工研究院有限公司、山东兴氟新材料有限公司、浙江莹光化工有限公司、新乡市盛威生物有限公司、多氟多化工股份有限公司。

本标准主要起草人：赵美敬、刘忠山、王松、方路、周鹏鹏、郭黎明、程烨、薛旭金。

高品质无水氟化钾

1 范围

本标准规定了高品质无水氟化钾的要求、试验方法、检验规则、标志、标签、包装、运输、贮存和安全。

本标准适用于主要作为玻璃雕刻剂、电镀助剂、焊接助熔剂、杀虫剂、有机化合物的氟化剂、催化剂、吸收剂(吸收水分)等的高品质无水氟化钾。

2 规范性引用文件

下列文件对于本文件的应用是必不可少的。凡是注日期的引用文件,仅注日期的版本适用于本文件。凡是不注日期的引用文件,其最新版本(包括所有的修改单)适用于本文件。

GB 190—2009 危险货物包装标志

GB/T 191—2008 包装储运图示标志

GB/T 6678 化工产品采样总则

GB/T 8170 数值修约规则与极限数值的表示和判定

GB/T 27813—2011 无水氟化钾分析方法

3 分子式和相对分子质量

分子式:KF

相对分子质量:58.10(按 2007 年国际相对原子质量)

4 要求

4.1 外观:白色结晶或球状颗粒。

4.2 高品质无水氟化钾的指标按本标准规定的试验方法检测应符合表 1 技术要求。

表 1 技术要求

项目			指标	
			一等品	合格品
氟化钾(KF)w/%		≥	99.5	99.3
氯化物(以 Cl 计)w/%		≤	0.05	0.05
灼烧减量 w/%		≤	0.2	0.2
游离酸或游离碱	(以 HF 计)w/%	≤	0.05	0.05
	(以 KOH 计)w/%	≤	0.05	0.1
硫酸盐(以 SO_4 计)w/%		≤	0.1	0.2
氟硅酸盐(以 SiO_2 计)w/%		≤	0.01	0.01

表 1（续）

项目		指标	
		一等品	合格品
砷(As)w/%	≤	0.000 5	0.000 5
铁(Fe)w/%	≤	0.000 5	0.002
铅(Pb)w/%	≤	0.000 5	0.001
铬(Cr)w/%	≤	0.000 5	0.000 5
硅(Si)w/%	≤	0.002	0.005
硼(B)w/%	≤	0.000 5	0.001
钙(Ca)w/%	≤	0.000 5	0.001
镍(Ni)w/%	≤	0.000 3	0.000 5

5 试验方法

5.1 外观检验

在自然光下，在白塑料板上用目视法判定外观。

5.2 氟化钾含量的测定

按 GB/T 27813—2011 第 5 章的规定进行测定及结果计算。

5.3 氯化物含量的测定

按 GB/T 27813—2011 第 6 章的规定进行测定及结果计算。

5.4 灼烧减量的测定

按 GB/T 27813—2011 第 7 章的规定进行测定及结果计算。

5.5 游离酸或游离碱含量的测定

按 GB/T 27813—2011 第 8 章的规定进行测定及结果计算。

5.6 硫酸盐含量的测定

按 GB/T 27813—2011 第 9 章的规定进行测定及结果计算。

5.7 氟硅酸盐含量的测定

按 GB/T 27813—2011 第 10 章的规定进行测定及结果计算。

5.8 砷含量、铁含量、铅含量、铬含量、硅含量、硼含量、钙含量和镍含量的测定

按 GB/T 27813—2011 第 12 章的规定进行测定及结果计算。

6 检验规则

6.1 本标准要求中规定的所有指标项目为出厂检验项目，应逐批检验。

6.2 用相同材料，基本相同的生产条件，连续生产或同一班组生产的同一级别的高品质无水氟化钾为一批。每批产品不超过 30 t。

6.3 按 GB/T 6678 的规定确定采样单元数。采样时，将采样器自包装袋的上方斜插入至料层深度的 3/4 处采样。将所采的样品置于密封的塑料容器中混匀，按四分法缩分至不少于 500 g，分装于两个清洁、干燥的塑料瓶(或塑料袋)中，密封。瓶或袋上粘贴标签，注明：生产厂名、产品名称、等级、批号、采样日期和采样者姓名。一份作为实验室样品，另一份保存备查，保留时间由生产厂根据实际需要确定。

6.4 检验结果中如有指标不符合本标准要求时，应重新自两倍量的包装中采样进行复验，复验结果即使只有一项指标不符合本标准要求时，则整批产品为不合格。

6.5 采用 GB/T 8170 规定的修约值比较法判定检验结果是否符合标准。

7 标志和标签

7.1 高品质无水氟化钾包装上应有牢固清晰的标志，内容包括：生产厂名、厂址、产品名称、等级、净含量、批号或生产日期、本标准编号及 GB 190—2009 中规定的“毒性物质”标签、GB/T 191—2008 中规定的“怕晒”、“怕雨”标志。

7.2 每批出厂的高品质无水氟化钾都应附有质量证明书。内容包括：生产厂名、厂址、产品名称、等级、净含量、批号或生产日期、本标准编号。

8 包装、运输和贮存

8.1 高品质无水氟化钾采用三种包装方式。

8.1.1 编织袋包装：内包装采用单层聚乙烯塑料薄膜袋，采用热合封口。外包装采用塑料编织袋，用维尼龙线或其他质量相当的线牢固缝合。

8.1.2 纸板桶包装：内包装采用双层聚乙烯塑料薄膜袋，内层塑料薄膜袋和外层塑料薄膜袋分别用维尼龙线或其他质量相当的线牢固扎口。外包装采用纸板桶，加盖并箍牢。

8.1.3 铝箔袋包装：采用铝箔袋包装，热合封口。

8.2 高品质无水氟化钾的包装净含量：编织袋包装每袋净含量 20 kg。纸板桶包装每桶净含量 20 kg 或 75 kg。铝箔袋包装每袋净含量 20 kg。或根据用户要求协商确定包装净含量。

8.3 高品质无水氟化钾在运输过程中应有遮盖物，防止雨淋、受潮。

8.4 高品质无水氟化钾应贮存阴凉干燥处，防止雨淋、受潮。

9 安全

9.1 高品质无水氟化钾具有毒害性，工作场所与休息场所应严格分开；操作工人和分析人员取样时应佩戴劳动保护用品。

9.2 高品质无水氟化钾与眼睛或皮肤接触后，立即用大量水冲洗至少 15 min；严重者立即就医。

9.3 高品质无水氟化钾泄漏应急处理：隔离泄漏污染区，防止与酸接触，限制进入。泄漏物应立即收集至固定容器内，按环保要求集中处理。被污染的地面用水冲洗，冲洗的污水应进入污水处理系统，不应直接进入下水道。

ICS 71.060.50
G 12

中华人民共和国国家标准

GB 28653—2012

工 业 氟 化 铵

Ammonium fluoride for industrial use

2012-09-03 发布 2013-06-01 实施

中华人民共和国国家质量监督检验检疫总局
中国国家标准化管理委员会 发布

前　言

本标准的第7章、第8章中8.1、8.3、8.4和第9章内容为强制性的，其余为推荐性的。

本标准按照GB/T 1.1—2009给出的规则起草。

本标准由中国石油和化学工业联合会提出。

本标准由全国化学标准化技术委员会无机化工分会(SAC/TC 63/SC 1)归口。

本标准起草单位：佛山市质量计量监督检测中心、福建省邵武市永飞化工有限公司、浙江三美化工股份有限公司、浙江莹光化工有限公司、山东兴氟新材料有限公司、中海油天津化工研究设计院、浙江省化工研究院有限公司、多氟多化工股份有限公司、浙江鹰鹏化工有限公司。

本标准主要起草人：张兆芝、郭凤鑫、万群平、徐一洪、何征平、周鹏鹏、施建忠、薛旭金、谢汛友。

工 业 氟 化 铵

警告：使用本标准的人员应有正规实验室工作的实践经验。本标准并未指出所有可能的安全问题。使用者有责任采取适当的安全和健康措施，并保证符合国家有关法规规定的条件。

1 范围

本标准规定了工业氟化铵的要求、试验方法、检验规则、标志、标签、包装、运输、贮存和安全。

本标准适用于主要作为玻璃蚀刻剂、金属表面化学抛光剂等的工业氟化铵。

2 规范性引用文件

下列文件对于本文件的应用是必不可少的。凡是注日期的引用文件，仅注日期的版本适用于本文件。凡是不注日期的引用文件，其最新版本(包括所有的修改单)适用于本文件。

GB 190—2009 危险货物包装标志

GB/T 191—2008 包装储运图示标志

GB/T 6678 化工产品采样总则

GB/T 6682—2008 分析实验室用水规格和试验方法

GB/T 8170 数值修约规则与极限数值的表示和判定

HG/T 3696.1 无机化工产品 化学分析用标准溶液、制剂及制品的制备 第1部分：标准滴定溶液的制备

HG/T 3696.2 无机化工产品 化学分析用标准溶液、制剂及制品的制备 第2部分：杂质标准溶液的制备

HG/T 3696.3 无机化工产品 化学分析用标准溶液、制剂及制品的制备 第3部分：制剂及制品的制备

3 分子式和相对分子质量

分子式：NH_4F

相对分子质量：37.04(按2007年国际相对原子质量)

4 要求

4.1 外观：白色结晶。

4.2 工业氟化铵按本标准规定的试验方法检测应符合表1技术要求。

表 1 技术要求

项 目		指 标	
		一等品	合格品
氟化铵 w/%	≥	95.0	93.0
游离酸(以 HF 计)w/%	≤	1.0	1.0
氟硅酸盐[以$(NH_4)_2SiF_6$ 计]w/%	≤	0.5	1.0

5 试验方法

5.1 安全提示

本试验方法中所采取的氟化铵样品具有毒性,在空气中易潮解且水溶液呈强酸性,所使用的部分试剂也具有腐蚀性,操作者应小心谨慎,避免与皮肤接触;如接触到皮肤上应立即用水冲洗,严重者应立即就医。

5.2 一般规定

本标准所用试剂和水,在没有注明其他要求时,均指分析纯试剂和 GB/T 6682—2008 中规定的三级水,试验中所用标准滴定溶液、杂质标准溶液、制剂及制品,在没有注明其他要求时,均按 HG/T 3696.1、HG/T 3696.2、HG/T 3696.3 的规定制备。

5.3 外观检验

在自然光下,置于白塑料板上用目视法判定外观。

5.4 氟化铵含量的测定

5.4.1 方法提要

用水溶解试样,加甲醛与铵离子反应生成六次甲基四胺,并释放出酸,以酚酞为指示剂,用氢氧化钠标准滴定溶液滴定,结果中减去游离酸和氟硅酸盐含量,得出氟化铵含量。

5.4.2 试剂

5.4.2.1 中性甲醛溶液:1+1。等体积的甲醛和水混合,加 2 滴酚酞指示剂,用氢氧化钠标准滴定溶液滴定至淡粉色。

5.4.2.2 氢氧化钠标准滴定溶液:$c(NaOH)\approx 0.5$ mol/L。

5.4.2.3 酚酞指示液:10 g/L。

5.4.3 分析步骤

称取约 0.5 g 试样,精确至 0.000 2 g,置于塑料杯中,加 20 mL 水溶解,加 40 mL 中性甲醛溶液,摇匀,放置 30 min。加 2 滴酚酞指示液,用氢氧化钠标准滴定溶液滴定至溶液呈粉红色,并保持 30 s 不褪色即为终点。

5.4.4 结果计算

氟化铵含量以氟化铵(NH_4F)的质量分数 w_1 计,按式(1)计算:

$$w_1 = \frac{(V/1\ 000)cM}{m} \times 100\% - 1.851w_2 - 0.415\ 8w_3 \quad \cdots\cdots(1)$$

式中:

V ——滴定试验溶液所消耗氢氧化钠标准滴定溶液体积的数值,单位为毫升(mL);

c ——氢氧化钠标准滴定溶液浓度的准确数值,单位为摩尔每升(mol/L);

m ——试料质量的数值,单位为克(g);

M ——氟化铵(NH_4F)摩尔质量的数值,单位为克每摩尔(g/mol)(M=37.04);

w_2 ——按5.5测定的游离酸含量的数值;

w_3 ——按5.6测定的氟硅酸盐含量的数值;

1.851 ——氟化氢换算为氟化铵的系数;

0.415 8——氟硅酸铵换算为氟化铵的系数。

取平行测定结果的算术平均值为测定结果,两次平行测定结果的绝对差值不大于0.3%。

5.5 游离酸含量的测定

5.5.1 方法提要

试样溶于水,以溴甲酚紫为指示剂,用氢氧化钠标准滴定溶液进行滴定。

5.5.2 仪器、设备

微量滴定管:分度值为0.02 mL。

5.5.3 试剂和材料

5.5.3.1 氢氧化钠标准滴定溶液:c(NaOH)≈0.1 mol/L。

5.5.3.2 溴甲酚紫指示液:1 g/L。称取0.10 g溴甲酚紫,溶于100 mL 95%乙醇。

5.5.3.3 不含二氧化碳的水。

5.5.4 分析步骤

称取约1 g试样,精确至0.001 g,置于塑料杯中,加50 mL不含二氧化碳的水溶解,加2滴溴甲酚紫指示液,用氢氧化钠标准滴定溶液滴定至溶液呈紫色为终点。

5.5.5 结果计算

游离酸含量以氟化氢(HF)质量分数 w_2 计,按式(2)计算:

$$w_2 = \frac{(V/1\ 000)cM}{m} \times 100\% \quad \cdots\cdots(2)$$

式中:

V ——滴定试验溶液所消耗氢氧化钠标准滴定溶液体积的数值,单位为毫升(mL);

c ——氢氧化钠标准滴定溶液浓度的准确数值,单位为摩尔每升(mol/L);

m ——试料质量的数值,单位为克(g);

M——氟化氢(HF)摩尔质量的数值,单位为克每摩尔(g/mol)(M=20.01)。

取平行测定结果的算术平均值为测定结果,两次平行测定结果的绝对差值不大于0.15%。

5.6 氟硅酸盐含量的测定

5.6.1 方法提要

试样经水溶解后，加入硼酸与氟离子络合消除氟的干扰。再加入钼酸铵与硅酸定量反应，生成硅钼杂多酸（硅钼黄），在草酸存在下，加入氯化亚锡将硅钼黄还原为硅钼蓝，用分光光计进行测定。

5.6.2 试剂

5.6.2.1 硼酸溶液：40 g/L。

5.6.2.2 硫酸溶液：1＋34。

5.6.2.3 钼酸铵溶液：100 g/L。

5.6.2.4 草酸溶液：50 g/L。

5.6.2.5 氯化亚锡盐酸溶液：20 g/L。

5.6.2.6 二氧化硅标准溶液：1 mL 溶液含二氧化硅（SiO_2）0.02 mg。用移液管移取 2 mL 按 HG/T 3696.2 配制的二氧化硅标准溶液，置于 100 mL 容量瓶中，用水稀释至刻度，摇匀。该溶液现用现配。

5.6.2.7 饱和 2,4-二硝基酚指示液。

5.6.3 仪器、设备

紫外可见分光光度计：配有 1 cm 比色皿。

5.6.4 分析步骤

5.6.4.1 试验溶液的制备

称取约 1 g 试样，精确至 0.01 g，置于塑料烧杯中，加 40 mL 硼酸溶液溶解试样。转移至 100 mL 容量瓶中，用水稀释至刻度，摇匀。

5.6.4.2 标准曲线的绘制

用移液管移取 0.00 mL、0.50 mL、1.00 mL、2.00 mL、3.00 mL、4.00 mL、5.00 mL 二氧化硅标准溶液，分别置于 50 mL 容量瓶中，加 2 滴饱和 2,4-二硝基酚指示液，滴加硫酸溶液至溶液黄色刚刚消失，用水稀释至 10 mL，加 4.5 mL 硫酸溶液。加 2 mL 钼酸铵溶液，放置 20 min。加 5 mL 草酸溶液，放置 5 min。加 0.2 mL 氯化亚锡盐酸溶液，摇匀。用水稀释至刻度，摇匀。用紫外可见分光光度计，在 795 nm 波长下，使用 1 cm 比色皿，以水调零，测量其吸光度。

从每个标准溶液的吸光度中减去试剂空白溶液的吸光度，以二氧化硅质量（mg）为横坐标，对应的吸光度为纵坐标，绘制工作曲线。

5.6.4.3 测定

用移取管移取一定量的试验溶液（一等品取 5 mL，合格品取 2 mL），置于 50 mL 容量瓶中，以下按 5.6.4.2 从“加 2 滴饱和 2,4-二硝基酚指示液……”开始，至“……测量其吸光度”为止。空白试验是取一定量的硼酸溶液（一等品取 4 mL，合格品取 0.8 mL），置于 50 mL 容量瓶中，以下与试验溶液同时同样处理。从工作曲线上查出试验溶液和空白试验溶液中二氧化硅的质量。

5.6.5 结果计算

氟硅酸盐含量以氟硅酸铵[$(NH_4)_2SiF_6$]的质量分数 w_3 计，按式(3)计算：

$$w_3 = \frac{(m_1 - m_0) \times 10^{-3} \times 2.965}{m(V/100)} \times 100\% \quad \cdots\cdots (3)$$

式中：

m_1 ——从工作曲线上查得的试验溶液中二氧化硅质量的数值，单位为毫克(mg)；

m_0 ——从工作曲线上查得的空白试验溶液中二氧化硅质量的数值，单位为毫克(mg)；

m ——试料质量的数值，单位为克(g)；

V ——试验时移取的试验溶液体积的数值，单位为毫升(mL)；

2.965——二氧化硅换算为氟硅酸铵的系数。

取平行测定结果的算术平均值为测定结果，两次平行测定结果的绝对差值不大于0.02%。

6 检验规则

6.1 本标准规定的所有项目为出厂检验项目，应逐批检验。

6.2 用相同材料，基本相同的生产条件，连续生产或同一班组生产的工业氟化铵为一批。每批产品不超过10 t。

6.3 按GB/T 6678规定的采样技术确定采样单元数。采样时，将硬塑料管采样器自包装袋的上方斜插入至料层深度的3/4处采样。将采得的样品置于密闭容器中混匀，缩分至不少于500 g，分装于两个清洁干燥的塑料瓶中，密封。瓶上粘贴标签，注明生产厂名、产品名称、等级、批号、采样日期和采样者姓名。一瓶作为实验室样品，另一瓶保存备查，保存时间由生产厂根据实际情况确定。

6.4 检验结果如有指标不符合本标准要求时，应重新自两倍量的包装中采样进行复验，复验结果即使只有一项指标不符合本标准的要求时，则整批产品为不合格。

6.5 按GB/T 8170规定的修约值比较法判定试验结果是否符合标准。

7 标志、标签

7.1 工业氟化铵包装上应有牢固清晰的标志，内容包括：生产厂名、厂址、产品名称、等级、净含量、批号(或生产日期)、本标准编号以及GB 190—2009规定的"毒性物质"标签，GB/T 191—2008规定的"怕晒"、"怕雨"标志。

7.2 每批出厂的工业氟化铵都应附有质量证明书。内容包括：生产厂名、厂址、产品名称、等级、净含量、批号(或生产日期)和本标准编号。

8 包装、运输、贮存

8.1 工业氟化铵采用两层包装。内包装采用聚乙烯塑料薄膜袋；外包装采用塑料编织袋。内袋用维尼龙绳或其他质量相当的绳人工四次扎口，或用与其相当的其他方式封口；外包装牢固缝合，不应有漏缝和跳线现象。

8.2 工业氟化铵每袋净含量10 kg、20 kg或25 kg。

8.3 工业氟化铵在运输过程中应有遮盖物，防止日晒、雨淋，受潮；不应与酸、碱混运。

8.4 工业氟化铵应贮存在阴凉、通风的危险化学品专用仓库，防止日晒、雨淋，受潮；不应与酸、碱混贮。

9 安全

9.1 氟化铵在空气中易潮解，极易溶于水，水溶液呈酸性。遇酸分解放出腐蚀性的氟化氢，遇碱放出有刺激性的氨，受热分解放出氨和氟化氢气体。生产过程宜密闭操作，加强通风。工作场所应配备安全淋浴和洗眼设备。

9.2 氟化铵对皮肤、粘膜有刺激性。与皮肤接触会产生灼伤，吸入对呼吸道产生刺激。操作人员应配戴安全防护眼镜、穿戴防护工作服和防护手套。紧急事态抢救或撤离时，应佩戴过滤式防毒口罩或自给式空气呼吸器。

9.3 氟化铵在搬运时应轻装轻卸，防止包装及容器破损。避免产生粉尘，不应与酸、碱接触。

9.4 氟化铵不应直接接触皮肤。如果接触到皮肤，应立即用大量水冲洗，严重者应立即就医。

ICS 71.060.99
G 14

中华人民共和国国家标准

GB 28654—2012

工业三氯氢硅

Trichlorosilane for industrial use

2012-09-03 发布　　2013-06-01 实施

中华人民共和国国家质量监督检验检疫总局
中国国家标准化管理委员会　发布

前　言

本标准的第 8 章、第 9 章、第 10 章内容为强制性的，其余为推荐性的。

本标准按照 GB/T 1.1—2009 给出的规则起草。

本标准由中国石油和化学工业联合会提出。

本标准由全国化学标准化技术委员会无机化工分会(SAC/TC 63/SC 1)归口。

本标准起草单位：浙江新安化工集团股份有限公司、中海油天津化工研究设计院、泰安光明硅业有限公司、荆州市华翔化工有限公司、成都化工股份有限公司、山东新龙硅业科技有限公司、河北邢矿硅业科技有限公司。

本标准主要起草人：叶世胜、胡家啟、杨裴、范国强、李长亭、张莹、韩科、杨秀玲、孟祥考。

工业三氯氢硅

警告:本试验方法中三氯氢硅试样具有挥发性,其蒸气可与空气形成爆炸性混合物,试样极易水解产生氯化氢气体,对人体的呼吸系统造成危害,所以操作需在通风良好的通风橱中进行,如溅到皮肤上应立即用大量水冲洗,严重者应立即就医。

1 范围

本标准规定了工业三氯氢硅产品的要求、试验方法、检验规则以及标志、标签、包装、运输、贮存和安全。

本标准适用于主要作为多晶硅和硅烷偶联剂等原料的工业三氯氢硅。

2 规范性引用文件

下列文件对于本文件的应用是必不可少的。凡是注日期的引用文件,仅注日期的版本适用于本文件。凡是不注日期的引用文件,其最新版本(包括所有的修改单)适用于本文件。

GB 190—2009 危险货物包装标志

GB/T 6678 化工产品采样总则

GB/T 6680 液体化工产品采样通则

GB/T 8170 数值修约规则与极限数值的表示方法和判定

GB/T 9722—2006 化学试剂 气相色谱法通则

GB/T 11446.1—1997 电子级水

JT 618—2004 汽车运输、装卸危险货物作业规程

3 分子式和相对分子质量

分子式:$SiHCl_3$

相对分子质量:135.45(按 2007 年国际相对原子质量)

4 分类和命名

工业三氯氢硅分为Ⅰ、Ⅱ两类:

——Ⅰ类:用于生产多晶硅;

——Ⅱ类:用于生产硅烷偶联剂。

5 要求

5.1 外观:无色透明液体。

5.2 工业三氯氢硅按本标准规定的试验方法检测应符合表 1 技术要求。

表1 技术要求

项 目		Ⅰ类			Ⅱ类		
		优级品	一级品	合格品	优级品	一级品	合格品
三氯氢硅 w/%	≥	99.50	99.00	98.50	99.50	99.00	98.50
二氯二氢硅 w/%	≤	0.10	0.30	0.50	0.20	0.30	0.50
四氯化硅 w/%	≤	0.25	0.50	0.70	0.25	0.50	0.70
氯硅烷聚合物 w/%	≤	0.05	0.10	0.30	0.05	0.10	0.30
硼(B)/(mg/kg)	≤	0.10	0.30	0.50	—	—	—

6 试验方法

6.1 警告

本试验方法中使用的部分试剂具有腐蚀性,操作时须小心谨慎!如溅到皮肤上应立即用水冲洗,严重者应立即就医。

6.2 一般规定

本标准所用的水,在没有注明其他要求时,均指 GB/T 11446.1—1997 规定的 EW-Ⅰ型电子级水。

6.3 外观检验

在自然光下,于比色管中用目视法判定外观。

6.4 工业三氯氢硅中各组分含量的测定

6.4.1 气相色谱法测定二氯二氢硅、三氯氢硅、四氯化硅、氯硅烷聚合物的含量

6.4.1.1 方法提要

采用气相色谱仪,在规定的条件下,将适量的试样注入配有热导检测器(TCD)的气相色谱仪中,二氯二氢硅、三氯氢硅、四氯化硅、氯硅烷聚合物被色谱柱有效地分离,通过面积归一化法计算二氯二氢硅、三氯氢硅、四氯化硅、氯硅烷聚合物各组分的含量。

6.4.1.2 试剂与材料

载气:氢气,纯度≥99.99%(体积分数),需用硅胶和分子筛干燥净化。

6.4.1.3 仪器

6.4.1.3.1 气相色谱仪:配有热导检测器的气相色谱仪,整机的灵敏度和稳定性符合 GB/T 9722—2006 的要求。

6.4.1.3.2 色谱工作站或数据处理机。

6.4.1.3.3 微量注射器:0.01 mL。

6.4.1.3.4 色谱柱:100%二甲基聚硅氧烷或能达到同等分离程度的毛细管柱。

6.4.1.4 **取样**

采样用取样瓶应清洁干燥，取样时应尽量避免与空气接触，取样结束后应立即加盖密封、冷藏保存。

6.4.1.5 **测定**

气相色谱仪启动后进行必要的调节，以达到适宜的色谱操作条件和其他适宜的条件。当色谱仪达到设定的操作条件并稳定后，进行样品的测定。用色谱数据处理机或色谱工作站记录各组分的峰面积，对其中的空气峰和氯化氢峰进行锁定处理，不参与结果的计算，推荐的气相色谱测试条件参见附录A。

6.4.1.6 **结果计算**

工业三氯氢硅中各组分的含量以质量分数 w_i 计，按式(1)计算：

$$w_i = \frac{A_i}{\sum A_i} \times 100\% \qquad \cdots\cdots(1)$$

式中：

A_i ——工业三氯氢硅中各组分的峰面积；

$\sum A_i$ ——工业三氯氢硅中全部组分的峰面积之和(空气峰、氯化氢峰除外)。

取平行测定结果的算术平均值为测定结果，两次平行测定结果的绝对差值三氯氢硅不大于0.20%；二氯二氢硅不大于0.05%；四氯化硅优级品、一级品不大于0.05%，合格品不大于0.10%；氯硅烷聚合物优级品、一级品不大于0.02%，合格品不大于0.05%。

6.4.2 **电感耦合等离子体质谱法(ICP-MS)测定工业三氯氢硅中的硼含量**

6.4.2.1 **方法提要**

试样经氢氟酸溶解后，采用电感耦合等离子体质谱仪，硼元素在常规的工作模式下测定其同位素的每秒计数值(CPS强度)，其CPS强度与试样中硼元素的浓度成正比，通过CPS强度来测定试样中硼元素的含量。

6.4.2.2 **试剂**

6.4.2.2.1 氢氟酸：电子级(UP-S)，ρ <0.001 mg/L。

6.4.2.2.2 硼标准贮备液：硼标准溶液A(有证标准物质)，1 mL溶液含硼(B) 1 mg。

6.4.2.2.3 硼标准溶液B：1 mL溶液含硼(B) 0.010 mg。

用移液管移取1 mL硼标准贮备液于100 mL容量瓶中，用水稀释至刻度，摇匀。此溶液现用现配。

6.4.2.2.4 硼标准溶液C：1 mL溶液含硼(B) 0.000 1 mg。

用移液管移取1 mL硼标准溶液B(6.4.2.2.3)于100 mL容量瓶中，用水稀释至刻度，摇匀。此溶液现用现配。

6.4.2.3 **仪器和材料**

6.4.2.3.1 载气：高纯氩气，纯度≥99.999%(体积分数)。

6.4.2.3.2 电感耦合等离子体质谱仪(ICP-MS)，具耐氢氟酸进样系统。

6.4.2.3.3 塑料巴氏吸管。

6.4.2.3.4 塑料容量瓶。

6.4.2.3.5 移液枪：0.1 mL～1 mL。

6.4.2.4 分析步骤

6.4.2.4.1 工作曲线的绘制

用移液枪移取 0.00 mL、0.10 mL、0.20 mL、0.50 mL、1.00 mL、1.50 mL 硼标准溶液 C(6.4.2.2.4)于 100 mL 塑料容量瓶中，用塑料巴氏吸管移取 1.00 mL 氢氟酸，用水稀释至刻度，摇匀。测量标准溶液的强度，减去零浓度校准溶液的强度即为净强度。以硼元素的浓度为横坐标，以净强度为纵坐标，绘制工作曲线。

6.4.2.4.2 试验溶液的制备

向洁净的具有良好密封性的具盖塑料瓶中加入约 50 mL 的水，称量。再用干净的带刻度的塑料巴氏吸管移取 0.5 mL 的待测试样滴加到水中，迅速盖上塑料瓶盖，振荡，使待测液充分水解完全。再称量整个塑料瓶的质量，两次称量的数值之差即为所移取的三氯氢硅的质量。再用塑料巴氏吸管移取 2.5 mL 的氢氟酸滴加到上述溶液中，盖上塑料瓶盖，振荡，使其中的白色悬浮物充分溶解至溶液清澈为止。将此溶液转移至 250 mL 的塑料容量瓶中，用水稀释至刻度，摇匀。

同时做空白试验，空白试验除不加试样外，其他操作和加入的试剂与试验溶液相同。

6.4.2.4.3 测定

开启电感耦合等离子体质谱仪，调谐仪器参数，使仪器的各项指标达到测定的要求，分别对空白溶液、标准系列、试验溶液进行测定。硼元素推荐的同位素质量数和推荐的仪器操作参数参见附录 B。

6.4.2.5 结果计算

工业三氯氢硅中的硼含量以质量分数 w_5 计，数值以 mg/kg 表示，按式(2)计算：

$$w_5 = \frac{(\rho_1 - \rho_0) \times V \times 10^{-3}}{m} \qquad \cdots\cdots(2)$$

式中：

ρ_1——从工作曲线上查得的试验溶液浓度的数值，单位为微克每升(μg/L)；

ρ_0——从工作曲线上查得的空白试验溶液浓度的数值，单位为微克每升(μg/L)；

V——试验溶液定容体积的数值，单位为毫升(mL)；

m——试料质量的数值，单位为克(g)。

取平行测定结果的算术平均值为测定结果，两次平行测定结果的绝对差值不大于 0.02 mg/kg。

7 检验规则

7.1 本标准规定的所有项目为出厂检验项目，应逐批检验。

7.2 生产企业用相同材料，基本相同的生产条件，连续生产或同一班组生产同等质量的产品为一批，也可按产品贮罐组批。

7.3 按 GB/T 6678 和 GB/T 6680 中规定的采样技术确定采样单元数和采样方法。生产厂可从贮罐或生产线上采取有代表性的样品，用户可从贮运槽车中采样。由于三氯氢硅产品遇空气极易水解，所以采样时间要短，采样结束后样品应立即加盖密封，冷藏保存。

7.4 检验结果如有指标不符合本标准要求时，应重新采样进行复验，复验结果即使只有一项指标不符合本标准的要求，则整批产品为不合格。

7.5 按 GB/T 8170 规定的修约值比较法判定检验结果是否符合本标准。

8 标志、标签

8.1 工业三氯氢硅产品包装槽罐车上应有牢固清晰的标志，内容包括：产品名称、施救措施、罐体体积、核载重量、应急救援电话和 GB 190—2009 中规定的“遇水放出易燃气体的物质”、“易燃液体”和“腐蚀性物质”标签。

8.2 每批出厂的工业三氯氢硅都应附有质量证明书。内容包括：生产厂名、厂址、产品名称、类别、等级、净含量、批号（或生产日期）和本标准编号。

9 包装、运输、贮存

9.1 工业三氯氢硅产品用清洁干燥的专用槽车灌装，罐装容器应符合适用的压力容器要求，产品不可与空气接触。为防止静电聚积，灌装前，容器及充装管道应做好防静电接地。罐装质量不得超过槽车要求的充装质量，充装压力不得超过容器的使用压力。槽罐车及罐体应按照检验周期定期进行检验。

9.2 工业三氯氢硅产品主要采用公路运输形式，公路运输必须执行交通部颁发的 JT 618—2004 的相关规定。槽车上应采用防爆式电气装置。运输过程中要确保容器不泄漏、不倒塌、不坠落、不损坏。严禁与氧化剂、酸类、碱类、水、食用化学品等混装混运。运输途中应防曝晒、防高温。中途停留时应远离火种、热源、高温区。公路运输时要按照规定路线行驶，勿在居民区和人口稠密区停留。

9.3 工业三氯氢硅产品应贮存于储罐内，储罐贮存于阴凉、干燥、通风良好的区域，三氯氢硅储罐应设防静电接地装置和避雷装置，并远离火种、热源。储罐充装不应超过总体积的 80%。包装必须密封，以防泄漏。应与氧化剂、酸类、碱类等分开存放，不得混储。贮存区采用防爆型照明设备和满足防爆要求的电气设备。禁止使用易产生火花的机械设备和工具。贮存区应备有相应品种和数量的消防器材及泄漏应急处理设备和合适的泄漏收容设备。

10 安全

10.1 三氯氢硅遇水或受潮时发烟，与水发生剧烈化学反应，产生大量热量，并产生有毒的氯化氢气体，若遇高热，容器内压增大，有开裂和爆炸的危险。三氯氢硅对眼睛及呼吸道黏膜有强烈刺激作用，高浓度可引起角膜混浊、呼吸道炎症，甚至肺水肿，并可伴有头晕、头痛、乏力、恶心、呕吐、心慌等症状，皮肤接触后可引起组织损伤。

10.2 在进行三氯化硅装卸及取样时，应尽量避免与空气接触，局部排风，使用防爆型通风设施和设备。操作人员在工作场所应避免穿戴化纤及易产生静电的衣物。操作人员须经过专门培训，严格遵守操作规程。防止蒸气泄露到工作场所空气中，可能接触其蒸气时，建议操作人员佩戴防毒面具、防护眼镜和橡胶手套，工作场所应配备相应品种和数量的消防器材及泄露应急处理设备、安全淋浴和洗眼设备。

10.3 三氯氢硅泄漏燃烧时应采用干砂、二氧化碳、干粉、水泥灭火，禁止直接用水和泡沫扑救。

附 录 A
（资料性附录）
推荐的气相色谱测试条件

A.1 毛细管色谱柱的色谱操作条件

毛细管色谱柱的色谱操作条件如下：

——色谱柱：100%二甲基聚硅氧烷，30 m×0.32 mm×1.0 μm；

——载气：氢气；

——分流比：50：1；

——毛细管柱出口流量：1.5（mL/min）；

——柱温：初始温度 50 ℃，保持 3 min，升温速率 20 ℃/min，终温 160 ℃，保持 5 min；

——汽化温度：180 ℃；

——检测温度：220 ℃；

——进样量：0.001 mL。

A.2 典型的毛细管色谱柱气相色谱图

工业三氯氢硅在 100%二甲基聚硅氧烷毛细管色谱柱上典型的色谱图见图 A.1。

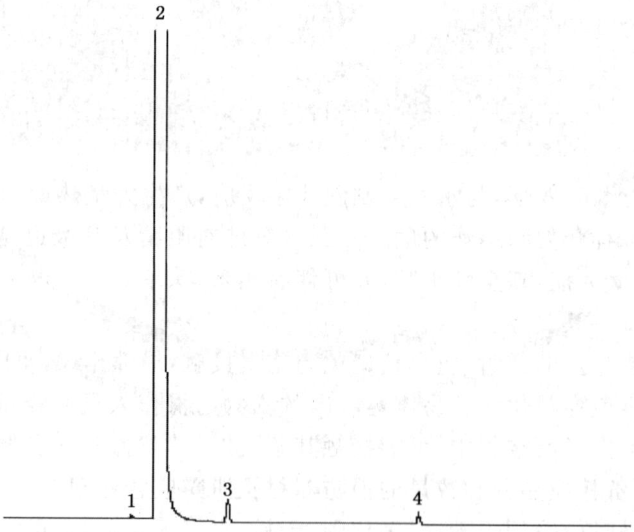

说明：

1——二氯二氢硅；

2——三氯氢硅；

3——四氯化硅；

4——氯硅烷聚合物。

图 A.1 工业三氯氢硅在毛细管色谱柱上典型的色谱图

A.3 各组分的相对保留值

表 A.1 给出了工业三氯氢硅各组分在 100%二甲基聚硅氧烷毛细管色谱柱上的相对保留值。

表 A.1 各组分的相对保留值

组分名称	相对保留值
二氯二氢硅	0.56
三氯氢硅	1.00
四氯化硅	2.13
氯硅烷聚合物	4.75

附 录 B
（资料性附录）
电感耦合等离子体质谱仪测定工业三氯氢硅中的硼含量推荐的同位素质量数和仪器操作参数

B.1 推荐的同位素质量数

表 B.1 给出了电感耦合等离子体质谱仪测定工业三氯氢硅中的硼含量推荐的同位素质量数。

表 B.1 推荐的同位素质量数

元 素	硼
质量数	11

B.2 推荐的电感耦合等离子体质谱仪仪器操作参数

表 B.2 给出了电感耦合等离子体质谱仪测定工业三氯氢硅中的硼含量推荐的仪器操作参数。

表 B.2 推荐的仪器操作参数

参 数	常规模式(B)
RF 功率/W	1 500
采样深度/mm	8
载气流速/(L/min)	0.8
补充气流速/(L/min)	0.46
冷却气流速/(L/min)	15
辅助气流速/(L/min)	1
雾化室温度/℃	2
样品提升时间/s	45
元素的积分时间	0.2 s×3
雾化器类型	微量雾化器
注：载气、补充气、冷却气、辅助气均采用氩气。	

ICS 71.060.50
G 12

中华人民共和国国家标准

GB 28655—2012

工业氟化氢铵

Ammonium bifluoride for industrial use

2012-09-03 发布 2013-06-01 实施

中华人民共和国国家质量监督检验检疫总局
中国国家标准化管理委员会 发布

前　言

本标准的第7章、第8章的8.1、8.3、8.4、8.5、第9章为强制性的，其余为推荐性的。

本标准按照GB/T 1.1—2009给出的规则起草。

本标准由中国石油和化学工业联合会提出。

本标准由全国化学标准化技术委员会无机化工分会(SAC/TC 63/SC 1)归口。

本标准起草单位：多氟多化工股份有限公司、福建邵武永飞化工有限责任公司、浙江莹光化工有限公司、浙江三美化工股份有限公司、浙江鹰鹏化工有限公司、中海油天津化工研究设计院。

本标准主要起草人：杨华春、万群平、郭黎明、徐一洪、谢汛友、何征平、刘幽若、郭凤鑫。

工业氟化氢铵

1 范围

本标准规定了工业氟化氢铵的要求、试验方法、检验规则、标志、标签、包装、运输、贮存和安全。

本标准适用于工业氢氟酸与液氨在液相条件下中和反应制得的，主要作为石油开采解堵剂，精细陶瓷填加剂，金属表面处理、玻璃工艺品腐蚀剂等的工业氟化氢铵。

2 规范性引用文件

下列文件对于本文件的应用是必不可少的。凡是注日期的引用文件，仅注日期的版本适用于本文件。凡是不注日期的引用文件，其最新版本（包括所有的修改单）适用于本文件。

GB 190—2009 危险货物包装标志

GB/T 191—2008 包装储运图示标志

GB/T 6678 化工产品采样总则

GB/T 6682—2008 分析实验室用水规格和试验方法

GB/T 8170 数值修约规则与极限数值的表示和判定

HG/T 3696.1 无机化工产品 化学分析用标准滴定溶液的制备

HG/T 3696.2 无机化工产品 化学分析用杂质标准溶液的制备

HG/T 3696.3 无机化工产品 化学分析用制剂及制品的制备

3 分子式和相对分子质量

分子式：NH_4HF_2

相对分子质量：57.04（按 2007 年国际相对原子质量）

4 要求

4.1 外观：白色晶体。

4.2 工业氟化氢铵应符合表 1 要求。

表 1 要求

项 目		指标		
		优等品	一等品	合格品
氟化氢铵（NH_4HF_2）（以干基计）w/%	≥	98.0	97.0	96.0
氟硅酸铵[$(NH_4)_2SiF_6$]w/%	≤	0.5	1.5	3.0
干燥减量 w/%	≤	1.5	3.0	4.0
灼烧残渣 w/%	≤	0.1	0.2	—
硫酸盐（以 SO_4 计）w/%	≤	0.1	0.1	—

5 试验方法

5.1 安全提示

本试验方法中所采取的氟化氢铵样品具有毒性，在空气中易潮解且水溶液呈强酸性，在操作过程中应尽量不要与皮肤直接接触。所使用的部分试剂具有腐蚀性，操作者应小心谨慎，避免与皮肤接触，如接触到皮肤上应立即用水冲洗，严重者应立即就医。

5.2 一般规定

本标准所用试剂和水，在没有注明其他要求时，均指分析纯试剂和 GB/T 6682—2008 中规定的三级水，试验中所用标准滴定溶液、杂质标准溶液、制剂及制品，在没有注明其他要求时，均按 HG/T 3696.1、HG/T 3696.2、HG/T 3696.3 的规定制备。

5.3 外观检验

在自然光下用目视法判定外观。

5.4 氟化氢铵含量的测定

5.4.1 方法提要

在近 0 ℃的条件下，加入硝酸钾饱和溶液，以消除试料中氟硅酸铵的干扰，以溴百里酚蓝-中性红为指示剂，用氢氧化钠标准滴定溶液滴定。

5.4.2 试剂和材料

5.4.2.1 硝酸钾饱和溶液。

5.4.2.2 氢氧化钠标准滴定溶液：$c(\mathrm{NaOH}) \approx 0.5$ mol/L。

5.4.2.3 溴百里酚蓝-中性红混合指示液：

称取 0.1 g 溴百里酚蓝和 0.1 g 中性红，溶解于 200 mL 95%的乙醇中。

5.4.2.4 碎冰：用蒸馏水或去离子水制成。

5.4.3 分析步骤

称取约 0.8 g 按 5.6 干燥后的试样，精确至 0.000 2 g，用少量冷水将试样转移至预先盛有 20 mL 硝酸钾饱和溶液和 50 g 碎冰的聚乙烯烧杯中，并搅拌至试样溶解。加入 5 滴溴百里酚蓝-中性红混合指示液，用氢氧化钠标准滴定溶液滴定至深绿色为终点。保持滴定后溶液处于冰水混合状态，立即用于氟硅酸铵含量的测定。

5.4.4 结果计算

氟化氢铵含量以氟化氢铵(NH_4HF_2)质量分数 w_1 计，按式(1)计算：

$$w_1 = \frac{(V/1\,000)cM}{m} \times 100\% \qquad \cdots\cdots(1)$$

式中：

V ——滴定试验溶液所消耗氢氧化钠标准滴定溶液体积的数值，单位为毫升(mL)；

c ——氢氧化钠标准滴定溶液浓度的准确数值，单位为摩尔每升(mol/L)；

m ——试料质量的数值，单位为克(g)；

M ——氟化氢铵(NH_4HF_2)摩尔质量的数值,单位为克每摩尔(g/mol)(M=57.04)。

取平行测定结果的算术平均值为测定结果,两次平行测定结果的绝对差值不大于0.3%。

5.5 氟硅酸铵含量的测定

5.5.1 方法提要

将测定完氟化氢铵含量的溶液在冷却状态下进行抽滤。在80℃条件下,使氟硅酸钾沉淀溶解,以酚酞为指示剂,用氢氧化钠标准滴定溶液滴定。

5.5.2 试剂

5.5.2.1 氯化钾乙醇溶液:

称取约2 g氯化钾溶于100 mL 50%的乙醇中。

5.5.2.2 氢氧化钠标准滴定溶液:$c(NaOH)\approx 0.1$ mol/L。

5.5.2.3 酚酞指示液:10 g/L。

5.5.3 仪器、设备

5.5.3.1 聚乙烯漏斗。

5.5.3.2 聚乙烯烧杯。

5.5.3.3 恒温水浴:能控制温度为80℃~85℃。

5.5.4 分析步骤

用聚乙烯漏斗和慢速定量滤纸过滤5.4.3测定后的溶液,保持在接近0℃状态下进行抽滤。用预先冷却的氯化钾乙醇溶液充分洗涤沉淀,把沉淀连同滤纸一并移入原来的烧杯中。加入约100 mL温水,在恒温水浴上加热至80℃,加5滴酚酞指示液,用氢氧化钠标准滴定溶液滴定至溶液呈淡红色。

5.5.5 结果计算

氟硅酸铵含量以氟硅酸铵[$(NH_4)_2SiF_6$]质量分数w_2计,按式(2)计算:

$$w_2=\frac{(V/1\,000)cM}{m}\times 100\% \qquad \cdots\cdots(2)$$

式中:

V ——滴定试验溶液所消耗氢氧化钠标准滴定溶液体积的数值,单位为毫升(mL);

c ——氢氧化钠标准滴定溶液浓度的准确数值,单位为摩尔每升(mol/L);

m ——试料质量的数值,单位为克(g);

M ——氟硅酸铵[$\frac{1}{4}(NH_4)_2SiF_6$]摩尔质量的数值,单位为克每摩尔(g/mol)(M=44.54)。

取平行测定结果的算术平均值为测定结果,两次平行测定结果的绝对差值不大于0.1%。

5.6 干燥减量的测定

5.6.1 方法提要

将试样于硅胶干燥器中干燥,根据试样干燥前后的减量确定干燥减量。

5.6.2 仪器、设备

5.6.2.1 铂(或聚四氟乙烯)坩埚。

5.6.2.2 硅胶干燥器：使用硅胶指示剂为干燥剂。

5.6.3 分析步骤

称取约1 g试样，精确至0.000 2 g，置于已于硅胶干燥器中干燥至质量恒定的带盖的铂(或聚四氟乙烯)坩埚中，置于硅胶干燥器中，打开坩埚盖子进行干燥，放置8 h立即称量，干燥后的样品用于氟化氢铵含量的测定。

5.6.4 结果计算

干燥减量以质量分数 w_3 计，按式(3)计算：

$$w_3=\frac{m_1-m_2}{m}\times 100\% \qquad \cdots\cdots(3)$$

式中：

m_1——干燥前试料和坩埚质量的数值，单位为克(g)；

m_2——干燥后试料和坩埚质量的数值，单位为克(g)；

m ——试料质量的数值，单位为克(g)。

取平行测定结果的算术平均值为测定结果，两次平行测定结果的绝对差值不大于0.2%。

5.7 灼烧残渣含量的测定

5.7.1 方法提要

将试样于高温炉中灼烧至质量恒定，根据灼烧前后的减量确定灼烧残渣含量。

5.7.2 仪器、设备

5.7.2.1 铂皿。

5.7.2.2 高温炉：能控制温度700 ℃±25 ℃。

5.7.3 分析步骤

称取约5 g试样，精确至0.000 2 g，置于已于700 ℃±25 ℃下灼烧至质量恒定的铂皿中，在通风良好的通风橱中，缓慢加热至挥发物完全挥发。将铂皿置于700 ℃±25 ℃的高温炉中灼烧至质量恒定。

5.7.4 结果计算

灼烧残渣以质量分数 w_4 计，按式(4)计算：

$$w_4=\frac{m_1-m_2}{m}\times 100\% \qquad \cdots\cdots(4)$$

式中：

m_1——灼烧后残渣和铂皿质量的数值，单位为克(g)；

m_2——空铂皿质量的数值，单位为克(g)；

m ——试料质量的数值，单位为克(g)。

取平行测定结果的算术平均值为测定结果，两次平行测定结果的绝对差值不大于0.02%。

5.8 硫酸盐含量的测定

5.8.1 方法提要

在试样中加入盐酸和少量碳酸钠溶液，于水浴上反复蒸干。将残渣溶解后加入氯化钡溶液，使硫酸盐沉淀为硫酸钡，与标准进行比浊。

5.8.2 试剂

5.8.2.1 95%乙醇。

5.8.2.2 盐酸溶液：2+1。

5.8.2.3 碳酸钠溶液：100 g/L。

5.8.2.4 氯化钡溶液：100 g/L。

5.8.2.5 硫酸盐标准溶液：1 mL 溶液含硫酸盐（SO_4）0.1 mg。

用移液管移取 10 mL 按 GB/T 3696.2 配制的硫酸盐标准溶液，置于 100 mL 容量瓶中，用水稀释至刻度，摇匀。

5.8.3 分析步骤

称取 0.50 g±0.01 g 试样，置于铂皿中，以下操作在通风良好的通风橱内进行，加入 0.5 mL 碳酸钠溶液，10 mL 盐酸溶液，在水浴上蒸发至干。重复以上操作三次后，用 1 mL 盐酸溶液和约 20 mL 水溶解残渣，将溶液转移至 100 mL 容量瓶中，用水稀释至刻度，摇匀。

用移液管移取 20 mL 上述溶液（必要时过滤），置于 50 mL 比色管中，加水至 25 mL，加入 3 mL 95%乙醇和 2 mL 氯化钡溶液，放置 1 h 后比浊，其浊度不应深于标准比浊溶液。

标准比浊溶液的制备：在瓷蒸发皿中加入 0.3 mL 碳酸钠溶液、6 mL 盐酸溶液，在水浴上蒸发至干。用 0.2 mL 盐酸溶液和少量水溶解残渣，将溶液转移至 50 mL 比色管中，加入 1.00 mL 硫酸盐标准溶液，以下从“加水至 25 mL……”开始，与试样同时同样处理。

6 检验规则

6.1 本标准规定的所有项目为出厂检验项目，应逐批检验。

6.2 用相同材料，基本相同的生产条件，连续生产或同一班组生产的工业氟化氢铵为一批。每批产品不超过 30 t。

6.3 按 GB/T 6678 规定确定采样单元数。采样时，将硬塑料管采样器自包装袋的上方斜插入至料层深度的 3/4 处采样。将采得的样品置于密闭容器中混匀，缩分至不少于 500 g，分装于两个清洁干燥的塑料瓶中，密封。瓶上粘贴标签，注明生产厂名、产品名称、等级、批号、采样日期和采样者姓名。一瓶作为实验室样品，另一瓶保存备查，保存时间由生产厂根据实际情况确定。

6.4 检验结果如有指标不符合本标准要求时，应重新自两倍量的包装中采样进行复验，复验结果即使只有一项指标不符合本标准的要求时，则整批产品为不合格。

6.5 按 GB/T 8170 规定的修约值比较法判定试验结果是否符合标准。

7 标志、标签

7.1 工业氟化氢铵包装上应有牢固清晰的标志，内容包括：生产厂名、厂址、产品名称、等级、净含量、批号（或生产日期）、本标准编号以及 GB 190—2009 规定的“毒性物质”标签，GB/T 191—2008 规定的“怕晒”、“怕雨”标志。

7.2 每批出厂的工业氟化氢铵都应附有质量证明书。内容包括：生产厂名、厂址、产品名称、等级、净含量、批号（或生产日期）和本标准编号。

8 包装、运输和贮存

8.1 工业氟化氢铵采用两层包装。内包装采用聚乙烯塑料薄膜袋;外包装采用塑料编织袋。

8.2 每袋净含量 25 kg,或根据用户要求协商确定净含量。

8.3 工业氟化氢铵包装,内袋用维尼龙绳或其他质量相当的绳人工四次扎口,或用与其相当的其他方式封口;外包装牢固缝合,不应有漏缝和跳线现象。

8.4 工业氟化氢铵在运输过程中应有遮盖物,温度不应高于 50 ℃,防止日晒、雨淋,受潮;不应与酸、碱混运。

8.5 工业氟化氢铵应贮存在阴凉的危险化学品专用仓库,温度不应高于 50 ℃,防止日晒、雨淋,受潮;不应与酸、碱混贮。

9 安全

9.1 氟化氢铵在空气中易潮解,极易溶于水,水溶液呈酸性。受热分解放出有毒的氨和氟化氢气体。生产过程宜密闭操作,加强通风。工作场所应配备安全淋浴和洗眼设备。

9.2 氟化氢铵对皮肤、黏膜有刺激性。与皮肤接触会产生严重烧伤,吸入对呼吸道产生刺激。操作人员应配戴安全防护眼镜、穿戴防护工作服和防护手套。紧急事态抢救或撤离时,应佩戴过滤式防毒口罩或自给式空气呼吸器。

9.3 氟化氢铵在搬运时应轻装轻卸,防止包装及容器破损。避免产生粉尘,不应与酸、碱接触。

9.4 氟化氢铵不应直接接触皮肤。如果接触到皮肤,应立即用大量水冲洗,严重者应立即就医。

ICS 71.060.50
G 12

中华人民共和国国家标准

GB 28656—2012

工业亚硝酸钙

Calcium nitrite for industrial use

2012-09-03 发布 2013-06-01 实施

中华人民共和国国家质量监督检验检疫总局
中国国家标准化管理委员会 发布

前言

本标准第7章、第8章和第9章为强制性的，其余为推荐性的。

本标准按照GB/T 1.1—2009给出的规则起草。

本标准由中国石油和化学工业联合会提出。

本标准由全国化学标准化技术委员会无机化工分会(SAC/TC 63/SC 1)归口。

本标准起草单位：中海油天津化工研究设计院、山西凯翕克化工有限公司。

本标准主要起草人：李光明、贾思谦。

工业亚硝酸钙

1 范围

本标准规定了工业亚硝酸钙的技术要求，试验方法，检验规则，标志、标签，包装、运输、贮存和安全。

本标准适用于作水泥添加剂、防锈剂、防冻剂、重油洗涤剂、润滑油乳化剂等原料的工业亚硝酸钙。

2 规范性引用文件

下列文件对于本文件的应用是必不可少的。凡是注日期的引用文件，仅注日期的版本适用于本文件。凡是不注日期的引用文件，其最新版本(包括所有的修改单)适用于本文件。

GB 190—2009 危险货物包装标志

GB/T 191—2008 包装储运图示标志

GB/T 6678 化工产品采样总则

GB/T 6682—2008 分析实验室用水规格和试验方法

GB/T 8170 数值修约规则与极限数值的表示和判定

HG/T 3696.1 无机化工产品 化学分析用标准滴定溶液的制备

HG/T 3696.3 无机化工产品 化学分析用制剂及制品的制备

3 分子式和相对分子质量

分子式：$Ca(NO_2)_2$

相对分子质量：132.09(按 2007 年国际相对原子质量)

4 要求

4.1 外观：白色粉末。

4.2 工业亚硝酸钙应符合表 1 要求。

表 1 要求

项目		指标	
		一等品	合格品
亚硝酸钙[$Ca(NO_2)_2$](以干基计)w/%	≥	92.0	90.0
硝酸钙(以干基计)w/%	≤	5.5	6.5
水分 w/%	≤	0.8	1.0
水不溶物 w/%	≤	1.0	1.0

5 试验方法

5.1 安全提示

本试验方法中使用的部分试剂具有毒性或腐蚀性，操作者须小心谨慎！如溅到皮肤上应立即用水冲洗，严重者应立即就医。使用易燃品时，严禁使用明火加热。

5.2 一般规定

本标准所用试剂和水，在没有注明其他要求时，均指分析纯试剂和 GB/T 6682—2008 中规定的三级水。试验中所需标准滴定溶液、制剂及制品，在没有注明其他要求时，均按 HG/T 3696.1、HG/T 3696.3 的规定制备。

5.3 外观检验

在自然光条件下，用目视法判别。

5.4 亚硝酸钙含量的测定

5.4.1 方法提要

在酸性溶液中，用高锰酸钾氧化亚硝酸钙。根据高锰酸钾标准滴定溶液的消耗量计算出亚硝酸钙含量。

5.4.2 试剂

5.4.2.1 硫酸溶液：8+92。

将硫酸溶液加热至 70 ℃±2 ℃左右，滴加高锰酸钾标准滴定溶液至溶液呈浅粉色为止。冷却，备用。

5.4.2.2 硫酸溶液：1+5。

配制方法同 5.4.2.1。

5.4.2.3 高锰酸钾标准滴定溶液：$c(\frac{1}{5}KMnO_4)\approx 0.1$ mol/L。

5.4.2.4 草酸钠标准滴定溶液：$c(\frac{1}{2}Na_2C_2O_4)\approx 0.1$ mol/L。

5.4.2.4.1 配制

称取约 6.7 g 草酸钠，溶解于 120 mL 硫酸溶液(5.4.2.1)中，用水稀释至 1 000 mL，摇匀。

5.4.2.4.2 标定

用移液管移取 25.0 mL 草酸钠标准滴定溶液，加入 100 mL 硫酸溶液(5.4.2.1)，用高锰酸钾标准滴定溶液滴定，近终点时加热至 65 ℃±2 ℃，继续滴定至溶液呈浅粉色保持 30 s。同时作空白试验。

5.4.2.4.3 计算

草酸钠标准滴定溶液浓度的准确数值 c，单位为摩尔每升(mol/L)，按式(1)计算：

$$c=\frac{(V_1-V_2)c_1}{V} \qquad \cdots\cdots(1)$$

式中：

c_1——高锰酸钾标准滴定溶液浓度的准确数值，单位为摩尔每升(mol/L)；

V_1——滴定时消耗高锰酸钾标准滴定溶液体积的数值，单位为毫升(mL)；

V_2——滴定空白试验时消耗高锰酸钾标准滴定溶液体积的数值，单位为毫升(mL)；

V ——标定所移取草酸钠标准滴定溶液体积的数值，单位为毫升(mL)。

5.4.3 分析步骤

5.4.3.1 试验溶液的制备

称取于105 ℃±2 ℃下干燥至质量恒定的2 g试样，精确至0.000 2 g，置于250 mL烧杯中，加水溶解。全部移入500 mL容量瓶中，用水稀释至刻度，摇匀。

5.4.3.2 测定

在300 mL锥形瓶中，用滴定管滴加约38 mL～40 mL高锰酸钾标准滴定溶液。用移液管加入25 mL试验溶液，加入10 mL硫酸溶液(5.4.2.2)，加热至40 ℃±2 ℃。用移液管加入20 mL草酸钠标准滴定溶液，不断摇动，使成为清亮溶液，再加热至70 ℃～80 ℃，用高锰酸钾标准滴定溶液滴定至溶液呈浅粉色并保持30 s不消失为止。

5.4.4 结果计算

亚硝酸钙含量以亚硝酸钙[$Ca(NO_2)_2$]的质量分数 w_1 计，按式(2)计算：

$$w_1=\frac{[(V_1c_1-V_2c_2)/1\,000]\times M}{m\times(25/500)}\times 100\% \quad \cdots\cdots(2)$$

式中：

V_1——加入和滴定试验溶液消耗高锰酸钾标准滴定溶液总体积的数值，单位为毫升(mL)；

c_1 ——高锰酸钾标准滴定溶液浓度的准确数值，单位为摩尔每升(mol/L)；

V_2——加入草酸钠标准滴定溶液体积的数值，单位为毫升(mL)；

c_2 ——草酸钠标准滴定溶液浓度的准确数值，单位为摩尔每升(mol/L)；

m ——试料质量的数值，单位为克(g)；

M ——亚硝酸钙[$\frac{1}{4}Ca(NO_2)_2$]摩尔质量的数值，单位为克每摩尔(g/mol)(M=33.02)。

取平行测定结果的算术平均值为测定结果，两次平行测定结果的绝对差值不大于0.2%。

5.5 硝酸钙含量的测定

5.5.1 方法提要

于试液中加入甲醇，在硫酸作用下与亚硝酸根生成亚硝酸甲酯。蒸发将其除去。再加入过量的硫酸亚铁铵还原硝酸钙，用高锰酸钾标准滴定溶液返滴定。

5.5.2 试剂

5.5.2.1 硫酸钠。

5.5.2.2 甲醇。

5.5.2.3 硫酸。

5.5.2.4 硫酸溶液：1+5。

5.5.2.5 氢氧化钠溶液：200 g/L。

5.5.2.6 氢氧化钠溶液：1 g/L。

5.5.2.7 硫酸亚铁铵溶液：$c[Fe(NH_4)_2(SO_4)_2]\approx 0.2$ mol/L。

称取约80 g硫酸亚铁铵[$(Fe(NH_4)_2(SO_4)_2\cdot 6H_2O)$]，溶于300 mL硫酸溶液(1+8)中，再加700 mL水，摇匀，贮存于棕色瓶中。

5.5.2.8 高锰酸钾标准滴定溶液：$c(\frac{1}{5}KMnO_4)\approx 0.1$ mol/L。

5.5.2.9 酚酞指示液：10 g/L。

5.5.3 分析步骤

5.5.3.1 试验溶液的制备

称取约 5 g 试样，精确至 0.000 2 g，置于 250 mL 烧杯中，加 100 mL 水溶解，加约 7.5 g 硫酸钠，搅拌均匀。将试液与沉淀全部移入 250 mL 容量瓶中，用水稀释至刻度，摇匀。使用时干过滤，弃去前 20 mL 滤液。

5.5.3.2 空白试验溶液的制备

除不加试样外，其他加入的试剂与溶液与制备试验溶液相同，并同时同样处理。

5.5.3.3 测定

用移液管移取 25 mL 试验溶液和空白试验溶液的滤液分别置于 500 mL 锥形瓶中，加 10 mL 甲醇，在不断摇动下滴加 15 mL 硫酸溶液（5.5.2.4），控制硫酸溶液加入速度，勿使亚硝酸甲酯生成过于激烈。用水洗涤锥形瓶内壁，加热微沸 2 min。冷却后，加 2 滴酚酞指示液，用氢氧化钠溶液（5.5.2.5）中和至呈浅粉色为止［近终点时，用氢氧化钠溶液（5.5.2.6）中和］。微沸下使溶液蒸发至 10 mL～15 mL。冷却，以少量水洗涤瓶内壁。用移液管加入 25 mL 硫酸亚铁铵溶液，在不断摇动下，沿瓶壁徐徐加入 25 mL 硫酸（5.5.2.3）。加热，微沸至溶液由褐色转变为亮黄色为止。取下锥形瓶迅速冷却至室温。加入 250 mL 水，用高锰酸钾标准滴定溶液滴定至溶液呈浅粉色并保持 30 s 不消失为止。

5.5.4 结果计算

硝酸钙含量以硝酸钙［$Ca(NO_3)_2$］的质量分数 w_2 计，按式（3）计算：

$$w_2=\frac{[(V_0-V_1)/1\,000]\times c\times M}{m\times[(100-w_3)/100]\times 25/250}\times 100\% \qquad \cdots\cdots(3)$$

式中：

V_0——空白试验溶液消耗的高锰酸钾标准滴定溶液体积的数值，单位为毫升（mL）；

V_1——试验溶液中消耗的高锰酸钾标准滴定溶液体积的数值，单位为毫升（mL）；

c ——高锰酸钾标准滴定溶液浓度的准确数值，单位为摩尔每升（mol/L）；

w_3——按 5.6 测得的水分的准确数值，数值以%表示；

m ——试料质量的数值，单位为克（g）；

M ——硝酸钙［$\frac{1}{2}Ca(NO_3)_2$］摩尔质量的数值，单位为克每摩尔（g/mol）（M=27.30）。

取平行测定结果的算术平均值为测定结果，两次平行测定结果的绝对差值不大于 0.05%。

5.6 水分的测定

5.6.1 仪器、设备

5.6.1.1 称量瓶：φ40 mm×25 mm。

5.6.1.2 电热恒温干燥箱：温度能控制在 105 ℃±2 ℃。

5.6.2 分析步骤

称取约 5 g 试样，精确至 0.000 2 g。置于预先于 105 ℃±2 ℃下干燥至质量恒定的称量瓶中，于

105 ℃±2 ℃电热恒温干燥箱中干燥至质量恒定。

5.6.3 结果计算

水分的质量分数以 w_3 计，按式(4)计算：

$$w_3=\frac{m-m_1}{m}\times 100\% \qquad (4)$$

式中：

m_1——干燥后试料质量的数值，单位为克(g)；

m——试料质量的数值，单位为克(g)。

取平行测定结果的算术平均值为测定结果，两次平行测定结果的绝对差值不大于0.05%。

5.7 水不溶物含量的测定

5.7.1 试剂和材料

5.7.1.1 盐酸。

5.7.1.2 淀粉-碘化钾试纸。

5.7.2 仪器、设备

5.7.2.1 玻璃砂坩埚：滤板孔径为 5 μm～15 μm。

5.7.2.2 电热恒温干燥箱：温度能控制在 105 ℃±2 ℃。

5.7.3 分析步骤

称取约 25 g 试样，精确至 0.1 g，置于 500 mL 烧杯中，加 250 mL 水溶解。用预先于 105 ℃±2 ℃下干燥至质量恒定的玻璃砂坩埚过滤。用热水洗至无亚硝酸根离子为止(取约 20 mL 洗涤液，加 2 滴盐酸，用淀粉-碘化钾试纸检查)。将玻璃砂坩埚连同滤渣一并放置在 105 ℃±2 ℃电热恒温干燥箱中干燥至质量恒定。

5.7.4 结果计算

水不溶物的质量分数以 w_4 计，按式(5)计算：

$$w_4=\frac{m_1-m_2}{m}\times 100\% \qquad (5)$$

式中：

m_1——水不溶物和玻璃砂坩埚质量的数值，单位为克(g)；

m_2——玻璃砂坩埚质量的数值，单位为克(g)；

m——试料质量的数值，单位为克(g)。

取平行测定结果的算术平均值为测定结果，两次平行测定结果的绝对差值不大于0.01%。

6 检验规则

6.1 本标准要求中规定的所列指标项目均为出厂检验项目，应逐批检验。

6.2 用相同材料，基本相同的生产条件，连续生产或同一班组生产的同一级别的工业亚硝酸钙为一批。每批产品不超过 60 t。

6.3 按 GB/T 6678 的规定确定采样单元数。采样时，将采样器自包装袋的上方插入至料层深度的四分之三处采样。将所采样品混匀，用四分法缩分至约 400 g，立即分装入两个干燥、清洁的广口瓶(或塑料袋)中,密封,瓶(袋)上粘贴标签,注明:生产厂名、产品名称、等级、批号和采样日期、采样者姓名。一瓶(袋)用于检验,另一瓶(袋)保存备查,保存时间由生产厂根据实际情况确定。

6.4 检验结果中如有指标不符合本标准要求时,应重新自两倍量的包装袋中采样进行复验,复验结果即使有一项指标不符合本标准要求时,则整批产品为不合格。

6.5 采用 GB/T 8170 规定的修约值比较法判定检验结果是否符合标准。

7 标志、标签

7.1 工业亚硝酸钙包装袋上要有牢固清晰的标志,内容包括:生产厂名、厂址、产品名称、等级、净含量、批号或生产日期、本标准编号以及 GB 190—2009 所规定的“氧化性物质”和“毒性物质”标志和 GB/T 191—2008 所规定的“怕晒”和“怕雨”标志。

7.2 每批出厂的工业亚硝酸钙都应附有质量证明书,内容包括:生产厂名、厂址、产品名称、等级、净含量、批号或生产日期和本标准编号。

8 包装、运输和贮存

8.1 工业亚硝酸钙采用双层包装,内包装为聚乙烯塑料袋,外包装为塑料编织袋。每袋净含量 25 kg。

8.2 工业亚硝酸钙的包装封口,内袋用维尼龙绳或其他质量相当的绳两次分别扎紧,或用与其相当的其他方式封口;外袋用维尼龙绳线或其他质量相当的线缝口,应缝合牢固。

8.3 工业亚硝酸钙在运输过程中应装在铁路棚车或其他帘篷带盖的交通工具内运输。不得与强氧化剂、强还原剂、易燃易爆品混运。

8.4 工业亚硝酸钙应贮存于阴凉、干燥处,防止受潮、受热和阳光曝晒。

9 安全

9.1 工业亚硝酸钙与还原剂、有机物、易燃物混合可形成爆炸性混合物。同时工业亚硝酸钙还是一种弱还原剂,与强氧化剂会发生激烈反应。样品应专人妥善保管。

9.2 工业亚硝酸钙在高温时分解,释放出剧毒的氮氧化物气体。实验室应具备防毒面具等保护用品。

ICS 71.060.50
G 12

中华人民共和国国家标准

GB 28657—2012

工业重铬酸钾

Potassium dichromate for industrial use

2012-09-03 发布　　2013-06-01 实施

中华人民共和国国家质量监督检验检疫总局
中国国家标准化管理委员会　发布

前　言

本标准第7章、第8章的8.1、8.3、8.4、第9章为强制性的，其余为推荐性的。

本标准按GB/T 1.1—2009给出的规则起草。

本标准与ГОСТ 2652:1978《工业重铬酸钾技术条件》(俄文版)的技术性差异和结构性差异参见附录A和附录B。

本标准由中国石油和化学工业联合会提出。

本标准由全国化学标准化技术委员会无机化工分会(SAC/TC 63/SC 1)归口。

本标准主要起草单位：中海油天津化工研究设计院、四川省安县银河建化(集团)有限公司。

本标准主要起草人：李霞、李先荣、赵汝鉴、阳艳、李肖锋。

本标准所代替标准的历次版本发布情况为：

——GB 1609—1979、HG/T 2324—1992、HG/T 2324—2005。

工业重铬酸钾

1 范围

本标准规定了工业重铬酸钾的要求、试验方法、检验规则，以及标志、标签，包装、运输、贮存和安全。

本标准适用于主要作为生产硫酸铬钾、三氧化二铬、钾铬黄颜料、火柴、搪瓷、电焊条等原料的工业重铬酸钾。

2 规范性引用文件

下列文件对于本文件的应用是必不可少的。凡是注日期的引用文件，仅注日期的版本适用于本文件。凡是不注日期的引用文件，其最新版本(包括所有的修改单)适用于本文件。

GB 190—2009 危险货物包装标志

GB/T 191—2008 包装储运图示标志

GB/T 6678 化工产品采样总则

GB/T 6682—2008 分析实验室用水规格和试验方法

GB/T 8170 数值修约规则与极限数值的表示和判定

GB 12463—2009 危险货物运输包装通用技术条件

HG/T 3696.1—2002 无机化工产品 化学分析用标准滴定溶液的制备

HG/T 3696.2 无机化工产品 化学分析用杂质标准溶液的制备

HG/T 3696.3 无机化工产品 化学分析用制剂及制品的制备

3 分子式和相对分子质量

分子式：$K_2Cr_2O_7$

相对分子质量：294.18(按 2007 年国际相对原子质量)

4 要求

4.1 外观：鲜艳橙红色针状或小粒状结晶。

4.2 工业重铬酸钾应符合表 1 要求。

表 1 要求

项目		指标		
		优等品	一等品	合格品
重铬酸钾(以 $K_2Cr_2O_7$ 计) w/%	≥	99.8	99.5	99.0
硫酸盐(以 SO_4 计) w/%	≤	0.02	0.05	0.05
氯化物(以 Cl 计) w/%	≤	0.03	0.05	0.07
钠(Na) w/%	≤	0.4	1.0	1.5
水分 w/%	≤	0.03	0.05	0.05
水不溶物 w/%	≤	0.01	0.02	0.05

5 试验方法

5.1 安全提示

本试验方法中使用的部分试剂具有毒性、腐蚀性,操作者应小心谨慎!如溅到皮肤上应立即用水冲洗,严重者应立即就医。使用易燃品时,严禁使用明火加热。

5.2 一般规定

本标准所用试剂和水在没有注明其他要求时,均指分析纯试剂和 GB/T 6682—2008 中规定的三级水。试验中所用标准滴定溶液、杂质标准溶液、制剂及制品,在没有注明其他要求时,均按 HG/T 3696.1、HG/T 3696.2、HG/T 3696.3 的规定制备。

5.3 外观检验

在自然光下,用目视法判定外观。

5.4 重铬酸钾含量的测定

5.4.1 容量法(仲裁法)

5.4.1.1 方法提要

在酸性介质中,试样中的六价铬离子与二价铁离子发生氧化还原反应,以邻苯氨基苯甲酸为指示剂,用硫酸亚铁铵标准滴定溶液滴定至溶液变为绿色。

5.4.1.2 试剂

5.4.1.2.1 磷酸。

5.4.1.2.2 硫酸溶液:1+4。

5.4.1.2.3 硫酸亚铁铵标准滴定溶液:$c[(NH_4)_2Fe(SO_4)_2]\approx 0.2$ mol/L。

配制:称取约 80 g 硫酸亚铁铵$[(NH_4)_2Fe(SO_4)\cdot 6H_2O]$溶于 300 mL 硫酸溶液(1+7)中,再加入 700 mL 水,摇匀。此溶液使用前标定。

标定:称取约 0.37 g 研细并于 120 ℃±2 ℃下干燥至质量恒定的基准重铬酸钾,精确至 0.000 1 g,置于 500 mL 锥形瓶中,加入 150 mL 水溶解。加入 15 mL 硫酸溶液,5 mL 磷酸,用硫酸亚铁铵标准滴定溶液滴定至溶液呈黄绿色。加入 1 mL 邻苯氨基苯甲酸指示液,继续滴定至溶液由紫红色变为绿色为终点。

硫酸亚铁铵标准滴定溶液的浓度 c,数值以 mol/L 表示,按式(1)计算:

$$c=\frac{m}{MV\times 10^{-3}} \qquad \cdots\cdots(1)$$

式中:

V ——滴定所消耗的硫酸亚铁铵标准滴定溶液体积的数值,单位为毫升(mL);

m ——基准重铬酸钾质量的数值,单位为克(g);

M——重铬酸钾($\frac{1}{6}K_2Cr_2O_7$)摩尔质量的数值,单位为克每摩尔(g/mol)(M=49.03)。

标定的误差应符合 HG/T 3696.1—2002 中 3.6、3.7 规定。

5.4.1.2.4 邻苯氨基苯甲酸指示液:1 g/L。

5.4.1.3 仪器、设备

5.4.1.3.1 称量瓶：ϕ50 mm×30 mm。
5.4.1.3.2 电热恒温干燥箱：温度能控制在 120 ℃±2 ℃。

5.4.1.4 分析步骤

5.4.1.4.1 试验溶液 A 的制备

称取 4.99 g～5.01 g 试样，精确至 0.000 1 g，置于 150 mL 烧杯中，加水溶解后，转移至 500 mL 容量瓶中，用水稀释至刻度，摇匀。此溶液为试验溶液 A，用于重铬酸钾含量、硫酸盐含量（目视比浊法）和钠含量的测定。

5.4.1.4.2 测定

用移液管移取 25 mL 试验溶液 A，置于 500 mL 锥形瓶中，加入 150 mL 水，15 mL 硫酸溶液，5 mL 磷酸，用硫酸亚铁铵标准滴定溶液滴定至溶液呈黄绿色。加入 1 mL 邻苯氨基苯甲酸指示液，继续滴定至溶液由紫红色变为绿色为终点。

5.4.2 电位滴定法

5.4.2.1 方法提要

将试样溶于水，在酸性介质中，用硫酸亚铁铵标准滴定溶液进行滴定，以电位变化率最大点确定反应终点，求出重铬酸钾含量。

5.4.2.2 试剂

5.4.2.2.1 硫酸溶液：1+1。
5.4.2.2.2 硫酸亚铁铵标准滴定溶液：$c[(NH_4)_2Fe(SO_4)_2]\approx0.2$ mol/L。

标定：称取约 0.37 g 研细并于 120 ℃±2 ℃下干燥至质量恒定的基准重铬酸钾，精确至 0.000 1 g，置于 500 mL 的烧杯中，加水至 400 mL，加入 40 mL 硫酸溶液。将烧杯放在电磁搅拌器上。插入铂电极和饱和甘汞电极，并进行搅拌，控制搅拌速度避免溶液溅出。用硫酸亚铁铵标准滴定溶液滴定至黄色消失后，继续进行微量滴定。电位变化率最大的点即为滴定终点。

计算：按 5.4.1.2.3 中计算。

5.4.2.3 仪器、设备

5.4.2.3.1 电磁搅拌器。
5.4.2.3.2 指示电极：铂电极。
5.4.2.3.3 参比电极：饱和甘汞电极。
5.4.2.3.4 自动电位滴定仪。

5.4.2.4 分析步骤

用移液管移取 25 mL 试验溶液 A，置于 500 mL 的烧杯中，加水至 400 mL，加入 40 mL 硫酸溶液。将烧杯放在电磁搅拌器上。插入铂电极和饱和甘汞电极，并进行搅拌，控制搅拌速度避免溶液溅出。用硫酸亚铁铵标准滴定溶液滴定至黄色消失后，继续进行微量滴定，电位变化率最大的点即为滴定终点。

5.4.3 结果计算

重铬酸钾含量以重铬酸钾（$K_2Cr_2O_7$）的质量分数 w_1 计，按式(2)计算：

$$w_1=\frac{cVM\times10^{-3}}{m\times(25/500)}\times100\%\quad\cdots\cdots(2)$$

式中：

V ——滴定试验溶液所消耗的硫酸亚铁铵标准滴定溶液体积的数值，单位为毫升(mL)；

c ——硫酸亚铁铵标准滴定溶液浓度的准确数值，单位为摩尔每升(mol/L)；

m ——5.4.1.4.1 中称取试料质量的数值，单位为克(g)；

M ——重铬酸钾($\frac{1}{6}K_2Cr_2O_7$)摩尔质量的数值，单位为克每摩尔(g/mol)(M=49.03)。

取平行测定结果的算术平均值为测定结果，两次平行测定结果的绝对差值不应大于 0.2%。

5.5 硫酸盐含量的测定

5.5.1 重量法(仲裁法)

5.5.1.1 方法提要

在酸性介质中，用乙醇将样品中的 Cr^{+6} 还原为 Cr^{+3}，再加入氯化钡溶液，钡离子与样品中硫酸盐生成硫酸钡沉淀。将沉淀过滤、洗涤、灼烧、称重经计算确定硫酸盐含量。

5.5.1.2 试剂

5.5.1.2.1 硫酸。

5.5.1.2.2 95%乙醇。

5.5.1.2.3 盐酸溶液：3+7。

5.5.1.2.4 乙酸溶液：1+1。

5.5.1.2.5 氯化钡($BaCl_2\cdot 2H_2O$)溶液：100 g/L。

5.5.1.2.6 硝酸银溶液：17 g/L。

5.5.1.2.7 硫酸盐标准溶液：1 mL 溶液含硫酸盐(SO_4)1 mg。

5.5.1.2.8 二苯基偶氮碳酰肼指示液：2 g/L。

称取二苯基偶氮碳酰肼($C_{13}H_{12}N_4O$)0.2 g，溶于 50 mL 丙酮中，加水稀释至 100 mL，摇匀，贮存于棕色瓶中，于低温下保存。颜色变深后，不能使用。

5.5.1.3 仪器、设备

高温炉：温度可控制在 700 ℃±20 ℃。

5.5.1.4 分析步骤

称取约 10 g 试样，精确至 0.01 g。置于 500 mL 烧杯中，加 100 mL 水溶解。用移液管加入 10 mL 硫酸盐标准溶液，再加入 100 mL 盐酸溶液，加热，在搅拌下滴加约 20 mL 95%乙醇，于沸水浴中加热保温 30 min。如还原不完全，再补加 95%乙醇(用二苯基偶氮碳酰肼检验是否还原完全[1])。用中速定性滤纸过滤，用热水洗涤至滤纸无绿色。滤液及洗水收集于 500 mL 烧杯中，用水稀释至约 300 mL，加热煮沸。在微沸状态下，边搅拌边慢慢加入 50 mL 氯化钡溶液，20 mL 乙酸溶液及预先准备好的少许定量滤纸纸浆，充分搅拌约 2 min。在水浴上加热 30 min，保温 2 h 或在室温下放置 8 h。用慢速定量滤纸过滤，用水充分洗涤至无氯离子为止(用硝酸银溶液检验)。

将滤纸及沉淀置于预先于 700 ℃±20 ℃灼烧至质量恒定的瓷坩埚中，在电炉上低温灰化，取下。冷却后加 1 滴硫酸，在电炉上加热至白烟冒尽，移入 700 ℃±20 ℃高温炉中灼烧至质量恒定。

1) 取 1 滴试液，加入 1 滴二苯基偶氮碳酰肼指示液，若不出现紫红色，则还原完全。

同时做空白试验，除不加试料外，其他加入的试剂量与试验溶液的完全相同，并与试料同样处理。

5.5.1.5 结果计算

硫酸盐含量以硫酸盐(SO_4)的质量分数 w_2 计，按式(3)计算：

$$w_2 = \frac{0.4116 \times (m_1 - m_0)}{m} \times 100\% \quad \cdots\cdots(3)$$

式中：

m_1 ——硫酸钡沉淀物质量的数值，单位为克(g)；

m_0 ——空白试验中沉淀物质量的数值，单位为克(g)；

m ——试料质量的数值，单位为克(g)；

0.411 6——硫酸钡换算为硫酸盐(SO_4)的系数。

取平行测定结果的算术平均值为测定结果，两次平行测定结果的绝对差值不大于0.003%。

5.5.2 目视比浊法

5.5.2.1 方法提要

在酸性介质中，硫酸盐与钡离子生成难溶的硫酸钡沉淀，当硫酸盐离子含量较低时，在一定时间内硫酸钡呈悬浮体，使溶液混浊，与硫酸盐的标准比浊液进行目视比浊测定。

5.5.2.2 试剂

5.5.2.2.1 盐酸溶液：1+1。

5.5.2.2.2 氯化钡($BaCl_2 \cdot 2H_2O$)溶液：100 g/L。

5.5.2.2.3 硫酸盐标准溶液：1 mL 溶液含硫酸盐(SO_4)0.05 mg。

用移液管移取 5 mL 按 HG/T 3696.2 配制的硫酸盐标准溶液，置于 100 mL 容量瓶中，用水稀释至刻度，摇匀。此溶液现用现配。

5.5.2.2.4 不含硫酸盐的重铬酸钾溶液：1 mL 溶液含重铬酸钾($K_2Cr_2O_7$)0.05 g。

称取 50.0 g±0.1 g 工业重铬酸钾，置于 500 mL 烧杯中，加入 300 mL 水溶解，加热至沸，加入 2 g 氯化钡，保持沸腾 10 min，静置过夜，用玻璃砂芯坩埚(5 μm～15 μm)抽滤，滤液移入 1 000 mL 容量瓶中，加水稀释至刻度，摇匀。

5.5.2.3 分析步骤

用移液管移取 25 mL 试验溶液 A，置于 50 mL 比色管中，加入 3 mL 盐酸溶液，加入 5 mL 氯化钡溶液，用水稀释至刻度，摇匀。于 30 ℃～40 ℃水浴中保温 20 min～30 min，其浊度不应大于标准比浊液。

标准比浊液的制备：在 2 支 50 mL 比色管中分别用移液管加入 5 mL 不含硫酸盐的重铬酸钾溶液，用移液管加入 1.00 mL(优等品)、2.50 mL(一等品、合格品)硫酸盐标准溶液，加入 3 mL 盐酸溶液，再加 5 mL 氯化钡溶液，用水稀释至刻度，摇匀。于 30 ℃～40 ℃水浴中保温 20 min～30 min。

离子色谱法测定硫酸盐含量参见附录 C。

5.6 氯化物含量的测定

5.6.1 容量法(仲裁法)

5.6.1.1 方法提要

在微碱性条件下，试样中的氯离子与硝酸银溶液生成沉淀，以微砖红色铬酸银沉淀的生成指示终点。

5.6.1.2 试剂

5.6.1.2.1 碳酸钠饱和溶液。

5.6.1.2.2 硝酸银标准滴定溶液：$c(AgNO_3)\approx 0.05$ mol/L。

用移液管移取 50 mL 按 HG/T 3696.1 中规定配制的硝酸银标准滴定溶液，置于 100 mL 容量瓶中，用水稀释至刻度，摇匀。此标准滴定溶液使用前配制，并贮存于棕色瓶中。

5.6.1.3 仪器

微量滴定管。

5.6.1.4 分析步骤

称取 2.00 g±0.01 g 试样，置于 250 mL 锥形瓶中，加入 30 mL 水溶解。小心滴加碳酸钠饱和溶液，至溶液变为黄色，此时 pH 为 7.5～8.0(用精密试纸检验)。然后用硝酸银标准滴定溶液滴定至溶液呈微砖红色为终点。

同时做空白试验，称取 1.00 g±0.01 g 试样，其他加入的试剂量与试验溶液的完全相同，并与试料同样处理。

5.6.1.5 结果计算

氯化物含量以氯(Cl)的质量分数 w_3 计，按式(4)计算：

$$w_3=\frac{c(V-V_0)M\times 10^{-3}}{m-m_0}\times 100\% \qquad (4)$$

式中：

V ——滴定试验溶液消耗的硝酸银标准滴定溶液体积的数值，单位为毫升(mL)；

V_0 ——滴定空白试验溶液消耗的硝酸银标准滴定溶液体积的数值，单位为毫升(mL)；

c ——硝酸银标准滴定溶液浓度的准确数值，单位为摩尔每升(mol/L)；

m ——试料质量的数值，单位为克(g)；

m_0 ——空白试验中试料质量的数值，单位为克(g)；

M ——氯(Cl)的摩尔质量的数值，单位为克每摩尔(g/mol)(M=35.45)。

取平行测定结果的算术平均值为测定结果，两次平行测定结果的绝对差值不大于 0.002%。

5.6.2 离子色谱法

5.6.2.1 方法提要

将试样溶解后，用水合肼将六价铬还原为三价铬，将沉淀分离除去，注入离子色谱仪中测定。

5.6.2.2 试剂

5.6.2.2.1 水合肼溶液：1+10：

量取 10 mL 水合肼(85%)与 100 mL 水混匀。

5.6.2.2.2 氯化物标准溶液：1 mL 溶液含氯化物(Cl)0.05 mg；

用移液管移取 5 mL 按 HG/T 3696.2 配制的氯化物标准溶液，置于 100 mL 容量瓶中，用水稀释至刻度，摇匀。该溶液现用现配。

5.6.2.2.3 一级水：符合 GB/T 6682—2008 中规定。

5.6.2.3 仪器、设备[2)]

5.6.2.3.1 离子色谱仪。
5.6.2.3.2 样品前处理柱：氢柱。
5.6.2.3.3 0.22 μm 水性微孔滤膜过滤器。
5.6.2.3.4 高速离心机：配有 100 mL 离心管。

5.6.2.4 仪器参考条件

5.6.2.4.1 色谱柱：IonPac AS11-HC 250 mm×4 mm（带 IonPac AG11-HC 50 mm×4 mm 保护柱）或相当者。
5.6.2.4.2 抑制器：ASRS ULTRA Ⅱ，自循环电抑制或相当者。
5.6.2.4.3 检测器：电导检测器，若能确认有同样功能的其他检测器也可使用。
5.6.2.4.4 淋洗液：氢氧化钾梯度淋洗液（淋洗过程为初始浓度 5 mmol/L，终点浓度 40 mmol/L，淋洗时间为 40 min，淋洗流量为 1.0 mL/min）。种类和浓度不同的其他淋洗液，若能确认有上面同样功能都可以使用。
5.6.2.4.5 淋洗液流量：1.0 mL/min。
5.6.2.4.6 进样器：0.025 mL。

5.6.2.5 分析步骤

5.6.2.5.1 工作曲线的绘制

分别移取 0 mL、1.00 mL、2.00 mL、4.00 mL、6.00 mL、8.00 mL 氯化物标准溶液置于 100 mL 容量瓶中，加水至刻度，摇匀。溶液的浓度分别为 0 mg/mL、0.000 5 mg/mL、0.001 mg/mL、0.002 mg/mL、0.003 mg/mL、0.004 mg/mL，将此系列标准溶液分别经过 0.22 μm 的微孔滤膜过滤器，舍弃初始的 10 mL 滤液，将滤液过氢柱后直接进入离子色谱仪。以氯化物浓度为横坐标，峰高或峰值面积为纵坐标绘制工作曲线。

5.6.2.5.2 测定

称取约 0.5 g 试样，精确至 0.01 g，置于 100 mL 烧杯中，加入 50 mL 水溶解。在电磁搅拌下逐滴加入 4 mL 水合肼溶液，继续搅拌 40 min 后，全部转移至 100 mL 容量瓶中，用水稀释至刻度，摇匀。置于离心管中，高速离心 10 min，将上清液经过 0.22 μm 的微孔滤膜过滤器，舍弃初始的 10 mL 滤液，将滤液过氢柱后直接进入离子色谱仪。根据峰高或峰面积，在工作曲线上查出试验溶液中氯化物浓度。

同时做空白试验，除不加试料外，其他加入的试剂量与试验溶液的完全相同，并与试料同时同样处理。

5.6.2.6 结果计算

氯化物含量以氯（Cl）的质量分数 w_3 计，按式（5）计算：

$$w_3=\frac{(\rho_1-\rho_0)\times 100\times 10^{-3}}{m}\times 100\% \qquad \cdots\cdots(5)$$

式中：
ρ_1——由工作曲线上查得的试验溶液中氯化物的浓度的数值，单位为毫克每毫升（mg/mL）；
ρ_0——由工作曲线上查得的空白试验溶液中氯化物的浓度的数值，单位为毫克每毫升（mg/mL）；

2） 所列仪器及配置仅供参考，同等性能仪器及配置均可使用。

m——试料质量的数值，单位为克(g)。

取平行测定结果的算术平均值为测定结果，两次平行测定结果的绝对差值不应大于0.002%。

5.7 钠含量的测定

5.7.1 方法提要

将试样溶解，采用火焰原子吸收分光光度计于589.0 nm波长下用标准加入法测定钠含量。

5.7.2 试剂

5.7.2.1 盐酸溶液：1+1。

5.7.2.2 钠标准溶液：1 mL溶液含钠(Na)0.01 mg。

用移液管移取10 mL按HG/T 3696.2配制的钠标准溶液，置于1000 mL容量瓶中，用水稀释至刻度，摇匀。该溶液现用现配。

5.7.2.3 二级水：符合GB/T 6682—2008规定。

5.7.3 仪器、设备

原子吸收分光光度计：配有钠空心阴极灯。

5.7.4 分析步骤

用移液管移取20 mL试验溶液A于100 mL容量瓶中，用水稀释至刻度，摇匀。

分别移取2.00 mL(优等品)或者1.00 mL(一等品、合格品)上述试验溶液，置于四个100 mL容量瓶中，在各容量瓶中分别移入0 mL、2.00 mL、4.00 mL、6.00 mL钠标准溶液，各加入5 mL盐酸溶液，用水稀释至刻度，摇匀。溶液中钠含量的浓度分别为0 mg/L，0.2 mg/L，0.4 mg/L，0.6 mg/L。在原子吸收分光光度计上，于波长589.0 nm处，空气-乙炔火焰，用水调零，测定其吸光度。

以试验溶液中加入钠的浓度为横坐标，对应的吸光度为纵坐标，绘制工作曲线，曲线反向延长与横坐标相交处，即为试验溶液中钠的浓度。

5.7.5 结果计算

钠含量以钠(Na)的质量分数w_4计，按式(6)计算：

$$w_4=\frac{\rho_1\times 0.1\times 10^{-3}}{m\times(20/500)\times(V/100)}\times 100\% \quad \cdots\cdots(6)$$

式中：

ρ_1——从工作曲线上查出的试验溶液中钠的浓度数值，单位为毫克每升(mg/L)；

m——5.4.1.4.1中称取试料质量的数值，单位为克(g)；

V——移取二次稀释后试验溶液的体积，单位为毫升(mL)。

取平行测定结果的算术平均值为测定结果，两次平行测定结果的绝对差值不应大于0.04%。

5.8 水分的测定

5.8.1 方法提要

在105 ℃±2 ℃，将试样干燥至质量恒定。根据干燥前后样品质量的差值确定水分。

5.8.2 仪器、设备

5.8.2.1 称量瓶：ϕ50 mm×30 mm。

5.8.2.2 电热恒温干燥箱：温度能控制在 105 ℃±2 ℃。

5.8.3 分析步骤

称取约 10 g 试样，精确至 0.000 1 g。置于预先在于 105 ℃±2 ℃下干燥至质量恒定的称量瓶中，在 105 ℃±2 ℃的电热恒温干燥箱中干燥至质量恒定。

5.8.4 结果计算

水分以质量分数 w_5 计，按式(7)计算：

$$w_5=\frac{m-m_1}{m}\times 100\% \qquad \cdots\cdots(7)$$

式中：

m_1——干燥后试料质量的数值，单位为克(g)；

m ——试料质量的数值，单位为克(g)。

取平行测定结果的算术平均值为测定结果，两次平行测定结果的绝对差值不大于 0.005%。

5.9 水不溶物含量的测定

5.9.1 方法提要

将试样溶解后，经抽滤，洗涤，烘干，称量后确定水不溶物的含量。

5.9.2 仪器、设备

玻璃砂芯坩埚：滤板孔径 5 μm～15 μm。

5.9.3 分析步骤

称取约 50 g 试样，精确至 0.01 g，置于 500 mL 烧杯中，加入 300 mL 水，盖上表面皿，加热至沸，在沸水浴中保温 1 h，用预先在 105 ℃±2 ℃下烘干至质量恒定的玻璃砂芯坩埚抽滤，用热水洗涤至滤板无黄色，将玻璃砂芯坩埚连同水不溶物于 105 ℃±2 ℃烘干至质量恒定。

5.9.4 结果计算

水不溶物以质量分数 w_6 计，按式(8)计算：

$$w_6=\frac{m_2-m_1}{m}\times 100\% \qquad \cdots\cdots(8)$$

式中：

m_1——玻璃砂芯坩埚质量的数值，单位为克(g)；

m_2——干燥后玻璃砂芯坩埚和水不溶物质量的数值，单位为(g)；

m ——试料质量的数值，单位为克(g)。

取平行测定结果的算术平均值为测定结果，两次平行测定结果的绝对差值不大于 0.005%。

6 检验规则

6.1 本标准要求中的所有指标项目均为出厂检验项目，应逐批检验。

6.2 用相同材料，基本相同的生产条件，连续生产或同一班组生产的同一级别的重铬酸钾为一批，每批产品不超过 10 t。

6.3 按照 GB/T 6678 的规定确定采样单元数。采样时将采样器自包装桶或袋的中心垂直插入料层深度的 3/4 处采样。将所采样品混匀,用四分法缩分至不少于 500 g,分装于两个清洁干燥带磨口塞的广口瓶中,密封。瓶上粘贴标签,注明:生产厂名、产品名称、等级、批号、采样日期和采样者姓名。一瓶用于检验,另一瓶保存备查,保存时间由生产厂根据实际情况确定。

6.4 检验结果如有指标不符合本标准要求时,应重新自两倍量的包装中采样复验,复验结果即使只有一项指标不符合本标准要求时,则整批产品为不合格品。

6.5 采用 GB/T 8170 规定的修约值比较法判定检验结果是否符合标准。

7 标志、标签

7.1 工业重铬酸钾包装桶或袋上应有牢固清晰的标志,内容包括:生产厂名、厂址、产品名称、等级、净含量、批号(或生产日期)和本标准编号,以及 GB 190—2009 中规定的“氧化性物质”标签和 GB/T 191—2008 中规定的“向上”(桶装)、“怕晒”、“怕雨”的标志。

7.2 每批出厂的工业重铬酸钾都应附有质量证明书。内容包括:生产厂名、厂址、产品名称、等级、净含量、批号(或生产日期)和本标准编号。

8 包装、运输和贮存

8.1 工业重铬酸钾采用双层包装。外包装采用符合铁路运输相关规定的密封、全开口钢桶。或使用其他符合 GB 12463—2009 中规定的Ⅱ级包装形式。内包装采用塑料袋,包装时将空气排净后,袋口双层扎口或封口,严密不漏。外包装桶应完全密封,插销卡牢扣紧。其他形式包装也应保证内外包装封口严密不漏。

8.2 每桶净含量为 25 kg、50 kg、100 kg 或与客户协商确定包装净含量。

8.3 工业重铬酸钾在运输中应有遮盖物,防止日晒、雨淋,包装不应破损,不应倒置。不应与易燃物、有机物、还原剂、自燃物品、遇湿易燃物品等共运。运输车辆应配备相应品种和数量的消防器材。

8.4 工业重铬酸钾应贮存在通风、干燥的库房内。防止日晒、受潮、防撞击、远离易(可)燃物,不应与有机物、还原剂、活性金属粉末、食用化学品同仓共贮。

9 安全

9.1 工业重铬酸钾系强氧化剂,不应与易燃物、有机物接触摩擦,撞击。

9.2 工业重铬酸钾有毒,当空气中重铬酸钾超过允许浓度时,会引起鼻粘膜溃烂,重铬酸钾的溶液和粉末刺激皮肤、眼睛和鼻粘膜,当破伤的皮肤与接触时,会造成不易痊愈的溃疡,眼睛受到沾染时,将引起结膜炎,甚至失明。重铬酸钾吸入体内,会引起严重的中毒。

9.3 凡接触工业重铬酸钾的工作人员,应遵守下列规则:

工作前应穿着符合标准规范的工作服,应使用个人专用的防护用品,如过滤式防毒面具、耐腐手套及衣服等以防灼伤。

工作时经常注意通风装置的正常运行,遵守个人卫生规则,工作结束务必沐浴,皮肤上有破伤处,应涂敷防护药膏。

附 录 A
(资料性附录)
本标准与俄罗斯标准技术性差异及其原因

表 A.1 给出了本标准与俄罗斯标准 ГОСТ 2652:1978《工业重铬酸钾技术条件》(俄文版)技术性差异及其原因。

表 A.1 本标准与俄罗斯标准 ГОСТ 2652:1978《工业重铬酸钾技术条件》技术性差异及其原因

本标准的章条编号	技术性差异	原 因
4.2 和 5.7	本标准较俄罗斯标准增加了钠含量指标及分析方法。	生产厂家及用户的需要。
5.4.2	重铬酸钾含量的测定本标准较俄罗斯标准增加了电位滴定法。	电位滴定法具有快速、准确的优点,此法在我国已被广泛应用。
5.5	本标准中硫酸盐含量的测定采用重量法、目视比浊法并列,并将离子色谱法列入资料性附录;俄罗斯标准采用光电比色法。	光电比色计在国内应用较少,本标准将快速的限量比浊法和步骤繁琐但准确的重量法并列,可供对测定有不同要求的厂家使用。
5.6	氯化物测定采用了硝酸银容量法、离子色谱法;俄罗斯标准采用硝酸汞容量法。	由于硝酸银容量法无需使用有毒试剂硝酸汞,符合环保要求。在我国部分生产企业已使用离子色谱法测定氯化物,根据生产厂家及用户的需要,并列了离子色谱法。

附 录 B
（资料性附录）
本标准与俄罗斯标准结构性差异

表 B.1 给出了本标准与俄罗斯标准 ГОСТ 2652:1978《工业重铬酸钾技术条件》（俄文版）结构性差异。

表 B.1 本标准与俄罗斯标准 ГОСТ 2652:1978《工业重铬酸钾技术条件》结构性差异

本标准		ГОСТ 2652:1978	
章节	内容	章节	内容
前言	前言	—	—
1	范围	1	适用范围
2	规范性引用文件	2	品质
3	分子式和相对分子质量	3	试料采取方法
4	要求	—	—
4.1	外观	—	—
4.2	要求		
5	试验方法	4	试验方法
6	检验规则	5	检查
7	标志、标签	6	表示
8	包装、运输和贮存	—	—
9	安全	—	—

附 录 C
（资料性附录）
离子色谱法测定硫酸盐含量

C.1 方法提要

用水溶解试样后，用水合肼将六价铬还原为三价铬，将沉淀分离除去，注入离子色谱仪中测定。

C.2 试剂

C.2.1 水合肼溶液：1＋10。

量取 10 mL 水合肼（85％）与 100 mL 水混匀。

C.2.2 硫酸盐标准溶液：1 mL 溶液含硫酸盐（SO_4）0.05 mg。

用移液管移取 5 mL 按 HG/T 3696.2 配制的硫酸盐标准溶液，置于 100 mL 容量瓶中，用水稀释至刻度，摇匀。该溶液现用现配。

C.2.3 一级水：符合 GB/T 6682—2008 中规定。

C.3 仪器、设备[3)]

C.3.1 离子色谱仪。

C.3.2 样品前处理柱：氢柱。

C.3.3 0.22 μm 水性微孔滤膜过滤器。

C.3.4 高速离心机：配有 100 mL 离心管。

C.4 仪器参考条件

C.4.1 色谱柱：IonPac AS11-HC 250 mm×4 mm（带 IonPac AG11-HC 50 mm×4 mm 保护柱）或相当者。

C.4.2 抑制器：ASRS ULTRAⅡ，自循环电抑制或相当者。

C.4.3 检测器：电导检测器，若能确认有同样功能的其他检测器也可使用。

C.4.4 淋洗液：氢氧化钾梯度淋洗液（淋洗过程为初始浓度 5 mmol/L，终点浓度 40 mmol/L，淋洗时间为 40 min，淋洗流量为 1.0 mL/min）。种类和浓度不同的其他淋洗液，若能确认有上面同样功能，都可以使用。

C.4.5 淋洗液流量：1.0 mL/min。

C.4.6 进样器：0.025 mL。

C.5 分析步骤

C.5.1 工作曲线的绘制

分别移取 0 mL、5.00 mL、10.00 mL、15.00 mL、20.00 mL、25.00 mL 硫酸盐标准溶液置于 50 mL

3） 所列仪器及配置仅供参考，同等性能仪器及配置均可使用。

容量瓶中，加水至刻度，摇匀。溶液的浓度分别为 0 mg/mL、0.005 mg/mL、0.010 mg/mL、0.015 mg/mL、0.020 mg/mL、0.025 mg/mL，将此系列标准溶液分别经过 0.22 μm 的微孔滤膜过滤器，舍弃初始的 10 mL 滤液，将滤液过氢柱后直接进入离子色谱仪。以硫酸盐浓度为横坐标，峰高或峰值面积为纵坐标绘制工作曲线。

C.5.2 测定

称取约 1 g 试样，精确至 0.01 g。溶于 50 mL 水中，在电磁搅拌下逐滴加入 10 mL 水合肼溶液，继续搅拌 40 min 后，全部转移至 100 mL 容量瓶中，用水稀释至刻度，摇匀。置于离心管中，高速离心 10 min，将上清液经过 0.22 μm 的微孔滤膜过滤器，舍弃初始的 10 mL 滤液，将滤液过氢柱后直接进入离子色谱仪。根据峰高或峰面积，在工作曲线上查出硫酸盐浓度。

同时做空白试验，除不加试料外，其他加入的试剂量与试验溶液的完全相同，并与试料同时同样处理。

C.6 结果计算

硫酸盐含量以硫酸盐（SO_4）的质量分数 w_1 计，按式（C.1）计算：

$$w_1 = \frac{(\rho_1 - \rho_0) \times 100 \times 10^{-3}}{m} \times 100\% \qquad \text{(C.1)}$$

式中：

ρ_1——由工作曲线上查得的试验溶液中硫酸盐浓度的数值，单位为毫克每毫升（mg/mL）；

ρ_0——由工作曲线上查得的空白试验溶液中硫酸盐浓度的数值，单位为毫克每毫升（mg/mL）；

m——试料质量的数值，单位为克（g）。

取平行测定结果的算术平均值为测定结果，两次平行测定结果的绝对差值不应大于 0.005%。

ICS 65.020.20
B 05

GB

中华人民共和国国家标准

GB/T 28658—2012

暗紫贝母药材规范化栽培技术规程

Standardized operation production of *Fritillaria unibracteata* Hsiao et K. C. Hsia

2012-09-03 发布　　2012-11-01 实施

中华人民共和国国家质量监督检验检疫总局
中国国家标准化管理委员会　发布

前　言

本标准按照 GB/T 1.1—2009 给出的规则起草。

本标准由中华人民共和国农业部提出。

本标准由全国农作物种子标准化技术委员会(SAC/TC 37)归口。

本标准起草单位:中国科学院西北高原生物研究所。

本标准主要起草人:马世震、杨月琴、何晓林、胡风祖、王立亚、李国良。

引　言

本文件的发布机构提请注意，声明符合本文件时，可能涉及到5.2.4鳞茎栽培和5.2.5鳞茎种球起苗等与“暗紫贝母植物药材及其鳞茎的人工栽培方法”相关的专利的使用。

本文件的发布机构对于该专利的真实性、有效性和范围无任何立场。

该专利持有人已向本文的发布机构保证，他愿意同任何申请人在合理且无歧视的条款和条件下，就专利授权许可进行谈判。该专利持有人的声明已在本文的发布机构备案。相关信息可以通过以下联系方式获得：

专利持有人姓名：中国科学院西北高原生物研究所

地址：青海省西宁市新宁路23号

请注意除上述专利外，本文件的某些内容仍可能涉及专利。本文件的发布机构不承担识别这些专利的责任。

暗紫贝母药材规范化栽培技术规程

1 范围

本标准规定了暗紫贝母(*Fritillaria unibracteata* Hsiao et K. C. Hsia)药材生产基地环境要求;种(子)源繁育技术标准;药材栽培技术标准;暗紫贝母药材产品的采收、加工、包装和储运技术规范以及暗紫贝母药材生产中的农药和肥料使用准则五个部分的综合技术要求。

本标准适用于青海、甘肃、四川、西藏及其毗邻地区海拔 2 800 m～4 500 m,年降水大于 550 mm,土壤疏松,腐殖质丰富的高寒灌丛草甸、高寒草甸、高寒草原的暗紫贝母野生药材分布及人工栽培区。

2 规范性引用文件

下列文件对于本文件的应用是必不可少的。凡是注日期的引用文件,仅注日期的版本适用于本文件。凡是不注日期的引用文件,其最新版本(包括所有的修改单)适用于本文件。

GB 3095—1996 环境空气质量标准

GB/T 3543.2 农作物种子检验规程 扦样

GB/T 3543.3 农作物种子检验规程 净度分析

GB/T 3543.4 农作物种子检验规程 发芽试验

GB/T 3543.5 农作物种子检验规程 真实性和品种纯度鉴定

GB/T 3543.6 农作物种子检验规程 水分测定

GB/T 3543.7 农作物种子检验规程 其他项目检验

GB 3838—2002 地表水环境质量标准

GB 4285 农药安全使用标准

GB 5084 农田灌溉水质标准

GB/T 7414 主要农作物种子包装

GB/T 7415 农作物种子贮藏

GB 7718 食品安全国家标准 预包装食品标签通则

GB/T 8321(所有部分) 农药合理使用准则

GB/T 14848—1993 地下水质量标准

GB 15618—1995 土壤环境质量标准

GB 20464 农作物种子标签通则

NY/T 393 绿色食品 农药使用准则

中药材生产质量管理规范(试行)(国家药品监督管理局令第 32 号)

药用植物及制剂进出口绿色行业标准(2001 年)(中华人民共和国对外贸易经济合作部公告)

3 术语和定义

下列术语和定义适用于本文件。

3.1

原种 basic seed

用育种家种子繁殖的第一代至第三代,经确认达到规定质量要求的种子。

3.2

大田用种　qualified seed

用原种繁殖的第一代至第三代或杂交种，经确认达到规定质量要求的种子。

3.3

鳞茎　bulbs

暗紫贝母地下营养和繁殖器官。

3.4

有机肥　organic fertilizer

利用生物发酵技术生产，经检测达到规定质量要求的有机肥料。

4　暗紫贝母药材规范化生产条件要求

4.1　自然环境条件

4.1.1　气候条件

暗紫贝母生长适宜区为中纬度内陆青藏高原寒温地区。气候为大陆性季风气候，年平均日照时数2 554 h～3 000 h之间，日照百分率为66.4%～72.6%，太阳辐射量在540.4 kJ/m^2～642.6 kJ/m^{2}之间，年平均气温4 ℃左右，年平均降水550 mm～730 mm，无霜期大于100 d。

4.1.2　土壤条件

暗紫贝母适生地气候寒冷，土壤以高寒草甸土、亚高山草甸土为主，土壤层厚度大于25 cm，土壤表层10 cm～15 cm有机质含量为5%～25%，土壤pH6.8～8.4。

4.1.3　植被

暗紫贝母分布的物种群落主要包括：毛蕊杜鹃群落；毛蕊杜鹃＋棱子芹群落；金露梅群落；理塘杜鹃灌丛、硬叶柳灌丛、香柏灌丛、珠芽蓼＋圆穗蓼草甸等类型。

4.2　产区环境质量要求

4.2.1　环境空气质量要求

达到GB 3095—1996的二级标准要求。

4.2.2　土壤环境质量要求

达到GB 15618—1995的二级标准要求。

4.2.3　水环境质量要求

达到GB 5084、GB 3838—2002的Ⅲ类水质标准和GB/T 14848—1993的Ⅲ类水质标准要求。

5　暗紫贝母药材种(子)源繁育技术规范

5.1　繁育方法

5.1.1　暗紫贝母种源繁殖材料

暗紫贝母繁育材料包括：种子(有性繁育)和鳞茎(无性繁育)。

5.1.2 选种

种子应选择健康无病害，高度大于 15 cm，朔果直径大于 1 cm 植株作为种源。采种时，应当选择朔果颜色呈黄褐色并微开裂为采种对象。野生种子采种顺序按照海拔高度由低向高逐步采种。采种密度控制在 50%以内。人工生产种子在优质种源地中采选。

鳞茎种源应选择健康无病害，直径不小于 0.6 cm，两年生以上作为种源。

5.1.3 采集

5.1.3.1 种子采集

种子和鳞茎种球采集在每年 8 月～9 月进行。当朔果变黄褐色，顶端开裂，种子呈浅褐色时，分期分批人工进行采收种，将荚果放置在通风处阴干后进行脱粒，除去杂物，装入布袋或纸箱中，在干燥通风处贮藏。

5.1.3.2 选种标准

选择的种子应籽粒饱满，无褐变、无虫蛀，千粒重不小于 0.84 g。

鳞茎种球色泽鲜亮、籽粒饱满，无褐变、无虫蛀和病斑。

5.2 育苗

5.2.1 选地、整地

平地栽培选择地势高、排水良好、疏松而肥沃的砂壤土；山区选择土层深厚、排水好、背风的缓坡地种植。

整地前，施用底肥（有机肥，其有机质含量大于 30%，速效氮、磷、钾含量分别大于 28%、27%和 18%），施肥量 37 500 kg/hm^2～45 000 kg/hm^2，或根据土壤养分含量进行科学增减，保障土壤有机质含量应当达到 20%以上。施肥后耕翻，耕深 30 cm～45 cm，然后耙细整平，作畦或厢面。小畦或厢面宽 1.2 m～1.5 m（畦高厢深 15 cm 左右），长度视地形而定。然后在畦或厢面上间距 7 cm～10 cm 开沟，开沟深度 8 cm～10 cm，待播种。

5.2.2 播种、施肥

5.2.2.1 播种

暗紫贝母种子播种可以按照秋季播种和春季播种两种方式，首选秋季播种。春播时间为 4 月中下旬，土壤温度大于 0 ℃后即可开展春播。秋播时间为 9 月中下旬～10 月初（土壤冻结前），播种前种子按照体积 1∶3.5 的比例拌细沙，拌匀后均匀播撒在沟内。播种量控制在 12.75 kg/hm^2～15.00 kg/hm^{2}之间。播种后将地抹平并镇压（种子覆土深度达到 5 cm 以上）。播后应在床面上均匀覆草帘或麦草，或利用遮阳网遮阴。

5.2.2.2 施肥

种子田施肥应按照其生长发育规律开展。一至两年生的实生苗期，不宜施用肥料，以免伤苗。第三年开春后施用一次有机肥，施肥量为 45 000 kg/hm^2～60 000 kg/hm^2（有机质含量不小于 30%，速效氮、磷、钾含量分别不小于 28%、27%和 18%），施肥方式：将肥料均匀撒播在小畦上，然后覆盖土壤 3 cm～5 cm。

5.2.3 除草、追肥

暗紫贝母苗期应随时拔除杂草，前期不宜用机械和工具除草，以免损坏幼苗。在幼苗破土后应每间隔5 d左右除草一次，保留10%左右的禾本科等单子叶杂草(创造阴湿环境)。拔除杂草过程中易带出幼苗，应及时补栽。5月下旬和6月中旬应进行中耕锄草，随后每间隔10 d左右进行一次除草，8月下旬再进行大规模除草。两年生种苗田除草方式与一年生相同，第三年以后，暗紫贝母苗逐步健壮，除草主要集中在春季萌芽破土前后进行(可采用机械和工具除草)，结合追肥将地面杂草全部清除干净后施肥。

5.2.4 鳞茎栽培

鳞茎栽培按照秋季播种和春季播种两种方式。秋季播种时间为9月中下旬～10月初，春季播种时间为4月中下旬，首选秋季播种。

选择两年生以上健壮无病虫害、无伤残鳞茎，放入0.1‰～0.3‰高锰酸钾溶液浸泡1 min～3 min，灭菌处理后及时播种。播种方式：在小畦或厢面上开深8 cm～10 cm沟，按照株距8 cm～10 cm播种。播种量播种鳞茎种球1 620万粒/hm^2～1 800万粒/hm^2，折300 kg/hm^2～900 kg/hm^2。

5.2.5 鳞茎种球起苗

在育苗地，当年的9月中下旬或翌年春季4月中下旬均可起苗，起苗时要深挖细捡，挖出的鳞茎种球利用0.1‰～0.3‰高锰酸钾溶液浸泡1 min～3 min灭菌处理后堆放荫凉处，及时栽种。若不能及时栽种则应当放置阴凉处利用细沙或过筛细土，一层细沙或细土，一层种球，并撒水保湿堆存，鳞茎种球堆存时间不宜超过15 d。

5.3 种子质量要求

5.3.1 暗紫贝母种子质量

暗紫贝母种子质量应符合表1的要求。

表1

%

作物种类	种子类别	品种纯度 不低于	净度(净种子) 不低于	发芽率 不低于	水　分 不高于
暗紫贝母	原种	98.0	85.0	80	12.0
	大田用种	99.9	95.0	88	12.0

5.3.2 检验方法

净度分析、发芽试验、真实性和品种纯度、水分测定以及其他检验项目按GB/T 3543.3、GB/T 3543.4、GB/T 3543.5、GB/T 3543.6和GB/T 3543.7的规定执行。

5.3.3 检验规则

5.3.3.1 扦样

扦样方法和种子批的确定按GB/T 3543.2的规定执行。

5.3.3.2 种子标签

按 GB 20464 的规定执行。

5.3.4 包装、贮藏

包装、贮藏按 GB/T 7414 和 GB/T 7415 执行。

6 暗紫贝母药材栽培技术规范

6.1 田间管理

6.1.1 选种、整地和播种

同种子田生产技术规范。

6.1.2 定植

暗紫贝母定植宜在秋季 9 月下旬("白露"前后)进行，主要是针对高密度苗床进行定植。

6.1.3 合理密植

种子播种密度控制在 12.75 kg/hm^2～15 kg/hm^2 左右，保苗数 120 万株/hm^2～150 万株/hm^2。鳞茎栽培播种量 450 kg/hm^2～750 kg/hm^2。一年生种苗不需要间苗，高密度鳞茎种源地在栽培的第二年秋季起苗后移栽。

6.1.4 科学施肥

施肥采取早施、深施、秋施的方法，施足底肥，巧施追肥。生长期使用有机肥(有机质含量不小于 30%，速效氮、磷、钾含量分别不小于 28%、27%和 18%)量为 82 500 kg/hm^2～105 000 kg/hm^2。其中 2/3 作底肥，1/3 作追肥，在第三年出苗前和盛花期各追肥一次(肥料使用准则见附录 A)。

6.1.5 田间管理

暗紫贝母实生苗期(一至两年生)以拔除杂草为主，要做到地里无双子叶杂草，禾本科杂草盖度不得超过 10%。锄草、松土要同时进行，以利于地下部分生长。三年生种苗期可采用锄具除草和松土，4 月初结合除草进行一次施肥，施用 15 000 kg/hm^2 左右有机肥，施肥后覆土 3 cm～5 cm。第四年 6 月结合行间杂草清除，开沟施用 20 000 kg/hm^2 左右，施肥后覆土深度 3 cm～5 cm 并踩压。

6.2 灌溉

灌溉集中在春季种苗萌发期，根据当地降水情况适时灌溉，灌水定额为：4 500 m^3/hm^2～7 500 m^3/hm^2，其余时段也要视降水情况适时灌溉。

6.3 病虫害防治技术规范

6.3.1 病害防治

暗紫贝母常见的病害主要有：锈病、白腐病、立枯病。

锈病防治：发病初期用 25%粉锈灵可湿性粉剂稀释 500 倍液每 10 d 喷施 1 次，连续 3 次。

白腐病防治：多发于鳞茎，使用多菌灵 500 倍液在鳞茎栽植前浸泡灭菌，发病初期用 5%石灰水浇灌病区。

立枯病防治:发病初期在病株周围喷施1%玻尔多液,或通过间苗剔除病株,对剔除的病株统一堆放,焚烧后填埋。

6.3.2 虫害防治

暗紫贝母虫害发生较少。常见危害贝母的虫害主要是地下害虫:老母虫、金针虫、地老虎等。

防治措施:除农业综合防治外,在整地时用啶虫脒800倍液1 000 mL/hm^2,拌细土750 kg与肥料同时撒在地表,然后耕翻后整地。也可采取人工捕杀,毒饵诱杀及生物方法防治。

在苗期常遭金针虫危害,用啶虫脒800倍液喷雾,连续喷雾3 d~5 d防治(农药施用准则见附录A)。

6.3.3 鼠害防治

按照害鼠种类的不同,采取不同的措施。鼢鼠主要采用弓箭灭杀防治,同时在田块四周开挖0.6 m深、0.5 m宽防鼠沟防止害鼠入侵。田间褐鼠等采用C型肉毒梭菌素按1 mL拌1 kg诱饵(炒熟青稞或小麦)拌饵,将毒饵投入撒鼠洞内灭鼠,同时在田块四周开挖0.6 m深、0.5 m宽防鼠沟,并在沟内放置涵道式投饵器,器内置毒饵诱杀。

6.3.4 疫情和病虫鼠害检测

暗紫贝母病虫害检测采用定期和不定期时时检测方法。定期检测周期按照暗紫贝母的不同发育时期,采用不同的检测频率。实生苗期每3 d检测1次,三年生及以上每2 d检测1次,不定期检测,每月不得低于5次。

病、虫、鼠害预警预报标准为病、虫、鼠害发生率达到1%时,为预警预报限值标准,当病虫鼠害发生率达到1%以上即达到全面防治标准。

防治效果标准:病、虫、鼠害防治效果达到60%以上为防治初步效果,防治效果达到98%以上则为达到全面控制防治效果。

7 暗紫贝母药材产品的采收、加工、包装和储运技术规范

7.1 采收

暗紫贝母药材采收在第三年开始(出口药材产品以第三年采收为宜),第四年采收为主。9月底霜降后采收。采收前应彻底清除杂草,然后按照播行开沟,仔细挑拣。拣收时尽量现场分级。若现场不便分级,则应在采收后,立即清洁泥土并过筛分级,粒径小于0.3 cm的不宜作为药材采收,应作为鳞茎种球保存并重新播种。

7.2 加工

暗紫贝母药材产品的干燥采用自然阴干法。将收获的鳞茎直径按0.3 cm~0.6 cm和0.6 cm以上两个等级分级(直径0.3 cm以下,不作为药材采收,作为鳞茎种球保存并重新播种)。按照不同等级平铺在阴干床阴干。阴干床采用不锈钢支架,床面以不锈钢网筛或竹席、芦苇席为材料(竹席或芦苇席应当进行灭菌处理),床深5 cm,可间隔20 cm~30 cm分层,一般分10层~20层。阴干床置放在通风遮阳处(严禁强光直射造成油变)。阴干期间,每隔24 h翻动一次。以不锈钢尺或经过灭菌处理的木质或其他材料尺具进行翻动,翻动动作要轻,翻动后要将药材铺设均匀。阴干20 d~30 d,经过水分检测合格后,收集到纸箱内,放置在通风、干燥、闭光的库房内待加工包装。

7.3 产品包装

7.3.1 包装车间消毒和灭菌

包装车间应进行封闭和灭菌消毒，实行人流、物流分开，包装操作工人应经过更衣、灭菌等工序后进入包装车间。

7.3.2 抽样

对每一批次阴干的药材抽样采用随机抽样方法，分别抽样检测，抽样样品不得低于检测样品的5‰，检测重复率不低于3次。

7.3.3 含水率

检测样品含水率限值为10%以内。

7.3.4 产品包装规格

按照不同分级，分拣杂质，去除残破鳞茎。产品通过含水量检测后，进入紫外线灭菌室，灭菌后直接装袋(按照1 kg、2 kg、5 kg、10 kg和20 kg规格装袋)并封口。装箱后出厂销售。

7.3.5 产品标签与说明

产品标签应符合GB 7718的要求。暗紫贝母作为药材产品要严格按照《中药材生产质量管理规范》、《药用植物及制剂进出口绿色行业标准》等要求，编制产品产地、引种来源、种植基地、种植人员、管理技术方案、药材活性成分、重金属和农药残留测试结果以及药材保质期等说明内容。

7.4 产品的储运技术规范

7.4.1 储藏

产品应储藏在清洁、干燥、阴凉、通风、无异味的专用仓库中。

7.4.2 运输

运输工具应清洁、干燥、无异味、无污染，运输中应防雨、防潮、防曝晒、防污染，严禁与可能污染其品质的货物混装运输。

附 录 A
（规范性附录）
暗紫贝母人工栽培中农药、肥料使用准则

A.1 农药类型

A.1.1 生物源农药

直接利用生物活体或生物代谢过程中产生的具有生物活性的物质或从生物体提取的物质作为防治农药。

A.1.2 矿物源农药

有效成分起源于矿物的无机化合物和石油类农药。

A.1.3 有机合成农药

由人工研制合成，并由有机化学工业生产的商品化的一类农药，包括中等毒和低素类杀虫杀螨剂、杀菌剂、除草剂。

A.2 允许使用的农药种类

A.2.1 生物源农药

A.2.1.1 微生物源农药

A.2.1.1.1 农用抗生素

a） 防治真菌病害：灭瘟素、春雷霉素、多抗霉素（多氧霉素）、井岗霉素、农抗菌120、中生菌素等。
b） 防治螨类：浏阳霉素、华光霉素。

A.2.1.1.2 活体微生物农药

a） 真菌剂：蜡蚧轮枝菌等。
b） 细菌剂：苏云金杆菌、蜡质芽孢杆菌等。
c） 拮抗菌剂。
d） 昆虫病原线虫。
e） 微孢子。
f） 病毒：核多角体病毒。

A.2.1.2 动物源农药

a） 昆虫信息素（或昆虫外激素）：如性信息素。
b） 活体制剂：寄生性、捕食性的天敌动物。

A.2.1.3 植物源农药

a） 杀虫剂：除虫菊素、鱼藤酮、烟碱、植物油等。

b) 杀菌剂：大蒜素。

c) 拒避剂：印楝素、苦楝、川楝素。

d) 增效剂：芝麻素。

A.2.2 矿物源农药

A.2.2.1 无机杀螨杀菌剂

a) 硫制剂：硫悬浮剂、可湿性硫、石硫合剂等。

b) 铜制剂：硫酸铜、王铜、氢氧化铜、波尔多液等。

A.2.2.2 矿物油乳剂

柴油乳剂等。

A.2.3 有机合成农药

A.3 使用准则

A.3.1 优先采用无公害综合农业防治措施：通过选用抗病抗虫品种，非化学药剂种子处理，培育壮苗，加强栽培管理，中耕除草，秋季深翻晒土，清洁田园，轮作倒茬、间作套种等一系列措施起到防治病虫草害的作用。还应尽量利用灯光、色彩诱杀害虫，机械捕捉害虫，机械和人工除草等措施防治病虫草害。

A.3.2 农药使用首选使用 AA 级绿色食品生产资料农药类产品。

A.3.3 使用的病虫草害农药应符合 NY/T 393 和 GB 4285 的规定。

A.3.4 施药量与安全间隔期：按照 GB 4285、GB/T 8321（所有部分）要求控制施药量与安全间隔期。

A.3.5 最终残留：有机合成农药在农产品中的最终残留应符合 GB 4285、GB/T 8321（所有部分）的最高残留限量(MRL)要求。

A.4 禁止使用的农药

A.4.1 禁止使用有机合成的化学杀虫剂、杀螨剂、杀菌剂、杀线虫剂、除草剂和植物生长调节剂。

A.4.2 禁止使用生物源、矿物源农药中混配有机合成农药的各种制剂。

A.4.3 严禁使用基因工程品种(产品)及制剂。

A.4.4 严禁使用高毒高残留农药防治贮藏期病虫害。

A.5 肥料施用准则

A.5.1 允许施用经过产品检验符合有机食品生产要求的有机肥。

A.5.2 严禁使用化肥。

ICS 65.020.20
B 05

中华人民共和国国家标准

GB/T 28659—2012

保护地沙窝萝卜栽培技术规范

Standard of cultivation technique on shawo radish under protective measures

2012-09-03 发布 2012-11-01 实施

中华人民共和国国家质量监督检验检疫总局
中国国家标准化管理委员会 发布

前　言

本标准按照 GB/T 1.1—2009 给出的规则起草。

本标准由中华人民共和国农业部提出并归口。

本标准起草单位:天津市植物保护研究所。

本标准主要起草人:刘春艳、王万立、王勇、郝永娟、刘晓林、霍建飞、赵仁顺、杨秀荣、孙淑琴。

保护地沙窝萝卜栽培技术规范

1 范围

本标准规定了保护地沙窝萝卜的产地环境、肥水管理、病虫害防治技术等。

本标准适用于温室、大棚等保护地沙窝萝卜的生产。

2 规范性引用文件

下列文件对于本文件的应用是必不可少的。凡是注日期的引用文件，仅注日期的版本适用于本文件。凡是不注日期的引用文件，其最新版本(包括所有的修改单)适用于本文件。

GB/T 8321(所有部分) 农药合理使用准则

GB 18406.1—2001 农产品安全质量 无公害蔬菜安全要求

NY/T 496 肥料合理使用准则 通则

NY/T 5083 无公害食品 萝卜生产技术规程

NY 5294 无公害食品 设施蔬菜产地环境条件

3 术语和定义

下列术语和定义适用于本文件。

3.1

发芽期 germination stage

从种子开始萌动到第一片真叶展开所用的天数。

3.2

幼苗期 seedling stage

从第一片真叶展开至“破肚”所用的天数。

3.3

莲座期 rosette stage

从“破肚”到“露肩”所用的天数。

3.4

肉质根生长盛期 bloom-growth period of fleshy taproot

从肉质根“露肩”到“圆腚”所用的天数。

4 产地环境

应符合 NY 5294 的要求。土质疏松、肥沃、富含有机质。

5 整地

播种前 30 d～40 d 深翻地 25 cm～30 cm，晒垡 10 d～20 d 后浇透水，土壤不粘时整地、做畦。整地时每 667 m^2 施充分腐熟优质农家肥 3 000 kg～5 000 kg，过磷酸钙 25 kg～30 kg。肥料使用要符合 NY/T 496 的规定。畦宽依实际情况而定，一般畦宽 1.2 m～1.5 m，整平畦面待播种。

6 种子处理

选用当年采收的饱满、新鲜种子。种子质量应符合 NY/T 5083 的要求。温汤浸种，即用 50 ℃～55 ℃温水浸种，并不断搅拌，保持 15 min～20 min，冷却后将种子捞出冲洗干净晾干待用。

7 播种

7.1 播种期

根据栽培季节、上市最佳时间选择播种期。一般于 8 月中旬播种。

7.2 播种量及播种方式

每 667 m^2 需萝卜种子 600 g～750 g。采用条播，开沟播种，播深 1 cm～2 cm，行距 30 cm～40 cm，播后覆土，并适当镇压。播种时保持土壤含水量在 80%左右。土壤干燥时，可在开沟后浇水，待水渗下后播种。

8 田间管理

8.1 间苗、定苗

幼苗具 1 片～2 片真叶时进行第一次间苗，苗间距 3 cm～4 cm；幼苗具 3 片～4 片真叶时进行第二次间苗，苗间距 10 cm～12 cm；幼苗具 5 片～6 片真叶，肉质根破肚时，进行第三次间苗，并按苗间距 20 cm～23 cm 定苗。选留健壮苗，淘汰病苗、弱苗和杂苗。

8.2 中耕除草

结合间苗进行中耕除草。中耕时要浅耕，以锄松表土为宜，并随中耕进行适量培土。

8.3 温度管理

10 月中旬霜降节前扣棚膜，11 月初备好草苫。扣棚后，通过开、闭风口和加盖草苫调节棚内温度。萝卜生长期间，白天棚内温度控制在 18 ℃～25 ℃，夜间温度控制在 10 ℃～15 ℃。萝卜成熟后至采收前，棚内温度控制在白天 10 ℃～15 ℃，夜间 0 ℃～5 ℃。白天适当盖草苫遮光，夜间揭开草苫降温。

8.4 肥水管理

8.4.1 追肥

肥料使用应符合 NY/T 496 的要求。施肥原则应掌握多施有机肥，控制氮肥用量，增施钾肥，配合叶面施肥。追肥时不要离根部太近，以免烧根。

第一次追肥在萝卜第二片真叶展开时进行，每 667 m^2 施纯氮 2 kg，条施或穴施；第二次追肥在萝卜生长进入莲座期进行，每 667 m^2 追施氮 5 kg，氧化钾 7 kg；第三次追肥在萝卜肉质根生长盛期进行，每 667 m^2 追施纯氮 5 kg，氧化钾 7 kg。从萝卜 2 片～3 片真叶开始，每隔 20 d 叶面喷施一次硼肥，每 667 m^2 每次施硼酸 100 g 或硼砂 150 g（硼砂先用少量开水溶解），再加水 50 kg，傍晚进行喷施。

8.4.2 浇水

发芽期:此期要保持较高的土壤湿度。在底墒充足的情况下一般无需浇水。

幼苗期:此期采取少浇水蹲苗,土壤含水量保持在60%~70%。

莲座期:在萝卜破肚后浇第一次水,以后小水勤浇,保持土壤湿润。

肉质根生长前期:掌握“地不干不浇,地皮发白才浇”的原则,但浇水量不宜过多。

肉质根生长盛期:一般5 d~6 d浇一次水,保持土壤含水量在70%~80%以上。最好傍晚浇水。

收获前5 d~7 d停止浇水。

9 病虫害防治

9.1 主要病虫害

保护地萝卜主要病害有病毒病、软腐病、黑腐病、霜霉病等;主要虫害有蚜虫、菜青虫、小菜蛾。

9.2 农业防治

播前深翻晒垡,加强中耕除草,降低病虫源数量。

9.3 物理防治

使用频振式杀虫灯;利用防虫网设置屏障阻断害虫侵袭;采用银灰膜驱避;利用粘虫板、性诱剂诱杀害虫。

9.4 生物防治

利用害虫天敌、农用抗生素、生物源农药防治病虫。

9.5 化学药剂防治

使用化学农药时,应执行GB/T 8321(所有部分)有关标准。合理混用、轮换、交替用药,严格执行间隔期。收获前7 d~10 d禁止喷洒农药。生产中禁止使用的农药见附录A,常用农药的使用方法参见附录B。

10 采收

当萝卜长到500 g~750 g左右时,即可收获。采收时去掉残枝败叶,留2片~3片心叶。采收后装入清洁、卫生的纸箱,并覆盖薄膜保湿。产品质量应符合GB 18406.1—2001的要求。

也可以根据市场需要随时采收。若不能及时采收,应做好田间保温保湿,当土壤干燥时适当浇水,并随时摘除黄叶、烂叶。

附 录 A
（规范性附录）
沙窝萝卜生产中禁止使用的化学农药

表A.1规定了沙窝萝卜生产中禁止使用的化学农药。

表A.1 沙窝萝卜生产中禁止使用的化学农药

农药种类	农药名称	禁用原因
无机砷杀虫剂	砷酸钾、砷酸铅	高毒
有机砷杀菌剂	甲基胂酸锌、甲基胂酸铁铵（田安）、福美甲胂、福美胂	高残留
有机锡杀菌剂	薯瘟锡（三苯基乙酸锡）、三苯基氯化锡、毒菌锡、氯化锡	高残留
无机汞杀菌剂	氯化乙基汞（西力生）、醋酸苯汞（赛力散）	剧毒、高残留
有机杂环类	敌枯双	致畸
氟制剂	氟化钙、氟化钠、氟乙酸钠、氟乙酰胺、氟铝酸钠	剧毒、高毒
有机氯杀虫剂	滴滴涕、林丹、三氯杀螨醇、杀螟威、五氯酚钠、氯丹	高残留
卤代烷类熏蒸杀虫剂	二溴乙烷、二溴氯丙烷、磷化铝、氯化苦	致癌、致畸
有机磷杀虫剂	甲基对硫磷、对硫磷、内吸磷、敌敌畏、克线丹、甲拌磷、乙酰甲胺磷、乙拌磷、久效磷、甲胺磷、氧化乐果、治螟磷、蝇毒磷、水胺硫磷、磷胺、	高毒
混配剂类	虫滋灵、哒甲、马甲磷、甲甲磷、敌甲畏、甲敌、乐胺磷、双甲马拉磷（甲效磷）、速杀畏、速胺磷、大灭乳油、多灭灵、高效磷	高毒
氨基甲酸酯杀虫剂	克百威、呋喃丹、涕灭威、灭多威	高毒
二甲基甲脒类杀虫杀菌剂	杀虫脒	慢性毒性、致癌
取代苯类杀虫、杀菌剂	五氯硝基苯、苯菌灵（苯来特）	国外有致癌报导或二次药害
植物生长调节剂	有机合成的植物生长调节剂	食品污染
二苯醚类除草剂	除草醚、草枯醚（蔬菜生长期内禁用）	慢性毒性

附　录　B
（资料性附录）
沙窝萝卜生产中常用农药使用方法

表 B.1 给出了沙窝萝卜生产中常用农药使用方法。

表 B.1　沙窝萝卜生产中常用农药使用方法

防治对象	农药	有效成分 中(英)文名称	剂量 (g/hm²)	施用 方法	施药次 数/次	安全间 隔期/d
病毒病	1.5%植病灵乳油	1%十二烷基硫酸钠(dodecyl sodium sulphate) 0.4%硫酸铜(copper sulfate) 0.1%三十烷醇(triacontanol)	11.25～16.5	喷雾	2～3	7
	2%氨基寡糖素水剂	氨基寡糖素(amino-oligosaccharide)	48～78	喷雾	2～3	7
	20%盐酸吗啉胍可湿性粉剂	盐酸吗啉胍(moroxydine ydrochloride)	375～750	喷雾	2～3	7
软腐病 黑腐病	72%农用硫酸链霉素可溶性粉剂	硫酸链霉素(streptomycin sulfate)	150～300	喷雾	2～3	7
	77%氢氧化铜可湿性粉剂	氢氧化铜(copper hydroxide)	1 732.5～2 310	喷雾	2～3	7
霜霉病	75%百菌清可湿性粉剂	百菌清(chlorothalonil)	900～1 200	喷雾	2～3	7
	72.2%霜霉威盐酸盐水剂	霜霉威盐酸盐(propamocarb, hydrochloride)	705～1 174	喷雾	2～3	7
	69%锰锌·烯酰水分散粒剂	代森锰锌(mancozeb); 烯酰吗啉(dimethomorph)	1 035～1 380	喷雾	2～3	7
蚜虫	10%吡虫啉可湿性粉剂	吡虫啉(imidacloprid)	15～22.5	喷雾	2～3	7
	3%啶虫脒乳油	啶虫脒(acetamiprid)	9～13.5	喷雾	2～3	7
菜青虫 小菜蛾	8 000 IU/mg 苏云金杆菌可湿性粉剂	苏云金杆菌(*Bacillus thuringiensis*)	750～1 500	喷雾	1～2	14

ICS 65.020
B 04

中华人民共和国国家标准

GB/T 28660—2012

马铃薯种薯真实性和纯度鉴定 SSR分子标记

Genuineness and purity verification of potato seed-tuber—SSR molecular marker

2012-09-03 发布

2012-11-01 实施

中华人民共和国国家质量监督检验检疫总局
中国国家标准化管理委员会
发布

前 言

本标准按照GB/T 1.1—2009给出的规则起草。

本标准由中华人民共和国农业部提出。

本标准由全国农作物种子标准化技术委员会(SAC/TC 37)归口。

本标准起草单位:云南师范大学薯类作物研究所、中国农科院蔬菜花卉研究所、东北农业大学农学院、华中农业大学园艺学院、黑龙江省农业科学院农业部脱毒马铃薯种薯质量监督检验测试中心、国际马铃薯中心(CIP)北京联络处。

本标准主要起草人:李灿辉、郝大海、金黎平、杨仕忠、管朝旭、黄三文、陈伊里、谢从华、白艳菊、谢开云。

马铃薯种薯真实性和纯度鉴定
SSR 分子标记

1 范围

本标准规定了 SSR 分子标记鉴定马铃薯(*Solanum tuberosum* L.)品种的方法。

本标准适用于马铃薯种薯真实性和纯度的检测。

2 规范性引用文件

下列文件对于本文件的应用是必不可少的。凡是注日期的引用文件,仅注日期的版本适用于本文件。凡是不注日期的引用文件,其最新版本(包括所有的修改单)适用于本文件。

GB 18133 马铃薯脱毒种薯

3 术语和定义

下列术语和定义适用于本文件。

3.1

简单序列重复 simple sequence repeat;SSR

基因组中由 1 个～6 个核苷酸组成的基本单位串联多次重复构成的 DNA 序列。

3.2

聚合酶链式反应 polymerase chain reaction;PCR

在耐热 DNA 聚合酶作用下,于体外快速大量特异性扩增特定 DNA 序列的方法。

4 仪器和试剂

4.1 仪器及用具

4.1.1 梯度 PCR 仪。

4.1.2 低温高速离心机。

4.1.3 电泳仪(满足 3 000 V 稳压)及配套电泳槽。

4.1.4 凝胶成像分析系统。

4.1.5 冰箱(−28 ℃～4 ℃)。

4.1.6 紫外/可见分光光度计。

4.1.7 电热恒温水浴锅(37℃、42℃、65℃和 95℃)。

4.1.8 制冰机。

4.1.9 涡旋仪。

4.1.10 高压灭菌器。

4.1.11 液氮罐。

4.1.12 酸度计(pH 计)。

4.1.13 脱色摇床。

4.1.14　微量移液器(0.5 μL～10 μL、10 μL～100 μL、100 μL～1 000 μL)及配套的枪头。
4.1.15　其他用具:PCR 管、量筒(100 mL～1 000 mL)、1.5 mL 离心管和配套的研磨棒。

4.2　试剂

4.2.1　常用贮备液:见附录 A。
4.2.2　DNA 提取试剂:见附录 B。
4.2.3　变性聚丙烯酰胺凝胶电泳试剂:见附录 C。
4.2.4　银染试剂:见附录 D。
4.2.5　SSR(简单重复序列)标记引物:见附录 E。
4.2.6　Taq DNA 聚合酶(Taq DNA polymerase)和配套的 PCR 缓冲液。
4.2.7　DNA Marker (50 bp、100 bp、150 bp、200 bp、250 bp、300 bp、350 bp、400 bp、500 bp)。
4.2.8　无 DNA 酶的 RNA 酶 A(DNase-free RNase A,10 mg/mL)。
4.2.9　β-巯基乙醇。
4.2.10　四甲基二乙胺(TEMED)。
4.2.11　异丙醇。
4.2.12　乙醇(70%、90%、95%)。
4.2.13　灭菌双蒸水(ddH_2O)。

5　供试材料

5.1　取样

按照 GB 18133 要求的方法,采集大田植株或块茎作为检测样品。

5.2　样品保存

选取适量样品,装入冻存管,液氮速冻,置冰箱(−20℃以下)中保存备用(有效保存期约 6 个月)。

6　程序

6.1　总 DNA 提取

6.1.1　称取 100 mg 样品,置于预冷 1.5 mL 离心管中,液氮冷冻下迅速研磨成细粉。依次加入 700 μL 的两倍十六烷基三甲基溴化铵缓冲液(见表 B.1)和 2 μL 的 β-巯基乙醇,涡旋混匀。
6.1.2　置 65 ℃水浴 1 h,期间每隔 10 min 摇动混匀一次。
6.1.3　冰上冷却约 10 min 后,加入 700 μL 的三氯甲烷:异戊醇(24:1)混合液(见表 B.2),涡旋混合,轻缓颠倒混匀数次。12 000 r/min 离心 5 min。
6.1.4　吸取上层水相至新 1.5 mL 离心管中,加入等体积(400 μL ～ 500 μL)的预冷异丙醇。轻缓颠倒混匀,4℃冰箱静置 30 min 后,12 000 r/min 离心 15 min。
6.1.5　弃上清液。向离心管中加入 70%乙醇 1.0 mL,静置 3 min 后,12 000 r/min 离心 20 min。小心倒出 70%乙醇,再加入 90%乙醇 1.0 mL,静置 5 min 后,12 000 r/min 离心 10 min,小心倒去乙醇。在干净的吸水纸上倒置离心管,自然干燥 15 min。晾干的 DNA,应为透明状。
6.1.6　加入 100 μL 的 1× TE 缓冲液[将 10 倍三羟甲基氨基甲烷-乙二胺四乙酸缓冲液(见表 B.3)稀释 10 倍并灭菌]溶解 DNA,再加入 2 μL 的无 DNA 酶的 RNA 酶 A(10 mg/mL)。37 ℃温浴 1 h 去除 RNA。4 ℃冰箱放置备用。
6.1.7　取 DNA 提取液 1 μL ～ 5 μL 于新的 1.5 mL 离心管中,加入 1× TE 缓冲液稀释至 1.0 mL,混

匀后转入石英比色皿中,用紫外/可见分光光度计测定 OD_{260} 和 OD_{280} 下的光密度值。按式(1)计算提取液中 DNA 浓度,并检测质量(OD_{260}/OD_{280} 比值为 1.8 ～ 1.9 表明纯度较高)。

$$ds\ DNA = \frac{OD_{260} \times t \times 50}{1\ 000} \quad \cdots\cdots (1)$$

式中:

$ds\ DNA$ ——双链 DNA 分子的含量,单位为微克每毫升(μg/mL);

OD_{260} ——260 nm 下的光密度值;

t ——稀释倍数。

6.1.8 用 1×TE 缓冲液将所提取的总 DNA 稀释为 50 ng/μL,根据每次用量分装,置－20℃冰箱保存备用。

6.2 PCR 反应

6.2.1 PCR 反应体系

在冰盘中或 4 ℃条件下按表 1 所列成分和用量,顺序依次加入 PCR 管,准备 PCR 反应体系。

表 1 PCR 反应体系(供 1 个样品、1 对 SSR 引物检测,25 μL)

成　分	用量/μL
ddH_2O	16.1
10× PCR 缓冲液	2.5
dNTPs (2.5 mmol/L,每一种)	2.0
正向引物 (10 mmol/L)	1.0
反向引物 (10 mmol/L)	1.0
Taq DNA 聚合酶 (2.5 U/μL)	0.4
DNA 模板 (50 ng/μL)	2.0
总体积	25.0

6.2.2 反应程序

按表 2 程序设置 PCR 反应流程。

表 2 PCR 反应程序

反应程序	时间	备注
94 ℃ 预变性	5 min	
94 ℃ 变性	1 min	
55 ℃ 退火	1 min	不同 SSR 引物所需的退火温度见附录 E
72 ℃ 延伸	1 min	
循环次数	35 次	变性→退火→延伸反应循环次数
72 ℃ 延伸	5 min	
4 ℃ 终止反应		

6.2.3 PCR产物变性处理

PCR结束后，于25 μL的反应体系中加入7.0 μL的上样缓冲液(见表A.4)，95℃水浴变性处理5 min后，立即转入冰浴冷却，备用。

6.3 变性聚丙烯酰胺凝胶电泳

6.3.1 电泳玻璃板清洗

用洗涤剂仔细清洗电泳玻璃板(长板和短板)，自来水漂洗干净，再用蒸馏水冲洗，斜置滤干，最后用95%乙醇冲洗，并空置晾干。使用之前，再次用无水乙醇将玻璃板擦拭干净。

注：洗板时，长板和短板分别单独清洗，以避免相互污染。

6.3.2 电泳玻璃板处理

短板处理：用镜头纸蘸取适量2%剥离硅烷溶液(见表C.1)，均匀地涂布在短板上；5 min～10 min后，喷施数毫升95%乙醇，用干净的镜头纸擦去多余的2%剥离硅烷；空置约20 min，晾干。

长板处理：更换新手套，用镜头纸蘸取适量亲和硅烷溶液(见表C.2)，均匀涂布在长板上；4 min～5 min后，用镜头纸蘸取95%乙醇沿一定方向轻轻地擦拭；此后，再用95%乙醇沿着与前次操作方向相垂直的方向轻轻地擦拭，如此擦洗3次，以去除多余的亲和硅烷；空置约20 min，晾干。

注：剥离硅烷和亲和硅烷均有剧毒，涂板处理时，需带手套操作，避免两种溶液相互污染。剥离硅烷溶液处理的目的是使短板容易与凝胶分离；亲和硅烷溶液处理的目的是使聚丙烯酰胺凝胶能很好地附着在长板上面，不易剥离。

6.3.3 胶槽装配

将长板、短板和压条装配好，周边用胶带密封，用夹子夹紧，插入合适的梳子，以方便灌胶的倾斜角度放置在安全支架上。

6.3.4 灌胶

取6.0%变性聚丙烯酰胺贮备液(见表C.5)60 mL，加入10%过硫酸铵贮备液(见表C.4)300 μL，四甲基二乙胺(TEMED) 60 μL，轻轻混匀。轻缓抽出梳子，沿压条边缘轻缓地将混匀的凝胶溶液注入胶槽中，及时清除可能出现的气泡后，重新将梳子插入至适当位置。将胶板调至水平位置，室温下(20 ℃～25 ℃) 放置2 h以上，以便凝胶完全凝固。

6.3.5 预电泳

待凝胶完全凝固后，小心拔出梳子，并用1× TBE缓冲液[将10倍三羟甲基氨基甲烷-硼酸-乙二胺四乙酸缓冲液(见表A.3)稀释10倍]清洗和整理样品槽。去掉密封胶带，用吸水纸将玻璃板擦干，以防电泳时短路。将胶板装到电泳槽中，加入电泳缓冲液(1× TBE缓冲液)，清除样品槽中的气泡，接通电源，以70W的恒定功率预电泳30 min。

6.3.6 电泳

预电泳结束后，用1× TBE缓冲液仔细清洗和整理样品槽，去除预电泳扩散出的尿素。根据检测样品数量，分别于每个样品槽中加入已经变性处理的PCR产物6 μL～8 μL；并在胶板的一侧或适当位置的样品槽中加入4 μL的DNA Marker。以70W恒定功率电泳2 h～3 h，或电泳至上样缓冲液中示踪染料的第一条带迁移至胶板底端为止。

6.4 银染

6.4.1 固定/脱色

从电泳槽中取出胶槽，轻轻取下短板，将附着胶板的长板放入装有适量固定/脱色液（见表 D.1）的塑料方盒中，轻轻摇动 20 min～30 min，至胶板上示踪染料的色带全部退去为止。

6.4.2 漂洗

将胶板转入 dd H_2O 中漂洗 2 次～3 次，每次 2 min。取出胶板，滤去水分。

6.4.3 染色

将胶板转入硝酸银染色液（见表 D.2）中染色 30 min。

6.4.4 水洗

在 dd H_2O 中迅速漂洗 5 s～6 s。

6.4.5 显影

将胶板迅速转入预冷至 4℃的显影液（见表 D.3）中，轻轻摇动至胶板上预期产物条带（见表 E.1）清晰为止。

6.4.6 定影

待影像清晰后，将胶板迅速转入固定/脱色液（见表 D.1）中，停止显影。定影 3 min～5 min。

6.4.7 漂洗

将胶板转入 ddH_2O 中漂洗 2 次，每次 5 min。

6.4.8 成像

在白色透射光背景上观察和记录电泳结果，数码拍照；或用凝胶成像分析系统扫描记录和拍照。

7 结果记录和分析

7.1 SSR 标记结果记录

参照 DNA Marker 电泳结果或扫描结果，根据每对 SSR 引物从检测样品中扩增出的条带数及其分子量大小，按"有"对应条带记录为"1"、"无"对应条带记录为"0"的方法，仔细记录每对 SSR 引物的 PCR 扩增结果。建立 SSR 引物、检测样品及有无（1/0）对应扩增条带的数据库。

7.2 SSR 标记结果分析

利用相关统计分析软件，根据 Nei（1973）的遗传相似系数（Genetic Similarity, GS），按式（2）计算检测样品间的遗传相似性水平。采用非加权组平均法（unweighted pair-group method with arithmetic means，UPGMA）进行聚类分析；绘制聚类分析结果图，显示 SSR 标记分析的直观结果。

$$GS = \frac{2N_{ij}}{N_i + N_j} \times 100\% \quad \cdots\cdots(2)$$

式中：

GS ——遗传相似系数，%；

N_i ——第 i 个样品的扩增条带数；

N_j ——第 j 个样品的扩增条带数；

N_{ij} ——第 i 个样品和第 j 个样品共有的扩增条带数。

8 鉴定结果判定

8.1 种薯真实性鉴定

直接比较待测品种与标准品种样品的标记分析结果，如在本标准要求的 12 个 SSR 标记位点上，待测品种样品与标准品种样品之间不存在多态性条带，则判定为同一品种；如存在多态性条带，则判定为不同的品种。或根据聚类分析结果，如待测品种与标准品种样品间无 100%的遗传相似性，则判定为不同样品，即判定为不同的品种。

8.2 种薯纯度检测

根据聚类分析结果，如在本标准要求的 12 个 SSR 标记位点上，所有检测样品间的遗传相似性为 100%，则判定为相同样品，即种薯纯度(P)为 100%。如达不到 100%的遗传相似性水平，则根据有差异的检测样品数量(S)占总抽样检测样品数量(T)的百分比来判定种薯纯度。计算见式(3)：

$$P=\left(1-\frac{S}{T}\right)\times 100\% \qquad \cdots\cdots(3)$$

式中：

P ——种薯纯度，%；

S ——有差异的检测样品数量；

T ——总抽样检测样品数量。

附 录 A
（规范性附录）
常用贮备液

表 A.1 至表 A.5 给出了常用的贮备液。

表 A.1 1.0 mol/L 三羟甲基氨基甲烷-盐酸贮备液（Tris-HCl 贮备液）（pH8.0，1 000 mL）

成分	用量	备 注
三羟甲基氨基甲烷（Tris 碱）	121.1 g	
灭菌双蒸水（ddH_2O）	800 mL	
37%浓盐酸（HCl）	～42 mL	用约 42 mL 浓盐酸调节 pH 至 8.0
最终体积	1 000 mL	用 ddH_2O 定容至 1 000 mL。灭菌后，室温保存

表 A.2 0.5 mol/L 乙二胺四乙酸贮备液（EDTA 贮备液）（pH8.0，1 000 mL）

成分	用量	备 注
乙二胺四乙酸二钠（$Na_2EDTA\text{-}2H_2O$）	186.1 g	
灭菌双蒸水（ddH_2O）	700 mL	
10 mol/L 氢氧化钠（NaOH）	～50 mL	用约 50 mL 氢氧化钠调节 pH 至 8.0
最终体积	1 000 mL	用 ddH_2O 定容至 1 000 mL。灭菌后，室温保存

表 A.3 10 倍三羟甲基氨基甲烷-硼酸-乙二胺四乙酸缓冲液（10× TBE 缓冲液）（pH8.0，1 000 mL）

成分	用量	备注
Tris 碱（tris base）	108 g	
硼酸（boric acid）	55 g	
0.5 mol/L EDTA（pH8.0）	37.25 mL	
灭菌双蒸水（ddH_2O）	800 mL	用 ddH_2O 定容至 1 000 mL
最终体积	1 000 mL	灭菌后，室温保存

表 A.4 上样缓冲液（50 mL）

成分	用量	备 注
98%甲酰胺（formamide）	47 mL	
0.2 mol/L EDTA（pH8.0）	2.5 mL	
溴酚蓝（bromophenol）	0.25 g	也可用 5 mL ddH_2O 溶解后，按需要量加入
二甲苯青（xylene cyanol）	0.25 g	
最终体积	50 mL	4 ℃冰箱保存

表 A.5　10 mg/mL 硫代硫酸钠贮备液(100 mL)

成分	用量	备　　注
硫代硫酸钠(sodium thiosulfate)	1 g	
灭菌双蒸水(ddH_2O)	100 mL	
最终体积	100 mL	4 ℃冰箱保存

附 录 B
（规范性附录）
DNA 提取试剂

表 B.1 至表 B.3 给出了 DNA 提取试剂。

表 B.1 两倍十六烷基三甲基溴化铵缓冲液(2× CTAB 缓冲液,pH8.0,1 000 mL)

成分	用量	备 注
1.0 mol/L Tris-HCl (pH8.0)	100 mL	
0.5 mol/L EDTA (pH8.0)	40 mL	
氯化钠 (NaCl)	81.82 g	加入 600 mL ddH_2O 加热搅拌
十六烷基三甲基溴化铵 (CTAB)	20 g	
聚乙烯吡咯烷酮 (PVP)	2 g	
灭菌双蒸水 (ddH_2O)		用 ddH_2O 定容至 1 000 mL
最终体积	1 000 mL	灭菌后,室温保存

表 B.2 三氯甲烷：异戊醇混合液(24：1,100 mL)

成分	用量	备 注
三氯甲烷 (chloroform)	96 mL	
异戊醇 (lsoamylol)	4 mL	
最终体积	100 mL	临时配制

表 B.3 10 倍三羟甲基氨基甲烷-乙二胺四乙酸缓冲液(10× TE 缓冲液,pH8.0,1 000 mL)

成分	用量	备 注
1.0 mol/L Tris-HCl (pH8.0)	100 mL	
0.5 mol/L EDTA (pH8.0)	20 mL	
灭菌双蒸水 (ddH_2O)	800 mL	用 ddH_2O 定容至 1 000 mL
最终体积	1 000 mL	灭菌后,室温保存

附　录　C
（规范性附录）
变性聚丙烯酰胺凝胶电泳试剂

表C.1至表C.5给出了变性聚丙烯酰胺凝胶电泳试剂。

表C.1　2%剥离硅烷(repel silane)溶液(500 mL)

成分	用量	备　注
剥离硅烷(repel silane)	10 mL	
三氯甲烷 (chloroform)	490 mL	
最终体积	500 mL	室温保存

表C.2　亲和硅烷(binding silane)溶液

成分	用量	备　注
无水乙醇 (ethanol)	3 mL	
亲和硅烷 (binding silane)	10 μL	
冰乙酸 (glacial acetic acid)	10 μL	
最终体积	3.02 mL	现配现用,约一块玻板的用量

表C.3　6.0%变性聚丙烯酰氨贮备液(1 000 mL)

成分	用量	备　注
丙烯酰氨 (acrylamide)	57 g	用300 mL ddH_2O加热溶解
甲叉双丙烯酰氨 (bisacrylamide)	3 g	用50 mL ddH_2O溶解
尿素 (urea)	420 g	用500 mL ddH_2O溶解
10 ×TBE	50 mL	
灭菌双蒸水 (ddH_2O)		用ddH_2O定容至1 000 mL
最终体积	1 000 mL	过滤至铝铂纸包裹的棕色瓶中,4 ℃冰箱保存

表C.4　10%过硫酸铵贮备液(10 mL)

成分	用量	备　注
过硫酸铵(ammonium persulfate)	1 g	
灭菌双蒸水 (ddH_2O)	10 mL	
最终体积	10 mL	分装后－20 ℃保存,4 ℃解冻使用

表 C.5　6.0%变性聚丙烯酰氨贮备液(60 mL)

成分	用量	备　注
6.0%变性聚丙烯酰氨贮备液	60 mL	平衡至室温后,加入 TEMED 和过硫酸铵
四甲基乙二胺 (TEMED)	60 μL	
10%过硫酸铵 (ammonium persulfate)	300 μL	

附　录　D
（规范性附录）
银染试剂

表 D.1 至表 D.3 给出了银染试剂。

表 D.1　固定/脱色液(2 000 mL)

成分	用量	备注
冰乙酸 (glacial acetic acid)	200 mL	
灭菌双蒸水 (ddH_2O)	1 800 mL	
最终体积	2 000 mL	临时配制

表 D.2　硝酸银染色液(2 000 mL)

成分	用量	备　注
硝酸银 ($AgNO_3$)	2 g	
37%甲醛 (formaldehyde)	3 mL	
灭菌双蒸水 (ddH_2O)		用 ddH_2O 定容至 2 000 mL
最终体积	2 000 mL	室温保存

表 D.3　显影液(2 000 mL)

成分	用量	备　注
无水碳酸钠 (Na_2CO_3)	30 g	用前 5h 用 ddH_2O 溶解 Na_2CO_3，4 ℃冰箱保存
37%甲醛 (formaldehyde)	3 mL	用前 5min 加入甲醛和硫代硫酸钠溶液
10 mg/mL 硫代硫酸钠 (sodium thiosulfate)	400 μL	
灭菌双蒸水 (ddH_2O)		用 ddH_2O 定容至 2 000 mL
最终体积	2 000 mL	临时配制，4 ℃冰箱保存

附　录　E
（规范性附录）
SSR（简单重复序列）标注引物

表 E.1 给出了 SSR（简单重复序列）标注引物。

表 E.1　SSR（简单重复序列）标记引物

引物名称	SSR 基序	引物序列（5′→3′）	退火温度/℃	染色体	预期产物/bp	标记位点/基因
STM1049	(ATA)6	F：CTACCAGTTTGTTGATTGTGGTG R：AGGGACTTTAATTTGTTGGACG	57	Ⅰ	184～254	STWIN12G 或 S023
STM2022	(CAA)3…(CAA)3	F：GCGTCAGCGATTTCAGTACTA R：TTCAGTCAACTCCTGTTGCG	53	Ⅱ	184～244	C112
STM1053	(TA)4(ATC)5	F：TCTCCCCATCTTAATGTTTC R：CAACACAGCATSCAGATCATC	53	Ⅲ	168～184	STHMGR3
STM3023a	(GA)9(GA)8(GA)4	F：AAGCTGTTACTTGATTGCTGCA R：GTTCTGGCATTTCCATCTAGAGA	50	Ⅳ	169～201	2A11
STPoAc 58	(TA)13	F：TTGATGAAAGGAATGCAGCTTGTG R：ACGTTAAAGAAGTGAGAGTACGAC	57	Ⅴ	203～277	PoAc58
STM0019a	(AT)7(GT)10(AT)4(GT)5(GC)4(GT)4	F：AATAGGTGTACTGACTCTCAATG R：TTGAAGTAAAAGTCCTAGTATGTG	47	Ⅵ	155～241	PAC33
STM2013	(TCTA)6	F：TTCGGAATTACCCTCTGCC R：AAAAAAAAGAACGCGCACG	55	Ⅶ	146～172	C337
STM1104	(TCT)5	F：TGATTCTCTTGCCTACTGTAATCG R：CAAAGTGGTGTGAAGCTGTGA	57	Ⅷ	164～185	STWAXYG28 或 S066
STM3012	(CT)4 (CT)8	F：CAACTCAAACCAGAAGGCAAA R：GAGAAATGGGCACAAAAAACA	57	Ⅸ	168～213	61D9
STM1106	(ATT)13	F：TCCAGCTGATTGGTTAGGTTG R：ATGCGAATCTACTCGTCATGG	55	Ⅹ	131～197	STINV141
STM0037	(TC)5(AC)6AA(AC)7(AT)4	F：AATTTAACTTAGAAGATTAGTCTC R：ATTTGGTTGGGTATGATA	53	Ⅺ	75～125	PAC62
STM0030	Compound (GT/GC)(GT)8	F：AGAGATCGATGTAAAACACGT R：GTGGCATTTTGATGGATT	53	Ⅻ	122～191	PAC05

参 考 文 献

［1］ REID A,EM KERR. A rapid simple sequence repeat (SSR)-based identification method for potato cultivars. Plant Genetic Resources: Characterization and Utilization,2007,5:7-13.

［2］ MOISAN-THIERY M, S MARHADOUR, MC KERLAN, et al. Potato cultivar identification using simple sequence repeats markers (SSR). Potato Research,2005,48:191-200.

［3］ FEINGOLD S, J LLOYD, N NORERO, et al. Mapping and characterization of new EST-derived microsatellites for potato (*Solanum tuberosum* L.). Theor Appl Genet,2005,111: 456-466.

［4］ GHISLAIN M, SPOONER DM, RODRIGUEZ F,et al. Selection of highly informative and user-friendly microsatelites (SSRs) for genotyping of cultivated potato. Theor Appl Genet,2004,108: 881-890.

［5］ JOSEPH JC, LM FRANK, DS DOUCHES. An applied fingerprinting system for cultivated potato using simple sequence repeats. Am. J. of Potato Research,2004,81:243-250.

［6］ NORERO N, J MALLEVILLE, M HUARTE, et al. Cost efficient potato (*Solanum tuberosum* L.) cultivar identification by microsatellite amplification,Potato Research,2002,45:131-138.

［7］ WULFF EG, TORRES S, GONZALEZ-VIGIL E. Protocol for DNA extraction from potato tubers. Plant Mol Biol Rep,2002,20:187a-187e.

［8］ ASHKENAZI V, E CHANI, U LAVI, et al. Development of microsatellite markers in potato and their use in phylogenetic and fingerprinting analyses. Genome,2001,44:50-62.

［9］ GHISLAIN M, F Rodríguez, F Villamón,JNúñez, et al. Establishment of microsatellite assays for potato genetic identification. CIP Program Report 1999-2000,2000:167-174.

［10］ MCGREGOR CE,CA LAMBERT,MM GREYLING,et al . A comparative assessment of DNA fingerprinting techniques (RAPD, ISSR, AFLP, and SSR) in tetraploid potato (*Solanum tuberosum* L.) germplasm. Euphytica,2000,113:135-144.

［11］ MILBOURNE D, RC MEYER, AJ COLLINS,et al. Isolation, characterization and mapping of simple sequence repeat loci in potato. Mol Gen Genet,1998,259:233-245.

［12］ SCHNEIDER K,DS DOUCHES. Assessment of PCR-based simple sequence repeats to fingerprint North American potato cultivars. Am Potato J,1997,74:149-164.

［13］ PROVAN J, W POWELL, R WAUGH. Microsatellite analysis of relationships within cultivated potato (*Solanum tuberosum*). Theor Appl Genet,1996,92:1078-1084.

［14］ KAWCHUK LM, DR LYNCH, J THOMAS, et al. Characterization of *Solanum tuberosum* simple sequence repeats and application to potato cultivar identification. Am Potato J,1996, 78:325-335.

［15］ NEI M. Analysis of gene diversity in subdivided populations. PNAS USA, 1973, 70: 3321-3323.

ICS 65.020
B 32

中华人民共和国国家标准

GB/T 28667—2012

蕨　　　麻

Root tuber of *Potentilla anserina* L.

2012-09-03 发布　　　　2012-11-01 实施

中华人民共和国国家质量监督检验检疫总局
中国国家标准化管理委员会　发布

前　言

本标准依据 GB/T 1.1—2009 的规则起草。

本标准由中华人民共和国农业部提出并归口。

本标准起草单位:青海省质量技术监督信息管理中心、青海省标准化协会、青海民族大学。

本标准主要起草人:张素梅、陈秀钧、李军乔、来宁军、李宁、包锦渊、杨立新、刘宁强。

蕨　　麻

1　范围

本标准规定了蕨麻的术语和定义、原料要求、技术要求、试验方法、检验规则、包装、标签、运输和贮存。

本标准适用于经干燥加工制成的蕨麻。

2　规范性引用文件

下列文件对于本文件的应用是必不可少的。凡是注日期的引用文件，仅注日期的版本适用于本文件。凡是不注日期的引用文件，其最新版本(包括所有的修改单)适用于本文件。

GB/T 5009.3　食品安全国家标准　食品中水分的测定

GB/T 5009.4　食品安全国家标准　食品中灰分的测定

GB/T 5009.5　食品安全国家标准　食品中蛋白质的测定

GB/T 5009.7　食品中还原糖的测定

GB/T 5009.9　食品中淀粉的测定

GB 7718　食品安全国家标准　预包装食品标签通则

JJF 1070　定量包装商品净含量计量检验规则

定量包装商品计量监督管理办法(国家质量监督检验检疫总局令[2005]第 75 号)

零售商品称重计量监督管理办法(国家质量监督检验检疫总局、国家工商行政管理总局令第 66 号)

3　术语和定义

下列术语和定义适用于本文件。

3.1

蕨麻　root tuber of *Potentilla anserina* L.

蔷薇科委陵菜属植物鹅绒委陵菜(*Potentilla anserina* L.)的膨大块根。

注：有球形、纺锤形、棍棒形等形状。

3.2

无使用价值颗粒　non-consumable root tuber

因虫蛀、霉变、鼠咬等而不适宜使用的颗粒。

3.3

百粒重　weight of one hundred dried root tubers

100 粒自然干燥蕨麻的质量(以克计)。

4　原料要求

选择自然生长、成熟度好、无霉变、无鼠咬虫蛀的蕨麻。

5 技术要求

5.1 感官指标

感官指标应符合表1的规定。

表1 感官指标

项目	等级要求			
	特等	一等	二等	三等
形状	果形为球形	果形为多样	果形为多样	果形为多样
色泽	表面浅褐色、无光泽，断面呈乳白色		表面棕褐色、无光泽，断面呈乳白色至淡黄色	表面棕褐色、无光泽，断面呈淡黄色
滋味、气味	具有薮麻固有的气味，味微甜，无异味			
无使用价值颗粒	不允许有			

5.2 理化指标

理化指标应符合表2的规定。

表2 理化指标

项目		等级指标			
		特等	一等	二等	三等
百粒重/(g/100粒)		≥50	≥35，<50	≥25，<35	≥15，<25
总糖/%	≥	18			
蛋白质/(g/100 g)	≥	10			
淀粉含量/%	≥	20			
水分/%	≤	12			
灰分/%	≤	5			
杂质/%	≤	2			

5.3 卫生指标

卫生指标应符合相关的国家标准的要求。

5.4 净含量

单件定量包装产品的净含量应符合《定量包装商品计量监督管理办法》的规定。

6 试验方法

6.1 感官检验

将适量样品放在白瓷盘内，在自然光下观察其色泽、形状，并嗅其气味，尝其滋味。不允许有无使用价值颗粒。

6.2 百粒重的测定

随机抽取100粒蕨麻,用分度值为0.01 g天平称重,重复两次,取平均值。

6.3 总糖的测定

按GB/T 5009.7规定的方法进行测定。

6.4 蛋白质的测定

按GB/T 5009.5规定的方法进行测定。

6.5 淀粉的测定

按GB/T 5009.9规定的方法进行测定。

6.6 水分的测定

按GB/T 5009.3规定的方法进行测定。

6.7 灰分的测定

按GB/T 5009.4规定的方法进行测定。

6.8 杂质

称取不少于50 g的试样,用毛刷刷落样品表面的灰土并挑出试样中的杂质,将刷落的灰土和杂质一并收集用分度值为0.01 g天平称重。杂质按式(1)计算:

$$X=\frac{m}{m_1}\times 100\% \quad \cdots\cdots(1)$$

式中:

X——杂质的百分比含量,%;

m——杂质的质量,单位为克(g);

m_1——试样的质量,单位为克(g)。

6.9 净含量的测定

产品净含量按JJF 1070规定的方法进行测定。

7 检验规则

7.1 组批

同一等级、同一批收购的由相同加工方法生产的产品,组成一个检验批。

7.2 抽样

从同批产品的不同部位随机抽取1‰,每批抽取样品不少于1 kg,分成3份,2份用作检验,1份留样备查。

7.3 出厂检验和型式检验

7.3.1 出厂检验

检验项目包括感官指标、百粒重、净含量、水分、灰分,每批产品均应经质检部门检验合格并附有产品合格证方可出厂。

7.3.2 型式检验

型式检验是对产品进行全面考核,即对本标准规定的全部项目进行检验。有下列情况之一时应进行型式检验:

a) 当原料、工艺发生重大变化可能影响产品质量时;

b) 正常生产后每年做1次时;

c) 当质量监督部门提出要求时。

7.4 判定规则

7.4.1 检验结果全部项目符合本标准规定时,判该批产品为合格。

7.4.2 检验结果中卫生指标不符合规定时,判该批产品为不合格。

7.4.3 检验结果中除卫生指标外,其他项目不符合本标准规定时,可在原批次产品中加倍取样,对不合格项目进行复检,复检项目全部符合标准规定时,判该批产品为合格;复检结果仍有指标不符合本标准规定,则判定该批产品为不合格。

7.4.4 当供需双方对产品质量发生争议时,由法定产品质量检验部门进行仲裁检验。

8 包装

8.1 包装容器应使用符合国家食品卫生标准的包装材料。

8.2 产品可分为定量包装和散装,定量包装产品按不同包装规格定量包装。散装称重销售产品应按《零售商品称重计量监督管理办法》的规定执行。

8.3 包装要牢固、防潮、整洁美观、无异味,能保护蕨麻的品质、便于装卸、仓储和运输。

9 标签

预包装产品标签应符合 GB 7718 的规定。

10 运输和贮存

10.1 运输工具应洁净、干燥、无异味、无污染。成品包装运输时,应有遮盖,避免雨水侵入,轻拿、轻放,不得损坏产品外包装,严禁与有毒有害和有异味的物品混装、混运。

10.2 产品应贮存在常温、清洁卫生、通风干燥的环境,防止鼠咬虫蛀,不得与潮湿、有异味及易生虫的物品混放。

ICS 65.040.20
B 20

中华人民共和国国家标准

GB/T 28668—2012

粮油储藏 粮食烘干安全操作规程

Grain and oil storage—Safety operation regulations for grain drying

2012-09-03 发布 2012-11-01 实施

中华人民共和国国家质量监督检验检疫总局
中国国家标准化管理委员会 发布

前　言

本标准按照 GB/T 1.1—2009 给出的规则起草。

本标准由国家粮食局提出。

本标准由全国粮油标准化技术委员会(SAC/TC 270)归口。

本标准负责起草单位:国家粮食储备局郑州科学研究设计院。

本标准参加起草单位:郑州万谷机械有限公司、沈阳正双环通用设备制造有限公司。

本标准主要起草人:李杰、马云霞、李小化、夏朝勇。

粮油储藏　粮食烘干安全操作规程

1　范围

本标准规定了粮食烘干安全操作规程的术语和定义、通则、安全检查、安全操作、易发生事故的部位、类别及预防措施、安全防火。

本标准适用于粮食烘干作业。

2　规范性引用文件

下列文件对于本文件的应用是必不可少的。凡是注日期的引用文件，仅注日期的版本适用于本文件。凡是不注日期的引用文件，其最新版本(包括所有的修改单)适用于本文件。

LS/T 1205—2002　粮食烘干机操作规程

3　术语和定义

下列术语和定义适用于本文件。

3.1

粮食烘干　grain drying

采用加热方式降低粮食中所含水分的过程。

3.2

粮食烘干机　grain dryer

采用加热方式降低粮食中所含水分的设备。

3.3

粮食烘干系统　grain drying system

粮食烘干机、热风炉、斗式提升机、胶带输送机、缓冲仓、清理筛、风机、电控等构成的成套设备的总称。

4　通则

4.1　应遵守国家有关安全生产的法律、法规、规程、标准和技术规范。

4.2　建立、健全安全生产责任制，定期进行安全培训、检查、总结和评估。

4.3　作业人员应进行安全操作培训，培训合格后方可上岗。

4.4　出现险情或事故时，应立即采取应急处理措施，尽量减小险情范围和损失程度，并及时报告相关负责人。

4.5　作业人员应熟悉工艺流程，仔细阅读设备使用说明书或用户手册，熟悉设备的构造、原理、性能及使用方法，掌握设备的操作和维修保养要求。熟悉所使用的烘干系统的安全操作规程和安全生产制度，不违章作业。

4.6　作业人员应衣着整齐，佩戴安全防护用品，长发应束起。

4.7　高空作业时，应做好安全防护措施，注意防滑，防止高空坠物。

4.8 酒后或过度疲劳者严禁上岗作业。

4.9 设备的单机试车、联动试车、负载试车以及热风炉的炉膛预热、升温等均应按照说明书中规定的程序操作,并通过正式验收后,方可投入使用。

5 安全检查

5.1 作业前安全检查

5.1.1 应对流程中的关键部位和设备进行认真检查,彻底清除机内杂物。

5.1.2 检查防雷接地装置是否良好。

5.1.3 检查斗式提升机和胶带输送机的头轮橡胶磨损程度。当磨损量大于 5 mm 时,应进行修复或更换。

5.1.4 检查机械设备和传动装置的机座是否稳固。

5.1.5 检查减速机、液力偶合器等传动部位是否已加注润滑油。

5.1.6 检查三角带、链条等的张紧程度和磨损程度。

5.1.7 检查转动部位的安全防护装置及警示牌是否完好。

5.1.8 检查换热器、风机等进风口处的防护网罩是否完好。

5.1.9 检查烘干系统的声、光报警装置是否正常。

5.1.10 检查热风温度过热报警装置与各温度监控仪是否正常。

5.1.11 检查螺栓连接部位及焊接处是否牢固可靠。

5.1.12 检查所有操作平台、走梯周围的防护栏杆以及铺设的防滑钢板或钢格栅是否牢固可靠。

5.1.13 检查电气线路连接,确保其连接正确且牢固可靠,线缆的导电性能及绝缘性能良好。

5.1.14 检查电气控制柜上控制器和电压表、电流表、指示灯、温度显示仪等电气元件仪表,确保其工作正常。

5.1.15 检查各电动机的接地和过载保护等,确保其处于安全状态。

5.1.16 检查料位器、感温元件、跑偏开关、失速开关等器件,确保工作正常。

5.1.17 检查现场操作箱和配电箱,确保其密封性能良好。

5.2 作业中安全检查

5.2.1 经常检查作业线上的设备有无"跑、冒、滴、漏"等现象。如有,应及时进行处理。

5.2.2 随时检查设备轴承。如发现有高温、漏油及松动等异常情况,应及时进行处理。

5.2.3 随时检查传动装置。如发现有跳动、晃动等异常情况,应立即停车进行处理。

5.2.4 随时监测各设备的负荷情况,不得超负荷运转。

5.2.5 经常检查易堵部位有无物料堵塞并保持通畅。

5.3 作业后安全检查

5.3.1 对所有设备进行检查。如发现问题,应及时按规定进行维修。

5.3.2 检查检修孔、通风口等是否关闭。

5.3.3 一个烘干期结束应清除设备内粮食和杂物。

6 安全操作

6.1 烘干机安全操作

6.1.1 装粮前,应确保烘干机的检修门密封良好。

6.1.2　已装粮或烘干作业时，严禁打开烘干机的检修门，应设明显的警示标志。

6.1.3　运行中的烘干机内严禁进人。烘干机装粮后只有在停机状态，且确保物料无法流动，同时采取适当安全措施后，人员方可从顶部进入，以防发生掩埋或窒息事故。

6.1.4　每个作业班次应检查烘干机的排粮是否畅通和均匀，发现排粮板变形或排粮轮堵塞，应及时维修和清理。

6.1.5　烘干机的开、停机按照 LS/T 1205—2002 的 6.1～6.3 执行。

6.1.6　正常生产时应经常观察烘干机排出废气的颜色及气味的变化是否正常。出现异常情况时，应及时处理。

6.1.7　烘干机每运行 20 d～30 d，宜停机清除一次粮食和杂物。

6.2　热风炉安全操作

6.2.1　热风炉烘炉前应彻底清除炉膛、沉降室、烟道的杂物；引燃用木质燃料应清除金属异物后方可使用；烘炉期间的炉温严格控制在 300 ℃以下。

6.2.2　检查炉排、进煤闸门的运行情况，确保无卡住、跑偏、拱起和异常杂音等现象。

6.2.3　检查热风炉前、后拱，应无裂纹、裂口。

6.2.4　热风炉内耐火砖不得有破损、脱落。

6.2.5　热风炉的开、停炉按照 LS/T 1205—2002 的 7.5.1～7.5.2 及 7.6 执行。

6.2.6　不得超温度上限使用热风炉，进入换热器的烟道气温度不得超过 750 ℃（不锈钢换热器不得超过 850 ℃）。

6.2.7　保持热风炉炉膛在低于环境压力状态下运行。

6.2.8　热风炉炉膛、沉降室、换热器内的清理、维修、检查，应在停炉及炉膛温度降至 50 ℃以下，在自然通风状态下才能进人，并在各检修门的显著位置挂上警示牌，维修人员应采取戴安全帽、穿安全鞋等安全保护措施。检修时严禁开启鼓风机、引风机。

6.2.9　热风炉运行一个烘干期后，应按使用说明书进行检查维修，更换磨损的部件。

6.3　缓冲仓的安全操作

6.3.1　壁挂式爬梯应牢固可靠。

6.3.2　装粮前，检查检修门是否关闭良好。

6.3.3　严禁在锥斗、仓壁上增设出粮孔。

6.3.4　仓顶进人时，应备有扶梯、软梯、安全带、安全绳、吊篮等安全保障措施，作业时应保证 2 人以上，仓外应有人监护。进仓作业人员必须系好安全带，并保证安全带有效。

6.3.5　已装粮或烘干作业时，严禁打开缓冲仓的检修门。

6.3.6　已装粮或运行中的缓冲仓内严禁进人。

6.3.7　仓内使用的灯具应属粉尘防爆型。

6.3.8　严禁在未清理干净的仓内进行动火作业。

6.4　斗式提升机安全操作

6.4.1　检查畚斗螺栓是否松动以及畚斗有无脱落。如有松动或脱落，应停机处理。

6.4.2　巡视和检查提升机畚斗与机壳有无碰撞或摩擦。如有，应停机处理。

6.4.3　发生粮食堵塞时，应立即停止进料，抽开机座的插板，排出堵塞粮食。未停机时严禁将手或其他硬物伸入机座扒取粮食，防止人身伤害和设备损坏。

6.4.4　检查提升机的回流情况。如有回流，应予调整。

6.4.5　检查畚斗带有无跑偏、打滑及异常响声。如有，应进行调整。

6.4.6 设备运行时，严禁开启机头罩壳或抽开机座插板。

6.4.7 停机时，应先停止进粮，待提升机内粮食排空后再关闭电源。

6.4.8 机座死角处宜每周清理一次。

6.5 胶带输送机安全操作

6.5.1 胶带输送机的进料应均匀，流量不应忽大忽小。

6.5.2 检查输送带的跑偏、打滑等情况。

6.5.3 检查托辊的转动情况。

6.5.4 停机时应先停止进料，待机上物料输送完毕后再关闭电源。

6.6 圆筒初清筛安全操作

6.6.1 进粮后，观察是否密闭，防止灰尘外扬。

6.6.2 筛孔发生堵塞时，应立即停止进粮并停机处理。

6.6.3 经常检查除杂效果和杂质中含粮情况，保证设备处于正常工作状态。

6.6.4 停机时，应先停止进粮，待机内粮食排净后才能停机。

6.7 自衡振动筛安全操作

6.7.1 经常检查橡胶弹簧支撑，应无脱出、松动或变形现象。

6.7.2 调节吸风道，使吸风、除杂效果达到最佳。

6.7.3 发生堵塞时，查明原因，进行处理。

6.7.4 停机时，应先停止进粮，待机内粮食排净后才能停机。

6.8 风机安全操作

6.8.1 风机底座应平稳，风机转向应正确。

6.8.2 离心风机开启前，应关闭进风或出风闸门。风机进口处应设防止吸入异物的装置。

6.8.3 多台风机同时使用时，应逐台单独启动，待一台运转正常后再启动另一台。严禁多台风机同时启动。

6.8.4 运行中如有剧烈振动和异常噪声，应立即停机查明原因，排除故障后才能开机。

6.8.5 烘干过程中，应随时监测热风温度及粮食温度。如发现温度异常，应立即进行处理。

6.9 溜管、风管等管网系统安全操作

6.9.1 管网系统的安装应牢固可靠，管道连接处应密封良好。

6.9.2 严禁直接在各种安装好的管道上进行电焊、切割。

6.9.3 发生堵塞时，严禁使用钢筋、铁锤或其他工具敲打，应打开检查门疏通或拆下管件疏通。

6.9.4 定期检查溜管耐磨衬板的磨损情况，及时更换已损坏的耐磨衬板。

6.10 电气系统安全操作

6.10.1 电气的操作、检查和维护，应遵守国家现行标准规范的规定。

6.10.2 开机前由专职电工按要求严格检查配电、控制设备及其电器元件是否正常，发现问题及时处理，经维修调整正常后方可作业。

6.10.3 电控操作工要密切注意仪表、信号指示，对电气控制设备的运行情况作详细记录，及时通报各环节运行情况，确保系统正常生产。

6.10.4 在进行设备和线路检修时，应切断相应的电气开关，由专人看管，并在切断电气开关处设置检修信号和警示牌。

6.10.5 电气线路和设备拆除后，不得留有裸露的接头。

6.10.6 定期检查所有电缆，防止鼠害，发现破损应及时修复，防止造成短路、漏电等故障。

6.10.7 停机时，应先停止对设备的测控运行，再关闭设置在主控室的各设备电源和设置在现场的设备电源，最后关闭总电源。

7 易发生事故的部位、类别及预防措施

易发生事故部位、事故类别及预防措施见表1。

表1 易发生事故部位、事故类别及预防措施

易发生的事故部位	事故类别	预防措施
烘干机、缓冲仓	掩埋、坍塌	入粮前检查烘干机或缓冲仓内是否有人作业或停留
		正常运行期间严禁人员进入缓冲仓及烘干机内
		烘干机或缓冲仓内粮食出现挂壁、结拱情况，需要进人时，按6.3.4执行
		定期检查烘干机、缓冲仓等高大设施的外形变化
		保证进粮和排粮均匀，防止偏仓
热风炉、热风机、沉降室、换热器	中毒和窒息、灼烫	严禁在热风炉房内睡眠
		人员进入热风炉膛、沉降室及换热器维修时应按6.2.8执行
		热风炉正常运行期间，应通过观察孔观察燃烧情况；打开炉门时，严禁贴近炉门观察；在观察火势时，严禁其他人员向炉内撒煤
		严禁直接接触高温部件
风机、出渣机、炉排、上煤机、输送机、提升机、烘干机排粮机构等部位	机械伤害	设备运转时，严禁接触机械设备的任何转动部件或传动部件
		机械设备检修时按6.10.4执行
烘干现场	触电	严禁私接乱扯电线
		电气设备和线路检修时按6.10.4执行
烘干现场	物体打击、车辆伤害	无关人员不得在烘干作业现场走动，操作人员应戴安全帽
		高处作业时应做好安全防护措施。不得向下投掷物品
		现场运输车辆应严格按照划定的运输路线行驶

8 安全防火

8.1 一般规定

8.1.1 作业人员应遵守有关消防法规、规定和制度，熟悉消防知识，掌握消防器具的使用方法，能熟练操作。

8.1.2 作业现场严禁烟火。作业中需要用火时，应向本单位安全部门申请办理用火证，并派专人监管。

8.2 防火安全操作

8.2.1 焊接作业时，作业点附近及下面不得有粮油和易燃物品，离作业点 10 m 之内的易燃物应做防火处理。

8.2.2 粮食进烘干机前应经过清理和除铁，不得有铁块和大的异物，进机粮食含杂率应不大于 2%，其中长茎杆(≤50 mm)含量应不大于 0.2%。

8.2.3 应定期清理热风室、废气室及风管内的杂质、粉尘和粮食籽粒。

8.2.4 烘干机内墙板表面应平滑，不得有凸台、凹槽等结构，以保证粮食流动通畅，防止粮食和杂质积聚。

8.2.5 烘干作业时应保证烘干机内粮食正常流动，不得长时间滞留。

8.2.6 严格控制烘干时间和烘干温度，烘干作业时要经常巡视烘干情况，发现冒黑烟及异常气味要立即采取对策。

8.2.7 烘干机各连接处及检修门不得漏风，以防高温气体短路引起局部粮食过度干燥而起火。

8.2.8 吸入式换热器不得有破损。

8.2.9 烘干机着火时按如下顺序处理：

a) 首先关闭热风机及进风闸门，切断风源，控制火势蔓延；
b) 关闭炉排和鼓风机，打开所有炉门和冷风配风门，保持引风机运转，快速降温，保护换热器；
c) 查明着火部位及火势，从着火点下方打开紧急放粮门或检修门，放出着火粮在机外扑灭。在火势未完全得到控制时，人员不得进入机内；
d) 火势太大时，应使用消防车灭火；
e) 清理机内粘结余火余炭，彻底清理着火点构件的表面，达到光滑平整，如有表面变形或损坏，应及时修整或更换；
f) 查找和分析着火原因，并采取相应措施。

ICS 75.160
B 67

中华人民共和国国家标准

GB/T 28669—2012

燃料用竹炭

Bamboo charcoal for fuel

2012-09-03 发布 2012-11-01 实施

中华人民共和国国家质量监督检验检疫总局
中国国家标准化管理委员会 发布

前　言

本标准按照 GB/T 1.1—2009 给出的规则起草。

本标准由国家林业局提出。

本标准由全国竹藤标准化技术委员会(SAC/TC 263)归口。

本标准主要起草单位:遂昌碧岩生态资源开发行、浙江遂昌县文照竹炭有限公司、浙江富来森中竹科技股份有限公司、浙江节节高炭业有限公司、浙江卖炭翁生态开发有限公司、遂昌县竹炭竹醋液协会、遂昌县质量技术监督协会。

本标准主要起草人:邱宏伟、雷先土、涂志龙、陈文照、王正郁、叶新军、方云剑、徐建成。

燃料用竹炭

1 范围

本标准规定了燃料用竹炭的术语和定义、产品分类、技术要求、试验方法、检验规则及标志、标签、包装和贮存。

本标准适用于燃料用途的竹炭及成型竹炭。

2 规范性引用文件

下列文件对于本文件的应用是必不可少的。凡是注日期的引用文件，仅注日期的版本适用于本文件。凡是不注日期的引用文件，其最新版本(包括所有的修改单)适用于本文件。

GB/T 213 煤的发热量测定方法

GB/T 214 煤中全硫的测定方法

GB/T 17664 木炭和木炭试验方法

JJF 1070 定量包装商品净含量计量检验规则

定量包装商品计量监督管理办法 国家质量监督检验检疫总局(2005)第75号

3 术语和定义

下列术语和定义适用于本文件。

3.1

燃料用竹炭 bamboo charcoal for fuel

用于燃烧获取热能的竹炭，包括原竹炭和成型竹炭。

3.2

原竹炭 raw bamboo charcoal

以竹材为原料热解得到的固体炭。

3.3

成型竹炭 molded bamboo charcoal

具有规则形状的固体炭，包括以竹材加工剩余物为原料经粉碎、成型后热解获得的固体炭(A型)和以竹炭粉为原料加入添加剂经成型、干燥等工艺获得的固体炭(B型)。

4 分类和标记

4.1 分类

4.1.1 按质量等级

按质量等级分为一级品和合格品两个等级。

4.1.2 按工艺

按工艺分为原竹炭、成型竹炭A型和成型竹炭B型。

4.2 标记

原竹炭标记为YT,成型竹炭A型标记为CT-A,成型竹炭B型标记为CT-B。

5 要求

5.1 感官

产品本身无异物、无异味;燃烧时无烟、无异味。

5.2 原料

用于加工的原料不应带入影响加工和燃烧的异物。

5.3 添加剂

使用添加剂应无毒、无异味。

5.4 净含量

应符合《定量包装商品计量监督管理办法》的要求。

5.5 理化指标

理化指标应符合表1的要求。也可根据合同约定执行。

表1 理化指标

项目		原竹炭		成型竹炭A型		成型竹炭B型	
		一级品	合格品	一级品	合格品	一级品	合格品
全水分/%	≤	8.5	12.0	8.5	12.0	8.5	12.0
灰分/%	≤	3.5	4.0	3.5	4.5	6.0	7.0
挥发分/%	≤	10.0	15.0	10.0	15.0	13.0	18.0
固定碳/%	≥	85.0	80.0	85.0	80.0	80.0	75.0
小于10 mm颗粒或粉末量/%	≤	5.0	6.0	5.0	6.0	5.0	6.0
发热量/(MJ/kg)	≥	29.00	27.00	29.00	27.00	27.00	25.00

6 试验方法

6.1 感官

将样品置于白纸上,在光线充足的环境下用目视鼻嗅的方法观测判定。

6.2 净含量

按JJF 1070的规定执行。

6.3 理化指标

6.3.1 全水分的测定

按 GB/T 17664 中全水分测定方法执行。

6.3.2 灰分的测定

按 GB/T 17664 中灰分测定方法执行。

6.3.3 挥发分的测定

按 GB/T 17664 中挥发分测定方法执行。

6.3.4 固定碳的测定

按 GB/T 17664 中固定碳测定方法执行。

6.3.5 小于 10 mm 颗粒或粉末量的测定

按 GB/T 17664 中小于 10 mm 颗粒或粉末量测定的方法执行。

6.3.6 发热量

6.3.6.1 测试样品按 GB/T 17664 制备后，按 GB/T 213 的条件和方法测定弹筒发热量。

6.3.6.2 按照 GB/T 214 的方法测定全硫含量。按 GB/T 213 的方法计算干基高位发热量，作为产品的发热量。符号记作 $Q_{gr,d}$，单位为 MJ/kg，保留 2 位小数。

6.3.6.3 发热量两次重复性测定的误差不超过 0.12 MJ/kg。再现性临界差为 0.30 MJ/kg。

7 检验规则

7.1 组批规则与抽样方法

7.1.1 组批规则

在原料及生产条件基本一致情况下，同一天或同一班组生产的产品为一批。按批号抽样。

7.1.2 抽样方法

每批取样量不少于 5 kg。产品包装时，包装产品规格小于 2.5 kg 的，抽取满足抽样数量的最小偶数包装；包装产品规格超过 2.5 kg，抽取两个包装。当产品为散装时，按每个批量的质量的 3%随机抽取样本，抽样数量不少于 5 kg。

所取样品按缩分法混合均匀后分为两份，所抽取样品用干净的 0.08 mm 以上厚度的塑料袋密封，随即贴上标签。标签内容应包括：样品名称及编号、生产单位、型号、批号、等级、采样日期、采样者姓名。

所采样品一份用于检验，余下一份留样备用。

7.2 检验

产品检验分为出厂检验和型式检验。

7.2.1 出厂检验

每批产品应进行出厂检验。出厂检验由生产单位质检部门执行，也可委托第三方检验机构。检验项目为感官、净含量偏差、水分，检验合格签发检验合格证，产品凭检验合格证出厂。

7.2.2 型式检验

有下列情况之一时应进行型式检验：

a) 长期停产，恢复生产时；

b) 原料变化或改变主要生产工艺，可能影响产品质量时；

c) 国家质量监督机构提出进行型式检验要求时；

d) 出厂检验与上次型式检验有较大差异时；

e) 正常生产时，每半年至少一次的周期性检验。

检验项目为本标准规定的全部项目。

7.3 判定规则

检验结果有一项不符合本标准要求时，应重新加倍抽样进行复检，仍不合格时，则判本批产品为不合格品。

8 标志、标签、包装和贮存

8.1 标志、标签

产品标志或标签应包括以下内容：产品名称、净含量、执行标准、生产日期、质量等级、生产企业名称、产地等。

8.2 包装、贮存

产品包装应牢固、整洁、防潮，装箱产品应排列整齐。同一批产品包装材料、产品类别、净重等应一致。产品贮存在防雨遮棚或通风库房内，不能接触强氧化剂。为了安全，新烧制的竹炭摊放 3 d 后再行加工、包装。

ICS 11.120
C 90

中华人民共和国国家标准

GB 28670—2012

制药机械(设备)实施药品生产质量管理规范的通则

General rule of pharmaceutical machinery conforming to good manufacturing practice

2012-09-03 发布

2013-07-01 实施

中华人民共和国国家质量监督检验检疫总局
中国国家标准化管理委员会
发布

前　言

本标准的第4章4.1至4.4为推荐性的，其余为强制性的。

本标准按照《药品生产质量管理规范（2010年修订）》的相关要求和GB/T 1.1—2009给出的规则起草。

本标准由全国制药装备标准化技术委员会（SAC/TC 356）提出并归口。

本标准负责起草单位：中国制药装备行业协会、重庆市科旭制药机械设备制造有限公司、中国医药集团重庆医药设计院。

本标准参加起草单位：上海远东制药机械有限公司、上海天祥健台制药机械有限公司。

本标准主要起草人：郑国珍、吴霞、石青、孙金莲、高云维、陈露真、董春亮。

制药机械(设备)实施
药品生产质量管理规范的通则

1 范围

本标准规定了制药机械(设备)实施《药品生产质量管理规范》的通用要求。也是对制药机械(设备)产品质量进行控制和管理的基本要求。

本标准适用于制药机械(设备)的产品设计、制造、检验、安装、运行、维护及验证。

2 规范性引用文件

下列文件对于本文件的应用是必不可少的。凡是注日期的引用文件,仅注日期的版本适用于本文件。凡是不注日期的引用文件,其最新版本(包括所有的修改单)适用于本文件。

GB 150.1—2011 压力容器 第1部分:通用要求

GB 151—1999 管壳式换热器

GB 3836.1—2010 爆炸性环境 第1部分:设备 通用要求

GB/T 4272—2008 设备及管道绝热技术通则

GB 5226.1 机械电气安全 机械电气设备 第1部分:通用技术条件

GB 5959.6—2008 电热装置的安全 第6部分:工业微波加热设备的安全规范

GB/T 9969 工业产品使用说明书 总则

GB 12158—2006 防止静电事故通用导则

GB/T 15692—2008 制药机械 术语

GB 17914—1999 易燃易爆性商品储藏养护技术条件

GB 17916—1999 毒害性商品储藏养护技术条件

GB/T 28671—2012 制药机械(设备)验证导则

GB 50231—2009 机械设备安装工程施工及验收通用规范

HG 20660—2000 压力容器中化学介质毒性危害和爆炸危害程度分类

TSG D0001—2009 压力管道安全技术监察规程(国家质量监督检验检疫总局 2009年第44号公告)

TSG R0004—2009 固定式压力容器安全技术监察规程(国家质量监督检验检疫总局 2009年第83号公告)

药品生产质量管理规范(2010年修订)(中华人民共和国卫生部2011年1月第79号令)

中华人民共和国药典(2010年版)(国家药典委员会)

3 术语和定义

GB/T 15692—2008 界定的及下列术语和定义适用于本文件。

3.1

粉尘 dust

能够较长时间悬浮于空气中的固体悬浮物。

3.2

隔离操作器 isolator

指配备B级(ISO 5级)或更高洁净度级别的空气净化装置,并能使其内部环境始终与外界环境(如其所在洁净室和操作人员)完全隔离的装置或系统。

3.3

干预受限的隔离屏障系统(RABS) restricted access barrier system

在药品生产和操作人员之间形成一个隔离屏障,提供一种“闭门”式操作或允许非常少的开门式介入,其内部环境为A级、背景环境为B级,介于洁净室和隔离器之间的无菌操作单元。

3.4

非电离辐射 non-ionizing radiation

波长>100 nm不足以引起生物体电离的电磁辐射。包括高频电磁场、微波辐射、激光辐射、紫外辐射等。

4 总则

4.1 总体要求

制药机械(设备)的设计、制造、检验、安装、运行、维护及验证等应满足相应药品生产工艺和《药品生产质量管理规范》(2010年修订)的要求,符合预定用途。应最大限度地降低药品生产过程中发生污染、交叉污染、混淆和差错等风险。应便于操作、维护、清洁和必要时进行的消毒或灭菌。

4.2 质量管理体系

制药机械(设备)设计、制造组织应建立质量管理体系。

4.3 人员培训

组织应对与制药机械(设备)设计、生产、质量管理有关的人员进行岗位职责、标准规范、技能等的培训。

4.4 产品质量评价

对产品应实施质量评价,完成所有必需的检查、检验、确认,参数达标,批准放行。

4.5 设计与制造

4.5.1 原则

4.5.1.1 制药机械(设备)设计、制造前,应确认其主要功能、技术性能参数、与介质接触的主要材质及结构形式,清洗和消毒(灭菌)的方式,控制方式和可操作性,以及对药品生产环境的影响等应符合《药品生产质量管理规范》(2010年修订)、用户需求及相应产品标准的要求。

4.5.1.2 制药机械(设备)应节能、环保、安全,运行稳定可靠,易于操作和维护,易于清洗、消毒或灭菌。

4.5.1.3 制药机械(设备)的自动控制和智能化监测水平应满足制药生产发展的需求。使用电子数据处理系统的制药机械(设备),应采用密码或其他方式来控制系统的登录、数据输入、数据更改和删除,并有记录。

4.5.2 主要材料

4.5.2.1 制药机械(设备)与药品或有要求的工艺介质直接接触的材料均应无毒、耐腐蚀、不脱落,不与药品或有要求的工艺介质发生化学反应、吸附,或向药品中释放物质。需要消毒、灭菌的零部件材料应耐高温蒸汽或化学气体的消毒灭菌。

4.5.2.2 制药机械(设备)使用的过滤器应不脱落纤维、不含石棉、不与产品发生反应、释放物质或吸附物质。绝热材料不得有颗粒物脱落、不得对药物和环境造成污染。

4.5.2.3 承压设备中主要受压元件的材料应符合 GB 150—2011 及其他强制性标准中的有关规定。

4.5.3 表面质量

4.5.3.1 制药机械(设备)的外观表面(含绝热层表面)应光洁、平整、无清洗盲区、不得有颗粒物脱落。允许涂镀的表面其涂覆层应密实,不得脱落。

4.5.3.2 制药机械(设备)与物料直接接触的表面应光洁、平整、无清洗盲区,所有转角圆滑过渡,便于清洁、消毒或灭菌。

4.5.4 结构

4.5.4.1 制药机械(设备)所使用的润滑剂不得对药物造成污染。应尽可能使用食用级或级别相当的润滑剂。设备的加热部位、药液(或药品)输送管道、与药包材接触的部位和成型模具的模腔内均不得设润滑剂加注机构。

4.5.4.2 制药机械(设备)所使用的清洗、消毒剂、加热、冷却介质不得对药品生产造成污染。

4.5.4.3 制药机械(设备)所使用的水、气(汽)等工艺介质应有与制药工艺的洁净度要求相适应的净化过滤装置、调节和取样的装置。过滤器应能进行完整性检测。用于干燥和灭菌的气体的末级过滤器应置于换热器之后。

4.5.4.4 制药机械(设备)的排风应有防止空气倒流装置。

4.5.4.5 制药机械(设备)应易于系统清洁,与物料直接接触的部位应尽可能实现在位清洗、在位灭菌。

4.5.4.6 制药机械(设备)应设置有关参数的测试点和必要的验证预留孔或取样口。

4.5.4.7 产生粉尘的制药机械(设备)应有粉尘捕集装置,粉尘有爆炸危险性的还应有粉尘防爆装置和导除静电装置。生产高致敏性药品的设备,排气应经高效过滤器过滤后排出。

4.5.4.8 散热及低温的设备和管道表面应有符合 GB/T 4272—2008 规定的绝热层,不易加绝热层的应设隔离装置。

4.5.4.9 制药机械(设备)应运行平稳。产生振动的设备应有主动隔振装置,传动机构和运动部件的暴露部位应有安全防护装置,传动系统应有密封装置,能防止润滑油、异物及摩擦产生的微粒进入药物。

4.5.4.10 制药机械(设备)中产生非电离辐射的设备,应有屏蔽、接地、吸收装置。

4.5.4.11 传输设备中盛放物料的容器应加盖和标识。

4.5.4.12 安装在洁净室内的制药机械(设备),除特殊要求外,不设地脚螺栓。

4.5.4.13 制药机械(设备)需要频繁更换、调整、拆卸的零部件,其操作应方便、可靠。与辅助设备之间的连接应为快装结构,拆装应简便、可靠。

4.5.4.14 跨越不同级别洁净区的制药机械(设备),应采用密封隔断装置或留有密封隔断的位置。

4.5.4.15 制药机械(设备)上配备的衡器、量具、仪器和仪表的量程和精度应符合生产和质量控制的要求,衡器、量具、仪器和仪表应有具备检定资质单位检定的标志和有效期。

4.5.4.16 制药机械(设备)应有过载保护、连锁控制、故障报警等机械防护结构和电气控制装置。

4.5.5 安全

4.5.5.1 制药机械(设备)中涉及受压容器和受压管道的,应按 GB 150—2011、GB 151—1999 和 TSG R0004—2009、TSG D0001—2009 的规定进行设计、制造、检验和验收。设计和制造方应具有相应的资格证书,产品随机技术文件应齐全。

4.5.5.2 使用有爆炸危险化学品的制药机械(设备)应按 HG 20660—2000 中的规定确定爆炸级别。其泄爆装置应符合 GB 150.1—2011 附录 B 中超压泄放装置的规定;电气设备应符合 GB 3836.1—2010 的有关规定;导除静电装置的接地体应符合 GB 12158—2006 中的规定;并应有危险报警装置。

4.5.5.3 存放或使用易燃、易爆、有毒介质设备的放散管应引至室外,并应设置符合 GB 17914—1999 及 GB 17916—1999 规定的相应防护设施。

4.5.5.4 微波加热设备的安全性能及微波辐射限值应符合 GB 5959.6—2008 的规定。

4.5.5.5 输送易燃、易爆介质的管道应有导除静电装置。

4.5.5.6 绝热层表面平均温度应不高于 40 ℃,瞬间最高温度不高于 60 ℃;最低温度不低于 5 ℃的规定。

4.5.5.7 电气安全性能应符合 GB 5226.1 及其他强制性标准的有关规定。

4.5.6 噪声

制药机械(设备)噪声应符合相关产品的国家或行业标准的规定。

4.6 安装

4.6.1 制药机械(设备)的产品出厂文件应齐全、完整。使用说明书编写应符合 GB/T 9969 的要求,应能满足产品安装调试、操作、维护保养和验证的要求。

4.6.2 制药机械(设备)的安装应符合 GB 50231—2009 的相关规定。

4.6.3 制药机械(设备)中的主要固定管路外连管道接口处,应标明管道内容物的名称及流向。

4.7 验证

制药机械(设备)的验证应符合 GB/T 28671—2012 的规定。

5 分类要求

5.1 原料药机械及设备

5.1.1 原料药机械及设备应具有自卸性能,排放口应能排净,液位计结构不得有积液区。

5.1.2 原料药机械及设备中不易拆卸部分应有易于清洗的结构。

5.1.3 原料药机械及设备中的气相、液相物料通道应密封可靠,无渗漏。

5.1.4 生物制品生产设备应便于清洁和去污染,用于活生物体培养的设备应密闭,管道的设计、制造和安装应无死角、盲管,管道系统、阀门和呼吸过滤器应便于清洗、灭菌。密闭容器(如发酵罐)的阀门应能用蒸汽灭菌。呼吸过滤器应能进行完整性检测。

5.1.5 离心分离机应有紧急停车、自锁功能和振动保护或过振报警装置。

5.1.6 过滤式除尘器的滤材应能防静电、无纤维脱落。

5.1.7 筛分机械应有粉尘捕集装置或集尘接口,尾气除尘后达标排放。

5.1.8 使用有爆炸危险化学介质的萃取设备应有泄爆装置。

5.1.9 提取、浓缩设备宜采用密闭系统。提取、浓缩系统装置、机组的运行过程、升温时间、提取温度、提取时间等应能设定和控制。

5.1.10 利用电磁波(超声波、微波等)的提取罐;以远红外线、微波、电磁波为热源的干燥设备;辐射干燥器;以辐射剂、电磁波为灭菌源的灭菌设备均应有屏蔽、接地或吸收装置。

5.1.11 干燥机械应有导除静电接地体和绝热层。应对物料层空气的温度、湿度及压差进行设定和控制。

5.1.12 贮存设备应安装呼吸器或呼吸过滤器。过滤器应能进行完整性检测。

5.2 制剂机械及设备

5.2.1 混合机械的结构应有利于物料的进入和粒子的流动与混合,混合均匀度应能满足制药工艺要求,卸料顺畅、不积料,不扬尘。

5.2.2 流化床制粒机、制粒包衣机应有导除静电接地体、工艺用空气的净化装置。末级过滤器应置于加热器之后,排风应有防止空气倒流装置,尾气应除尘后排放。主要工艺参数应能设定、调节、控制和显示。

5.2.3 使用有爆炸危险化学介质的制粒机、制粒包衣机及包衣机应有泄爆装置。

5.2.4 压片机与物料接触的机构应方便拆装、清洁,参数应可设定、调节、控制和显示,应有冲模超载保护功能和紧急停车装置。

5.2.5 包衣机的药物包裹介质及雾化气体的流量、温度、压力等主要工艺参数应可设定、控制和显示。

5.2.6 配液设备及管道系统、阀门和过滤器应能清洗、灭菌。混合均匀度、配液的密度、pH 值等主要参数应符合制药工艺要求。制备过程中温度、压力、灭菌时间等工艺参数应能设定、调节、控制、显示和记录。

5.2.7 药用塑料瓶的清洗设备应有消除静电、去除塑料微粒的装置。

5.2.8 口服液体制剂的灌装、储存设备及药液分配管路,应易于拆装、清洗、消毒。

5.2.9 粉体分装、液体灌装机械的装量精度应能满足生产工艺要求,符合《中华人民共和国药典》(2010 年版)的相关规定。

5.2.10 制剂机械的联动机组(生产线)的控制应匹配、可靠,工位间应有连锁控制、紧急停车装置。应能自动调整,有效控制局部紧急故障。

5.3 药用粉碎机械

5.3.1 药用粉碎机械与物料直接接触的零部件应耐磨,粉碎中产生的金属微粒应控制在药品生产工艺要求的指标内。

5.3.2 药用粉碎机械(含机组)应有粉尘捕集装置,尾气除尘后排放。

5.3.3 产生有爆炸危险性粉尘的粉碎机械应有粉尘防爆装置和导除静电接地体。

5.3.4 药用粉碎机械的进料、出料应尽可能采用机械输送装置和防止金属误入的装置。

5.4 饮片机械

5.4.1 风选、筛选、炒制、切制和破碎机械应有消烟、除尘装置。粉尘、烟尘应达标排放。

5.4.2 洗药机应有水量、水压、进料速度调节装置。应使用流动的制药用水,滚筒式洗药机应有倒、顺复洗机构、初洗水循环机构。

5.4.3 润药机应能显示、调节浸润介质的用量和压力;物料应能自卸,排放口应能排净;控制系统应有安全连锁装置。

5.4.4 切制机械应有防金属误入的装置。外露刀具应有安全防护装置。
5.4.5 炒制机械应适应《中华人民共和国药典》(2010 年版)规定的多种炮炙方法。
5.4.6 煅药机械应有绝热层。
5.4.7 饮片机械与相关配套机械的接口应匹配。
5.4.8 用于加工原料为毒性药材的饮片机械应有防止污染和交叉污染的措施。

5.5 制药用水、气(汽)设备

5.5.1 蒸馏水机和纯蒸汽发生器中凡与蒸馏水(包括二次蒸汽)接触部分的材料应采用含碳量不大于0.030%,含 Mo、Cr 元素的奥氏体不锈钢。
5.5.2 蒸馏水机和纯蒸汽发生器中的连接管道应避免死角、盲管,停产后,水能排净。蒸发器应有液位显示装置。
5.5.3 蒸馏水机和纯蒸汽发生器应有蒸汽压力超限报警装置和安全阀。
5.5.4 蒸馏水机和纯蒸汽发生器中原料水、蒸馏水、纯蒸汽冷凝水的有关参数应能检测,显示、记录、追溯。纯蒸汽发生器的电加热器的液位应能设定、控制。
5.5.5 制备纯蒸汽、纯化水、注射用水的设备应配置相应的过滤器、疏水性除菌过滤器及流量、温度、压力、pH 值、电导率等的测试仪器、仪表。过滤器应能进行完整性的检测。主要参数应能在线检测。
5.5.6 纯化水、注射用水的制备、贮存和分配应当能够防止微生物的滋生。纯化水应采用循环,注射用水应采用 70 ℃以上保温循环。设备及管路系统应无死角、盲管。其连接部位的管接头应采用快装结构,易于拆装。应设有水质的相应取样、检测或验证口。整个系统应能实现在位清洗和在位灭菌。制备过程中流量、温度、压力等工艺参数应可设定、调节、控制、记录。
5.5.7 制药用水设备制取的纯化水、注射用水应符合《中华人民共和国药典》(2010 年版)的相关规定。
5.5.8 制药用水贮罐的通气口应安装有呼吸过滤器。

5.6 药品包装机械

5.6.1 药品包装机械应使用符合药品包装材料标准的包装材料。
5.6.2 药品包装机械应适应一定范围内包装规格的变化。运行速度应能调节,运行协调、稳定、无卡滞、无异常声响。
5.6.3 药品包装机械的充填料斗、导料管(或导轨)其内壁应光滑、无阻滞,不损伤物料或成品。充填装置应易于拆卸、清洗,具有冲裁功能的包装机应有收集所冲裁物边角余料的功能。
5.6.4 药品包装机械中的压缩空气、真空及冷却管路应密封无渗漏。气路应有油水分离装置,水、气管路应有流量与压力的调节、显示装置。
5.6.5 药品包装机械的控制应有工作状态显示、工艺参数设定和修改、故障报警功能。
5.6.6 药品包装联动机组(生产线)的控制应匹配、可靠,能有效控制局部紧急故障。
5.6.7 药品包装机械应有安全防护门、罩,防护门应有安全连锁装置。
5.6.8 批号打印应字迹清晰,打印所使用的介质不得对药品和环境造成污染。

5.7 药物检测设备

5.7.1 药物检测设备的检测性能应符合《中华人民共和国药典》(2010 年版)中关于药物检验的要求及有关规定。
5.7.2 总有机碳的检测装置应能区别有机碳与无机碳,并能排除无机碳对有机碳测定的干扰。检测精度和适用范围应符合《中华人民共和国药典》(2010 年版)的相关规定。
5.7.3 电导率仪应有温度自动补偿功能。检测精度和适用范围应符合《中华人民共和国药典》(2010 年版)的相关规定,满足生产工艺要求。

5.8 其他制药机械及设备

5.8.1 输送机中与物料直接接触部分的材料应符合本标准总则和相关要求。

5.8.2 采用气流输送的机械，其所用气体应经净化处理。设置粉尘捕集器、导除静电接地体。

5.8.3 与制药机械(设备)配套的其他设备应符合本标准的有关要求。

5.8.4 辅助设备不得影响药品生产质量和药品生产环境。

附 录 A
（规范性附录）
无菌药品生产设备

A.1 无菌药品生产设备的范围

包括无菌制剂及无菌原料药的生产过程设备和灭菌设备。

A.2 无菌药品的定义

无菌药品是指法定药品标准中列有无菌检查项目的制剂和原料药。即无菌检查活体微生物的存活概率不高于 10^{-6} 的药品（最终灭菌无菌药品）和 10^{-3} 的药品（非最终灭菌无菌药品）。

A.3 无菌药品生产设备的要求

A.3.1 无菌药品生产设备宜在完全装配后灭菌，与物料直接接触的设备表面、各接管、阀门、密封装置宜具有在位清洗、在位灭菌功能，并经验证达无菌要求。设备应有预防污染的护罩或保护装置。

A.3.2 无菌药品生产设备的辅助装置应便于在洁净区外操作、保养和维护。

A.3.3 无菌药品生产设备的传送带，除本身能连续灭菌（如隧道式灭菌器）以外，传送带不得在A/B级洁净区与低级别洁净区之间穿越。

A.3.4 无菌药品生产设备使用的水、气（汽）公用介质应自带除菌过滤器和呼吸过滤器，过滤精度应不大于 0.22 μm，可更小或具相同过滤效力。过滤器应能进行完整性检测。

A.3.5 用于无菌药品生产的反应设备与物料直接接触的设备表面、搅拌部件、各接管、阀门、密封装置应按 A.3.1 的要求。

A.3.6 用于无菌药品生产的离心分离机，穿越 A/B 级洁净区与较低级别洁净区应有密封隔断装置。

A.3.7 用于无菌药品生产的冷冻干燥设备，宜具有在位清洗和在位灭菌功能，能对冻干箱、搁板、管路、冷凝器等灭菌。冻干箱与冷凝器的连接应能防止真空泵停机后外界空气渗入，真空卸压时能保证无菌，冻干系统应严密，且腔体内无滞留水。冷媒应选用环保型。

A.3.8 干预受限（限制进入）的隔离屏障系统（RABS）可设计为自带送风或无送风两种，按与所处环境的气流关系设计为开式或闭式两种刚性屏障隔离系统。应能保证内部的环境达到 A 级，背景环境 B 级。传输装置可为单门或双门，也可以是同灭菌设备相连的全密封系统，物品进出 RABS 应有防止污染措施。人员应通过固定安装在 RABS 上的手套进行生产操作或允许非常少的开门式介入。

A.3.9 隔离操作器（isolator）应为刚性屏障气动隔离装置，应能保证内部的环境达到 A 级，微正压，背景环境不低于 D 级。传输装置可为单门或双门，也可是同灭菌设备相连的全密封系统。物品进出隔离操作器应有防止污染措施。隔离操作器应经验证后方能投入使用，应能对操作器内部和外部所处环境的空气质量、隔离操作器的消毒、传递操作进行常规监测，必要的检漏以及隔离系统完整性试验。

A.3.10 隔离用半身衣或手套系统应能对内部和外部的空气质量、消毒、传递操作等进行常规监测，必要的检漏试验。

A.3.11 粉针剂机械中与药物接触的部分应便于拆装，清洗、消毒和灭菌。应能保证灌装前的无菌装配。分装、灌装、加塞、封口及充惰性气体等直接与药物接触的部位不得有不溶性及其他微粒进入药品。灌装精度应满足生产工艺要求。

A.3.12 用于非最终灭菌药品的配液设备与物料直接接触的设备表面、搅拌部件、各接管、阀门和过滤器宜在完全装配后，以可重现的方式进行在位清洗、灭菌，经验证达到无菌要求。管道的安装应无死角、盲管。

A.3.13 用于非最终灭菌产品的制瓶、灌装、封口的一体机应装有A级空气净化装置。应能在位清洗和在位灭菌，有验证接口及检测装置，验证结果应具有重现性。一体机至少应安装在C级洁净环境。用于生产最终灭菌产品的制瓶、灌装、封口的一体机至少应安装在D级洁净环境。

A.3.14 无菌药品生产用的粉碎机械的粉碎腔应为全封闭结构。

A.3.15 非最终灭菌药品的分装、灌装、加塞、封口设备与药物接触的部分应避免有不溶性及其他微粒进入药品，与物料接触的部位宜在位清洗和在位灭菌，应装有A级空气净化装置，有验证接口及检测装置。主要工艺参数应可设定、控制、显示和记录。

A.3.16 灭菌设备应能确保灭菌腔室内待灭菌物品的温度和压力分布均匀。在规定的温度和时间内，被灭菌物品所有部位与灭菌介质应充分接触。应能防止已灭菌物品在冷却过程中被污染。与物品相接触的冷却用介质应经灭菌或除菌处理。

A.3.17 灭菌设备用于监测或记录与用于控制的温度探头应分别设置，设置的位置应通过验证确定。采用自控和监测系统的，应符合关键工艺的要求。应能记录灭菌过程的时间-温度曲线、以及系统运行过程中出现的故障，主要灭菌参数应能显示和记录。

A.3.18 湿热灭菌器（含灭菌检漏）应为双扉式腔室结构，双扉门应能安全互锁。温度、时间、压力、F_0 值应能在线检测、显示和记录，标准灭菌时间 F_0 值应大于8 min。灭菌工艺中有抽真空操作的，应能进行腔室检漏测试。

A.3.19 干热灭菌设备灭菌腔室内的空气应保持正压循环，应能阻止非无菌空气进入。进入腔室的空气应经高效过滤器过滤，高效过滤器应经完整性检测合格。灭菌过程中的时间-温度曲线和腔室内外压差应能在线检测、显示和记录。

A.3.20 环氧乙烷灭菌设备应能针对不同物品设定排气条件和时间，应能使所有残留气体及反应产物降至设定的合格限度，不对物品造成破坏性影响。灭菌过程中灭菌气体与待灭菌物品应能直接充分接触。灭菌过程的时间-温度曲线和湿度、腔室内外压差、环氧乙烷的浓度及总消耗量应能在线检测、显示和记录。

ICS 11.120
C 90

中华人民共和国国家标准

GB/T 28671—2012

制药机械(设备)验证导则

Guidelines for pharmaceutical machinery validation

2012-09-03 发布　　2013-07-01 实施

中华人民共和国国家质量监督检验检疫总局
中国国家标准化管理委员会　发布

前 言

本标准按照《药品生产质量管理规范(2010年修订)》的有关要求和GB/T 1.1—2009给出的规则起草。

本标准由全国制药装备标准化技术委员会(SAC/TC 356)提出并归口。

本标准负责起草单位:上海天祥健台制药机械有限公司、中国制药装备行业协会。

本标准参加起草单位:上海新先锋药业有限公司、上海远东制药机械有限公司、上海理工大学。

本标准主要起草人:陈露真、田耀华、高云维、陈岚、李华强。

制药机械(设备)验证导则

1 范围

本标准规定了制药机械(设备)(以下简称制药设备)验证的术语和定义、验证目的、原则、程序和方案。

本标准适用于指导制药设备的设计确认、安装确认、运行确认和性能确认等验证工作。

2 规范性引用文件

下列文件对于本文件的应用是必不可少的。凡是注日期的引用文件,仅注日期的版本适用于本文件。凡是不注日期的引用文件,其最新版本(包括所有的修改单)适用于本文件。

GB 28670—2012 制药机械(设备)实施药品生产质量管理规范的通则

TSG R0004—2009 固定式压力容器安全技术监察规程(国家质量监督检验检疫总局 2009 年第 83 号公告)

药品生产质量管理规范(2010 年修订)(中华人民共和国卫生部 2011 年 1 月第 79 号令)

3 术语和定义

下列术语和定义适用于本文件。

3.1

制药设备验证 pharmaceutical equipment validation

对制药设备进行设计确认、安装确认、运行确认和性能确认,证明制药设备能够达到预期结果的一系列活动。

3.2

用户需求标准 user requirement specification

在满足相关法规、标准的前提下,使用方要求设备达到生产、检验和管理的目标所需要条件的文件。

3.3

验证方案 validation protocol

阐述如何进行验证并确定验证合格标准的书面计划,它包括验证的目标、内容、方法和合格标准。

3.4

设计确认 design qualification

对制药设备的预审查,证明制药设备的设计符合预定用途、《药品生产质量管理规范(2010 年修订)》及附录、用户需求标准和制药设备产品标准。

3.5

安装确认 installation qualification

制药设备安装后进行各种系统检查,证明制药设备的制造和安装符合设计标准。

3.6

运行确认 operational qualification

为验证制药设备或与其相关的系统达到设定要求而进行的各种运行试验,证明制药设备的运行符合设计标准。

3.7

性能确认　performance qualification

证明制药设备在正常操作方法和工艺条件下能持续符合标准。

3.8

验证文件　validation document

指验证总计划、验证计划、验证方案、验证报告和验证总结及验证过程中形成的其他相关文档或资料。

3.9

验证报告　validation report

对验证方案及已完成验证试验的结果、漏项及发生的偏差等进行回顾、审核并作出评估的文件。

3.10

挑战性试验　challenge test

旨在确定某一个工艺过程或一个系统的某一组件(如一个设备或一个设施)在设定的苛刻条件下能否达到预定质量要求的试验。

4　验证

4.1　验证目的

4.1.1　证明制药设备设计与制造符合制药设备产品标准、《药品生产质量管理规范(2010年修订)》及附录(以下简称《药品生产质量管理规范》)、GB 28670—2012 和用户需求标准。

4.1.2　证明制药设备安装符合设计和生产工艺。

4.1.3　证明制药设备空载运行符合设计和生产要求。

4.1.4　证明制药设备负载运行的稳定性和安全性，以及技术参数的符合性和重现性。

4.2　验证原则

4.2.1　制药设备验证应根据《药品生产质量管理规范》、制药设备产品标准、用户需求标准和制药工艺等要求制定验证方案，验证的每个阶段都应有各自的验证方案。

4.2.2　制药设备验证范围的确定应依据《药品生产质量管理规范》和制药工艺要求而定。直接或间接影响药品质量的，与制药工艺过程、质量控制、清洗、消毒或灭菌等方面相关的制药设备应属于必须验证的范围；其他辅助作用或不对药品质量产生影响的制药设备可不列为验证的范围。

4.2.3　制药设备验证分为设计确认、安装确认、运行确认和性能确认等各阶段。

4.2.4　验证方案应明确实施验证的职责，并经过使用方审核、批准。

4.2.5　验证应按照预先确定和批准的方案实施，并有记录。

4.2.6　验证工作完成后，应写出验证报告，并经审核、批准。验证结果和结论(包括评价和建议)应有记录并存档。

4.3　验证程序

4.3.1　制药设备的验证程序依次是设计确认、安装确认、运行确认和性能确认。在各确认阶段均应形成阶段性验证报告，出现关键性偏差(如影响设备正常运行、或安全、或产品质量的)应不进行下阶段的确认。

4.3.2　制药设备的设计确认，由制造方和使用方根据制药设备的预定用途、《药品生产质量管理规范》、GB 28670—2012、用户需求标准和制药设备产品标准以及验证方案，进行审查和确认。

4.3.3 制药设备的安装确认、运行确认和性能确认可由使用方根据验证方案进行审查和确认，也可由制造方和使用方共同完成。

4.3.4 制药设备验证的各阶段均应形成经审核、批准的验证报告。验证文件应按《药品生产质量管理规范》第一百四十八条的要求归档保存。

4.4 验证方案

4.4.1 验证方案应经使用方批准后方可实施。

4.4.2 验证方案封面应包含确认名称(如设计确认、安装确认、运行确认和性能确认)、制药设备型号、名称、文件编号、版本号(修订版本号)等内容。

4.4.3 验证方案基本信息

a) 页眉信息：文件编号、版本号(修订版本号)、页码、文件标题；

b) 起草人、审核人和批准人的信息(如姓名、所属的部门、职务等)，以及签署和日期；

c) 验证方案修订记录(包括修订日期、修订版本号、修订内容、修订人签名、审核人签名)；

d) 验证小组人员登记表(包括人员姓名、所属部门、职务、分工)。

4.4.4 验证方案主要内容

a) 验证目的(验证制药设备设计和制造符合《药品生产质量管理规范》、安装符合说明书上规范要求、机械特性符合相应生产工艺条件和生产能力要求、运行达到预定用途等)；

b) 制药设备基本情况，包括制药设备主要信息(型号、名称、出厂编号、合同编号、制造商、使用方、采购日期、固定资产编号、使用部门、安装地点、安装时间、用途、主要技术参数、结构和特性、功能、控制部分等)；

c) 执行标准和规范；

d) 使用仪器登记表；

e) 试验部分(试验一、试验二、……)：试验内容、要求、合格标准、试验方法、试验结果等；

f) 偏离说明与结论，并经验证人与审核人签名；

g) 结论；

h) 验证小组成员与验证负责人签名及签署日期。

4.4.5 设计确认(参见附录A)

旨在审查设计的合理性，所选用制药设备或系统的性能及设定的技术参数是否符合使用方的产品、生产工艺、维修保养、清洗和消毒等方面的要求，是否符合《药品生产质量管理规范》和制药设备产品标准。

4.4.5.1 设计确认方案的内容

a) 按用户需求标准对主要性能指标确认，如：生产能力、产品规格、主要技术参数、噪声等；

b) 主要工艺功能；

c) 可清洗和消毒(灭菌)性；

d) 关键部分材质；

e) 电气系统和控制功能；

f) 安全保护功能；

g) 与设备及相关公用设施的接口关系；

h) 结构和外观。

4.4.5.2 设计确认的实施，并作出设计确认结论。

4.4.6 安装确认(参见附录B)

旨在证明制药设备安装符合随机安装手册提供的技术要求，且其外形特征和规格、电气特性和设备性能都将被验证。

4.4.6.1 安装确认方案的内容

a) 检查文件：

1) 基本文件资料(装箱单、产品合格证书、使用说明书、主要配套件合格证书和说明书、主要零部件清单等)；

2) 安装、维护所需技术资料(搬运示意图、安装及基础图、电气原理及接线图、润滑位置图表、备件明细表、易损件目录等)；

3) 检测报告(与药物接触零部件和密封件的材质证明书、主要零部件材质证明书、润滑油证明书、主要配套件合格证书、压力容器质量报告、压力容器设计和制造资格证复印件等)；

4) 仪器仪表配置的合格证明文件(仪器仪表清单和合格证书、安装位置、编号、生产厂家、校验、校准周期)；

5) 相关公用介质(工艺气体、工艺用水、蒸汽、冷媒等)验收合格文件；

6) 操作规程(设备操作规程、清洗规程、维护检修规程等)；

7) 设备竣工图。

b) 依据制药设备安装的要求，确认下列内容：

1) 安装地点的环境符合制药设备使用要求；

2) 安装位置和空间满足设备操作、清洗和维修的需要；

3) 按制药设备清单、或管道和仪表流程图(即 PID 流程图)检查安装情况；

4) 工艺管道满足工艺的要求，如需保温应满足保温要求；

5) 电气控制系统；

6) 主要机械零件和结构的完整性；

7) GMP 符合性。

4.4.6.2 安装确认实施，并作出安装确认结论。

4.4.7 运行确认(参见附录 C)

旨在通过对制药设备各功能的测试、以及空载和负载运行，验证制药设备运行、操作和控制性能符合相应生产工艺条件和生产能力要求。

4.4.7.1 运行确认方案的内容

a) 工作条件确认；

b) 功能确认；

c) 空载、负载运转确认；

d) 控制程序确认；

e) 安全性能确认；

f) 各项技术指标确认；

g) 负载运行可靠性试验。

4.4.7.2 运行确认的实施，并作出运行确认结论。

4.4.8 性能确认(参见附录 D)

旨在证明制药设备的运行达到预定用途而进行的系统性试验，通过观察、记录、取样检测等手段，搜集及分析数据，考察制药设备运行的可靠性、主要参数的稳定性和结果的重现性。

4.4.8.1 性能确认一般要求

a) 性能确认是在安装确认和运行确认合格后进行；

b) 用替代物或实际生产原材料按设定的程序进行系统性运行；

c) 必要时应进行挑战性试验。

4.4.8.2 性能确认方案的内容

a) 在负载运行条件下，对药品生产要求的适应性；

b) 生产能力；

c) 药品生产质量相关指标；

d) 运行结果的重复性；

e) 控制精度准确性；

f) 安全性能；

g) 负载运行的可靠性试验；

h) 其他所需的挑战性试验。

4.4.8.3 性能确认的实施，并作出性能确认结论。

4.5 制造方提供的相关技术资料

a) 操作规程。可单独以文本形式列出，也可在使用说明书中有专门章节；

b) 清洗规程。可单独以文本形式列出，也可在使用说明书中有专门章节；

c) 维护保养规程。宜单独以文本形式列出，也可在使用说明书中有专门章节；

d) 指导制药设备安装、使用、维护保养的相关图样；

e) 质量证明文件；

f) 关键件理化性能报告(选项)；

g) TSG R0004—2009 规定出厂应提供的资料。

附　录　A
（资料性附录）
设计确认方案示例

（封面）

设计确认

制药机械（设备）型号

制药机械（设备）名称

文件编号：	
版本号/修订版本号：	

文件编号：		版本号/修订版本号：		页码：	页/总页数
文件标题：	设计确认				

1　文件编制、审核与批准

	所属部门	职务	签名	日期
方案起草人：				
方案审核人：				
方案批准人：				

2　文件修改记录

验证文件编号/版本号	修订内容	修订人签名/日期	审核人签名/日期

3　验证小组人员登记表

姓名	所属部门	职务	分工

文件编号：		版本号/修订版本号：		页码：	页/总页数
文件标题：	设计确认				

4 目的

旨在审查设计的合理性，所选用制药设备或系统的性能及设定的技术参数是否适合本企业的产品、生产工艺、维修保养、清洗和消毒等方面的要求，是否符合《药品生产质量管理规范(2010年修订)》及附录，以及满足制药设备产品标准。

5 基本情况

型号：		名称：	
制造商：		使用方：	
用途：			
主要技术参数：			
结构和特性：			
功能：			
控制部分：			
××××：			
××××：			

文件编号：		版本号/修订版本号：		页码：	页/总页数
文件标题：	设计确认				

6 执行标准和规范

1) 《药品生产质量管理规范(2010年修订)》及附录(以下简称《药品生产质量管理规范》)；
2) GB 28670—2012 《制药装备实施药品生产质量管理规范的通则》；
3) GB 5226.1—2008 机械电气安全 机械电气设备 第1部分：通用技术条件；
4) 产品执行的标准，须注明标准编号及标准名称；
5) ……

7 设计确认

(具体确认内容，应根据制药设备实际情况而定。)

7.1 按用户需求标准对主要性能指标确认

序号	项目与要求	确认依据	确认方法	结果	
				是	否
1	生产能力				
1.1	……	用户需求标准	制药设备设计文件		
2	产品规格				
2.1	……	用户需求标准	制药设备设计文件		
3	主要技术指标				
3.1	……	用户需求标准	制药设备设计文件		
4	取样功能				
4.1	手工取样：____________。	用户需求标准	制药设备设计文件		
4.2	自动取样：____________。				
5	噪声：________db(A)。	制药机械行业标准或企业标准	制药设备设计文件		
6	……				
	……				

偏离说明	结论
验证人签名/日期：	审核人签名/日期：

文件编号：		版本号/修订版本号：		页码：	页/总页数
文件标题：	设计确认				

7.2 主要工艺功能确认

序号	项目与要求	确认依据	确认方法	结果	
				是	否
1	送料方式				
1.1	……	用户需求标准	制药设备设计文件		
2	主要工艺步骤				
2.1	……	用户需求标准	制药设备设计文件		
3	出料方式				
3.1	……	用户需求标准	制药设备设计文件		
4	工艺控制				
4.1	速度调节：________。	用户需求标准	制药设备设计文件		
4.2	温度调节：________。				
4.3	压力调节(空气、液体等)：________。				
4.4	……				
	……				

偏离说明	结论
验证人签名/日期：	审核人签名/日期：

文件编号：		版本号/修订版本号：		页码：	页/总页数
文件标题：	设计确认				

7.3 可清洗和消毒(灭菌)确认

序号	项目与要求	确认依据	确认方法	结果	
				是	否
1	制药设备的清洗与消毒				
1.1	……	用户需求标准,《药品生产质量管理规范》,GB 28670—2012,制药机械行业标准或企业标准。	制药设备设计文件		
2	整机与物料直接接触结构零件均可拆卸,能方便清洗,其结构上无清洗盲区,同时材质能适用常规消毒。	用户需求标准,《药品生产质量管理规范》,GB 28670—2012,制药机械行业标准或企业标准。	制药设备设计文件		
2.1	……				
3	与物料非直接接触部分和整机外表均无清洗盲区,能适合手工清洗与消毒	用户需求标准,《药品生产质量管理规范》,GB 28670—2012,制药机械行业标准或企业标准。	制药设备设计文件		
3.1	……				
4	……				
	……				

偏离说明	结论
验证人签名/日期：	审核人签名/日期：

文件编号：		版本号/修订版本号：		页码：	页/总页数
文件标题：	设计确认				

7.4 关键部分材质确认

序号	项目与要求	确认依据	确认方法	结果	
				是	否
1	与药物直接接触零部件的材质				
1.1	零(部)件1的材质要求：______。	用户需求标准，《药品生产质量管理规范》，GB 28670—2012，制药机械行业标准或企业标准。	与药物直接接触零部件清单、材质说明和材质证明		
1.2	零(部)件2的材质要求：______。				
1.3	……				
2	与药物直接接触零部件的表面粗糙度				
2.1	零(部)件1的表面粗糙度要求：__________。	用户需求标准，《药品生产质量管理规范》，GB 28670—2012，制药机械行业标准或企业标准。	制药设备设计文件		
2.2	零(部)件2的表面粗糙度要求：__________。				
2.3	……				
3	与药物直接接触或相邻的密封件				
3.1	密封件1的材质要求：______。	用户需求标准，《药品生产质量管理规范》，GB 28670—2012，制药机械行业标准或企业标准。	与药物直接接触零部件清单、材质说明和材质证明		
3.2	密封件2的材质要求：______。				
3.3	……				
4	主要零部件材质				
4.1	零(部)件1的材质要求：______。	用户需求标准，制药机械行业标准或企业标准，产品技术要求。	主要零部件清单、材质说明和材质证明		
4.2	零(部)件2的材质要求：______。				
4.3	……				
5	润滑油质				
5.1	稀油品质要求：__________。	用户需求标准，《药品生产质量管理规范》，GB 28670—2012，制药机械行业标准或企业标准。	润滑油质证明		
5.2	油脂品质要求：__________。		润滑油质证明		
	……				

偏离说明	结论
验证人签名/日期：	审核人签名/日期：

文件编号：		版本号/修订版本号：		页码：	页/总页数
文件标题：	设计确认				

7.5 电气系统和控制功能确认

序号	项目与要求	确认依据	确认方法	结果	
				是	否
1	电气控制模式				
1.1	……	用户需求标准	制药设备设计文件		
2	运行参数的采样和显示				
2.1	……	用户需求标准	制药设备设计文件		
3	自动过程控制				
3.1	……	用户需求标准	制药设备设计文件		
4	数据安全性				
4.1	……	用户需求标准	制药设备设计文件		
5	数据上传和批记录打印				
5.1	……	用户需求标准	制药设备设计文件		
	……				

偏离说明	结论
验证人签名/日期：	审核人签名/日期：

文件编号：		版本号/修订版本号：		页码：	页/总页数
文件标题：	设计确认				

7.6　安全保护功能确认

序号	项目与要求	确认依据	确认方法	结果	
				是	否
1	突然断电时，制药设备应能安全地停机。	用户需求标准，GB 5226.1—2008。	制药设备设计文件		
2	恢复供电时，制药设备重新启动应要求人工介入。	用户需求标准，GB 5226.1—2008。	制药设备设计文件		
3	紧急停机时，以最容易达到的停机操作方式进行紧急停机；紧急停机时，所有运行的部件应立即停止。	用户需求标准，GB 5226.1—2008，制药机械行业标准或企业标准。	制药设备设计文件		
4	电机过载时，应能自动停机，且所有运行的部件应立即停止。	用户需求标准，GB 5226.1—2008，制药机械行业标准或企业标准。	制药设备设计文件		
5	所有电气线路和元器件应有清晰的标识。	用户需求标准，GB 5226.1—2008，制药机械行业标准或企业标准。	制药设备设计文件		
6	……				
	……				

偏离说明	结论
验证人签名/日期：	审核人签名/日期：

文件编号：		版本号/修订版本号：		页码：	页/总页数
文件标题：	设计确认				

7.7 与设备及相关公用设施的接口关系

序号	项目与要求	确认依据	确认方法	结果	
				是	否
1	工作环境				
1.1	大气压力：________。	用户需求标准	制药设备设计文件		
1.2	温度：________。	用户需求标准			
1.3	湿度：________。	用户需求标准			
1.4	洁净度：整机处______万级洁净度空间。	用户需求标准，《药品生产质量管理规范》，GB 28670—2012。			
1.5	……				
2	制药设备安装地坪：______。	产品技术要求	制药设备设计文件		
3	电源				
3.1	电压：三相____V；单相____V；频率：____Hz。	产品技术要求	制药设备设计文件		
3.2	输入方式：三相五线制	用户需求标准，产品技术要求			
3.3	……				
4	装机容量：______kVA。	产品技术要求	制药设备设计文件		
5	公共介质				
5.1	压缩空气要求及耗量	产品技术要求。	制药设备设计文件		
5.2	蒸汽要求及耗量	产品技术要求。			
5.3	工艺用水要求及耗量	产品技术要求。			
5.4	……	产品技术要求。			
6	……				
	……				

偏离说明	结论
验证人签名/日期：	审核人签名/日期：

文件编号：		版本号/修订版本号：		页码：	页/总页数
文件标题：	设计确认				

7.8 结构和外观

序号	项目与要求	确认依据	确认方法	结果	
				是	否
1	润滑系统：__________。	用户需求标准，《药品生产质量管理规范》，GB 28670—2012，制药机械行业标准或企业标准。	制药设备设计文件		
2	主要结构				
2.1	……	用户需求标准	制药设备设计文件		
3	制药设备外形：长×宽×高(mm×mm×mm)	用户需求标准	制药设备设计文件		
4	制药设备重量：××××kg	用户需求标准	制药设备设计文件		
5	……				
	……				

偏离说明	结论
验证人签名/日期：	审核人签名/日期：

文件编号：		版本号/修订版本号：		页码：	页/总页数
文件标题：	设计确认				

7.9 结论

评价内容	结论
设计对《药品生产质量管理规范》符合性	
设计对制药设备执行标准的符合性	
设计对用户需求标准的符合性	
制药设备技术要求的符合性	
……	

验证小组成员 签名/日期：	1.	验证负责人 签名/日期：	
	2.		
	3.		
	4.		
	5.		
	6.		
	7.		
	……		

附　录　B
（资料性附录）
安装确认方案示例

（封面）

安装确认

制药机械（设备）型号

制药机械（设备）名称

文件编号：	
版本号/修订版本号：	

文件编号：		版本号/修订版本号：		页码：	页/总页数
文件标题：	安装确认				

1 文件编制、审核与批准

	所属部门	职务	签名	日期
方案起草人				
方案审核人				
方案批准人				

2 文件修改记录

验证文件编号/版本号	修订内容	修订人签名/日	审核人签名/日

3 验证小组人员登记表

姓名	所属部门	职务	分工

文件编号：		版本号/修订版本号：		页码：	页/总页数
文件标题：	安装确认				

4 目的

旨在证明所选用制药设备或系统的安装符合随机安装手册提供的技术要求，其外形特征和规格、电气特性和设备性能都将被验证。

5 基本情况

型号：		名称：	
出厂编号：		合同编号：	
制造商：		供货商：	
使用方：		采购日期：	
到厂时间：		固定资产编号：	
使用部门：		安装地点：	
安装时间：			
用途：			
铭牌数据：			
主要技术参数：			
××××：			

文件编号：		版本号/修订版本号：		页码：	页/总页数
文件标题：	安装确认				

6 执行标准和规范

1) 《药品生产质量管理规范(2010 年修订)》及附录(以下简称《药品生产质量管理规范》)；
2) GB 28670—2012 《制药装备实施药品生产质量管理规范的通则》；
3) GB 5226.1—2008 机械电气安全 机械电气设备 第 1 部分：通用技术条件；
4) 产品执行的标准，须注明标准编号及标准名称；
5) ……

7 使用仪器登记表

序号	仪器名称	型号	规格	序列号	校准到期日
1					
2					
3					
4					
	……				

8 安装确认

(具体确认内容，应根据制药设备实际情况而定)

8.1 检查文件

序号	项目与要求	确认依据	确认方法	结果	
				是	否
1	基本文件				
1.1	装箱单		查验装箱单		
1.2	产品合格证书	经签署和盖章的有效证书。	查验证明		
1.3	使用说明书		查验说明书		
1.4	主要配套件合格证书		查验合格证书		
1.5	主要配套件说明书		查验说明书		
1.6	主要零部件清单		查验清单		
1.7	……		……		
2	安装、维护所需技术资料				
2.1	搬运示意图		查验示意图		
2.2	安装及基础图		查验图纸		
2.3	电气原理图及接线图		查验图纸		

文件编号：		版本号/修订版本号：		页码：	页/总页数
文件标题：	安装确认				

2.4	润滑位置图表		查验图表		
2.6	备件明细表		查验明细表		
2.7	易损件目录		查验目录		
2.8	……				
3	检测报告				
3.1	与药物直接接触零部件和密封件的材质证明书	由国家认定的机构出具证明	查验证明		
3.2	主要零部件材质证明	材料供方质保书	查验证明		
3.3	主要配套件质保书	由配套件制造商出具	查验质保书		
3.4	润滑油材质证明	由国家认定的机构出具证明	查验证明		
3.5	压力容器质量报告	由国家认定的机构出具证明	查验报告		
3.5	压力容器设计和制造资格证书	由国家认定的机构出具证明	查验资格证书		
3.6	……				
4	仪器仪表配置的合格证明文件	包括：仪器仪表清单、安装位置、编号、生产厂家、校验和校准周期等。			
4.1	……		查验实物		
5	公共介质验收合格文件				
5.1	工艺气体		查验文件、实物		
5.2	工艺用水		查验文件、实物		
5.3	蒸汽		查验文件、实物		
5.4	……				
6	操作规程文件				
6.1	操作规程		查验规程		
6.2	清洗规程		查验规程		
6.3	维护检修规程		查验规程		
6.4	……				
	……				

偏离说明	结论
验证人签名/日期：	审核人签名/日期：

文件编号：		版本号/修订版本号：		页码：	页/总页数
文件标题：	安装确认				

8.2 设备竣工图

序号	工程图名称	设计单位	图号	结果	
				是	否
1	……				
2	……				
3	……				
4	……				
5	……				
6	……				

偏离说明	结论
验证人签名/日期：	审核人签名/日期：

文件编号：		版本号/修订版本号：		页码：	页/总页数
文件标题：	安装确认				

8.3 安装确认

8.3.1 安装地点的环境符合制药设备使用要求

序号	项目与要求	确认依据	确认方法	结果	
				是	否
1	温度：________。	使用说明书	温度计检测		
2	湿度：________。	使用说明书	湿度计检测		
3	大气压力：________。	使用说明书	气压表		
4	对设备坐落位置的地基要求：____。				
4.1	地基材质：混凝土。	使用说明书，安装及基础图	施工监理报告		
4.2	地基荷重：________kg/m²	使用说明书，安装及基础图	施工监理报告		
4.3	地基平整度：________mm/m	使用说明书，安装及基础图	专用量具		
4.4	……				
5	电源				
5.1	电压：三相____V；单相____V； 频率：________Hz。	制药设备技术要求	电工仪器		
5.2	输入方式：三相五线制	制药设备技术要求	按要求检查		
5.3	……				
6	公共介质				
6.1	压缩空气要求及供应量：______。	制药设备技术要求。	按要求检查		
6.2	蒸汽要求及供应量：________。	制药设备技术要求。	按要求检查		
6.3	工艺用水要求及供应量：______。	制药设备技术要求。	按要求检查		
6.4	压缩空气接口要求及尺寸：______。	制药设备技术要求。	按要求检查		
6.5	……				
	……				

偏离说明	结论
验证人签名/日期：	审核人签名/日期：

文件编号：		版本号/修订版本号：		页码：	页/总页数
文件标题：	安装确认				

8.3.2 安装位置和空间满足制药设备操作、在线清洗和维修的需要

序号	项目与要求	确认依据	确认方法	结果	
				是	否
1	设备外形尺寸：＿＿＿＿＿。	使用说明书	按要求检查		
2	安装位置和空间：＿＿＿＿＿。	安装及基础图	按要求检查		
3	……				
	……				

偏离说明	结论
验证人签名/日期：	审核人签名/日期：

8.3.3 工艺管道满足工艺的要求，如需保温应满足保温要求

序号	项目与要求	确认依据	确认方法	结果	
				是	否
1	蒸汽管路布置：＿＿＿＿＿。	技术文件和图纸，材料质保书、合格证书及进货单，且标有管内物名及走向。	按要求检查		
2	压缩空气管路布置：＿＿＿＿＿。				
3	工艺用水管路布置：＿＿＿＿＿。				
4	……				
	……				

偏离说明	结论
验证人签名/日期：	审核人签名/日期：

文件编号：		版本号/修订版本号：		页码：	页/总页数
文件标题：	安装确认				

8.3.4 电气控制系统

序号	项目与要求	确认依据	确认方法	结果	
				是	否
1	主要电器元件信息				
1.1	PLC的品牌、规格、型号和制造商	电气技术文件和清单	对照要求，检查实物		
1.2	变频器的品牌、规格、型号和制造商	电气技术文件和清单			
1.3	……	电气技术文件和清单			
2	电器操作件动作可靠性				
2.1	启动按钮	使用说明书	按要求检查		
2.2	停止按钮	使用说明书			
2.3	调速	使用说明书			
2.4	……	使用说明书			
3	人机操作界面正确性				
3.1	主页	使用说明书	按要求检查		
3.2	……	使用说明书			
4	……				
	……				

偏离说明	结论
验证人签名/日期：	审核人签名/日期：

文件编号：		版本号/修订版本号：		页码：	页/总页数
文件标题：	安装确认				

8.3.5 主要机械零件和结构的完整性

序号	项目与要求	确认依据	确认方法	结果	
				是	否
1	与药物直接接触零部件材质				
1.1	零(部)件1的材质要求：____。	与药物直接接触零部件清单和材质说明，与药物直接接触零部件材质证明	查验清单与证明中的材质一致性		
1.2	零(部)件2的材质要求：____。				
1.3	……				
2	与药物直接接触零部件的表面粗糙度				
2.1	零(部)件1的表面粗糙度要求：____。	用户需求标准，《药品生产质量管理规范》，GB 28670—2012，制药机械行业标准或企业标准，产品技术要求。	对照要求，检查实物		
2.2	零(部)件2的表面粗糙度要求：____。				
2.3	……				
3	与药物直接接触或相邻的密封件				
3.1	密封件1的材质要求：____。	与药物直接接触零部件清单和材质说明，与药物直接接触零部件材质证明	查验清单与证明中的材质一致性		
3.2	密封件2的材质要求：____。				
3.3	……				
4	主要零部件材质				
4.1	零(部)件1的材质要求：____。	主要零部件清单和材质说明，主要零部件材质证明	查验清单和证明中的材质一致性		
4.2	零(部)件2的材质要求：____。				
4.3	……				
5	润滑系统：____。				
6	主要零件安装和装配精度测试				
6.1	零部件1安装要求：____。				
6.2	零部件2安装要求：____。				
6.3	……				
	……				
6.×	零部件1装配精度：____。				
6.×	零部件2装配精度：____。				
6.×	……				
7	其他……				
	……				

偏离说明	结论
验证人签名/日期：	审核人签名/日期：

文件编号：		版本号/修订版本号：		页码：	页/总页数
文件标题：	安装确认				

8.4 结论

评价内容	结论
安装对《药品生产质量管理规范》符合性	
安装对制药设备执行标准的符合性	
安装对用户需求标准的符合性	
安装对制药设备技术要求的符合性	
……	

验证小组成员 签名/日期：	1. 2. 3. 4. 5. 6. 7. ……	验证负责人 签名/日期：	

附　录　C
（资料性附录）
运行确认方案示例

（封面）

运行确认

制药机械(设备)型号

制药机械(设备)名称

文件编号：	
版本号/修订版本号：	

文件编号：		版本号/修订版本号：		页码：	页/总页数
文件标题：	运行确认				

1 文件编制、审核与批准

	所属部门	职务	签名	日期
方案起草人				
方案审核人				
方案批准人				

2 文件修改记录

验证文件编号/版本号	修订内容	修订人签名/日期	审核人签名/日期

3 验证小组人员登记表

姓名	所属部门	职务	分工

文件编号：		版本号/修订版本号：		页码：	页/总页数
文件标题：	运行确认				

4 目的

旨在通过对制药设备各功能的测试、以及空载和负载运行，验证制药设备运行、操作和控制性能符合相应生产工艺条件和生产能力要求。

5 基本情况

型号：		名称：	
出厂编号：		合同编号：	
制造商：		使用方：	
采购日期：		固定资产编号：	
使用部门：		安装地点：	
安装时间：			
用途：			
主要技术参数：			
结构和特性：			
功能：			
控制部分：			
××××：			

文件编号:		版本号/修订版本号:		页码:	页/总页数
文件标题:	运行确认				

6 执行标准和规范

1) 《药品生产质量管理规范(2010年修订)》及附录(以下简称《药品生产质量管理规范》);
2) GB 28670—2012 《制药装备实施药品生产质量管理规范的通则》;
3) GB 5226.1—2008 机械电气安全 机械电气设备 第1部分:通用技术条件;
4) 产品执行的标准,须注明标准编号及标准名称;
5) ……

7 使用仪器登记表

序号	仪器名称	型号	规格	序列号	校准到期日
1					
2					
3					
4					
	……				

文件编号：		版本号/修订版本号：		页码：	页/总页数
文件标题：	运行确认				

8　运行确认(OQ)

（具体确认内容，应根据制药设备实际情况而定）

8.1　工作条件确认

序号	项目与要求	确认方法	结果	
			是	否
1	检查电源是否正常			
1.1	电压：三相__________V；单相__________V；频率：______________Hz。	检测电源在设备输入端		
1.2	输入方式：三相五线制	检测电源在设备输入端		
1.3	……			
2	检查公共介质是否正常			
2.1	压缩空气压力及流量：________________。	检测压缩空气在设备输入端		
2.2	蒸汽要求及供应量：________________。	检测蒸汽设备在输入端		
2.3	工艺用水要求及供应量：________________。	检测工艺用水在设备输入端		
2.4	……			
3	……			
	……			

偏离说明	结论
验证人签名/日期：	审核人签名/日期：

文件编号：		版本号/修订版本号：		页码：	页/总页数
文件标题：	运行确认				

8.2 空载、负载运转确认

<table>
<tr><td rowspan="2">序号</td><td colspan="7" rowspan="2">项目与要求</td><td colspan="3" rowspan="2">确认方法</td><td colspan="2">结果</td></tr>
<tr><td>是</td><td>否</td></tr>
<tr><td>1</td><td colspan="7">以额定速度下运行，机器保持平稳和正常，无异常响声</td><td colspan="3"></td><td></td><td></td></tr>
<tr><td></td><td colspan="7"></td><td colspan="3"></td><td></td><td></td></tr>
<tr><td>2</td><td colspan="7">各运动件动作的准确性</td><td colspan="3"></td><td></td><td></td></tr>
<tr><td>2.1</td><td colspan="7">……</td><td colspan="3"></td><td></td><td></td></tr>
<tr><td></td><td colspan="7"></td><td colspan="3"></td><td></td><td></td></tr>
<tr><td>3</td><td colspan="7">机器速度测试，设置值与实际值的误差小于______%</td><td colspan="3"></td><td></td><td></td></tr>
<tr><td></td><td>速度</td><td>n_1</td><td>n_2</td><td>n_3</td><td>n_4</td><td>n_5</td><td>n_6</td><td>n_7</td><td>n_8</td><td>n_9</td><td>……</td><td>n_n</td></tr>
<tr><td></td><td>设置值</td><td></td><td></td><td></td><td></td><td></td><td></td><td></td><td></td><td></td><td></td><td></td></tr>
<tr><td></td><td>实际值</td><td></td><td></td><td></td><td></td><td></td><td></td><td></td><td></td><td></td><td></td><td></td></tr>
<tr><td></td><td>误差___%</td><td></td><td></td><td></td><td></td><td></td><td></td><td></td><td></td><td></td><td></td><td></td></tr>
<tr><td></td><td colspan="7"></td><td colspan="3"></td><td></td><td></td></tr>
<tr><td>4</td><td colspan="7">……</td><td colspan="3"></td><td></td><td></td></tr>
<tr><td></td><td colspan="7"></td><td colspan="3"></td><td></td><td></td></tr>
<tr><td></td><td colspan="7">……</td><td colspan="3"></td><td></td><td></td></tr>
<tr><td></td><td colspan="7"></td><td colspan="3"></td><td></td><td></td></tr>
</table>

偏离说明	结论
验证人签名/日期：	审核人签名/日期：

文件编号：		版本号/修订版本号：		页码：	页/总页数
文件标题：	运行确认				

8.3 控制程序确认

序号	项目与要求	确认方法	结果	
			是	否
1	手动程序			
1.1	各阶段控制按钮手动动作正确性	目测		
1.2	控制参数设定有效性	目测		
1.3	参数设定及打印显示有效性	目测		
1.4	操作面板显示项目的准确性	目测		
1.5	……			
2	自动程序			
2.1	自动程序组的选择有效性	目测		
2.2	各阶段自动参数设定的有效性	目测		
2.3	自动运行周期内，运行时间与设定时间一致性	目测		
2.4	运行周期内，显示的参数与设定参数一致性	目测		
2.5	自动运行周期内，运行过程各控制按钮动作正确性	目测		
2.6	设置故障时操作面板显示准确性	目测		
2.7	……			
3	……			
	……			

偏离说明	结论
验证人签名/日期：	审核人签名/日期：

文件编号：		版本号/修订版本号：		页码：	页/总页数
文件标题：	运行确认				

8.4 安全性能确认

序号	项目与要求	确认方法	结果	
			是	否
1	突然断电时，设备应能安全地停机。	断电后验证。		
2	恢复供电时，设备重新启动应要求人工介入。	供电后验证。		
3	紧急停机时，以最容易达到的停机操作方式进行紧急停机；紧急停机时，所有运行的部件应立即停止。	按下紧急停止按钮后验证。		
4	电机过载时，应能自动停机，且所有运行的部件应立即停止。	人为赌转造成电机过载后验证。		
5	防护罩突然打开，机器立即停机。	拉开防护罩验证。		
6	……			
	……			

偏离说明	结论
验证人签名/日期：	审核人签名/日期：

文件编号：		版本号/修订版本号：		页码：	页/总页数
文件标题：	运行确认				

8.5 各项技术指标确认

序号	项目与要求	确认方法	结果	
			是	否
1	主要技术指标			
1.1	噪声：________dB(A)。			
1.2	……			
2	电气控制模式			
2.1	……			
3	运行参数的采样和显示			
3.1	……			
4	自动过程控制			
4.1	……			
5	数据安全性			
5.1	……			
6	数据上传和批记录打印			
6.1	……			
7	机器的清洗与消毒			
7.1	……			
8	整机与物料直接接触结构零件均可拆卸，能方便清洗，其结构上无清洗盲区，同时材质能适用常规消毒。			
8.1	……			
9	与物料非直接接触部分和整机外表均无清洗盲区，能适合手工清洗与消毒			
9.1	……			
10	……			
	……			

偏离说明	结论
验证人签名/日期：	审核人签名/日期：

文件编号：		版本号/修订版本号：		页码：	页/总页数
文件标题：	运行确认				

8.6 结论

评价内容	结论
运行对《药品生产质量管理规范》符合性	
运行对制药设备执行标准的符合性	
运行对用户需求标准的符合性	
运行对制药设备技术要求的符合性	
……	

验证小组成员 签名/日期：	1.	验证负责人 签名/日期：	
	2.		
	3.		
	4.		
	5.		
	6.		
	7.		
	……		

附　录　D
（资料性附录）
性能确认方案示例

（封面）

性能确认

制药机械（设备）型号

制药机械（设备）名称

文件编号：	
版本号/修订版本号：	

文件编号：		版本号/修订版本号：		页码：	页/总页数
文件标题：	性能确认				

1 文件编制、审核与批准

	所属部门	职务	签名	日期
方案起草人				
方案审核人				
方案批准人				

2 文件修改记录

验证文件编号/版本号	修订内容	修订人签名/日期	审核人签名/日期

3 验证小组人员登记表

姓名	所属部门	职务	分工

文件编号：		版本号/修订版本号：		页码：	页/总页数
文件标题：	性能确认				

4 目的

旨在证明制药设备的运行达到预期使用目的而进行的系统性试验，通过观察、记录、取样检测等手段，搜集及分析数据，考察制药设备运行的可靠性、主要参数的稳定性和结果的重现性。

5 基本情况

型号：		名称：	
出厂编号：		合同编号：	
制造商：		使用方：	
采购日期：		固定资产编号：	
使用部门：		安装地点：	
安装时间：			
用途：			
主要技术参数：			
结构和特性：			
功能：			
控制部分：			
××××：			

文件编号：		版本号/修订版本号：		页码：	页/总页数
文件标题：	性能确认				

6 执行标准和规范

1） 《药品生产质量管理规范(2010 年修订)》及附录(以下简称《药品生产质量管理规范》)；
2） GB 28670—2012 《制药装备实施药品生产质量管理规范的通则》；
3） GB 5226.1—2008 机械电气安全 机械电气设备 第 1 部分：通用技术条件；
4） 产品执行的标准，须注明标准编号及标准名称；
5） ……

7 使用仪器登记表

序号	仪器名称	型号	规格	序列号	校准到期日
1					
2					
3					
4					
	……				

文件编号：		版本号/修订版本号：		页码：	页/总页数
文件标题：	性能确认				

8 性能确认

（具体确认内容，应根据制药设备实际情况而定）

8.1 在负载运行条件下，对药品生产要求的适用性

序号	项目与要求	确认方法	结果	
			是	否
1	送料方式			
1.1	……			
	……			
2	主要工艺步骤			
2.1	……			
	……			
3	出料方式			
3.1	……			
	……			
4	工艺控制			
4.1	速度调节：______________。			
4.2	温度调节：______________。			
4.3	压力调节(空气、液体等)：________。			
4.4	……			
	……			
5	……			
	……			

偏离说明	结论
验证人签名/日期：	审核人签名/日期：

文件编号：		版本号/修订版本号：		页码：	页/总页数
文件标题：	性能确认				

8.2 生产能力确认(以分装机示例)

标　准	实际平均生产能力≥___________瓶/分
程　序	按操作规程,打开机器总电源和操作面板的开关,在连续运行和同时加料下,观察机器每分钟实际分装瓶数。
方　法	将 n 支瓶放入机器内进行实物粉针剂分装,在规定的时间内,测定实际生产能力(瓶/分),反复三次,计算出实际平均生产能力(瓶/min)。
试验材料	粉针剂
试验参数	瓶规格:_______________;装量:_______________g;分装速度_______________

编号	分装数 支	实测时间 min	实际生产能力 瓶/min	实际平均生产能力 瓶/min	结果	
					是	否
1						
2						
3						

偏离说明	结论
验证人签名/日期：	审核人签名/日期：

文件编号：		版本号/修订版本号：		页码：	页/总页数
文件标题：	性能确认				

8.3 药品生产质量指标确认(以压片机示例)

目　的	确认片剂重量差异满足《中华人民共和国药典》和片剂生产工艺要求
标　准	片剂重量差　±7.5%(平均重量<0.3 g)； 异限度：　±5.0%(平均重量≥0.3 g)；
程　序	按机器操作规程，打开机器总电源和操作面板的开关，在连续运行和同时加料下，检测片剂重量差异。
方　法	在 N min 内连续取样 n 次，取样间隔时间为 15 min；每次取样 20 片，精密称定总重量，求得平均片重后，再分别精密称定各片的重量，测得被检片剂最小重量和最大重量。最小重量片剂和最大重量片剂分别与平均片重相比较，并按下式计算： $(G_{min}-G_{20})\div G_{20}\times 100\%$——片剂最小重量差异限度公式； $(G_{max}-G_{20})\div G_{20}\times 100\%$——片剂最大重量差异限度公式； 式中： G_{min} 为被检片剂最小重量； G_{max} 为被检片剂最大重量； G_{20} 为被检片剂 20 粒平均重量
试验材料	材料：空白颗粒；颗粒规格：80%的颗粒约 16～80 目。
试验参数	片径：______mm，片厚：______mm，生产速度：______r/min。

编号	1	2	3	4	……	n	结果	
检测时间	15 min	30 min	45 min	60 min		N min	是	否
G_{min}(g)								
G_{max}(g)								
G_{20}(g)								
片剂最小重量差异限度								
片剂最大重量差异限度								
……								

偏离说明	结论
验证人签名/日期：	审核人签名/日期：

文件编号：		版本号/修订版本号：		页码：	页/总页数
文件标题：	性能确认				

8.4 运行结果的重复性确认(示例略 参见 8.3)

8.5 控制精度准确性(示例略)

8.6 安全性能确认(示例略)

8.7 负载运行的可靠性试验(示例略)

8.8 其他所需的挑战性试验(示例略)

文件编号：		版本号/修订版本号：		页码：	页/总页数
文件标题：	性能确认				

8.9 结论

评价内容	结论
设备性能对《药品生产质量管理规范》符合性	
设备性能对制药设备执行标准的符合性	
设备性能对用户需求标准的符合性	
设备性能对制药设备技术要求的符合性	
……	

验证小组成员 签名/日期：	1.	验证负责人 签名/日期：	
	2.		
	3.		
	4.		
	5.		
	6.		
	7.		
	……		

ICS 43.040.10
T 36

中华人民共和国国家标准

GB/T 28672—2012

汽车零部件再制造产品技术规范 交流发电机

The technical specifications for remanufacturing of automotive components —Alternator

2012-09-03 发布　　　　2013-01-01 实施

中华人民共和国国家质量监督检验检疫总局
中国国家标准化管理委员会　发布

前 言

本标准根据 GB/T 1.1—2009 给出的规则起草。

本标准由中华人民共和国工业和信息化部提出。

本标准由全国汽车标准化技术委员会(SAC/TC 114)归口。

本标准起草单位:上海汽车工业(集团)总公司、常熟柏科电机有限公司、上海出入境检验检疫局、中国汽车技术研究中心、中国汽车工业协会、东风汽车公司。

本标准主要起草人:李力、滕国平、吴益文、张铜柱、于岚、卜新文、姚洪华、戴启莲、徐凌云、张利斌。

汽车零部件再制造产品技术规范 交流发电机

1 范围

本标准规定了再制造交流发电机的术语和定义、拆解、分类和清洗、检测与修复、装配、性能要求和试验方法、检验规则、标识与包装等。

本标准适用于汽车用交流发电机的再制造，其他机动车辆用再制造交流发电机可参照执行。

2 规范性引用文件

下列文件对于本文件的应用是必不可少的。凡是注日期的引用文件，仅注日期的版本适用于本文件。凡是不注日期的引用文件，其最新版本(包括所有的修改单)适用于本文件。

GB/T 26989 汽车回收利用术语

GB/T 28675 汽车零部件再制造 拆解

GB/T 28676 汽车零部件再制造 分类

GB/T 28677 汽车零部件再制造 清洗

GB/T 28678 汽车零部件再制造 出厂验收

GB/T 28679 汽车零部件再制造 装配

QC/T 413—2002 汽车电气设备基本技术条件

QC/T 729—2005 汽车用交流发电机技术条件

3 术语和定义

GB/T 26989 界定的术语和定义适用于本文件。

4 拆解、分类和清洗

4.1 拆解

4.1.1 交流发电机的拆解应符合 GB/T 28675 的规定。

4.1.2 交流发电机拆解成：皮带轮、风扇、罩盖、调节器总成、前端盖组件、转子总成、后端盖组件、定子总成、散热板等。

——前端盖组件可拆解成：前盖、轴承盖、轴承、衬套等；

——转子总成可拆解成：转子、轴承；

——后端盖组件可拆解成：整流桥、轴承套等。

4.2 分类

4.2.1 交流发电机的分类应符合 GB/T 28676 的规定。

4.2.2 以下零件应采用新件：

a) 轴承；

b) 轴承套。

4.2.3 以下零件建议采用新件：

a) 紧固件；

b) 罩盖；

c) 皮带轮；

d) 电刷压簧；

e) 电刷。

4.3 清洗

4.3.1 交流发电机拆解后零部件的清洗应符合 GB/T 28677 的规定。

4.3.2 交流发电机零部件的清洗方法一般采用溶液清洗法或固体、液体喷丸法。

4.3.3 对前、后端盖进行清洗，然后表面作喷丸处理（安装孔、螺纹孔应进行保护）。

4.3.4 定子铁芯选用适当的溶液进行清洗，定子总成表面进行防锈处理。

4.3.5 转子总成选用适当的溶液进行清洗，在转子爪极外圆表面进行防锈处理。

4.3.6 调节器总成、整流桥选用适当的溶液进行清洗。后端盖与整流桥不可拆解的，后端盖喷砂处理时不得损伤到整流桥的连接板及有电性能要求的表面。

4.3.7 皮带轮、风扇、轴承盖、衬套清洗后，表面应进行防锈处理。

5 检测

5.1 皮带轮和风扇

5.1.1 根据 5.1.2、5.1.3 的要求检查皮带轮和风扇应符合产品图纸要求的规定，若不符合应更换新件。

5.1.2 检查皮带轮槽时应注意皮带轮槽不得有明显的磨损痕迹、磕碰凹陷等缺陷。多槽皮带轮的外部轴肩不应有凹痕缺陷。

5.1.3 检查风扇不得有侧面移动、裂纹、损坏等缺陷，并检查风扇轴孔尺寸、轴向跳动应符合产品图纸要求的规定。

5.2 转子总成

5.2.1 根据 5.2.2、5.2.3、5.2.4、5.2.5 的要求检查转子总成应符合产品图纸要求的规定，若不符合应更换新件。

5.2.2 修复集电环外径，检测轴承处径向跳动，应符合产品图纸要求的规定。

5.2.3 检查转子总成的集电环对爪极耐电压性能，应符合 QC/T 413—2002 中 3.8.1 的规定。

5.2.4 检测转子前、后轴承档尺寸、转子的外径，应符合产品图纸要求的规定。转子的爪极外圆应无擦铁痕迹。

5.2.5 检查内置风扇不应有裂纹或损坏，测量前后风叶的高度，对轻微变形超差的风叶可用尼龙锤整形，风叶的高度和形状应符合产品图纸要求的规定。

5.3 定子总成

5.3.1 根据 5.3.2、5.3.3、5.3.4、5.3.5 的要求检查定子总成应符合产品图纸要求的规定，若不符合应更换新件。

5.3.2 检测线圈的外形尺寸，应符合产品图纸要求的规定。

5.3.3 将线圈引出线整形处理，引出线上绝缘件应进行更换。

5.3.4 检查定子铁芯不得有碰伤，内表面不得有擦铁痕迹。

5.3.5 检查定子耐电压性能，应符合 QC/T 413—2002 中 3.8.1 的规定。

5.4 整流桥

5.4.1 根据 5.4.2、5.4.3 的要求检查整流桥应符合产品图纸要求的规定，若不符合应更换新件。
5.4.2 检查整流桥组件不得有变形、腐蚀或裂纹等影响零件功能的缺陷。
5.4.3 检查整流桥电器性能，应符合产品供需双方技术协议要求规定。

5.5 调节器总成

5.5.1 根据 5.5.2、5.5.3、5.5.4 的要求检查调节器总成应符合产品图纸要求的规定，若不符合应更换新件。
5.5.2 检查调节器总成不得有变形、腐蚀或裂纹等影响零件功能的缺陷。
5.5.3 检查调节器总成电器性能，应符合产品图纸要求的规定。
5.5.4 按产品技术要求检查调节器调节功能。

5.6 前、后端盖组件

5.6.1 根据 5.6.2、5.6.3 的要求检查前、后端盖组件应符合产品图纸要求的规定，若不符合应更换新件。
5.6.2 检查前、后端盖，不得有变形、腐蚀或裂纹等影响零件功能的缺陷。
5.6.3 检测轴承孔内径、所有安装孔径和止口尺寸等应符合产品图纸要求的规定。

6 装配

6.1 将经过清洗、修复并检测合格的零部件及更新件重新装配，装配应符合 GB/T 28679 的规定。
6.2 装配时，应注意紧固件的装配顺序，并按产品图纸要求检查紧固件扭矩。

7 性能要求和试验方法

7.1 再制造交流发电机试验环境条件应符合 QC/T 729—2005 中 4.2 的规定。
7.2 再制造交流发电机基本性能要求和试验方法应符合 QC/T 729—2005 第 4 章和第 5 章的规定，其项目应包括：

a) 外形、安装尺寸及拧紧力距；
b) 外观；
c) 冷态工作性能；
d) 热态工作性能；
e) 调节器特性；
f) 高温调节电压及温度补偿系数；
g) 噪声；
h) 温升；
i) 超速；
j) 耐电压性能；
k) 防护等级；
l) 冷态特性曲线。

7.3 耐久性试验按 QC/T 729—2005 中 5.19 的要求。交流发电机应能承受 1 600 h 的耐久性试验，或

96 000 km 道路试验，或高温 240 h 和高温高速 400 h 和急变速 240 h 的耐久性试验。

试验后，其热态性能值允许比其耐久性试验前的热态性能值低 5%，电压调节值应符合 QC/T 729—2005 中 4.9.1 的规定，定子、转子绝缘电阻应大于 1 MΩ。

8 检验规则

8.1 出厂检验

8.1.1 出厂检验项目如下：

a) 安装尺寸、拧紧力矩及外观；

b) 冷态工作性能；

c) 调节电压值；

d) 噪声。

8.1.2 其他出厂验收要求符合 GB/T 28678 的规定。

8.2 型式试验

8.2.1 有下列情况之一，应进行型式试验：

a) 再制造交流发电机批量生产前；

b) 再制造交流发电机停产两年后恢复生产；

c) 再制造工艺进行重大改变后。

8.2.2 型式试验要求按照 QC/T 729—2005 中 6.3 的规定，型式试验项目按 7.2 的规定。

9 标识和包装

9.1 再制造交流发电机的标牌及包装物上应有再制造标识。

9.2 包装随机附有电机出厂检验报告。

9.3 其他的包装要求按 GB/T 28678 的规定。

ICS 43.040.10
T 36

中华人民共和国国家标准

GB/T 28673—2012

汽车零部件再制造产品技术规范 起动机

The technical specifications for remanufacturing of automotive components—Starter

2012-09-03 发布　　　　2013-01-01 实施

中华人民共和国国家质量监督检验检疫总局
中国国家标准化管理委员会　发布

前　言

本标准根据 GB/T 1.1—2009 给出的规则起草。

本标准由中华人民共和国工业和信息化部提出。

本标准由全国汽车标准化技术委员会(SAC/TC 114)归口。

本标准起草单位:东风汽车公司、上海汽车工业(集团)总公司、常熟柏科电机有限公司、中国汽车技术研究中心、中国汽车工业协会、上海出入境检验检疫局。

本标准主要起草人:张利斌、卜新文、滕国平、刘彦戎、晏一平、吴益文、姚洪华、陈静、吉静。

汽车零部件再制造产品技术规范　起动机

1　范围

本标准规定了汽车用起动机再制造的术语和定义，拆解、分类、清洗，检测与修复，装配，性能要求和试验方法，检验规则、包装和标识等。

本标准适用于汽车用再制造起动机，其他机动车辆用再制造起动机可参照执行。

2　规范性引用文件

下列文件对于本文件的应用是必不可少的。凡是注日期的引用文件，仅注日期的版本适用于本文件。凡是不注日期的引用文件，其最新版本(包括所有的修改单)适用于本文件。

GB/T 26989　汽车回收利用术语

GB/T 28675　汽车零部件再制造　拆解

GB/T 28676　汽车零部件再制造　分类

GB/T 28677　汽车零部件再制造　清洗

GB/T 28678　汽车零部件再制造　出厂验收

GB/T 28679　汽车零部件再制造　装配

QC/T 277　起动机特性试验方法

QC/T 731—2005　汽车用起动机技术条件

3　术语和定义

GB/T 26989 界定的术语和定义适用于本文件。

4　拆解、分类、清洗

4.1　拆解

4.1.1　起动机的拆解应符合 GB/T 28675 的规定。

4.1.2　起动机拆解成：电枢总成、定子总成、驱动端盖总成、电磁开关总成、单向器总成或减速器总成、后端盖、电刷架总成、中盖总成和其他零件。

4.2　分类

4.2.1　起动机的分类应符合 GB/T 28676 的规定。

4.2.2　在再制造过程中以下零件应采用更新件：

a）　轴衬；

b）　橡胶件；

c）　塑料件。

4.2.3　在再制造过程中以下零件建议采用更新件：

a）　电刷；

b) 弹簧；

c) 轴承；

d) 主要紧固件。

4.3 清洗

4.3.1 起动机的清洗应符合 GB/T 28677 的规定。

4.3.2 对于激磁线圈、电磁开关等零部件选用适当的溶液进行清洗。

4.3.3 端盖为铝件的，清洗后表面作喷丸处理；端盖为铸铁件的，清洗后表面作喷漆或喷塑或电镀处理。

4.3.4 转子总成选用适当的溶液进行清洗。

4.4.5 定子总成选用适当的溶剂进行清洗，清洗后定子总成壳体表面作喷漆、喷塑或电镀处理。

5 检测

5.1 电枢总成

5.1.1 检测电枢总成的铁芯外圆尺寸应符合产品图纸要求的规定，铁芯外圆应无擦铁痕迹。

5.1.2 检测电枢总成轴径及齿轮部位的几何精度，不符合产品图纸要求规定的应进行修复。

5.1.3 检测电枢总成换向器表面磨损，修复电枢总成换向器表面。

5.1.4 换向器表面烧蚀的应进行修复，无法修复的应采用更新件。

5.1.5 检测电枢总成耐压、短路、动平衡等性能，耐压、短路不合格的应进行修复，使动平衡参数达到产品图纸要求。

5.2 定子总成

5.2.1 检测定子总成内径尺寸、外壳止口尺寸及跳动，应符合产品图纸要求的规定。

5.2.2 检测激磁线圈耐压、短路等性能，不合格的应修复并进行绝缘处理，并应符合产品供需双方技术协议要求的规定。

5.2.3 检查磁极圆弧面表面损伤，采用涂覆修复，并应符合产品图纸要求的规定。

5.2.4 检查定子总成外壳内孔尺寸，不合格的应进行修复，并应符合产品图纸要求的规定。装配前应进行防锈处理。

5.3 端盖

5.3.1 检测端盖的安装尺寸，合格的方能用于后续工序。

5.3.2 检测端盖轴承内孔直径，不符合产品图纸要求规定的应进行修复。

5.3.3 对端盖法兰面进行修复加工，并符合产品图纸要求的规定。

5.3.4 用量规测量螺纹孔尺寸，不合格的应进行修复以符合产品图纸要求的规定，否则用相同规格螺纹的螺杆或螺栓插入装置进行修复。

5.3.5 装配前对端盖进行防锈处理。

5.4 电磁开关

5.4.1 检查电磁开关的损伤及外观，必要时进行修复，无法修复的采用更新件，外观应符合产品图纸要求的规定。

5.4.2 电磁开关的吸力特性、吸合电压和释放电压、超行程等特性，应符合 QC/T 731—2005 的规定。

5.4.3 检测电磁开关触点的烧蚀或损伤情况，必要时进行修复，无法修复的采用更新件。

5.4.4 检测电磁开关盖的损伤情况,无法修复的采用更新件。
5.4.5 检测电磁开关动铁芯的尺寸及磨损情况,不符合产品图纸要求规定的应进行修复。

5.5 单向器

5.5.1 检测单向器外壳损伤,进行打磨并修复。
5.5.2 检测单向器轴承孔直径,采用精镗技术修复。
5.5.3 检测单向器的套筒型面尺寸,应符合产品图纸要求的规定,不合格的进行修复,无法修复的采用更新件。
5.5.4 检测单向器内滚道尺寸,应符合产品图纸要求的规定,不合格的进行修复,无法修复的采用更新件。
5.5.5 检测单向器总成齿轮部位的磨损或损伤、尺寸和跳动,不符合产品图纸要求规定的应采用更新件。

5.6 电刷架

检测电刷架的绝缘耐压性能、刷握的几何精度,并符合产品图纸要求的规定,不合格的进行修复。

5.7 行星架总成

5.7.1 检测行星架总成轴径尺寸及跳动、花键尺寸及跳动,应符合产品图纸要求的规定,不合格的进行修复。
5.7.2 检测行星架总成销柱尺寸,不合格的进行修复。

5.8 中盖

检测中盖外圆尺寸是否符合产品图纸要求的规定,不符合的修复或采用新件。装配前对中盖进行防锈处理

5.9 其他零件

5.9.1 检测行星齿轮磨损或损伤,不符合产品图纸要求规定的采用更新件。
5.9.2 检测内齿圈的磨损或损伤,不符合产品图纸要求规定的采用更新件。
5.9.3 检测拨叉的尺寸应符合产品图纸要求的规定,不合格的应进行修复。
5.9.4 如果其他零件的状态影响起动机的性能,应拆解、检测,必要时修复或采用更新件。

6 装配

6.1 紧固件的装配顺序及扭矩应符合产品图纸要求。
6.2 装配时,检测起动机电枢轴向窜动间隙、吸合间隙、外形、安装尺寸,应符合产品图纸要求的规定。
6.3 起动机的装配应符合 GB/T 28679 的规定。
6.4 按照 QC/T 731—2005 在壳体上标示起动机型号、电压及功率、生产流水号等。

7 性能要求和试验方法

7.1 再制造起动机试验环境条件应符合 QC/T 731—2005 中 4.5 的规定。
7.2 再制造起动机性能检验应符合 QC/T 731—2005 第 4 章和第 5 章的规定,其项目应包括:

a) 外形、安装尺寸及紧固件扭矩;

b） 额定工作时间；

c） 工作性能(空载性能,负载性能,额定功率及功率特性曲线,制动性能)；

d） 噪声；

e） 超速；

f） 绝缘耐压性能；

g） 防护等级；

h） 电磁开关性能；

i） 单向离合器性能；

j） 高、低温起动试验。

7.3 耐久性试验按 QC/T 731—2005 中 5.17、5.18 和 5.19 的要求。

7.4 再制造起动机应承受 6 000 次空载耐久试验,试验后零件应无开裂、破损等现象,起动机功率特性允许比初始值下降 10%。

7.5 汽油起动机应承受 20 000 次的台架耐久试验。柴油起动机应承受 16 000 次的台架耐久试验。经台架试验后,起动机功率特性允许比初始值下降 15%。起动机应承受 600 次的制动耐久试验。试验后,单向离合器无破损,电枢轴、输出轴,其他齿轮均无破损或变形。

8 检验规则

8.1 出厂检验

8.1.1 装配后的起动机按 QC/T 277 和 QC/T 731—2005 进行如下检测：

a） 出厂性能试验。

b） 安装尺寸、紧固件扭矩及外观检验。

8.1.2 起动机的出厂验收应符合 GB/T 28678 的要求。

8.2 型式检验

8.2.1 有下列情况之一,应进行型式试验：

a） 再制造起动机批量生产前；

b） 再制造起动机停产两年后恢复生产；

c） 再制造工艺进行重大改变后。

8.2.2 型式试验按 QC/T 731—2005 中 6.2 的规定,型式试验项目按 7.2 的规定。

9 包装和标识

9.1 完成后的再制造起动机应采用必要的防尘、防腐蚀及防止其他物理损害的措施。

9.2 再制造起动机的包装物上应标示再制造产品标识。

9.3 其他包装要求应符合 GB/T 28678 的规定。

ICS 43.060
T 10

中华人民共和国国家标准

GB/T 28674—2012

汽车零部件再制造产品技术规范 转向器

The technical specifications for remanufacturing of automotive components—Steering gear

2012-09-03 发布　　　　2013-01-01 实施

中华人民共和国国家质量监督检验检疫总局
中国国家标准化管理委员会　发布

前言

本标准根据 GB/T 1.1—2009 给出的规则起草。

本标准由中华人民共和国工业和信息化部提出。

本标准由全国汽车标准化技术委员会(SAC/TC 114)归口。

本标准起草单位:上海汽车工业(集团)总公司、东风汽车公司、广州市跨越汽车零部件工贸有限公司、中国汽车技术研究中心、中国汽车工业协会。

本标准主要起草人:戴培军、郑江、姚洪华、鲍广洁、李振全、张铜柱、于岚。

汽车零部件再制造产品技术规范 转向器

1 范围

本标准规定了齿轮齿条式、循环球式机械和液压助力转向器再制造术语和定义，拆解、分类与清洗，检测与修复，总成装配要求，性能要求和试验方法，检验规则，标识与包装等。

本标准适用于齿轮齿条式、循环球式机械和液压助力转向器的再制造。

本标准不适用于电液伺服转向器和电子转向器。

本标准不适用于发生过火灾或碰撞事故的转向器。

2 规范性引用文件

下列文件对于本文件的应用是必不可少的。凡是注日期的引用文件，仅注日期的版本适用于本文件。凡是不注日期的引用文件，其最新版本(包括所有的修改单)适用于本文件。

GB/T 5179 汽车转向系统术语和定义

GB/T 26989 汽车回收利用 术语

GB/T 28675 汽车零部件再制造 拆解

GB/T 28676 汽车零部件再制造 分类

GB/T 28677 汽车零部件再制造 清洗

GB/T 28678 汽车零部件再制造 出厂验收

GB/T 28679 汽车零部件再制造 装配

QC/T 529 汽车动力转向器总成台架试验方法

QC/T 530 汽车动力转向器总成技术条件

QC/T 29096 汽车转向器总成台架试验方法

QC/T 29097 汽车转向器总成技术条件

3 术语和定义

GB/T 26989 以及 GB/T 5179 界定的术语和定义适用于本文件。

4 拆解、分类与清洗

4.1 拆解

4.1.1 转向器拆解应满足 GB/T 28675 的要求。

4.1.2 齿轮齿条式转向器拆解成：夹箍、防尘罩、横拉杆、油管、调整螺母、弹簧、压块、阀油封座、卡簧、螺盖、锁紧螺母、齿条、齿轮总成(齿轮齿条式机械转向器)、壳体总成、阀壳、转阀总成(齿轮齿条式液压助力转向器)等。

转阀总成可拆解成齿轮、阀芯、阀套、轴承和密封圈等。

壳体总成可拆解成壳体、密封圈和轴承等。

4.1.3 循环球式转向器拆解成:摇臂锁紧螺母、转向摇臂、转向器侧盖、摇臂轴、转向器前盖、转向螺杆、转向螺母、活塞、循环球导管夹、导管、钢球等。

4.2 分类要求

拆解所得零部件应根据 GB/T 28676 予以分类。

4.3 清洗要求

拆解所得的零部件应根据 GB/T 28677 的要求进行清洗,满足产品的清洁度要求。

5 检测

5.1 转阀总成

5.1.1 检查轴密封圈接触面及滚珠轴承,有磕碰、磨损或损伤应更换或修复整个转阀总成。

5.1.2 检查轴承接触面,有磨损或损伤应更换。

5.1.3 对小齿轮进行裂纹检查,有点蚀、脱落或裂纹的零件应更换。

5.1.4 检测转阀总成的阀特性,不符合产品图纸要求的应更换。

5.2 阀壳

5.2.1 检查密封环和密封圈接触面,有磕碰、磨损或损伤的应更换。

5.2.2 密封环区域根据损伤程度可修复使用。

5.2.3 检查螺纹,有螺纹变形的可修复,螺纹断裂的应更换。

5.2.4 检查装配面有无磕碰、磨损及划痕,损伤程度轻微的可修复使用,损伤程度严重的应更换。

5.2.5 检查轴承接触面有无磕碰、磨损及划痕,损伤程度轻微的可修复使用,损伤程度严重的应更换。

5.3 壳体及转向助力缸筒

5.3.1 检查轴密封圈接触面有无损伤,有损伤的应更换。

5.3.2 检查螺纹,有螺纹变形的可修复使用,螺纹断裂的应更换。

5.3.3 检查密封圈接触面,有磕碰、磨损、划痕的应更换。

5.3.4 检查活塞接触面,有磕碰、磨损、划痕的应更换。

5.4 齿条或转向螺母

5.4.1 裂纹检测,有裂纹的应更换。

5.4.2 检查螺纹,螺纹有损伤的应更换。

5.4.3 检查齿,有点蚀、脱落、裂纹的应更换。

5.4.4 检查齿条或转向螺母的跳动,应符合产品图纸要求。

5.4.5 检查接触面是否有点蚀、脱落、锈斑或凹坑,损伤程度轻微的可抛光处理,严重的应更换。

5.4.6 检查螺母滚道,有磕碰、磨损、划痕的应更换。

5.5 压块或调整螺钉

检查接触面,有磕碰、磨损、划痕的应更换。

5.6 活塞导向套

检查密封圈接触面,有磕碰、磨损、划痕的应更换。

5.7 螺杆滚道

检查螺杆滚道,有压痕、磨损、点蚀的应更换。

5.8 油管

5.8.1 检查密封圈接触面,有磕碰、磨损、划痕的应更换。

5.8.2 检查螺纹,螺纹有烂牙、断裂的应更换。

5.9 横拉杆

5.9.1 检查球头有无锈蚀,如有应更换。

5.9.2 检查球头是否有间隙,如有应更换。

5.9.3 检查螺纹及横拉杆,有损伤的应更换。

6 总成装配要求

6.1 一般要求

6.1.1 以下零件应采用新件:

a) O 形圈;

b) 密封圈;

c) 防尘罩;

d) 钢球。

6.1.2 以下零件建议采用新件:

a) 横拉杆;

b) 外球接头;

c) 油管。

6.2 再制造转向器的总成装配应符合 GB/T 28679 的要求。

6.3 装配时应避免密封座及密封表面受损。

6.4 装配时应确保所有密封件涂抹润滑油脂。

7 性能要求和试验方法

7.1 性能要求

7.1.1 性能试验

7.1.1.1 再制造机械转向器应进行如下性能试验,其试验结果应符合 QC/T 29027 的要求。

a) 传动间隙测定;

b) 齿条移动力或者空载转动力矩。

7.1.1.2 再制造液压助力转向器应进行如下性能试验,其试验结果应符合 QC/T 530 的要求。

a) 自由间隙测定;

b) 阀特性测试;

c) 内泄漏测试；

d) 外渗漏检查；

e) 齿条移动力或者空载转动力矩。

7.1.2 磨损试验

7.1.2.1 机械转向器在磨损试验后，无功能异常，无裂纹或断裂。

7.1.2.2 液压助力转向器在磨损试验后，无功能异常，无裂纹或断裂，无外部渗漏。

7.1.3 液压助力在强制转向试验

液压助力在强制转向试验后，无功能异常、无裂纹或断裂、无外部渗漏。

7.2 试验方法

7.2.1 性能试验

7.2.1.1 再制造机械转向器的性能试验方法应符合 QC/T 29026 的要求。

7.2.1.2 再制造液压助力转向器的性能试验方法应符合 QC/T 529 的要求。

7.2.2 磨损试验

7.2.2.1 机械转向器

将总成安装在试验台上，控制转向摇臂或齿条上的载荷使输入轴的输入扭矩为 30 Nm，输入轴以 20 r/min～30 r/min 的转速转动，输入轴转角不小于总转角的 90%，完成 20 000 个循环。

7.2.2.2 液压助力转向器

将总成安装在试验台上，试验油压为最大工作压力，并使转向摇臂或齿条在试验过程中达到满载，输入轴以 20 r/min～30 r/min 的转速转动，输入轴转角不小于总转角的 90%，完成 20 000 个循环。

7.2.3 液压助力强制转向试验

将总成安装在试验台架上，试验时油泵不工作，转动输入端，调整输出端载荷，使输入端的载荷分别为 125 Nm(输出力矩 2 500 Nm，或齿条输出力 14 000 N)或 175 Nm(输出力矩＞2 500 Nm，或齿条输出力＞14 000 N)，完成 10 个循环。

8 检验规则

8.1 出厂检验

8.1.1 每台总成应按照 7.1 进行检验。

8.1.2 按产品技术要求，对主要总成尺寸进行检验。

8.1.3 出厂检验应符合 GB/T 28678。

8.2 型式试验

有下列情况之一，应进行型式试验：

a) 再制造转向器批量生产前；

b) 再制造转向器停产两年后恢复生产；

c) 再制造工艺进行重大改变后。

9 标识与包装

9.1 对再制造转向器应采取必要措施防尘、防锈及防止其他物理损害。

9.2 标识与包装应符合 GB/T 28678。

9.3 再制造转向器应标示再制造产品标识。

ICS 43.020
T 40

中华人民共和国国家标准

GB/T 28675—2012

汽车零部件再制造 拆解

Remanufacturing of automotive components—Disassembly

2012-09-03 发布 2013-01-01 实施

中华人民共和国国家质量监督检验检疫总局
中国国家标准化管理委员会 发布

前言

本标准根据 GB/T 1.1—2009 给出的规则起草。

本标准由中华人民共和国工业和信息化部提出。

本标准由全国汽车标准化技术委员会(SAC/TC 114)归口。

本标准起草单位:上海汽车工业(集团)总公司、广州市花都全球自动变速箱有限公司、中国人民解放军第 6456 工厂、中国汽车技术研究中心、中国汽车工业协会、中国第一汽车集团公司技术中心、中国重汽集团济南复强动力有限公司、陕西法士特汽车传动集团有限责任公司、浙江万里扬变速器股份有限公司、长城汽车股份有限公司、玉柴再制造工业(苏州)有限公司、潍柴动力(潍坊)再制造有限公司。

本标准主要起草人:卜新文、姚洪华、胡纪宪、高菊珍、黄志勇、王智强、刘彦戎、晏一平、孔晓丽、黄铁、吕军涛、任华林、杨红新、陈启、张国荣、范东英。

汽车零部件再制造　拆解

1　范围

本标准规定了汽车零部件再制造拆解的术语和定义，常用的拆解方法、拆解的一般要求和拆解的环保要求等。

本标准适用于汽车零部件再制造的拆解，其他机动车辆零部件再制造的拆解可参照执行。

2　规范性引用文件

下列文件对于本文件的应用是必不可少的。凡是注日期的引用文件，仅注日期的版本适用于本文件。凡是不注日期的引用文件，其最新版本(包括所有的修改单)适用于本文件。

GB/T 22128　报废汽车回收拆解企业技术规范

GB/T 26989　汽车回收利用　术语

3　术语和定义

GB/T 22128 和 GB/T 26989 界定的术语和定义适用于本文件。

4　常用的拆解方法

4.1　通用工具法

对于一般零件的拆解，如润滑良好及锈蚀较轻的紧固件，可采用通用工具；对于特殊的紧固件，可采用扳手。

4.2　敲击法

对因长期静配合发生锈蚀的零件，如万向传动十字轴、转向摇臂、各类轴承等，可采用敲击法。要正确选择敲击部位，防止损坏零件。

4.3　加工法

对于焊接件、铆接件、断螺栓等的拆解可采用车、铣、钻、镗、焊等加工法。

4.4　渗液法

对锈蚀严重难以拆卸的零件，可采用加热渗油或喷涂松动剂。

4.5　专用螺孔拆卸法

对于变速器倒挡轴、驱动半轴、正时齿轮等带有专用拆卸孔的零件，可采用专用螺孔拆卸法。

4.6　专用压器、拉器法

4.6.1　弹簧类零件的拆解，如气门弹簧等，可采用压器法。

4.6.2 结合紧、较难拆卸的盘形零件,如轴承、正时齿轮等,可采用拉器法。

5 拆解的一般要求

5.1 拆解前应目视检查零件的密封、破损情况。

5.2 应用专用容器收集废油液。

5.3 拆解时应严格按有关作业指导书的规定操作,使用合适的工具,避免损伤零件,将零部件拆解至最小可拆解单元。

5.4 在拆解紧固件时,应注意紧固件的拆解顺序,以免造成零件的变形。

5.5 在拆解悬臂零件周边的紧固件时,最上部的紧固件应最后取出,以免造成安全事故。

5.6 在拆解时目视检查零件表面状况,初步判断主要零件是否适用于再制造。

5.7 对拆解的可再制造零件应用专用器具进行分类摆放,以免损伤零件。

5.8 在拆解时,对偶合件、旋转件和不能互换的零件,在必要的情况下,应在拆解之前检查原来有无装配记号,没有的应重新做标记,以防装错而破坏原配合或平衡状态。

5.9 在拆解过程中,应记录零件的必要信息。

6 拆解的环保要求

拆解过程中产生的固体废弃物和废油液的处置应符合国家相关标准的规定。

ICS 43.020
T 40

中华人民共和国国家标准

GB/T 28676—2012

汽车零部件再制造　分类

Remanufacturing of automotive components—Classification

2012-09-03 发布　　2013-01-01 实施

中华人民共和国国家质量监督检验检疫总局
中国国家标准化管理委员会　发布

前 言

本标准根据 GB/T 1.1—2009 给出的规则起草。

本标准由中华人民共和国工业和信息化部提出。

本标准由全国汽车标准化技术委员会(SAC/T 114)归口。

本标准起草单位:中国重汽集团济南复强动力有限公司、广州市花都全球自动变速箱有限公司、上海汽车工业(集团)总公司、中国汽车技术研究中心、中国汽车工业协会、东风汽车公司、奇瑞汽车股份公司、玉柴再制造工业(苏州)有限公司、中国第一汽集团公司技术中心、上海出入境检验检疫局。

本标准主要起草人:罗建明、黄铁、周正兵、胡纪宪、高菊珍、刘彦戎、晏一平、李中兵、刘立炳、陈启、孔晓丽、吴益文、范东英。

汽车零部件再制造　分类

1　范围

本标准规定了汽车再制造零部件的术语和定义、零部件的分类、一般要求和常用的分类检测技术等。

本标准适用于对汽车零部件再制造的分类，其他机动车辆的再制造可参照本标准执行。

2　规范性引用文件

下列文件对于本文件的应用是必不可少的。凡是注日期的引用文件，仅注日期的版本适用于本文件。凡是不注日期的引用文件，其最新版本（包括所有的修改单）适用于本文件。

GB/T 26989　汽车回收利用　术语

3　术语和定义

GB/T 26989 界定的以及下列术语和定义适应于本文件。

3.1

可直接使用件　directly usable parts

经检测确认，不需要修复加工，仅通过清洗、喷砂等表面处理工艺，即可满足再制造使用要求的旧零部件。

3.2

可再制造件　remanufacturable parts

经检测确认，可通过加工修复过程使之满足再制造使用要求的旧零部件。

3.3

弃用件　disused parts

除可直接使用件和可再制造件之外的旧零部件。

4　零部件的分类

旧汽车零部件依据其使用特性分为三类：可直接使用件、可再制造件和弃用件。

5　一般要求

5.1　旧零部件在分类前需通过检测确认。常用的分类检测技术包括但不限于外观检测、测量检测、压力检测、磁粉探伤、荧光探伤、超声波检测、电涡流检测、X 光检测、渗漏检测和磁记忆检测等。

5.2　经检测确认满足再制造设计要求的零部件，可依据检测结果和产品功能归类至可直接使用件或可再制造件；经检测确认不满足再制造设计要求的零部件，归类至弃用件。

5.3　零部件分类过程应做好档案记录，记录可包含零部件的状态、主要尺寸、原制造企业信息和配套机型等。

5.4 分类完成后的零部件应按要求进行存放,存放时应采取必要的防护措施,不得对环境造成破坏;对于弃用件,其处理和存放应符合国家相关技术标准的规定。

6 常用的分类检测技术

6.1 外观检测

对表面存在沟槽、裂纹、刮伤、剥落、折断、缺口、破洞、重大变形、严重磨损和烧蚀等缺陷的零部件,可通过目测、触摸等外观检测确定其类别。

6.2 测量检测

对可能存在尺寸、粗糙度、形位公差和配合间隙等缺陷的零部件,可通过测量检测确定其类别。

6.3 压力检测

对可能存在裂纹、贯通、疏松等内部缺陷的腔体类零部件,可通过压力检测确定其类别。

6.4 磁粉探伤

对可能存在表面裂纹缺陷的钢铁类零部件,可通过磁力探伤确定其类别。

6.5 荧光探伤

对可能存在表层裂纹的精密零部件,可通过荧光探伤确定其类别。

6.6 超声波检测

对可能存在焊缝或内部缺陷的铸件,可通过超声波检测确定其类别。

6.7 电涡流检测

对可能存在表面和近表面处缺陷的导电材料,可通过电涡流检测确定其类别。

6.8 X 光检测

对可能存在焊缝或内部缺陷的零部件,可通过 X 光检测确定其类别。

6.9 渗漏检测

对表面可能存在内部缺陷的金属材料,可通过渗漏检测确定其类别。

6.10 磁记忆检测

对可能存在表面和近表面处缺陷的铁磁性材料,可通过磁记忆检测确定其类别。

ICS 43.020
T 40

中华人民共和国国家标准

GB/T 28677—2012

汽车零部件再制造 清洗

Remanufacturing of automotive components—Cleaning

2012-09-03 发布 2013-01-01 实施

中华人民共和国国家质量监督检验检疫总局
中国国家标准化管理委员会 发布

前　言

本标准根据 GB/T 1.1—2009 给出的规则起草。

本标准由中华人民共和国工业和信息化部提出。

本标准由全国汽车标准化技术委员会(SAC/TC 114)归口。

本标准起草单位:中国人民解放军第六四五六工厂、广州市花都全球自动变速箱有限公司、中国重汽济南复强动力有限公司、中国汽车技术研究中心、中国汽车工业协会、上海汽车工业(集团)总公司、东风汽车公司、潍柴动力(潍坊)再制造有限公司、中国第一汽车集团公司、玉柴再制造工业(苏州)有限公司。

本标准主要起草人:宋铁军、韩红兵、付建新、黄志勇、罗建明、刘彦戎、晏一平、卜新文、姚洪华、胡涛、张国荣、孔晓丽、陈启。

汽车零部件再制造　清洗

1　范围

本标准规定了汽车零部件再制造清洗的术语和定义、一般要求、一般清洗分类方法和常用清洗方法等。

本标准适用于汽车零部件再制造产品的清洗，其他机动车辆零部件可参照执行。

2　规范性引用文件

下列文件对于本文件的应用是必不可少的。凡是注日期的引用文件，仅注日期的版本适用于本文件。凡是不注日期的引用文件，其最新版本（包括所有的修改单）适用于本文件。

GB/T 26989　汽车回收利用　术语

3　术语和定义

GB/T 26989　界定的术语和定义适用于本文件。

4　清洗的一般要求

4.1　清洁度要求

4.1.1　清洗时依据不同的状况，采取不同的清洗方法，以保证达到清洁度要求。

4.1.2　对各种不同零部件的清洁度，应满足产品设计对清洁度的要求。

4.1.3　对于喷涂、电刷镀、粘接的零件表面，其清洁度要满足再制造设计要求。

4.2　防腐蚀要求

在清洗零件中，要防止零件产生腐蚀。对于精密零件，不允许有任何腐蚀。

4.3　安全环保要求

4.3.1　清洗过程应按照要求做好防护，防止汽油、柴油、清洗剂、油漆等发生火灾、中毒及环境污染。

4.3.2　清洗过程产生的废液、废渣、废气应进行无害化处理，应符合国家相关标准规定。

4.4　清洗过程要求

4.4.1　使用的清洗原材料可循环使用，如水、油、清洗剂、砂和果壳等。

4.4.2　清洗过程应绿色环保，应符合国家相关标准的规定。

4.4.3　对不同金属应采取不同的清洗工艺以保护其表面原有特性。

5　一般清洗分类方法

5.1　按不同阶段和作用可分为：拆卸过程清洗、修复加工过程清洗、装配前清洗、总成表面涂装前清洗。

5.2 按零件的分类可分为：总成清洗、部件清洗、零件清洗。

5.3 按去除对象可分为：油污清洗、积炭清洗、水垢清洗、表面涂装物清洗、杂质清洗、锈迹清洗。

5.4 按清洗的方式可分为：手工清洗、溶液清洗、超声波清洗、喷丸清洗、高温清洗及其他方法清洗。

6 常用的清洗方法

6.1 溶液清洗

溶液清洗主要针对工件性质和表面的清洁程度而采用不同的溶液进行清洗。

6.2 固体、液体喷丸

固体、液体喷丸主要针对零部件的积炭和涂装物进行清洗。

6.3 高温分解

高温分解主要针对零部件的表面油漆和油道内积存的各种油污进行清洗。

6.4 超声波清洗

超声波清洗主要针对内孔和形状复杂零件的油污进行清洗。

6.5 通过式清洗机清洗

通过式清洗机清洗主要针对零部件表面附着不牢的异物进行清洗。

6.6 手工清洗

手工清洗方法一般作为实施其他清洗方法的辅助手段。常用工具有金属刷、金属轮、刮刀、手电钻和砂纸等。

ICS 43.020
T 40

中华人民共和国国家标准

GB/T 28678—2012

汽车零部件再制造　出厂验收

Remanufacturing of automotive components—Pre-delivery inspection

2012-09-03 发布　　2013-01-01 实施

中华人民共和国国家质量监督检验检疫总局
中国国家标准化管理委员会　发布

前　言

本标准根据 GB/T 1.1—2009 给出的规则起草。

本标准由中华人民共和国工业和信息化部提出。

本标准由全国汽车标准化技术委员会(SAC/TC 114)归口。

本标准起草单位:潍柴动力(潍坊)再制造有限公司、广州市花都全球自动变速箱有限公司、中国重汽集团济南复强动力有限公司、中国汽车技术研究中心、中国汽车工业协会、上海汽车工业(集团)总公司、浙江万里扬变速器股份有限公司、东风汽车公司、长城汽车股份有限公司、奇瑞汽车股份有限公司、玉柴再制造工业(苏州)有限公司。

本标准主要起草人:陈民忠、张国荣、黄志勇、黄铁、张铜柱、于岚、姚洪华、金立红、蒙学农、冯双生、张俊华、陈启。

汽车零部件再制造　出厂验收

1　范围

本标准规定了汽车零部件再制造产品出厂验收的术语和定义、出厂验收要求等。

本标准适用于汽车零部件再制造产品，其他机动车辆零部件再制造可参照执行。

2　规范性引用文件

下列文件对于本文件的应用是必不可少的。凡是注日期的引用文件，仅注日期的版本适用于本文件。凡是不注日期的引用文件，其最新版本(包括所有的修改单)适用于本文件。

GB/T 191　包装储运图示标志

GB/T 6388　运输包装收发货标志

GB/T 26989　汽车回收利用　术语

3　术语和定义

GB/T 26989 界定的术语和定义适用于本文件。

4　出厂验收

4.1　产品出厂验收

4.1.1　再制造产品出厂试验或检验的项目应与原产品出厂试验或检验的项目相同。

4.1.2　再制造产品出厂试验和检验技术指标和安全质量指标应符合相关标准规定。

4.2　产品外观出厂验收

4.2.1　再制造产品外表面应清洁，总成各结合面和密封面不得有渗漏现象。

4.2.2　再制造产品外露表面应采取防护措施。

4.3　产品标识出厂验收

再制造产品除标示有关标准规定的标识外，还应标示汽车零部件再制造产品标识。

4.4　出厂文件出厂验收

4.4.1　再制造产品出厂时应附带产品合格证、使用维修说明书、装箱清单、附件清单等相关文件。

4.4.2　再制造产品的产品合格证上应明确标注出再制造企业的信息。

4.5　包装出厂验收

4.5.1　再制造产品按 4.1～4.4 规定经验收合格后，方可进行包装。

4.5.2　包装箱内应有防潮、防尘材料。

4.5.3　附件及随机工具应可靠地固定于包装箱内，防止相互碰撞。

4.5.4 外露管口应加防护盖。

4.5.5 包装箱内应附带齐全的出厂文件。

4.5.6 再制造产品包装上应有符合 GB/T 191 和 GB/T 6388 等标准的标识,并标示再制造产品标识。

4.5.7 自包装之日起,在正常储运条件下,应保证至少一年内不至因包装不善而引起产品锈蚀、降低精度和损坏等现象。特殊要求按供需双方有关协议执行。

ICS 43.020
T 40

中华人民共和国国家标准

GB/T 28679—2012

汽车零部件再制造 装配

Remanufacturing of automotive components—Assembly

2012-09-03 发布 2013-01-01 实施

中华人民共和国国家质量监督检验检疫总局
中国国家标准化管理委员会 发布

前言

本标准根据 GB/T 1.1—2009 给出的规则起草。

本标准由中华人民共和国工业和信息化部提出。

本标准由全国汽车标准化技术委员会(SAC/TC 114)归口。

本标准起草单位:东风汽车公司、中国重汽济南复强动力有限公司、广州市花都全球自动变速箱有限公司、中国汽车技术研究中心、中国汽车工业协会、中国第一汽车集团公司技术中心、长城汽车股份有限公司、潍柴动力再制造有限公司、上海汽车工业(集团)总公司、玉柴再制造工业(苏州)有限公司。

本标准主要起草人:胡涛、马明昌、王德前、周正兵、刘彦戎、晏一平、杨益民、杨洁、张国荣、姚洪华、陈启。

汽车零部件再制造　装配

1　范围

本标准规定了汽车零部件再制造产品装配的术语和定义、装配的基本要求等。

本标准适用于汽车零部件再制造装配过程,其他机动车辆零部件再制造可参照执行。

2　规范性引用文件

下列文件对于本文件的应用是必不可少的。凡是注日期的引用文件,仅所注日期的版本适用于本文件。凡是不注日期的引用文件,其最新版本(包括所有的修改单)适用于本文件。

GB/T 26989　汽车回收利用术语

3　术语和定义

GB/T 26989 界定的术语和定义适用于本文件。

4　装配的基本要求

4.1　零部件的装配环境应符合相应的工艺规定。

4.2　零部件在装配前应进行清理或清洗。

4.3　装配现场待装的零部件必须是合格的产品。

4.4　装配过程中再制造零部件应具有装配记录,该记录保存期限不得低于新品的记录期限。

4.5　对于必须使用新零部件的严格按照相关规定执行。

4.6　应按照规定的工艺要求进行装配。

4.7　回收拆解件及再制造件的装配精度不应低于新件的装配精度。

4.8　对于有公差要求的互配零件,可采用选配或者补偿的方法进行装配。

4.9　关键紧固连接件不允许使用回收拆解件或再制造件。

4.10　再制造零部件内含有标定数据的,装配时应更新为最新标定数据。

4.11　再制造产品的生产编号应区别于新品。

4.12　装配过程参数应达到原型产品要求。

4.13　装配过程应符合再制造产品设计要求。

4.14　同一零件用多个螺钉或螺栓紧固时,各螺钉(螺栓)需交叉、对称,由中心向四周,逐步拧紧。如有定位销,应从靠近定位销的螺钉或螺栓开始。

4.15　对于原制造企业有拧紧力矩等要求的紧固件,应按其规范执行。

4.16　各零部件装配后的间隙大小应满足相应的工艺规定。

ICS 65.020.20
B 62

中华人民共和国国家标准

GB/T 28680—2012

八仙花切花产品等级

Product grade of hydrangea cut flowers

2012-09-03 发布

2012-11-01 实施

中华人民共和国国家质量监督检验检疫总局
中国国家标准化管理委员会
发布

前　言

本标准按照 GB/T 1.1—2009 给出的规则起草。

本标准由国家林业局提出。

本标准由全国花卉标准化技术委员会(SAC/TC 282)归口。

本标准起草单位:农业部花卉产品质量监督检验测试中心(昆明)、云南省农业科学院质量标准与检测技术研究所、云南省农业科学院花卉研究所、云南省花卉工程技术研究中心、云南省花卉育种重点实验室。

本标准主要起草人:瞿素萍、杨秀梅、王继华、彭绿春、张丽芳、王丽花。

八仙花切花产品等级

1 范围

本标准规定了八仙花(*Hydrangea macrophylla* (Thunb.) Seringe)切花的质量分级、规格、抽样、检测方法、判定原则、包装和标识要求。

本标准适用于八仙花切花生产、运输、贮藏各个环节的技术要求和生产、贸易中的等级评定。

2 规范性引用文件

下列文件对于本文件的应用是必不可少的。凡是注日期的引用文件，仅注日期的版本适用于本文件。凡是不注日期的引用文件，其最新版本(包括所有的修改单)适用于本文件。

GB/T 191 包装储运图示标志

GB/T 2828.1—2003 计数抽样检验程序 第1部分:按接收质量限(AQL)检索的逐批检验抽样计划

GB/T 6543 运输包装用单瓦楞纸箱和双瓦楞纸箱

GB/T 18247.1 主要花卉产品等级 第1部分:鲜切花

LY/T 1589 花卉术语

NY/T 1280 花卉植物寄生线虫检测规程

NY/T 1281 花卉植物真菌病害检测规程

NY/T 1491 花卉植物病毒检测规程

SN/T 1386 进出境切花检疫规程

SN/T 1848 植物有害生物鉴定规范

3 术语和定义

LY/T 1589、GB/T 18247.1界定的以及下列术语和定义适用于本文件。

3.1

花球 spheroidal inflorescence

由苞片、小花、花梗共同组成的球形、近球形甚至于圆锥形的花序，是八仙花切花的主要观赏部分。

4 要求

4.1 质量分级

按表1的检测项目分为三级，具体要求见表1。

表 1　八仙花切花质量分级标准

检测项目	级别		
	一级	二级	三级
整体效果	整体效果、新鲜程度好，具有该品种特性	整体效果、新鲜程度较好，具有该品种特性	整体效果、新鲜程度一般，具有该品种特性
花球	花球形状饱满、匀称，小花排列整齐，花色均匀、纯正，变色自然，苞片无焦边	花球形状饱满、匀称，小花排列较整齐，花色均匀、纯正，变色自然，苞片无焦边	花球形状较饱满、匀称，小花排列基本整齐，花色基本均匀，变色较自然，苞片无焦边
茎秆	挺直，硬度≤15°	挺直，硬度≤30°	稍有弯曲，硬度≤45°
叶	完整，色泽均匀，无干尖、焦边现象	完整，色泽较均匀，无干尖、焦边现象	完整，色泽较均匀，稍有干尖或焦边现象
病虫害及缺损	无病虫害、药害、冷害、灼伤和机械损伤	无病虫害、药害、冷害、灼伤；茎秆和叶片有轻度机械损伤	花球无病虫害、药害、冷害、灼伤；茎秆或叶片有轻度病虫害损伤或缺损

4.2　规格

规格指标不分级，含花枝长度、花球直径与单支切花重量 3 个指标，按 6.2.2、6.4 和 6.5 的方法检测后，将相应的规格范围填入 8.2.3 的产品标签内。其中：

a）花枝长度：以 5 cm 为一个规格计量单位，确定花枝长度范围，如 55～60，表示花枝长度范围在 55 cm～60 cm 之间；

b）花球直径：以 2 cm 为一个规格计量单位，确定花球直径的范围，如 10～12，表示花球平均直径范围在 10 cm～12 cm 之间；

c）单支切花重量：以 50 g 为一个规格计量单位，确定单支切花重量的范围，如 50～100，表示单支花枝的重量范围在 50 g～100 g 之间。

4.3　采后处理

4.3.1　避免在高温和强光下采收切花，以上午和傍晚为宜。

4.3.2　采切后立即插入保鲜液内，放在温度 6 ℃±1 ℃下处理 5 h～6 h。

4.3.3　保鲜处理后按 4.1 与 4.2 的要求进行质量分级和规格分类。

5　抽样

5.1　同一产地、同一批次、同一品种、相同等级的产品作为一抽样批次。

5.2　从同一检验批次中，采用简单随机抽样的方法抽样，单位以支计。

5.3　检测样本量执行 GB/T 2828.1—2003 的一般检验水平Ⅱ和正常检验二次抽样方案，具体抽样数量见表 2。

表 2　批次抽样数量与判定表

抽样批次范围 支	抽样方案	样本量 支	累计样本量 支	接收数 Ac	拒收数 Re
90 以下	第一	8	8	0	2
	第二	8	16	1	2
91～150	第一	13	13	0	3
	第二	13	26	3	4
151～280	第一	20	20	1	3
	第二	20	40	4	5
281～500	第一	32	32	2	5
	第二	32	64	6	7
501～1 200	第一	50	50	3	6
	第二	50	100	9	10
1 201～3 200	第一	80	80	5	9
	第二	80	160	12	13
3 201～10 000	第一	125	125	7	11
	第二	125	250	18	19
10 001 以上	第一	200	200	11	16
	第二	200	400	26	27

5.4　二次抽样分一次抽取或二次抽取，一次抽取应一次抽足累计样品数量，混合后分为 2 份。二次抽取可分二次分别抽取，二次抽取时注意每个后续样品应从同一批的剩余部分中抽取。

5.5　到样后保存于 6 ℃±1 ℃下，并尽快完成检验。就地检验的，所有外观检测项目在到样 1 h～3 h 内完成。

6　检测方法

6.1　整体效果

目测评定。

6.2　花球

6.2.1　花球形状、饱满匀称程度、小花、花色、苞片焦边等情况目测评定。

6.2.2　花球直径用直尺或软尺测量，从花球的最外侧两边的垂直投影距离，成十字交叉测量 2 次，取平均值，精确到 1 cm。

6.3　茎秆

6.3.1　挺直程度目测评定。

6.3.2　硬度测量在花枝基部 2.5 cm 处水平固定，测量花球顶端低于水平面的角度，单位用度(°)表示，精确到 1°。

6.4 花枝长度

用直尺或软尺测量从切花剪口处到花球最顶部的垂直距离，精确到 1 cm。

6.5 单支切花重量

用电子秤或天平进行称量，精确到 1 g。

6.6 叶

目测评定。

6.7 病虫害及缺损

6.7.1 病虫的有无依据 NY/T 1280、NY/T 1281、NY/T 1491、SN/T 1386、SN/T 1848 检测。

6.7.2 病虫造成的损伤目测评定。

6.7.3 药害、冷害、灼伤、机械损伤目测评定。

7 判定原则

7.1 单支判定原则

7.1.1 依据 4.1 对各检测项目进行判定，各检测项目不属同一等级时，以检测项目最低的一级定为单支产品等级。

7.1.2 所有项目均达一级标准的，定为一级品；若其中 1 项符合二级品标准的，定为二级品；若其中 1 项符合三级品标准的，定为三级品；若其中 1 项低于三级品标准的，定为等外品。

7.2 批次判定原则

每批次合格与否的判定执行 GB/T 2828.1—2003 的一般检验水平Ⅱ和正常检验水平，接收质量限(AQL)执行 4.0 水平，具体合格接收数与拒收数见表 2。

8 包装和标识

8.1 包装

8.1.1 每支切花基部套一个装有保鲜剂的软管，切口位于液面之下。

8.1.2 花球用清洁、无污染的软纸包裹。

8.1.3 外包装纸箱执行 GB/T 6543 的规定。

8.1.4 同一包装单位的花枝长度差异不超过 5 cm，花球直径的差异不超过 2 cm。

8.2 标识

8.2.1 外包装纸箱的图示标志执行 GB/T 191 的规定。

8.2.2 产品附有包装标签和产品随带文件。

8.2.3 标签：包装箱上的标签按表 3 注明。

表 3 标签

产品名称		品种名		花　色	
等　级		产　地		采切时间	
生产者					
检验单位					
花枝长度范围/cm		花球直径范围/cm		单支重量范围/g	
装箱容量/支		其他			

8.2.4 产品随带文件:文件标明使用的标准编号、等级、生产商或经销商的地址及联系方式、产品采收说明、贮存的要求建议等。

ICS 65.020.20
B 62

中华人民共和国国家标准

GB/T 28681—2012

百合、马蹄莲、唐菖蒲种球采后处理技术规程

Technical regulation of postharvest handling on bulbs of lily, calla and gladiolus

2012-09-03 发布　　2012-11-01 实施

中华人民共和国国家质量监督检验检疫总局
中国国家标准化管理委员会　发布

前　言

本标准按照 GB/T 1.1—2009 给出的规则起草。

本标准由国家林业局提出。

本标准由全国花卉标准化技术委员会(SAC/TC 282)归口。

本标准起草单位:农业部花卉产品质量监督检验测试中心(昆明)、云南省农业科学院质量标准与检测技术研究所、云南省农业科学院花卉研究所、云南省花卉工程技术研究中心、云南省花卉育种重点实验室。

本标准主要起草人:王丽花、瞿素萍、吴学尉、唐开学、和葵、张程、徐波。

百合、马蹄莲、唐菖蒲种球采后处理技术规程

1 范围

本标准规定了百合(*Lilium* spp.)、马蹄莲(*Zantedeschia* spp.)与唐菖蒲(*Gladiolus hybridus*)种球的采收、前处理、分级、包装、标识及贮运技术要求。

本标准适用于百合、马蹄莲与唐菖蒲种球的生产和贸易。

2 规范性引用文件

下列文件对于本文件的应用是必不可少的。凡是注日期的引用文件,仅注日期的版本适用于本文件。凡是不注日期的引用文件,其最新版本(包括所有的修改单)适用于本文件。

GB/T 18247.6 主要花卉产品等级 第6部分:花卉种球

3 术语和定义

下列术语和定义适用于本文件。

3.1

采收时期 harvesting time

种球的形态或生理发育到一定成熟度后可以采收的时期。

3.2

预冷 precooling

种球贮藏运输前,经过一定时间的阴凉通风、冷库存放等措施降温至预定温度的过程。

3.3

籽球 bulbs

供无性繁殖用的幼小鳞茎。

4 采收

4.1 采收时期

种球完成一个生长季,其生长状态参见附录A的要求,选择晴天采收。

4.2 采收方法

采挖工具深挖并及时清理泥土,放入洁净、内表平滑、边缘平展的容器内,避免机械损伤和阳光曝晒。具体要求参见附录A。

4.3 前处理

采挖后经预冷、清洗、晾晒、单选、去杂和去劣等前处理步骤。具体要求参见附录A。

4.4 消毒处理

根据品种特性对种球进行温汤处理、药剂浸泡等方法处理。具体要求参见附录A。浸种消毒处理完成后平铺，快速风干种球表面水分。

4.5 分级

按GB/T 18247.6分级。

4.6 贮藏

于温度－1.5 ℃～10 ℃、空气相对湿度70 %～95 %的条件下贮藏。具体要求参见附录A。

5 包装、标识与运输

5.1 包装

按种类、品种特性的特殊要求进行包装。具体要求参见附录A。

5.2 标识

包装箱上的标签注明产品名称、品种名、批号、数量、围径、质量等级、产地、生产单位、采收时间、贮藏温度、防压、防碰标识等。

5.3 运输

根据不同的种球种类参见附录A。

附 录 A
（资料性附录）
百合、马蹄莲、唐菖蒲种球采后处理技术要求

表 A.1 百合、马蹄莲、唐菖蒲种球采后处理技术要求一览表

产品名称	百合	马蹄莲	唐菖蒲
采收时期	种植小籽球 6 个月～8 个月后，植株地上部茎叶枯黄即可采收。	种植籽球 6 个月～7 个月后，植株地上部叶片有 2/3 自然枯黄后即可采收。	种植小籽球 3 个月～5 个月后，植株地上部叶片有 1/3 变黄，但未倒伏；主根枯死时采收。
采收	去除茎生根及携带的泥土，避免损伤基盘根及鳞片。种球即挖即收，保持种球及根系不脱水。	连球带植株完整挖出后迅速置于阴凉通风条件下预冷，芽眼朝下单层放置，尽快使种球表面干燥，避免阳光直射和曝晒。	小心采挖完整植株，置于阴凉处薄层阴干，摘下种球。
清洗和去杂	冲洗干净后立即晾干。	将杂质及脱落的根系和泥土清除干净。	将杂质清除干净。
消毒处理	温汤处理（仅针对小籽球的消毒处理）：先加热消毒液至 40 ℃±0.5 ℃，再将种球放入浸泡，保持恒温水浴 2 h，自然降温阴干水分。 杀菌剂处理推荐配方：70%甲基托布津可湿性粉剂或 75%百菌清可湿性粉剂，或 60%代森锰锌可湿性粉剂 1 000 倍溶液浸泡种球 20 min～30 min。处理完成后，在阴凉通风处迅速晾干。	使用杀菌剂均匀喷施，推荐使用配方：25%咪酰胺 800 倍～1 000 倍液或 72%斯迪快 600 倍液。处理完成后，在阴凉通风处迅速晾干。	使用杀菌剂均匀喷施，推荐使用配方：40%福尔马林 800 倍液 50%福美双 66 倍液浸泡 30 min 或用 1 000 倍高锰酸钾液。处理完成后，在阴凉通风处迅速晾干。
包装	采用洁净的塑料箱（长×宽×高：60 cm×40 cm×20 cm），有孔包装袋及消毒基质等材料分层包装。 围径大于 20 cm 的种球每箱装 100 粒，18 cm～20 cm 每箱装 150 粒，16 cm～18 cm 每箱装 200 粒，14 cm～16 cm 每箱装 300 粒，12 cm～14 cm 每箱装 400 粒，10 cm～12 cm 每箱装 500 粒，6 cm～10 cm 每箱装 1 500 粒，围径小于6 cm 的种球每箱装 3 000 粒。	采用硬纸箱或塑料箱（长×宽×高：60 cm×40 cm×20 cm），箱内行间用瓦楞纸隔开，种球间用洁净的碎纸屑或软纸等分层包装。直径大于 5 cm 的种球每箱装 200 粒，4.5 cm～5 cm 每箱装 300 粒，4.0 cm～4.5 cm 每箱装 400 粒，3.5 cm～4.0 cm 每箱装 450 粒，3.0 cm～3.5 cm 每箱装 600 粒，2.5 cm～3.0 cm 每箱装 800 粒，2.0 cm～2.5 cm 每箱装 1 500 粒，小于 2.0 cm 的每箱装 2 500 粒。	装入尼龙网兜后放入具有透气孔的塑料箱或纸箱（长×宽×高：60 cm×40 cm×20 cm）。尼龙网兜包装时直径大于 4 cm 的种球每袋装 1 000 粒，3.0 cm～4.0 cm 每袋装 2 000 粒，2.5 cm～3.0 cm 每袋装 3 000 粒，2.0 cm～2.5 cm 每袋装 5 000 粒，小于 2.0 cm 的种球每袋装 8 000 粒。
贮藏	专用冷藏室贮藏。 春化处理：入库 10 d 内，由室温逐渐降至 2 ℃～5 ℃冷藏，保持空气相对湿度为 95%左右，通风量为 0.3 m/s～3.0 m/s。依品种不同贮藏 60 d～90 d 即可打破休眠。 长期贮藏：温度为－2 ℃～－1 ℃，贮藏时间不超过 5 个月，保持通风、干燥。	将种球芽眼朝下放入高度不超过 15 cm 且具有通气孔的浅筐（长×宽×高：60 cm×40 cm×15 cm）内，每筐放置种球不超过二层；直径小于 2 cm 的种球可用木屑或蛭石来保持湿度。 春化处理：处理温度为 6 ℃～8 ℃，相对湿度为 75%～90%，通风量为 0.3 m/s～3.0 m/s。贮藏 3 个月～4 个月即可打破休眠。 长期贮藏：贮藏温度为 6 ℃～8 ℃，贮藏时间不得超过 5 个月，贮藏期每周用硫磺熏蒸冷库，推荐单层摆放，保持通风、干燥。	春化处理：处理温度为 3 ℃～5 ℃，相对湿度 70%～80%，通风量为 0.3 m/s～3.0 m/s。贮藏 2 个月～3 个月可打破休眠。 长期贮藏：贮藏温度 3 ℃～5 ℃，贮藏时间不得超过 4 个月，保持通风、干燥。
运输	推荐用专用冷藏车（－2 ℃～－1 ℃）运输，长途运输用温湿度自动记录仪监控温湿度变化情况。	推荐用专用冷藏车（6 ℃～7 ℃）运输，长途运输用温湿度自动记录仪监控温湿度变化情况。	推荐用专用冷藏车（2 ℃～4 ℃）运输，长途运输用温湿度自动记录仪记录温湿度变化情况。

ICS 65.020.20
B 62

中华人民共和国国家标准

GB/T 28682—2012

杜鹃盆花产品质量等级

Product grade for pot azalea(*Rhododendron hybrid*)

2012-09-03 发布　　　　2012-11-01 实施

中华人民共和国国家质量监督检验检疫总局
中国国家标准化管理委员会　发布

前　言

本标准按照 GB/T 1.1—2009 给出的规则起草。

本标准由国家林业局提出。

本标准由全国花卉标准化技术委员会(SAC/TC 282)归口。

本标准起草单位:浙江大学园林研究所、中国花卉协会、无锡市公园景区管理中心。

本标准主要起草人:夏宜平、张引潮、周泓、张伟东、宿友民。

杜鹃盆花产品质量等级

1 范围

本标准规定了杜鹃盆花的质量分级、检测方法、等级判定和包装、标识与运输要求。

本标准适用于中国大陆地区杜鹃盆花主栽品种的质量评定和检验。

2 规范性引用文件

下列文件对于本文件的应用是必不可少的。凡是注日期的引用文件，仅注日期的版本适用于本文件。凡是不注日期的引用文件，其最新版本(包括所有的修改单)适用于本文件。

GB/T 191 包装储运图示标志

GB/T 2828.1—2003 计数抽样检验程序 第1部分：按接收质量限(AQL)检索的逐批检验抽样计划

GB/T 6543 运输包装用单瓦楞纸箱和双瓦楞纸箱

LY/T 1589—2000 花卉术语

3 术语和定义

LY/T 1589—2000界定的以及下列术语和定义适用于本文件。

3.1

杜鹃盆花 pot azalea

栽培于花盆等容器中以观花为目的的春鹃、夏鹃、东鹃、西鹃四类杜鹃。

3.2

成熟度 maturing status

杜鹃盆花的生长发育程度，常因品种而异；一般要求在上市时保持含苞待放状态。

3.3

透色花蕾比例 coverage percentage

透色花蕾占全部花蕾的比例。

3.4

整体感 comprehensive impressions

杜鹃盆花的叶片色泽、植株高度、茎秆粗细、冠幅大小、花盖度等相互作用产生的综合视觉效果。

4 质量分级

4.1 形质等级

根据杜鹃盆花产品的整体感、花部状况、花盖度、茎叶状况、病虫害、损伤及成熟度分为特级、一级、二级和三级；低于三级的为等外品。杜鹃盆花形质等级划分指标见表1。

表 1 杜鹃盆花产品形质等级划分指标

评价项目	等级			
	特级	一级	二级	三级
整体感	植物长势、整体效果极好；株形匀称，无缺陷	植物长势、整体效果极好；株形匀称，无缺陷	植物长势、整体效果较好；株形较匀称，无缺陷	植物长势、整体效果一般；株形允许稍有缺陷，但缺陷须不影响整体观赏效果
花部状况	花苞饱满；开花整齐；花色纯正，无褪色；花朵分布均匀	花苞饱满；开花整齐；花色较纯正；花朵分布均匀	花苞饱满；开花整齐；花色较纯正；花朵分布较均匀	花苞较饱满；开花较整齐；花色较纯正；花朵分布较均匀
茎叶状况	茎、枝条健壮；叶片整齐、匀称；叶色深绿，完整有光泽，无干尖、焦边现象	茎、枝条健壮；叶片整齐、匀称；叶色深绿，完整有光泽，无干尖、焦边现象	茎、枝条良好；叶片较匀称；叶色深绿，较有光泽，无干尖、焦边现象	茎、枝条正常；叶色较绿，无焦边，可有轻微褪绿或稍有干尖
病虫害及药害、生理病害	无病虫害、药害、生理病害等症状表现	无病虫害、药害、生理病害等症状表现	无病虫害、药害、生理病害等症状表现	无病虫害、药害、生理病害等症状表现
机械损伤	无机械损伤	无机械损伤	无机械损伤	花苞无机械损伤，叶片可有轻微的不影响整体观赏效果的机械损伤
开放程度	＜5%开放	＜10%开放	＜15%开放	＜25%开放
整齐度	＞95%	＞90%	＞85%	＞80%

4.2 规格划分

根据杜鹃盆花产品单盆冠幅大小和相应花苞数划分为11种规格型号，见表2。

表 2 杜鹃盆花规格

规格型号	指标要求	
	冠幅/cm	花苞数/个
特大	≥100	≥480
大一	≥70	≥300
大二	≥60	≥240
大三	≥50	≥180
中一	≥45	≥150
中二	≥40	≥120
中三	≥35	≥90
小一	≥30	≥70
小二	≥25	≥50
小三	≥20	≥35
微型	＜20	≥20

5 检测方法

5.1 抽样

5.1.1 同一产地、同一品种、同一批次的产品作为一个检测批次。
5.1.2 样本应从提交的检测批中随机抽取，单位产品以盆计。

5.2 检测

5.2.1 整体感、花部状况、茎叶状况、机械损伤通过目测检验。
5.2.2 花色按照英国皇家园艺学会色谱标准（Colour Chart，the Royal Horticulural Society，London）检验花色纯正度。
5.2.3 冠幅用直尺测量，单位为厘米（cm）。
5.2.4 病虫害、药害、生理病害：目测检查有无为害症状。必要时，按照有关标准检测。

6 等级判定

6.1 单盆判定原则

依据第4章的要求进行单盆产品的判定，各检测项目不属同一等级时，以单项指标最低的一级定级。

6.2 批次判定原则

对成批的产品进行检测时，整体感、花部状况、茎叶状况、花色、冠幅、花径、病虫害、缺损分别按5.2.1～5.2.4的规定，其检验样本数和每批次合格与否的判定均执行GB/T 2828.1—2003中的一般检查水平Ⅰ，按正常检查一次抽样方案执行，其接收质量限（AQL）为15。批次判定表见表3。

表3 批次判定表

批量大小 盆	抽样数 盆	接收数 Ac	拒收数 Re
＜25	3	1	2
25～50	5	2	3
51～100	5	2	3
101～150	8	3	4
151～280	13	5	6
281～500	20	7	8
＞500	32	10	11

7 包装、标识与运输

7.1 包装

外包装用纸箱按照GB/T 6543的规定，根据内装物的质量选择适用的纸箱类型。包装箱应清洁、无污染、未受潮变软或发霉,具良好承载能力。

7.2 标识

7.2.1 图示标志:外包装纸箱的图示标志执行 GB/T 191。

7.2.2 产品包装箱上的标签应该注明盆花产品名称、品种名、花色、规格、等级、产地、装箱容量、生产厂家、出厂日期。可参考表 4 进行设计。

表 4 标识

产品名称		品种名		花色	
规格		等级		产地	
装箱容量/盆		出厂日期		生产商	

7.2.3 产品应包含随带文件,标明使用的标准编号、等级、生产商或经销商的地址及联系方式、贮存的要求建议等。

7.3 运输

7.3.1 运输过程中应尽量避免剧烈震动、颠簸、挤压、跌落、碰撞、倒置等机械损伤。

7.3.2 运输过程中应避免风吹、日晒、雨淋等不良环境条件,并尽量避免与易产生乙烯的水果、蔬菜等产品混杂运输。

ICS 65.020.20
B 62

中华人民共和国国家标准

GB/T 28683—2012

蝴蝶兰栽培技术规程

Technique rules of phalaenopsis cultivation

2012-09-03 发布　　2012-11-01 实施

中华人民共和国国家质量监督检验检疫总局
中国国家标准化管理委员会　发布

前　言

本标准按照 GB/T 1.1—2009 给出的规则起草。

本标准由国家林业局提出。

本标准由全国花卉标准化技术委员会(SAC/TC 282)归口。

本标准起草单位:广东省汕头市农业科学研究所。

本标准主要起草人:洪生标、江秀娜、韦小莲、王瑞群、杨志娟、张孟锦。

蝴蝶兰栽培技术规程

1 范围

本标准规定了蝴蝶兰试管苗出瓶、小苗期、中苗期、大苗期、抽梗期、开花期的栽培管理技术，病虫鼠害防治，包装和贮运的方法。

本标准适用于以水苔为基质的蝴蝶兰设施栽培。

2 规范性引用文件

下列文件对于本文件的应用是必不可少的。凡是注日期的引用文件，仅注日期的版本适用于本文件。凡是不注日期的引用文件，其最新版本（包括所有的修改单）适用于本文件。

GB 5084—2005 农田灌溉水质标准

3 生产条件

3.1 温室设施

建造保温、抗灾害性能良好、配备栽培床架的温室。

3.2 降温和增湿设备

使用水帘和排风扇，配置应达到要求的温度和湿度。

3.3 加温设备

使用带有温度控制装置的锅炉暖气管道或暖风加温机，配置应达到要求温度。

3.4 遮阳系统

使用双层活动遮阳系统，上层遮光率75％～85％，下层遮光率65％～75％。

3.5 气体内循环设备

配置风扇使棚内气体循环流动，有条件的可设置每30 min开动5 min。

3.6 促成开花设施设备

配备高山基地或空调降温的凉温促花设施设备，使能达到要求环境条件。

3.7 隔离防护装置

水帘通风处设置40目的防虫网。

3.8 浇灌水要求

水温保持18 ℃～25 ℃，pH6.5～7.2，EC≤0.3。其他内含物应符合GB 5084—2005的相关要求。

4 栽培管理

4.1 种植前准备

栽培基质采用优质水苔,用水浸洗 3 次。有条件的第一次用 80 ℃热水浸洗 30 min～40 min,再用冷水浸洗 30 min 以上。挑去杂质,用离心机或压干机脱水,以用力捏压水苔不出水为宜。

种植小苗需备好 ϕ4.8 cm～ϕ5.8 cm 的透明软塑盆和 28 cm×54 cm 的 50 孔育苗盘;种植中苗需备好 ϕ8.0 cm～ϕ8.5 cm 的透明软塑盆、27 cm×45 cm 的 15 孔育苗盘和约 1 cm×1.5 cm×2 cm 的泡沫块;种植大苗需备好 ϕ10.5 cm～ϕ11.2 cm 的透明软塑盆、32 cm×43 cm 的 12 孔育苗盘和 1 cm×1.5 cm×2 cm 的泡沫块。

4.2 小苗管理

4.2.1 出瓶

采用的试管苗质量应达到以下要求:植株健壮,叶数 3 片～5 片,叶宽 1.5 cm～2.5 cm;根数 3 条～5 条,根长 1.0 cm～5.0 cm,根系健壮有活力,无污染。

根据需要可周年种植,春节应市的种苗种植适期为 3 月上旬至 5 月上旬。

4.2.2 分级

用镊子将苗从瓶中取出,去除粘附的培养基,并按大小分级。

4.2.3 种植

种植时将水苔抖松,先垫少量水苔于根系底下,再用水苔将苗根部包住,竖直植于软塑盆中央,水苔低于盆沿约 0.8 cm,捏压软盆感觉结实有弹性为宜,每 10 kg 水苔种植 2 000 株～2 200 株。定植后将叶片朝育苗盘对角线摆放,定植当天喷施针对细菌和真菌的广谱性杀菌剂。

4.2.4 环境条件

小苗生长适宜温度 22 ℃～30 ℃,适宜湿度 70%～85%,适宜光照强度 8 klx～18 klx。

定植 20 d 内的小苗应保持温度 20 ℃～28 ℃,湿度 80%～90%,光照强度 4 klx～8 klx。

4.2.5 肥水管理

定植后适当控制水分,待盆中水苔较干、盆底或盆壁仅见少量水珠时,用 25∶5∶15(N∶P∶K,含全营养元素,下同)水溶性肥液 4 000 倍～5 000 倍等促根壮苗肥液浇半透水。定植 20 d～25 d 植株长出新根后,用 20∶20∶20 水溶性肥液 3 000 倍～4 000 倍浇灌,冬春季节及阳光不足时节每 7 d～10 d 浇一次半透水,夏秋季节及干燥天气每 5 d～8 d 浇一次透水。

4.2.6 田间整理

每天巡视兰园,及时淘汰病、弱苗,调整叶片受光面,避免新叶互相遮挡,做好兰株的导根工作。

4.3 中苗管理

4.3.1 种植

换盆前的小苗应达到以下要求:苗龄 4 个月～6 个月,两叶距 10 cm～15 cm,叶宽 4 cm～5 cm,叶数 4 片～5 片,叶片厚实,根系饱满。

小苗换盆前先控制水分使水苔保持轻微湿润，然后按苗的大小分级。取苗时，用手轻轻捏压软盆四周，使根系与盆壁分开，取出带基质的小苗。

在软盆中放进2个～3个泡沫块，参照4.2.3种植和摆放，水苔低于盆沿约1.8 cm，每10 kg水苔种植1 000株～1 200株。定植后将叶片朝育苗盘对角线摆放，换盆当天喷施针对细菌和真菌的广谱性杀菌剂。

4.3.2 环境条件

营养生长期适宜温度22 ℃～30 ℃，适宜湿度70%～85%，适宜光照强度10 klx～20 klx。

刚换盆的中苗25 d内应保持温度20 ℃～28 ℃，湿度80%～90%，光照强度8 klx～15 klx。

4.3.3 肥水管理

换盆后适当控制水分，待盆中水苔较干时，用20：20：20水溶性肥液3 000倍～4 000倍浇一次半透水。换盆25 d～30 d后，植株有新根长出，部分新根已达盆壁，待水苔较干时可浇第二次肥水。冬春季节及阳光不足时节，每10 d～15 d用20：20：20水溶性肥液2 000倍～3 000倍浇一次半透水，夏秋季节及干燥天气每7 d～10 d用20：20：20水溶性肥液2 000倍～3 000倍浇一次透水，夏季每月间施一次3 000倍的15：20：25水溶性肥液，冬季每月增施氮肥1次～2次。

4.3.4 田间整理

每天巡视兰园，及时淘汰病、弱苗，调整叶片受光面，避免新叶互相遮挡，做好兰株的导根工作。

需保持营养生长的种苗，冬春季节应剪除花蕾或只留一个花蕾，待室外夜温稳定回升至20 ℃以上且天气晴好时用已消毒的剪刀剪除花梗。

4.4 大苗管理

4.4.1 种植

换盆前的中苗应达到以下要求：中苗经4个月～6个月的栽培，两叶距16 cm～22 cm，叶宽4 cm～6 cm，叶片数4片～6片，叶片厚实，根系饱满。

在软盆中放入3个～4个泡沫块，参照4.2.3种植，水苔低于盆沿约2.0 cm，每10 kg水苔种植450株～500株。换盆后按育苗盘对角线摆放，每盘8株，换盆当天喷施针对细菌和真菌的广谱性杀菌剂。

4.4.2 环境条件

营养生长期适宜温度22 ℃～30 ℃，适宜湿度70%～85%，适宜光照强度12 klx～25 klx。

刚换盆20 d内的大苗应保持温度20 ℃～28 ℃，湿度80%～90%，适宜光照强度8 klx～15 klx。

4.4.3 肥水管理

定植后适当控制水分，待盆中水苔较干、盆底或盆壁仅见少量水珠时，用25：5：15水溶性肥液4 000倍～5 000倍等促根壮苗肥浇半透水。定植20 d～25 d植株长出新根后，用20：20：20水溶性肥液2 000倍～3 000倍浇灌，冬春季节及阳光不足时节每7 d～10 d浇一次半透水，夏秋季节及干燥天气每5 d～8 d浇一次透水。

4.4.4 田间整理

每天巡视兰园，及时淘汰病、弱苗，调整叶片受光面，避免新叶互相遮挡，做好兰株的导根工作。

需保持营养生长的种苗，冬春季节应剪除花蕾或只留一个花蕾，待室外夜温稳定回升至 20 ℃以上且天气晴好时用已消毒的剪刀剪除花梗。

检查基质干湿情况并及时浇肥水，浇肥水后，隔天应检测基质 EC 及 pH，保持基质 EC0.8～1.2，pH4.0～7.2。

4.5 促成抽梗期的管理

4.5.1 环境条件

促成抽梗前的大苗应达到以下要求：苗龄 16 个月～18 个月，两叶距 22 cm～30 cm，叶宽 7 cm～10 cm，叶数 4 片～6 片，叶片厚实，单轴茎较粗壮，根系饱满、粗壮有活力。

花芽分化应经过 30 d～40 d 的凉温处理，最适宜的昼/夜温度为 25 ℃/18 ℃，湿度为 70%～90%，光照强度为 15 klx～30 klx。一般在应市前 130 d～150 d 进行凉温促花。

4.5.2 肥水管理

凉温促花前 10 d～15 d 应适当减少氮肥施用量和控制水分，并喷施 1 次～2 次磷酸二氢钾 1 000 倍液。凉温促花期间先用 9∶45∶15 的水溶性肥液 2 000 倍～2 500 倍浇 1 次～2 次，促进花芽分化。凉温促花 20 d～25 d 后，用 10∶30∶20 水溶性肥液 2 000 倍～2 500 倍浇灌，促进抽梗和花芽的继续分化。

4.5.3 田间整理

每天巡视兰园，及时做好兰株的导根工作和花芽的调整，防止花芽受阻畸形。

4.6 花梗抽长期及现蕾期的管理

4.6.1 环境调控

花梗株昼/夜温度宜控制在 26 ℃/16 ℃，湿度 70%～85%，光照强度 12 klx～25 klx，并根据发育情况及时调节温度以控制花期。花蕾饱满即将绽放时保持光照、温度和湿度相对稳定，并保持温室空气流通。

4.6.2 肥水管理

当盆中水苔微干时，用 15∶20∶25 的水溶性肥液 2 000 倍～2 500 倍浇灌，约 8 d～10 d 浇 1 次。每 2 周～3 周增施一次农用氨基酸 1 000 倍液等有机液肥。

4.6.3 田间整理

花梗长至 10 cm～25 cm 时，按品种类型、质量和花梗长度进行分类并分区摆放，使花梗从植株北边长出。当花梗长至 25 cm～30 cm 时，根据品种的花梗长度，选用 ϕ2.88 mm、适当长度的包塑铁线竖直插在花枝旁，并用扎线或塑料夹子固定花梗较成熟部位。

根据花苞的发育进程及时进行分类调控。如要进行提早定型，可在花苞接近开放时将铁线从第一个花苞下约 4 cm 处朝植株方向弯曲，末端微向下伸展，用扎线或塑料夹子将花枝固定在铁线上，使花朵有较好的向光性。

4.7 开花期的管理

4.7.1 环境条件

开花期昼/夜温度保持在 28 ℃/18 ℃，湿度 70%～85%，光照强度 12 klx～18 klx。

4.7.2 肥水管理

当盆中水苔微干时，用 15：20：25 的水溶性肥液 3 000 倍～3 500 倍浇灌或 15：20：25 的水溶性肥 3 500 倍液与农用氨基酸 1 500 倍液半透水混合浇灌，保持基质湿润。

4.7.3 田间整理

花朵开放后应减少搬动次数，保持良好向光性。

5 病虫鼠害防治

5.1 农业防治

加强空气流通，及时清理杂草杂物，销毁病株，营造干净、适宜的环境条件。培育壮苗，选用抗性品种，防止外来生物危害。

5.2 物理防治

可用黄色捕虫板诱杀蓟马、白粉虱、蕈蚊；人工抓捕或诱捕蛾类高龄幼虫、蜗牛、蛞蝓；使用驱赶、诱捕等方法防止害鼠啃食花梗或花粉。

5.3 化学防治

根据病虫害发生规律，一般每 2 周～3 周喷药一次，夏季及其他高温天气适当增加次数。喷药 24 h 内应保持环境阴凉通风。具体使用方法参见表 A.1 和表 A.2。

6 包装

6.1 包装前

做好病虫防治，并控制基质水分。

6.2 小苗包装

用 75 cm×46 cm×20 cm 有孔纸箱包装，每箱 250 株。包装时将苗平放，叶片按左右同方向排列，分多排多层重叠，每一排分别用胶纸固定，每层用软纸隔开。

6.3 中苗包装

用 75 cm×46 cm×20 cm 有孔纸箱包装，每箱 100 株。包装方法按照 6.1 和 6.2。

6.4 大苗包装

用 72 cm×49 cm×30 cm 有孔纸箱包装，每箱 48 株，包装方法按照 6.1 和 6.2。

6.5 花梗株包装

按花枝长短将花梗株分类，用开口三角纸袋套住花梗及叶片。花梗长度 25 cm 内的花梗株用 72 cm×49 cm×30 cm 纸箱包装，每箱 48 株，包装时将苗平放，叶片按左右同方向排列，分两排三层重叠，花盆底部贴近纸箱长边，并用胶纸将植株固定，每层用软纸隔开。花梗长度超过 25 cm 的按每箱 30 株包装。

6.6 开花株包装

用 107 cm×46 cm×20 cm 有孔纸箱包装，每箱 20 株。包装时花盆底部贴近纸箱宽边，叶片左右排列，纸箱内部上、下及花朵重叠处用软纸隔开，植株用胶纸固定。包装时避免折断花枝或损伤花朵。

7 贮运

运输过程应小心轻放，避免倒置和压挤。防止潮湿和阳光曝晒，保持温度 20 ℃±2 ℃。运输时间开花株宜不超过 5 d，小、中、大苗宜不超过 15 d。

附　录　A
（资料性附录）
蝴蝶兰主要病虫害化学防治方法

A.1　表 A.1 给出了蝴蝶兰主要病害化学防治方法。

表 A.1　主要病害化学防治方法

主要病害	防治药剂	防治方法
镰刀菌病	水溶性甲壳素	1 500 倍液灌根
	50%扑克拉锰可湿性粉剂	5 000 倍～6 000 倍液喷雾
	90%多菌灵可湿性粉剂	1 200 倍液喷雾
	25%苯菌灵乳油或亿力可湿性粉剂	1 500 倍液喷雾
灰霉病	23.7%依普同可湿性粉剂	1 000 倍液喷雾
	50%扑海因悬浮剂	1 500 倍液喷雾
	40%百菌清可湿性粉剂或烟雾剂	1 000 倍液喷雾
	40%百菌清烟雾剂	熏蒸
疫病	70%甲基托布津可湿性粉剂	1 000 倍液喷雾
	疫霜锰锌、80%好生灵可湿性粉剂	1 000 倍液喷雾
	50%施保功可湿性粉剂	1 500 倍液喷雾
炭疽病	50%扑克拉锰可湿性粉剂	4 000 倍液喷雾
	50%多菌灵可湿性粉剂	800 倍液喷雾
	50%施保功可湿性粉剂	1 500 倍液喷雾
煤烟病	75%酒精	擦拭
	40%百菌清可湿性粉剂、25%阿米西达悬浮剂	1 000 倍液喷雾
白绢病	70%甲基托布津可湿性粉剂	800 倍液喷雾
	90%多菌灵可湿性粉剂	1 500 倍液喷雾
	瑞毒霉	800 倍液灌根
细菌性软腐病、褐斑病	98%盐酸四环素可湿性粉剂	3 000 倍～4 000 倍液喷雾
	72%农用硫酸链霉素	3 500 倍液喷雾

A.2　表 A.2 给出了蝴蝶兰主要虫害化学防治方法。

表 A.2　主要虫害化学防治方法

主要害虫	防治药剂	防治方法
螨类	40%立螨思乳油	3 000 倍液喷雾
	20%三氯杀螨醇乳油	1 000 倍液喷雾
	24.5%爱福丁乳油	3 000 倍液喷雾
	2%阿维菌素	6 000 倍液喷雾

表 A.2（续）

主要害虫	防治药剂	防治方法
蓟马、白粉虱	蓟马灵乳油	2 000 倍液喷雾
	25%飞虱宝	3 000 倍液喷雾
	10%吡虫啉可湿性粉剂	2 000 倍液喷雾
蚜虫	25%飞虱宝可湿性粉剂	3 000 倍液喷雾
	2.5%扑虱蚜可湿性粉剂	3 000 倍液喷雾
蛾类、白粉蝶	20%速杀乳油	2 000 倍液喷雾
	20%氰戊菊酯乳油	3 000 倍液喷雾
	20%好年冬乳油	2 000 倍液喷雾
	钾维盐乳油	3 000 倍液喷雾
蚧壳虫	40%速扑杀乳油	1 000 倍液喷雾
	速蚧灵	1 500 倍液喷雾
蜗牛、蛞蝓	石灰粉	栽培架下撒石灰粉
蕈蚊	25%万灵可湿性粉剂	1 500 倍液喷雾
	20%氰戊菊酯乳油	3 000 倍液喷雾

ICS 65.020.20
B 62

中华人民共和国国家标准

GB/T 28684—2012

蝴蝶兰种苗质量等级

Phalaenopsis seedling quality grade

2012-09-03 发布　　2012-11-01 实施

中华人民共和国国家质量监督检验检疫总局
中国国家标准化管理委员会　发布

前 言

本标准按照 GB/T 1.1—2009 给出的规则起草。

本标准由国家林业局提出。

本标准由全国花卉标准化技术委员会(SAC/TC 282)归口。

本标准起草单位:广东省汕头市农业科学研究所。

本标准主要起草人:曾宝珰、林汉锐、张秀珊、陈文贞、吴悦宏、曾青群。

蝴蝶兰种苗质量等级

1 范围

本标准规定了蝴蝶兰种苗的术语和定义、质量要求、检验方法、检验规则、标志、包装和贮运等内容。

本标准适用于蝴蝶兰实生苗和分生苗的质量评定。

2 术语和定义

下列术语和定义适用于本文件。

2.1

叶长 leaf length

倒二叶的长度，该叶片基部至叶尖的直线距离。

2.2

叶宽 leaf width

倒二叶的宽度，该叶片最大宽幅。

2.3

两叶距 horizontal distance of two leaves tip

倒二叶和倒三叶自然张开状态下叶尖之间的直线距离。

2.4

茎粗 stem diameter

单轴茎直径，包括叶鞘在内。

2.5

小苗 primary seedling

试管苗出瓶种植于 ϕ4.8 cm～ϕ5.8 cm 的软盆，经 4 个月～6 个月生长的正常苗。

2.6

中苗 medium seedling

小苗换盆种植于 ϕ8.0 cm～ϕ8.5 cm 软盆，经 4 个月～6 个月生长的正常苗。

2.7

大苗 mature seedling

中苗换盆种植于 ϕ10.5 cm～ϕ11.2 cm 软盆，经 4 个月～6 个月生长的正常苗。

2.8

小株型 small plant type

大苗叶长小于 15.0 cm 的类型。

2.9

中株型 medium plant type

大苗叶长在 15.0 cm～25.0 cm 之间的类型。

2.10

大株型 large plant type

大苗叶长大于 25.0 cm 的类型。

2.11

实生苗　seedling

种子萌发生长形成的完整植株。

2.12

分生苗　mericlone

利用植物细胞全能性原理，在无菌条件下将离体的植物细胞、组织或器官经过适当的培养长成的完整植株，也称组培苗、克隆苗。

3　质量要求

3.1　分级原则

3.1.1　种苗质量分为一级、二级，低于二级的为等外级。种苗质量等级的划分按表1、表2、表3、表4和表5的指标执行。

3.1.2　形质等级：根据种苗的整体效果、病虫害和缺损、基质、变异率(分生苗)4项指标进行分级。

3.1.3　规格等级：以所规定的叶数、叶长、叶宽、两叶距、茎粗、根数、根长等指标进行分级。

3.1.4　等级界定：等级划分中的某一项指标同时满足两个等级时，归属上一个等级。各项指标不在同一等级时，以指标最低的等级定为该种苗的等级。

3.2　质量等级

3.2.1　形质等级

形质等级指标见表1。

表1　形质等级指标

项　　目	形质等级	
	一级	二级
整体效果	植株健壮，株形匀称，株叶形态具品种特征。叶片厚实，有光泽，心叶生长正常。根系发达，分布均匀，根尖完整，有活力。植株未抽花梗	植株较健壮，株形较匀称，株叶形态具品种特征。叶片较厚实，生长正常。根系较发达，分布较均匀，根尖完整，较有活力
病虫害和缺损	无病虫害、药害、冷害、灼伤和机械损伤	无病虫害，有轻度药害、冷害、灼伤或机械损伤
基质	试管苗培养基无污染；栽培基质不变质，没有异味	试管苗培养基无污染或污染不伤及苗；栽培基质不变质，没有明显异味
变异率(分生苗)	≤5%	≤10%

3.2.2　规格等级

3.2.2.1　试管苗规格等级指标见表2。

表 2　试管苗规格等级指标

项目	实生苗		分生苗	
	一级	二级	一级	二级
叶数/片	2 叶 1 心以上			
叶长/cm	≥3.5	≥2.5	≥3.0	≥2.0
叶宽/cm	≥1.2	≥1.0	≥1.5	≥1.0
根数/条	≥3	2～3	≥3	2～3
根长/cm	1.0～5.0	1.0～7.0	1.0～4.0	1.0～7.0

3.2.2.2　小苗规格等级指标见表 3。

表 3　小苗规格等级指标

项目	小株型		中株型		大株型	
	一级	二级	一级	二级	一级	二级
叶数/片	4 叶 1 心以上	3 叶 1 心以上	4 叶 1 心以上	3 叶 1 心以上	3 叶 1 心以上	3 叶以上
叶长/cm	4.0～7.0		6.0～9.0		7.0～10.0	
叶宽/cm	2.5～5.0		4.0～6.0			
两叶距/cm	8.0～12.0		10.0～15.0		12.0～16.0	
茎粗/cm	≥0.8					

3.2.2.3　中苗规格等级指标见表 4。

表 4　中苗规格等级指标

项目	小株型		中株型		大株型	
	一级	二级	一级	二级	一级	二级
叶数/片	4 叶 1 心以上	4 叶以上	4 叶 1 心以上	3 叶 1 心以上	4 叶 1 心以上	3 叶 1 心以上
叶长/cm	6.0～10.0		9.0～15.0		10.0～15.0	
叶宽/cm	4.0～6.0		5.0～6.5		5.0～7.0	
两叶距/cm	14.0～16.0		18.0～20.0		20.0～24.0	
茎粗/cm	≥1.0				≥1.2	

3.2.2.4　大苗规格等级指标见表 5。

表 5 大苗规格等级指标

项目	小株型		中株型		大株型	
	一级	二级	一级	二级	一级	二级
叶数/片	5 叶 1 心以上	4 叶 1 心以上	4 叶 1 心以上	4 叶以上	4 叶 1 心以上	4 叶以上
叶长/cm	<15.0		15.0～25.0		>25.0	
叶宽/cm	4.0～8.0		5.0～8.0		5.0～10.0	
两叶距/cm	18.0～20.0		22.0～40.0		30.0～45.0	
茎粗/cm	≥1.2		≥1.5		≥1.6	

4 检验方法

4.1 目测植株整体效果、病虫害和缺损程度、培养基是否污染。

4.2 鼻嗅栽培基质气味，确定栽培基质质量。

4.3 目测对照株叶形态是否具有品种特征确定变异率。

4.4 用精确度为 0.1 cm 的直尺测量叶长、叶宽、两叶距、根长，用精确度为 0.02 mm 游标卡尺测量茎粗。

5 检验规则

5.1 组批

同一产地、同一时间、同一品种、同一规格的种苗为一个检验组批。

5.2 取样

采用随机抽样方法，从提交的检验批中随机抽取 10%，单位以株(瓶)计，最低不少于 12 株(瓶)。按单株检测。

5.3 现场检验

5.3.1 出圃检验

出圃前由质检人员按形质等级和规格等级的各项指标进行检验。

5.3.2 交收检验

每批产品销售前应进行交收检验，其内容包括形质等级指标以及标签、标志、包装。

5.3.3 型式检验

对本标准规定的全部要求(指标)进行检验。有下列情形之一者应进行型式检验：

a) 交收双方发生较大争议；

b) 因人为或自然因素使生产环境发生较大变化；

c) 国家质量监督机构或主管部门提出型式检验要求。

5.4 判定规则

所取样品单株按表1、表2、表3、表4、表5中指标逐一检验，一项不符，随级下判，整批次产品允许度为10%，不合格率超过10%则按等外级定级。

6 标志、包装、贮运

6.1 标志和标签

外包装应有标志和标签，并标明：生产单位、地址、品种名称、数量、质量等级、执行标准编号、检验日期、出圃日期及警示标志等。

包装箱内附检验合格证书，标明质量等级、检验日期、检验员等。

6.2 包装

包装时栽培基质含水量应控制在30%～50%，外观为表面基质较干，盆内基质湿润。大中小苗包装时箱底及各层间用软纸隔开，防止擦伤叶片。

6.3 贮运

温度保持在18 ℃～22 ℃之间，时间不超过15 d。

ICS 65.020.20
B 62

中华人民共和国国家标准

GB/T 28685—2012

洋桔梗切花产品等级

Product grade of eustoma cut flowers

2012-09-03 发布　　2012-11-01 实施

中华人民共和国国家质量监督检验检疫总局
中国国家标准化管理委员会　发布

前　言

本标准按照 GB/T 1.1—2009 给出的规则起草。

本标准由国家林业局提出。

本标准由全国花卉标准化技术委员会(SAC/TC 282)归口。

本标准起草单位:农业部花卉产品质量监督检验测试中心(昆明)、云南省农业科学院质量标准与检测技术研究所、云南省农业科学院花卉研究所、云南省花卉工程技术研究中心、云南省花卉育种重点实验室。

本标准主要起草人:王继华、彭绿春、瞿素萍、张丽芳、杨秀梅、王丽花。

洋桔梗切花产品等级

1 范围

本标准规定了洋桔梗(*Eustoma grandiflorum* (Raf.) Shinners)切花的质量分级、规格、抽样、检测方法、判定原则、包装和标识。

本标准适用于洋桔梗切花生产、包装等各个环节的技术要求和生产、贸易中的等级评定。

2 规范性引用文件

下列文件对于本文件的应用是必不可少的。凡是注日期的引用文件,仅注日期的版本适用于本文件。凡是不注日期的引用文件,其最新版本(包括所有的修改单)适用于本文件。

GB/T 191 包装储运图示标志

GB/T 2828.1—2003 计数抽样检验程序 第1部分:按接收质量限(AQL)检索的逐批检验抽样计划

GB/T 6543 运输包装用单瓦楞纸箱和双瓦楞纸箱

GB/T 18247.1 主要花卉产品等级 第1部分:鲜切花

LY/T 1589 花卉术语

NY/T 1280 花卉植物寄生线虫检测规程

NY/T 1281 花卉植物真菌病害检测规程

NY/T 1491 花卉植物病毒检测规程

SN/T 1386 进出境切花检疫规程

SN/T 1848 植物有害生物鉴定规范

3 术语和定义

GB/T 18247.1、LY/T 1589 界定的以及下列术语和定义适用于本文件。

3.1

有效花蕾 flower buds can bloom

采切时没开放,瓶插一段时间后能开放的花蕾。

4 要求

4.1 质量分级

按表1的检测项目分为三级,具体要求见表1。

表 1　洋桔梗切花产品分级标准

检测项目	级　别		
	一级	二级	三级
整体效果	整体效果、新鲜程度好，具有该品种特性	整体效果、新鲜程度较好，具有该品种特性	整体效果、新鲜程度一般，具有该品种特性
花枝	规整、匀称，花色纯正、鲜艳	规整、匀称，花色纯正、鲜艳	较规整、匀称，花色较纯正、鲜艳
茎秆	挺直，硬度≤15°	挺直，硬度≤30°	允许有轻度弯曲，硬度≤45°
叶片	完整，叶色正常、有光泽，无干尖、焦边现象	较完整，叶色正常、有光泽，无干尖、焦边现象	较完整，叶色正常、有光泽，允许轻度干尖、焦边现象
病虫害及缺损	无病虫害、药害、冷害、灼伤和机械损伤	无病虫害、药害、冷害、灼伤；茎秆和叶片允许有轻度机械损伤	无病虫害、药害、冷害、灼伤；茎秆和叶片允许有轻度病虫害损伤或缺损

4.2　最低花蕾数要求

单支切花能开放的有效花蕾数不少于 3 个，总花蕾数不少于 6 个。

4.3　规格

规格指标不分级，含花枝长度、花蕾数与花束重量 3 个指标，按 6.4、6.7 和 6.9 的方法检测后，将相应的规格范围填入 8.2.3 的产品标签内。其中：

a)　花枝长度：以 5 cm 为一个规格计量单位，确定花枝长度范围，如 50～55，表示花枝长度范围在 50 cm～55 cm 之间；

b)　花蕾数：以 3 个花蕾为一个规格计量单位，确定花蕾数范围，如 3～6，表示花蕾数范围在 3～6 个之间；

c)　花束重量：花束重量以千克(kg)为单位，以 0.2 kg 为一个规格计量单位，确定花束(10 支/束)重量的范围，如 1.0～1.2，表示该包装箱内花束重量范围在 1.0 kg～1.2 kg 之间。

4.4　采切期和采后处理

4.4.1　以每支切花有 1 朵～2 朵花开放为适宜采切期。

4.4.2　避免高温和强光下采收切花，以上午和傍晚为宜。

4.4.3　采切后立即插入保鲜剂内，放在温度 6 ℃±1 ℃下处理 5 h～6 h。

4.4.4　保鲜处理后按 4.1、4.2 与 4.3 的要求进行质量分级和规格分类。

5　抽样

5.1　同一产地、同一批次、同一品种、相同规格的产品作为一抽样批次。

5.2　从同一检验批次中随机抽样，单位以支计。

5.3　检测样本量执行 GB/T 2828.1—2003 的一般检验水平Ⅱ和正常检验二次抽样方案，具体抽样数量见表 2。二次抽样分一次抽取或二次抽取，一次抽取应一次抽足累计样品数量，混合后分为 2 份。二次抽取可分二次分别抽取，二次抽取时注意每个后续样品应从同一批的剩余部分中抽取。

5.4 到样后保存于 6 ℃±2 ℃下，并尽快完成检验。就地检验的，所有外观检测项目在到样 1 h～3 h 内完成。

6 检测方法

6.1 整体效果

目测评定。

6.2 花枝

目测评定。

6.3 茎秆

6.3.1 挺直程度目测评定。

6.3.2 硬度测量在花枝基部 2.5 cm 处水平固定，测量切花顶端低于水平面的角度，单位用度(°)表示，精确到 1°。

6.4 花枝长度

用直尺或软尺测量从切花剪口处到切花最顶部的垂直距离，精确到 1 cm。

6.5 叶

目测评定。

6.6 病虫害及缺损

6.6.1 病虫的有无依据 NY/T 1280、NY/T 1281、NY/T 1491、SN/T 1386、SN/T 1848 检测。

6.6.2 病虫造成的损伤目测鉴定。

6.6.3 药害、冷害、灼伤、机械损伤目测评定。

6.7 花蕾数

目测计数。

6.8 采切期

即成熟度，符合品种的特殊要求，目测评定。

6.9 花束重量

用电子秤或天平测量，精确到 0.1 kg。

7 判定原则

7.1 单支判定原则

7.1.1 依据 4.1 对各检测项目进行判定，各检测项目不属同一等级时，以检测项目最低的一级定为单支产品等级。

7.1.2 所有项目均达一级标准的，定为一级品；若其中1项符合二级品标准的，定为二级品；若其中1项符合三级品标准的，定为三级品；若其中1项低于三级品标准的，定为等外品。

7.2 批次判定原则

每批次合格与否的判定执行 GB/T 2828.1—2003 的一般检验水平Ⅱ和正常检验水平，接收质量限(AQL)执行4.0水平，具体合格接收数与拒收数见表2。

表2 批次判定表

抽样批次范围 支	抽样方案	样本量 支	累计样本量 支	接收数 Ac	拒收数 Re
90以下	第一	8	8	0	2
	第二	8	16	1	2
91～150	第一	13	13	0	3
	第二	13	26	3	4
151～280	第一	20	20	1	3
	第二	20	40	4	5
281～500	第一	32	32	2	5
	第二	32	64	6	7
501～1 200	第一	50	50	3	6
	第二	50	100	9	10
1 201～3 200	第一	80	80	5	9
	第二	80	160	12	13
3 201～10 000	第一	125	125	7	11
	第二	125	250	18	19
10 001以上	第一	200	200	11	16
	第二	200	400	26	27

8 包装和标识

8.1 包装

8.1.1 10支为1扎，茎秆基部包裹浸透保鲜液的湿棉花后，用窄胶带或皮筋捆绑固定，用透明塑料袋套袋。

8.1.2 外包装纸箱依据 GB/T 6543 的规定。

8.1.3 同一包装单位的花枝长度差异不超过5 cm。

8.2 标识

8.2.1 外包装纸箱的图示标志执行 GB/T 191 的规定。

8.2.2 产品应带有包装标签和产品随带文件。

8.2.3 标签

包装箱上的标签按表3注明。

表 3　标签

产品名称		品种名		花　色	
等　级		产　地		采切时间	
生产者					
检验单位					
花枝长度范围 cm		花蕾数范围 个		花束重量范围 (kg/10 支)	
装箱容量		其他			

8.2.4　产品随带文件

文件标明使用的标准编号、等级、生产商或经销商的地址及联系方式、产品采收说明、贮存的要求建议等。

ICS 27.040
K 56

中华人民共和国国家标准

GB/T 28686—2012

燃气轮机热力性能试验

Gas turbines thermodynamic performance tests

2012-09-03 发布　　2013-01-01 实施

中华人民共和国国家质量监督检验检疫总局
中国国家标准化管理委员会　发布

前　言

本标准按照GB/T 1.1—2009给出的规则起草。

本标准由中国机械工业联合会提出。

本标准由全国燃气轮机标准化技术委员会(SAC/TC 259)归口。

本标准起草单位:南京燃气轮机研究所、上海电气电站设备有限公司上海汽轮机厂、东方汽轮机有限公司、哈尔滨汽轮机厂有限责任公司、沈阳发动机设计研究所、中国航空工业新能源投资有限公司。

本标准主要起草人:娄马宝、崔耀欣、赵世全、吴爱中、欧永钢、陆培坚。

燃气轮机热力性能试验

1 范围

本标准规定了燃气轮机发电装置的功率、热耗率(热效率)等主要性能参数的试验方法。其目的是确定燃气轮机在试验条件下的热力性能及试验结果的修正。

本标准适用于燃用气体或液态燃料(或在进入燃气轮机之前固态燃料转化成气体或液体燃料)的燃气轮机试验。包括带排放控制和/或功率增大设备(如流体注入和进气处理)的燃气轮机试验。它可适用于联合循环装置中的或带其他热量回收系统的燃气轮机。

本标准不适用于正在研制中的燃气轮机。

2 规范性引用文件

下列文件对于本文件的应用是必不可少的。凡是注日期的引用文件,仅注日期的版本适用于本文件。凡是不注日期的引用文件,其最新版本(包括所有的修改单)适用于本文件。

GB/T 384—1981　石油产品热值测定法

GB/T 2624.1—2006　用安装在圆形截面管道中的差压装置测量满管流体流量　第1部分:一般原理和要求

GB/T 2624.2—2006　用安装在圆形截面管道中的差压装置测量满管流体流量　第2部分:孔板

GB/T 2624.3—2006　用安装在圆形截面管道中的差压装置测量满管流体流量　第3部分:喷嘴和文丘里喷嘴

GB/T 2624.4—2006　用安装在圆形截面管道中的差压装置测量满管流体流量　第4部分:文丘里管

GB/T 14100—2009　燃气轮机　验收试验

GB/T 15135—2002　燃气轮机　词汇

GB/T 18345.1—2001　燃气轮机　烟气排放　第1部分:测量与评估

GB/T 18345.2—2001　燃气轮机　烟气排放　第2部分:排放的自动监测

3 术语和定义及符号

3.1 术语和定义

GB/T 14100、GB/T 15135 界定的以及下列术语和定义适用于本文件。

3.1.1

绝对性能　absolute performance

燃气轮机发电装置在特定条件下的性能(功率、热耗率、排气温度、排气流量/能量)。

3.1.2

辅助用电　auxiliary power

燃气轮机发电装置需要的或由试验边界定义的其他场所需用的耗电功率。

3.1.3

比较性能　comparative performance

燃气轮机发电装置以差值或差率表达的性能参数变化。

3.1.4

控制温度　control temperature

由制造商确定的一定运行条件下用于控制燃气轮机的温度或温度曲线。该温度与燃气轮机排气温度可能一致也可能不相一致。控制温度是试验边界的基本条件之一,与实际测量位置无关。

3.1.5

修正性能　corrected performance

按规定的参考条件进行修正的性能参数。

3.1.6

烟气排放　exhaust gas emissions

试验运行条件下从燃气轮机排出的物质。

3.1.7

排气能量　exhaust gas energy

在试验边界定义的范围内,从燃气轮机排出的工质的能量。

3.1.8

排气流量　exhaust gas flow

在试验边界定义的范围内,从燃气轮机排出的工质的流量。

3.1.9

排气温度　exhaust temperature

在试验边界定义的范围内,从燃气轮机排出的工质的温度,它是用质量加权的平均温度。

3.1.10

热耗率　heat rate

在试验边界定义的范围内,测得的单位时间内输入的燃料能量与燃气轮机所产生功的比值。该值一般应注明是按燃料的净比能或总比能。

3.1.11

抽气　extraction air

从试验边界内引出的专用空气。

3.1.12

气体燃料　gaseous fuel

含有或不含有惰性气体的各种可燃物的混合体。其中每一种成分在使用条件下均呈过热或饱和汽化状态

3.1.13

热损失　heat loss

排到试验边界出口外的能量。

3.1.14

注入流体　injection fluid

除气体燃料和液体燃料以外,进入试验边界内的气体或液体。

3.1.15

进气处理　inlet air treatment

在燃气轮机的压气机部件前,使用设备对进口空气进行冷却或加热。试验边界必须明确说明该设备是在该试验范围内还是试验范围外。

3.1.16

液体燃料　liquid fuel

含有或不含有惰性成分的各种可燃物的混合体。几乎全由在使用条件下均呈液态的成分所组成。

3.1.17

热效率　thermal efficiency

单位时间内燃气轮机所产生的功与所消耗的燃料能量的比率。热效率可按净比能或总比能来表示。

3.1.18

参数　parameter

由单一仪表在某一位置直接测量的物理量值、或该同一物理量值若干次测量的平均值。

3.1.19

功率输出　power output

在试验边界上直接测到的电气或机械的单位时间输出功。

3.1.20

规定参考条件　specified reference conditions

试验结果要按照它进行修正的所有条件值。

3.1.21

试验　test

运行条件可能变化的一组试运行工作。

3.1.22

试验边界　test boundary

试验范围定义的、必须测定试验范围内的质量流和能量流的热力学控制空间。根据不同的试验要求，可以使用不同的边界。试验边界的定义图是帮助理解该试验范围和测量要求的极为重要的直观工具。

3.1.23

试验读数　test reading

所需的所有试验仪表的单次记录值。

3.1.24

试验运行　test run

在保持工况恒定或接近恒定的运行条件下，在规定时间内采集数据组。

3.1.25

试验不确定度　test uncertainty

与修正试验结果有关的不确定度。

3.1.26

测量不确定度　measurement uncertainty

与过程参数或变量测量有关的估计的不确定度。

对测量结果质量的定量表征。

表征合理赋予被测量之值的分散性，与测量结果相联系的参数。

3.1.27

不确定度　uncertainty

含有95%置信水平真值的测量或结果区间。

3.1.28

偏差　tolerance

偏离合同性能指标的商业允差。

3.1.29

不可测变量　immeasurable variable

无法直接测量，但可从其他测量参数进行计算的量。

3.2　符号

本文件中使用符号的说明（见表1）。

表1　符号定义

符　号	名　　称	单位(国际单位制)
B	系统误差	—
f	燃烧比	—
ExcLoss	励磁机功率	kW
FC	励磁电流	A
FDA	干空气馏分	—
FV	励磁电压	V
g_c	重力常数	kg·m/s^2
H	排气焓	kJ/kg
h	比焓	kJ/kg
HHV	燃料总比能	kJ/kg
HIR	热耗率	kJ/(kW·h)
I	电流	A
LHV	燃料净比能	kJ/kg
MF	摩尔分数	—
MW	相对分子质量	kg/kg$_{mol}$
p	压力	Pa
P	功率	kW,MW
q	质量流量	kg/s
q_{mol}	摩尔流量	kg$_{mol}$/h
PF	功率因数	—
Q	能量流	kW,MW
S	标准偏差	—
U	不确定度	—
V	电压	V
W	湿度比	kg(水)/kg(干空气)
WF	重量分数	—
α	用于功率的乘法修正系数	—

表 1（续）

符 号	名 称	单位（国际单位制）
β	用于热耗率的乘法修正系数	—
Δ	用于功率的相加修正系数	—
$\Delta_f H$	生成热	J/mol
δ	用于排气温度的乘法修正系数	—
ε	用于排气能量的乘法修正系数	—
γ	用于排气流量的乘法修正系数	—
θ	用于不确定度计算的灵敏系数	—

3.3 下标

本文件中使用下标的说明见表 2。

表 2 下标定义

下标	名称
atm	大气
avg	平均
calc	计算
corr	修正
exh	排气
ext	抽气
i	组分
inj	注入流体
j	燃料组分
k	非水排气组分
K	开氏温标
meas	测量
n	排气成分组分
sat	饱和

4 指导原则

4.1 试验大纲

4.1.1 试验计划

试验开始前，试验承担方应向委托方提供试验计划。试验计划应由委托方批准。试验计划的内容至少应包括：试验目的、试验对象、试验边界的划分、试验的组织和人员职责、试验准备、试验步骤、试验仪表的型式和校准要求，测量点布置、燃机性能保证值的参考条件、完成试验前的测量系统的不确定度分析、试验状态及稳定性要求、燃料的采样、燃气轮机清洁度的检查、试验数据的采集和资料的保管、试验最终报告的格式和内容。

4.1.2 试验准备

4.1.2.1 仪表的校验

试验前应对使用仪表的精度、校准及永久或临时安装的仪表位置进行检查。

试验中所使用的所有仪表都应符合第5章有关用于主要试验测量仪表的要求。所使用的仪表应由有资质的计量检定部门出具检定合格报告,燃气轮机热力性能试验的实施时间应在仪表计量检定合格报告的有效期内。

4.1.2.2 仪表的安装

对流量仪表建议使用差压式和涡轮流量计,流量测量设备应安装在水平管段。流量元件的安装应在管道酸洗和(或)冲洗之后进行。

试验仪表所需的接管和管段诸如压力接管、温度计套管、流量计管段和临时试验仪表的电气计量连接应在装置设计阶段统一考虑。

仪表的安装数量和位置应符合试验大纲的要求。所有临时安装的仪表都应能够方便接近、容易隔离。

使用仪表变压器时应有足够的线径以降低电压降;使用精确的三相功率表测量电功率时应提供中性点电缆。

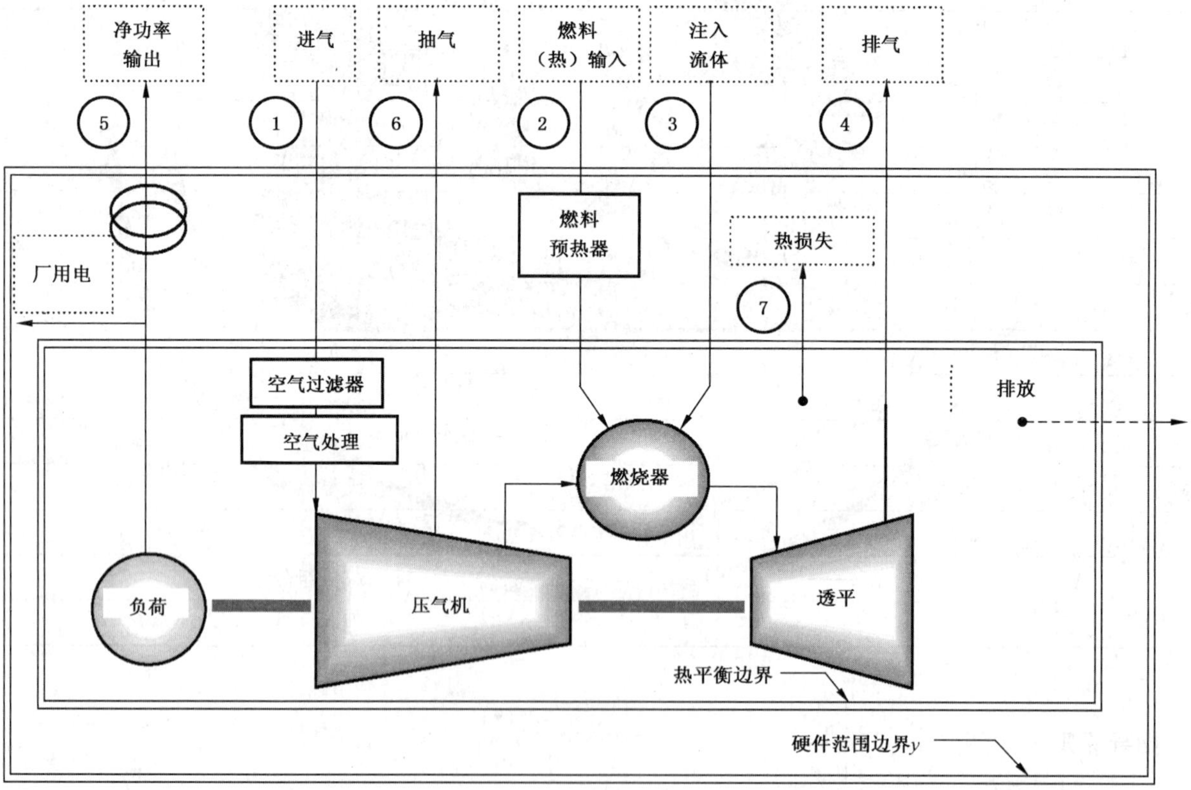

说明:

参数①、②、③、④、⑤、⑥用于功率和热耗率计算。

参数①、②、③、④、⑤、⑥、⑦用于排气流量、排气能量和排气温度计算。

在进行任何计算时都不要求进行排放测量。

进口温度测量位置需要各方商定。

图1 通用试验边界

4.1.3 通用试验边界(图1 通用试验边界)

4.1.3.1 两种典型的试验边界为:

a) 测量边界范围内设备的性能(功率和热耗率或热效率)是使用硬件范围边界。

b) 热平衡边界用来计算排气质量流量和能量。该边界是包围燃气轮机装置的更为严密的一种边界。

4.1.3.2 典型的边界位置如图1所示。其中:

a) 空气温度测量必须在进气口(或压气机入口),具体由双方商定。

b) 实线箭头指示的是用于计算功率和热耗率和/或计算跨过试验边界的排气流量参数:排气能量和排气温度及某些或全部质量流量、热力学条件和化学分析。

c) 虚线箭头指示的是不必确定用于计算试验结果的参数。

4.1.4 所需测量的量(见表3)

表3 所需测量的量

能量和流体	功率和热耗	排气流量、能量和温度
进口空气	压力、温度、湿度	压力、温度、湿度
燃料	温度、流量、组分、压力	温度、流量、组分、压力
注入流体	温度、流量、压力	温度、流量、压力
排气	压力、温度	温度
功率	净功率输出、功率因数	总功率输出、功率因数
抽气	流量	温度、流量
热损失		流量、温度

注1:热损失:只有在进行排气流量或能量计算的试验时,才需要测量跨越试验边界的发电机、润滑油冷却器、透平罩壳、转子空气冷却器等的热损失。可使用估算值代替实际测量。

注2:排放:排放测定不在本标准范围内,因而没有规定排放限值或测量的要求。但是,排放极限可能对试验结果有影响,故该试验计划应将规定排放水平或限值作为对试验运行条件的要求。

4.2 试验准备

4.2.1 在试验之前

按事先约定,及时通知试验各方,使其有必需的时间来作出响应,并准备人员、设备或文件。试验承担方应及时提供更新的信息。

4.2.2 试验前的记录

试验前应记录:燃气轮机的型号、序列号和铭牌数据,测量仪表的序列号和型号及其计量检定文件。

4.2.3 仪表不确定度的控制

用于数据采集的仪表应至少与试验前不确定度分析中规定的仪表同精度。该仪表可为永久性设置仪表或临时试验用仪表。

在试验之前应对所有仪表的校准进行充分检查，并必须提供这些记录和校准报告。试验后，对任何一方观察到的记录不一致的仪表需进行重新校准或检定。

4.2.4 设备检查和清洁度

试验前，被试机组应处于可靠的运行状态，制造商的代表应按自己的判断，确定被试机组是否处于可靠运行状态。

被试机组应在新的、清洁的状态下进行试验，制造商的代表应按自己的判断，确定被试机组是否处于新的、清洁的状态。

如果制造商的代表依自己的判断，认为被试机组未处于新的、清洁的状态，应采用相应的措施恢复到新的、清洁的状态。

必须指出，任何燃气轮机的性能都会随时间的增长而衰减，其程度取决于燃料、空气质量、水质、运行调度方法以及燃气轮机操作和维修时的精心程度。建议试验各方应商定有关全新清洁机组的定义以及相应性能修正曲线的应用方法。

4.2.5 初步运行和调整

在开始试验之前，燃气轮机应运行足够长的时间，以验证燃气轮机的运行可靠性和稳定性，而且控制变量在表4中所示偏差范围内。在这个阶段，应对仪表进行检查。

4.2.6 预试验

在开始总体性能试验之前应进行充分的预试验，并留有时间对初步试验结果进行计算，以审核实测数据的数量和质量，揭示存在的问题。最终进行调整并修改试验要求和/或试验设备。

4.3 试验实施

4.3.1 规定的参考条件

这些条件是确定保证值的依据，它们是功率和热耗率的修正基础。应尽一切努力尽可能接近规定的参考条件来进行该试验，以减少修正偏差。

4.3.2 开始和停止试验和试运行

4.3.2.1 开始条件

试验协调员负责确保在约定的试验开始时收集所有数据，并确保通知试验各方开始的时间。

在开始性能试验之前，必须满足下列条件：

a) 最大允许偏差。使用的燃料、设备运行状态和运行参数满足4.3.5的要求。

b) 稳定性。在开始试验之前，应使燃气轮机运行到稳定状态。在连续监测时，稳定状态的读数在制造商确定的最大许可变动范围内。

c) 数据收集。数据采集系统开始工作，试验人员就位可收集样本或记录数据。

4.3.2.2 停止条件

试验协调员核实在4.3.3中规定的试验过程中的运行模式和全部试验运行要求(4.3.4)已得到满足,试验协调员可以要求停止试验。如果这些试验要求未完成,试验协调员可延长或终止该试验。

4.3.3 (预)试验之前和试验过程中的运行

4.3.3.1 通则

在试验和校验运行中,所有设备都应该在规定条件下,正常稳定的运行。在试验边界内设备的间断运行应得到试验各方的同意。

4.3.3.2 运行模式

燃气轮机应以符合设计依据或保证值的方式运行,并且允许试验运行条件修正至规定的参考条件。燃气轮机运行模式应在符合开始试验前提供的修正曲线的范围内。

4.3.3.3 辅助设备运行

在规定的参考条件下,燃气轮机运行所需的辅助设备都必须运行,并统计其用电负荷。辅助设备间歇负荷也应同样计入功率消耗。例如:加热器和伴热是间歇负荷。

4.3.3.4 进气处理(蒸发冷却器、冷却器、雾化器、加热器)

由于进气处理设备有效性是变化的,导致了试验的不确定度增加,建议燃气轮机试验要在这些设备不投运的情况下进行。对性能结果用不投运进气处理设备的适当的设计修正曲线进行调整。如果规定进气处理设备运行作为性能试验范围的一部分,则该燃气轮机可在进气处理设备投运的情况下进行试验,使用适当的修正曲线调整性能结果。因为加水或排水(排污)的热焓差很小,所以在用冷却器试验时不需要修正。

4.3.3.5 试验前和试验过程中的调整

在开始实际试验运行之前,允许进行调整,达到4.3.2.1的规定。一旦开始试运行,则不允许进行调整,除非试验各方同意。

4.3.4 试验运行持续时间和读数频率

要求的稳定运行状态建立后进行读数。每个试验点由4组测量数据组成,每组测量数据间隔10 min,共计30 min。

机组稳定运行状态表现为在测取数据前,透平叶轮间温度的变化15 min内小于3 ℃(5 ℉)。

经验表明,燃气轮机试验点测试时间如超过30 min,进气温度一般会发生变化,由此引起运行工况的变化,进而使试验精度受到影响。

4.3.5 运行条件下最大允许变化

数据样本的计算标准偏差不得超过表4中所给值。如果任何试验运行过程中的运行条件超出表4中规定的极限,则应废弃该试验运行的结果。

表 4 运行条件下最大允许测量标准偏差

变　量	相对标准偏差[a]
功率输出(电气)	1.3%
扭矩	1.3%
大气压	0.33%
空气进气温度	0.7 ℃[b]
气体燃料供给燃气轮机时的压力	0.65%
燃料流量	1.3%
排气绝对压力	0.33%
转速	0.65%

[a] 总体标准偏差；

[b] 此处是测量偏差。

4.4 试验记录

4.4.1 试验读数

在可行的情况下，应利用数据采集系统来记录试验读数。全套完整的未经修改的数据采集表和记录图表、电子文件或其传真在试验结束时应成为试验各方的资料。数据应包括日期和时间。它们应是未采用任何修正的实际读数。日志、图表和所有记录图表构成完整的记录。

4.4.2 直接读数

在试验过程中，以相同的时间间隔人工记录的仪表读数。

4.4.3 检定的数据

对于特别重要的数据建议由第二观测员进行确认。

4.4.4 试验日志

对试验中发生的任何事件都应记录在试验日志上。同时记录的应有：事件发生的时间、观测员的姓名。对试验中任一设备的任何调整应予专门记录，不论是在任何时间发生，各次调整的原因都应在试验记录上说明。

4.4.5 记录错误的改正

记录的读数出现错误时，应用墨水笔划掉不正确的数据，并用墨水笔在原不正确处的上方记录正确的读数，在该试验记录的适当位置加以说明。应尽快对这些读数进行比较，并在试验结束前纠正错误。

4.5 试验的有效性

4.5.1 结果的有效性

如果在进行试验的过程中或在对读数的后续分析或解释过程中，出现矛盾影响这些数据的有效性，则各方应努力达成协议来调整或消除矛盾。未能达成一致将认为该运行或试验无效。

4.5.2 结果报告

在任何情况下，都应报告试验结果。试验结果应包括：

a) 依据经过校验的仪表的试验读数进行计算得出的结果；

b) 修正试验条件与规定的参考条件的偏差。

4.5.3 读数作废

在试验进行过程中或试验完成后，应审核这些试验数据，以确定在进行试验结果计算之前是否应舍弃某些数据。如果发现这些结果存在严重矛盾，则该试验应完全无效。

4.6 不确定度

4.6.1 目的

按标准试验采用不确定度分析有四个目的：

a) 表明试验规程符合本标准不确定度要求；

b) 在评估结果时，减少作出错误决定的风险；

c) 说明各次测量对总体不确定度的贡献；

d) 提供改进试验质量的途径。

4.6.2 不确定度计算

本标准提供达到最低实际不确定度结果的试验规程。但是，任何测量都是有误差的，各次测量的不确定度应由各方进行评估。已确定的和同意的所有不确定度值应包括在报告中(见第6章)。

本标准规定了用于功率输出、热耗率试验的不确定度的计算方法(见第7章)。

4.6.3 试验前后的不确定度计算

在试验前应进行不确定度分析，以使该试验设计满足规范要求。使用表5的测量参数不确定度限值和测试仪表的灵敏度来计算最大不确定度。它将成为该试验的不确定度的规定极限。应恰当的选择仪表的型式和数量，使其不确定度小于或等于所需的试验不确定度。

试验后应进行不确定度计算来证明试验的实际质量。如果试验后的分析显示，某些测量的不确定度超过规定极限，但超过规定极限的测量不会导致总体试验不确定度大于表5中的规定极限，则该试验应视为有效。一旦试验后的结果超出规范极限，将需要各方决定是接受还是拒绝该试验。

5 仪表和测量方法

5.1 总体要求

5.1.1 说明

本章对热力性能试验所用的测量仪表提出了相应要求，对数据的测量方法作了说明和规定。本章中未涉及的其他仪器及测量方法如能满足本标准规定的最大许用不确定度要求的，也可以用于替代本标准推荐的相应仪表及测量方法。本标准采用国家法定计量单位。

5.1.2 最大不确定度

本标准规定了每个试验测量值应满足的特定的不确定度极限，见表5。

这些强制性不确定度极限代表各具体测量值的总不确定度(包括所有系统和随机效应)。在实际不确定度乘以相对灵敏系数以计算试验参数(功率、热耗、排气流量/能量或排气温度)的总不确定度之前，应与每个测量的实际不确定度进行比较。如果符合表中所列的不确定度要求，从满足测量不确定度要求的角度来说，此规范试验当属有效。

表5　允许最大测量不确定度

参数或变量	不确定度	参数或变量	不确定度
交流电功率(电压互感器、电流互感器和计量仪表的系统相对灵敏度)	0.25%	气体燃料热量输入： 节流系数(孔板流量计) 质量流量(涡轮流量计)	 0.4% 0.5%
辅助耗功	5%		
直流电功率	0.5%	组分容积百分率	0.33%
扭矩	1.5%	燃油热量输入： 质量流量 比能	 0.5% 0.4%
转速	0.1%		
时间	0.05%		
进口空气温度	0.6 ℃	气体燃料温度(用于显热计算)	2.8 ℃
大气压力	0.075%		
湿度：湿球温度或 相对湿度	1.1 ℃ 2%	燃油温度(用于显热计算)	2.8 ℃
		进口总压降	10%
抽出/注入流量(水、蒸汽、氮气、转子冷却介质)	2%	排气静压降	10%
抽出/注入温度	2.8 ℃	排气温度	5.6 ℃

5.1.3　仪表校准

5.1.3.1　校准的定义

被校准仪表及参考标准仪表在同一过程条件下，以参考标准仪表的输出读数为依据来调整被校准仪表的输出读数。也可以用记录这两个仪表的读数差，并把此差值考虑进被校准仪表的读数内(用于难以改变其输出数据的仪表)。

5.1.3.2　参考标准

凡参与试验测量的仪表均需经符合相应国家标准要求的参考标准仪表或公认的物理常数予以校准。所有参考标准仪表也需按制造厂的规定按相应的国家标准予以校准。

参考标准仪表的不确定度应至少小于所校准的试验仪表的不确定度的四分之一。如果用被校准仪表获得的所有测量值均在本标准规定的强制性不确定度极限内，则允许参考标准具有较高的不确定度。灵敏度系数较低的仪表可以依据经过校准、符合本标准规定的强制性不确定度极限的其他仪表予以校准。

5.1.3.3　校准期限

尽可能在接近试验日期之前对测量仪器进行校准，在确定为使校准漂移量保持最小的最佳校准时间时，应以仪表制造厂的要求和指示作为依据。如果所记录的数据显示有可能出现仪表误差情况，则在试验后应立即进行仪表校准。如用户具有可支持延长校准期的相应数据，即足以证明校准漂移量始终处于参考标准仪表规定校准期的精度范围内，也可以按其他周期进行校准。

5.1.3.4 校准漂移量

校准修正时的校准漂移量用读数的百分率表示。当试验后的校准显示漂移量低于仪表基本误差时，这种漂移量是允许的。试验前的校准可作为判定试验结果的依据。当校准漂移量和参考仪表精度的平方和的平方根超过仪表所要求的仪表精度时，则是不可接受的。如果出现校准漂移量不合格，则须由相关技术部门来判断校准是否正确。如仪表经校准后在运输安装后的试验前后进行单点检查，便可查出是否出现漂移量。冗余配置的仪表应分析校准漂移量，以确定利用哪一个校准数据。如有疑问可向仪表制造厂咨询。

5.1.3.5 数据采集和处理

试验时应具备数据采集系统及数据计算系统。来自仪表的讯号输入应予以存储，以便在试验后进行数据修正时作新的校准修正。如需利用电站的测量和控制系统时，必须满足本标准的误差要求。

5.2 压力测量

5.2.1 通则

压力测量应使用经过校准的液体压力计(U形管式、单管式等)、静重仪、弹簧管式压力计或其他弹性类型压力计及压力传感器等。安装压力仪表时，应在仪表前的接入段配置一个隔离阀，可根据需要关闭和开启压力仪表及进行放气。

5.2.2 变送器和传感器

对采用的每个仪表量程进行校准。对压力变送器应进行温度补偿或把试验期间测量部位的环境温度和校准期间的温度进行对比来实现补偿，或确定测量精度的降低是否可以接受。变送器的安装方位应与它们进行校准时一致。在变送器和记录仪之间最好采用数字信号，如需通过模拟信号转换，则其电缆应有接地屏蔽，以释放来自附近电气设备的感应电流。因此，模拟信号电缆的安装应尽可能远离其他电气设备。

5.2.3 液体压力计

可采用U形管式或单管式液体压力计来测量压力，其管子内径应在8 mm以上，以防止出现毛细管现象。

5.2.4 弹性压力计

压力大于1个大气压时，可使用弹性压力计测量压力。在测试前必须用静重仪对它们进行校准。在校准时的温度与试验时的平均温度之差不超过11 ℃，弹性压力计量程内的读数误差应满足表5的要求。

5.2.5 大气压力

可采用绝对压力变送器或电子式测压仪或其他误差不超过33.33 Pa的仪器测量大气压。气压表应设置在室外稳定的环境中，其压力表安装位置(垂直)与校准时相同，并处于燃气轮机主轴中心线同一标高(此标高应记录在试验报告内)。如采用当地气象站的测量值，则应进行高度修正。

5.2.6 压气机进口总压

当无进气管道、消声器、进气过滤器时，压气机进口压力即为压气机进口处的大气压，亦即进口处之

总压，即为压力表静压和动压的代数和，即

$$p_{总}=(空气密度)(流速)^2/2g+静压值$$

式中的 g 为重力加速度。动压是用测量静压所在截面的平均流速来计算，平均流速是根据该截面的面积和相应的流量计算出的。也可以直接进行总压测量，但需考虑总压的分布情况，以便提高总压平均值的精度，即用皮托管在多个等面积中心处读取，但由于具体布置所限，很难采集到进口处的总压读数。

5.2.7 流道中的静压

按相应的压力测量要求进行测量。流道中的静压测点部位的流速在 20 m/s 以下时，可取一个静压测点；流速在 20 m/s 以上时，在垂直于流线的截面上对称地取 4 个测点，将其算术平均值作为静压。应当用液体压力计来测量此种静压。静压测孔应与流道壁面垂直，内侧孔口边缘不得倒角且无毛刺，靠近测量部位的壁面应平滑而平行的。

5.2.8 压气机排气压力

在压气机排气口截面上对称布置的 4 个测点处测得的算术平均值作为静压值，再根据相应截面上估算的平均流速计算其动压。需要测量时，透平进口压力亦可按此原则在透平进口截面上测得。

5.2.9 透平排气压力

透平排气压力是指透平排气法兰处的静压(U 形管压差加上大气压)。如无排气管道和排气消声器，则此排气出口压力(静压)即为大气压力。测量透平排气压力的方法与测量压气机进口压力的方法相同。

5.3 温度测量

5.3.1 概述

温度测量应符合国家标准有关规定，测量仪器使用前应逐个进行校准。测温用仪器可采用水银温度计、带电位计的热电偶或类似仪器、电阻温度计等。

5.3.2 压气机进气温度

压气机进气温度宜使用热电阻(或热敏电阻)测量，不宜使用热电偶。因为热电偶生成的电压信号与其测量端和基准端之间的温差成正比，在测量进口空气温度时，两端的温度差接近相等，电压信号很小，会导致测量误差增大。

所用测温仪表的灵敏度为 0.2 ℃，精度为 0.5 ℃。

空气进口温度在规定的界限处测量，可在空气混合较均匀的进气口流道内侧进行温度测量，也可在经商定的部位测量。测量后的温度总不确定度不得超出表 5 的要求。在横截面上的测温传感器不少于 4 个。

5.3.3 透平排气温度

透平排气温度应在靠近排气法兰处进行测量，并有绝热层保温及在温度梯度最小的截面处测量。为保证足够的精度，必须用 4 个以上传感器分别布置在同一截面上的各等分面积的中心处，把所测得的温度读数的平均值作为排气温度。如测量区附近有比燃气排气温度高 15 ℃以上的高温部件的热辐射，则应对每个传感器加以遮热，以减少热辐射引起的测量误差。测量透平排气温度仪器的灵敏度为 1 ℃，精度为 3.0 ℃。

5.3.4 透平进气温度

直接测量透平进气温度十分困难，可采用间接测量方法来确定透平进口的平均温度，其中有：

a) 在已知透平(多变或等熵)效率时，可根据透平进、出口的压力测量值及透平排气温度测量值来确定透平进气温度的参考值(应考虑冷却空气的影响)。

b) 在已测得透平总功率(轴端功率和压气机消耗功率)及排气温度时，求出透平进排气温差，即可得出透平进气温度参考值。

c) 利用燃烧室热平衡方程可确定透平进气温度的参考值，为此需要先确定空气、燃气的流量，空气、燃料和燃气在各分界点的比焓，燃料单位发热量及燃烧室的热效率。

5.3.5 压气机排气/燃烧室进气温度

当需测定压气机排气、燃烧室进气平均温度并估算燃烧室温升时，其温度测量方法根据压气机排气缸(机匣)、燃烧室结构确定，测量时应采取措施防止热辐射引起的测量误差。

5.3.6 其他温度

为了间接求出输出功率，需要测量从滑油冷却器、中间冷却器、抽气口处等带走的热量或注入流体的温度(如水、蒸汽、氮气、空气、燃料等)以确定流体的含热量。

5.4 流量测量

5.4.1 工质流量

当采用热力学计算方法来确定燃气轮机透平进气初温和输出功率时，需测量工质的流量。工质流量可用符合相关规定要求的孔板或喷嘴来测量，当不可能用此二者测量时，经有关方商定可采用动压管(皮托管)或其他已校准的设备测出该测量截面上的流速分布，以计算流量。所用压力测量设备的精度应在压差读数的±0.5%之内。

5.4.2 燃料流量

见5.5.2及5.6.2。

5.4.3 其他流量

其他流量包括冷却介质、润滑油等流量测量可用以下方法：

a) 孔板。

b) 正排量流量计。

c) 经商定的其他方法(如称重法、容积法等)。

5.5 气体燃料测量

5.5.1 概述

为了确定燃用气体燃料时的输入热量，需确定下列参数：质量流量、组成成分(包括含水量)、比能、显热。

5.5.2 质量流量

流量测量可用容积式流量计、涡流式流量计，也可采用孔板、喷咀等流量计，均应按5.1.3规定进行校准、安装和使用。对含尘量较高的气体燃料应注意其含尘量对流量测量所产生的误差，此时宜用正排量容积式流量计测量流量。可以用水或天然气对流量计进行校准。容积流量应该根据不少于 4 min 的连续时间内测得的气体燃料总流量加以确定，并且应使用精确的秒表或电子计时器来测量时间。在使用压差计的质量流量计算公式及容积式流量计的质量流量计算公式时，按 GB/T 2624.1、GB/T 2624.2、GB/T 2624.3、GB/T 2624.4 的要求进行流量的测量和计算。

5.5.3 燃料密度

每种燃料样品的密度应根据在相同位置记录的气体燃料的压力、温度、压缩因子和成分计算而得。

5.5.4 燃料成分

气体燃料的成分是确定热耗的重要因素之一。在试验室中使用符合国家标准或国际标准的方法对气体燃料样品进行分析，可在多个试验室中进行测定，以降低测量误差的修正量。增加燃料样品采集的频率，可进一步降低随机误差。应把试验室分析结果中具有重复性和再现性的推荐值作为偏差的上限。如果试验室能验证分析结果的质量，则允许使用经校准的在线气相色谱仪进行成分分析。

在使用管道天然气作燃料时，其水分很低，因此对燃料的比能和成分影响很小，这时其水分含量可取自燃料供方的记录。如有必要可按规定的标准来确定气体燃料中的含水量，此时应根据含水量的大小对燃料比能进行调整。

5.5.5 气体燃料的比能

燃料的比能应根据其成分确定，根据已测定的燃料成分，按各成分在气体特性表中相应的比能查明其净比能和总比能。

5.5.6 气体燃料的显热

在试验边界处测量的燃料温度与用户所选的热焓参考温度不同所产生的焓差，决定了燃料的显热。由显热的计算公式(1)可求出具体的数值。

$$H = q_f(h_t - h_{Ref}) \qquad \cdots\cdots(1)$$

式中：

H ——为气体燃料的显热，单位为千焦每秒(kJ/s)；

q_f ——为实际的燃料流量，单位为千克每秒(kg/s)；

h_t ——为流动实际温度下的气体燃料比焓，单位为千焦每千克(kJ/kg)；

h_{Ref} ——为参考温度下的气体燃料比焓，单位为千焦每千克(kJ/kg)。

注：用于确定热耗的参考温度是指在规定参考条件下的燃料温度。在热平衡计算时的参考温度是用户规定的热焓参考温度。

在进行热耗试验时，如果规定热耗应包含潜热和显热，则必须确定显热，以便考虑在试验边界处的实测燃料温度与规定的参考温度的差别。如果规定热耗仅包含潜热，则可通过对热耗使用一个通过显热计算确定的修正系数(或由生产厂家提供的修正系数)来考虑与规定的参考温度的偏差。

5.5.7 气体燃料采样

采样点应尽可能靠近试验边界，设在计量点的上游，并且采样位置应尽可能在处于边界以外的会改变气体燃料成分的设备(如过滤器、滤网、调节器等)的下游，从而使燃料样品能够代表通过流量测量装置的气体燃料。每次试验开始和结束时应分别采取一组(至少由 2 个样品组成)燃料样品。燃料采样次数可较频繁些(特别是在所提供燃料特性不稳定时)，但不能影响燃料流量的测量。每组燃料样品中的一个样品送至有资质的试验室进行分析，其余样品保留作复查备用。试验分析的燃料特性值应根据每次实验前后采取的燃料样品特性的平均值予以确定。

5.6 液体燃料测量

5.6.1 概述

为了确定燃用液体燃料时的热量输入，需确定下列参数：质量流量、热值和显热。

5.6.2 质量流量

液体燃料的流量可采用按相关标准规定的喷嘴、孔板、文丘里流量计或直接称重方法进行。测量仪器在使用前应进行校准。液体燃料质量流量的不确定度不得超过表5所列数值。当使用精度符合要求的正排量容积式流量计或涡轮式流量计时，被测液体燃料的粘度应处于流量计生产厂规定的范围内。在使用容积流量计时，应在同一部位测量液体燃料的温度和流量，容积流量应按不少于10 min的连续时间内，测得的液体燃料总流量加以确定。并且应使用精确的秒表或电子计时器来测量时间。在使用压差计的孔板流量计的质量流量计算公式及容积式流量计的质量流量计算公式时，按GB/T 2624.1、GB/T 2624.2、GB/T 2624.3、GB/T 2624.4的要求进行流量的测量和计算。

5.6.3 燃料密度和动力粘度

在计算液体燃料的质量流量时，需确定燃料的密度和动力粘度。液体燃料的密度和动力粘度均与温度有关，由液体燃料生产厂提供该液体燃料的密度对于温度的变化曲线和动力粘度对于温度的变化曲线，以此作为计算液体燃料质量流量的依据。

5.6.4 比能

5.6.4.1 通则

确定比能时的不确定度不得超过表5所列要求值。

5.6.4.2 等容燃烧时的比能

等容燃烧时的总比能应以如下方式确定。通过称重后的一定数量的液体燃料放入一个具有恒定容积的充氧的量热器中燃烧，然后测量其释放热量。得到等容燃烧时的总比能。所有比能均以标准温度15 ℃为基准，从恒定容积时的总比能(HHV_V)中减去在同一基准温度(15 ℃)下冷凝的水汽潜热即得恒定容积时的净比能(LHV_V)。

5.6.4.3 定压燃烧时的比能

在燃气轮机的燃烧室中的燃烧是一种定压下完全绝热燃烧过程，故燃料的总比能和净比能也应在定压下予以确定。定压下燃烧的总比能和净比能的计算方法见附录A。

每个燃料样品的含氢量应按相应国家标准规定的规程来确定。

5.6.5 液体燃料的显热

在试验边界处测量的燃料温度与用户所选的燃料温度不同所产生的焓差决定了燃料的显热。由显热的计算方法(2)可求出具体的数值。

$$H_p = q_f(h_t - h_{Ref}) \qquad \cdots\cdots(2)$$

式中：

H_p ——为液体燃料的显热，单位为千焦每秒(kJ/s)；

q_f ——为实际的燃料流量，单位为千克每秒(kg/s)；

h_t ——为流动的实际温度下的液体燃料比焓，单位为千焦每千克(kJ/kg)；

h_{Ref} ——为参考温度下的液体燃料比焓，单位为千焦每千克(kJ/kg)。

注：用于确定热耗的参考温度是指在规定参考条件下的燃料温度。热平衡计算时的参考温度使用用户规定的热焓参考温度。

在进行热耗试验时，如果规定热耗应包含潜热和显热，则必须确定显热，以便考虑在试验边界处的实测燃料温度与规定的参考温度之差。如果规定热耗仅包含潜热，则可通过对热耗使用一个通过显热计算确定的修正系数(或由生产厂家提供的修正系数)来考虑与规定的参考温度的偏差。

5.6.6 液体燃料的采样

采样点应尽可能靠近试验边界，设在计量点的上游，并且采样位置应尽可能在处于边界以外的会改变液体燃料成分的设备(如过滤器、干燥器、压缩机和洗涤器等)的下游，以使燃料样品能够代表通过流量测量装置的液体燃料。每次试验开始和结束时应分别采取一组(至少由 2 个样品组成)燃料样品。燃料采样次数可较频繁些(特别是在所提供燃料特性不稳定时)，但不能影响燃料流量的测量。每组燃料样品中的一个样品送至有资质的试验室进行分析，其余样品保留作复查备用。试验分析的燃料特性值应根据每次实验前后采取的燃料样品特性的平均值予以确定。

5.7 电功率测量

5.7.1 概述

评定燃气轮机性能要求的电参数包括：总的电功率、功率因数、励磁机功率和其他辅助电负荷等。在测量多相交流电时可以使用各种不同的一次测量元件连接方式，本标准所推荐的连接方式将适用于 3 线或 4 线类电力系统，并应符合所要求的不确定度和可能存在的不平衡度。用于这些类型电力系统的测量方法最低要求如下：

a) 对于 3 线发电机连接系统——2 个单相仪表或 1 个两相仪表；

b) 对于 4 线发电机连接系统——3 个单相仪表或 1 个三相仪表。

通过电压互感器和电流互感器测量功率和能量，并用无功伏安类型的计量仪表来测量无功功率，以确定其功率因数。具体测量应按常规的电功率测量标准要求进行。测量的功率、功率因数等计算见第 6 章。

5.7.2 仪用互感器

5.7.2.1 通则

使用仪用互感器的目的是：降低电压和电流值，以便于测量。可分别降至 120 V 和 5 A。测量时应与可能存在的高电压隔离。互感器电路中的阻抗在试验时应保持恒定。保护继电器或电压调节器不得与试验所用的仪表用互感器相连。正常的电站仪表可以与试验用的互感器相连，但必须知其总的合成负荷，并在校准数据范围内。

仪用互感器的连接及使用时的注意事项应按测量仪表的标准、规范执行。

5.7.2.2 电压互感器

电压互感器用于测量相间电压或相对中性点电压，该互感器可以将线路电压或一次侧电压转换至较低电压或二次侧电压。以确保测量的安全性(通常降低到 120 V——对于相间系统；或 69 V——对于中性点系统)。为此用电压互感器测得的二次电压必须乘以匝数比，才能得到发电机的实际一次侧电压。电压互感器的精度等级至少为 0.3%，并在预期的电压电流全量程内对互感器进行校准，应保证校验期有效。

5.7.2.3 电流互感器

电流互感器用于把线路电流或一次侧电流转换至较低的二次侧电流，以确保测量的安全性。应把测得的二次侧电流乘以匝数比，才能得到发电机输出线路的实际一次侧电流。应使用精度等级至少为0.3%的电流互感器进行测量，并在其测量全程范围内进行校准，应保证校验期有效。

5.7.3 电站用仪表的利用

5.7.3.1 通则

有以下一些电站用电气测量装置可用于电能测量：有功功率表、有功电度表、无功功率表、无功电度表和功率因数表。

上述各电器测量仪表在试验使用前均需按相应的使用规范及制造厂要求和相关标准进行校准。

5.7.3.2 有功功率表

功率表用于测量瞬时有功功率。在试验时应频繁测量瞬时有功功率，并取它们的平均值来确定试验时的平均功率。如需确定总的有功电能，则应将平均功率乘以运行持续时间小时数。测量发电机功率的功率表的系统不确定度应小于或等于读数的0.1%。而且在试验期间应至少每分钟测量一次。

5.7.3.3 有功电度表

电度表用于测量一个试验期的累计有功电能，为了确定试验期的平均有功功率，应将实测的电度数除以试验持续时间小时数。电度表的不确定度应小于或等于读数的0.1%。

5.7.3.4 无功功率表

无功功率表用于测量瞬时无功功率。在试验期间应频繁测量瞬时无功功率，并取其在整个试验期的平均值，来确定试验期的平均无功功率。如需确定总的无功电能，应将平均无功功率乘以试验持续时间小时数。无功功率表的系统不确定度应小于或等于读数的0.5%。在试验期间应至少每分钟测量一次。

5.7.3.5 无功电度表

无功电度表用于测量试验期的无功电能。为了确定试验期的平均无功功率，应将实测的无功电能除以试验持续时间小时数。其测量系统不确定度应小于或等于读数的0.5%。

5.7.3.6 功率因数表

功率因数表用于测量功率因数。应在负荷和频率平衡状态下，用三相功率因数传感器进行测量，功率因数传感器的不确定度应小于或等于功率因数值的0.01。

5.7.4 励磁功率测量

如果供给励磁机的电流来自位于总电功率测量装置后面的发电机母线段，则应确定供给励磁机的功率。有两种方法确定励磁功率：

a) 利用断路器电流确定：励磁机的功率可根据输入励磁机功率变压器或断路器的电流和电压进行计算，其计算公式见第6章。

b) 励磁机电压和电流确定：供给励磁机的功率可以通过计算励磁机输出的功率，并经交直流转换效率修正的方法进行估算，其计算公式见第6章。

5.7.5 辅助负载的测量

燃气轮机发电机组输出总功率后，尚需由此提供电能给其他辅助设备之用。如励磁机、泵类、压缩机等辅机所需。可用电站中的电气仪表来测量相应耗功设备的电流电压，以求得所需消耗之负荷值。

升压或降压变压器的功率损失可根据制造厂提供的在变压器功率为0和100%及其他中间功率下的功率损失数据来确定，也可用其他计算方法来确定。

5.8 转速测量

转轴转速可利用燃气轮机控制系统中的转速传感器测量。对驱动交流发电机的燃气轮机，可利用在发电机出线端子处测得的电网频率来代替轴转速。多轴燃气轮机通常测量与发电机相连的轴转速。

为了监视试验期间燃气轮机转速的恒定性，可采用指示式转速表，也可采用电子脉冲计数式转速表。转速测量精度应符合表5要求。

5.9 用热力学计算法确定功率

当不能用上述方法测定输出功率时，可根据工质的质量流量、空气和燃气的温度、热耗、轴承摩擦损失和机组向周围的散热损失的测量值来计算输出功率，计算方法见GB/T 14100—2009中的8.6。

5.10 湿度测量

在热平衡计算中需考虑湿度影响的修正系数。进入压气机的空气湿度应该用湿度计直接测量或通过绝热湿球温度表间接测量。测量位置应在空气处理装置的上游，并紧靠着干球温度测点，而且应避免阳光直射。

如果在试验时存在冰冻状态，应使用直接测量法，即利用电容性湿度计，需具有相应的现场校准标准或有效的计量检定合格证。

如果不存在冰冻状态，通过用一个湿棉套紧裹着温度传感器元件，即可测得湿球温度。

5.11 热损失

燃气轮机的热损失系指穿过试验边界的所有系统的损失，这些损失对最终的排气能量影响很小，可利用制造厂提供的数据，不一定要进行直接测量。主要热损失有以下几种：

a) 发电机损失：通常包括发电机、励磁机、集电器的损失和鼓风损失。在试验中难于直接测量这些损失，应利用制造厂提供的曲线予以确定。通常发电机的损失为其总功率的1%～2%。
b) 齿轮箱损失：当燃气轮机和发电机转子之间要求配置减速齿轮箱时，就必须确定齿轮箱的损失。通常利用齿轮箱制造厂所提供的数据加以确定，其损失一般为轴输出功率的1%～2%。
c) 固定损失：固定损失包括轴承的机械损失及被驱动设备的机械损失。这种损失应由制造厂提供数据。一些固定损失可通过测量润滑油冷却器进出口流量和温度的方式算出。
d) 可变损失：可变损失包括燃气轮机转子冷却系统的热损失、向外漏泄的空气或燃气及气缸的热辐射等。确定这些损失的计算方法应由制造厂提供。

5.12 燃气轮机控制参数

5.12.1 通则

通过控制燃气轮机的某些参数来调整燃料流量，从而保持稳定的负荷。在试验期间应测量这些控制参数。典型的燃气轮机控制参数有：可调导叶的位置、透平控制温度、压气机排气压力及燃料流量基准。

5.12.2 可调导叶位置

改变压气机可调导叶角度来控制流过燃气轮机的空气量。燃气轮机的基本负荷点对应可调导叶的某一角度值。试验前应测量每个导叶的角度位置，以确保其平均角度值与制造厂的技术规范和燃气轮机控制系统所示值一致。

5.12.3 透平控制温度

透平控制温度是用于控制计算程序的一个关键参数，以确定燃气轮机负荷和透平进口温度。因为很难对透平进口温度进行直接的可靠测定，故制造厂家将透平控制温度测量装置选择在一个较低的温度区，而透平控制温度和透平进口温度之间的关系由制造厂确定的控制计算程序予以规定。

5.12.4 压气机排气压力

除上述两个参数外，一般尚需把压气机的排气压力(或燃烧室压力)作为控制计算程序的一个输入量。由压气机的排气压力就可估算出透平的膨胀比。制造厂家应在相应部位布置一个或多个静压传感器，来测量压气机的排气压力(或燃烧室压力)。

6 试验结果的计算

6.1 电功率计算

6.1.1 功率因数的计算

6.1.1.1 概述

评定燃气轮机性能所需的电气参数主要包括总电功率输出、功率因数、励磁机功率和其他辅助载荷等，参数具体的测量要求见5.7条，本章主要对这些测量值计算方面提出相关要求。

6.1.1.2 三线电力系统功率因数计算

当使用三线电力系统的测量方法进行电气参数测量时，功率因数可使用式(3)来确定：

$$PF=\frac{Watts_t}{\sqrt{Watts_t^2+Vars_t^2}} \qquad \cdots\cdots(3)$$

式中：

PF ——功率因数；

$Watts_t$——实测的三相总有功功率，单位为千瓦(kW)；

$Vars_t$ ——实测的三相总无功功率，单位为千乏(kVar)。

也可根据实际测量方式使用式(4)来确定：

$$PF=\frac{Watts_{1-2}+Watts_{3-2}}{2\sqrt{Watts_{1-2}^2+Watts_{3-2}^2-(Watts_{1-2}\times Watts_{3-2})}} \qquad \cdots\cdots(4)$$

式中：

PF ——功率因数；

$Watts_{1-2}$——实测的有功功率功率第一相至第二相，单位为千瓦(kW)；

$Watts_{3-2}$——实测的有功功率功率第三相至第二相，单位为千瓦(kW)。

6.1.1.3 四线电力系统功率因数计算

当使用四线电力系统的测量方法进行电气参数测量时，功率因数可使用式(5)来确定：

$$PF = \frac{Watts_t}{\sqrt{Watts_t^2 + Vars_t^2}} \qquad \cdots\cdots(5)$$

式中：

PF ——功率因数；

$Watts_t$ ——实测的三相总有功功率，单位为千瓦(kW)；

$Vars_t$ ——实测的三相总无功功率，单位为千乏(kVar)。

功率因数也可借助下列方程式，通过测量各相电压和电流(伏特-安培)使用式(6)来确定：

$$PF = \frac{Watts_t}{\sum V_i I_i} \qquad \cdots\cdots(6)$$

式中：

PF ——功率因数；

$Watts_t$ ——为实测的三相总有功功率；

V_i ——三相各相的相电压；

I_i ——三相各相的相电流。

6.1.2 励磁功率计算

6.1.2.1 概述

如果供给励磁机的电流来自位于总电功率测量装置后面的发电机母线段，则应确定供给励磁机的功率计算，励磁机的功率计算一般利用断路器电流方法计算、利用励磁机电压和电流计算以及利用供应商资料确定三种方式。

6.1.2.2 利用断路器电流计算

励磁机的功率可根据输入励磁机功率变压器或断路器的电流和电压进行计算，这是确定励磁机功率的首选方法。计算公式见式(7)：

$$ExcLoss = \frac{\sqrt{3} \times V \times I \times PF}{1\,000} \qquad \cdots\cdots(7)$$

式中：

ExcLoss ——励磁机功率，单位为千瓦(kW)；

V ——实测的平均相电压，单位为伏(V)；

I ——实测的平均相电流，单位为安(A)；

PF ——实测或计算的功率因数；

1 000 ——由 W 转换成 kW 的换算系数。

注：如果测量点在降压变压器的下游，则应计入变压器的损失。

6.1.2.3 利用励磁机电压和电流计算

供给励磁机的功率可以通过计算励磁机输出的功率，并经交直流转换效率修正的方法进行估算，其计算公式见式(8)：

$$\text{Excloss}=\frac{\text{FV}\times\text{FC}}{1\,000\times\text{ACDC}} \qquad \cdots\cdots(8)$$

式中：

ExcLoss——励磁机功率，单位为千瓦(kW)；

FV——实测的直流励磁电压，单位为伏(V)；

FC——实测的直流励磁电流，单位为安(A)；

1 000——由W转换成kW的换算系数；

ACDC——交直流转换效率因数(一般为0.975，假设值)。

6.1.2.4 利用供应商资料确定

励磁功率也可以根据实际情况利用供应商的资料来确定。

6.1.3 互感器

6.1.3.1 概述

在从高的一次电压(电流)至低的二次电压(电流)转换时使用互感器会引入误差。这些误差导致互感器实际变比和标称变比的差异，同时还导致相位角偏离理想相位角(零位)。在实际一次功率的计算时，这些误差的大小取决于负荷(与互感器相连的仪表类型和数量)、二次侧的电流(对于互感器而言)以及被测量的功率因数(在测量功率的情况下)。其修正方法可参见附录A。

6.1.3.2 电压互感器

电压互感器高侧的一次电压为电压互感器测得的二次电压乘以电压互感器标称变比(VTR)并乘以变比的校正系数(VTRCFc)。电压互感器需在预期的电压全量程内对互感器进行校准。在使用电压互感器测量电压时，二次侧的负荷可以假设接近于零。因此可以假设在零负荷下的校准数据上加0.000 5，得出估算的不确定度0.05%。

6.1.3.3 电流互感器

电流互感器高侧的一次电流为互感器测得的二次电流乘以电流互感器标称的变比并乘以变比的校正系数。电流互感器需在预期的电流全量程内进行校准，见5.7.2。

6.1.3.4 一次功率的校正计算

每一相的功率应该利用来自互感器和功率计的校准数据进行修正，计算公式见式(9)：

$$\text{功率}_{\text{一次侧}}=\text{功率}_{\text{二次侧}}\times \text{VTR}\times \text{CTR}\times \text{MCF}\times \text{VTRCF}_{\text{C}}\times \text{CTRCF}_{\text{C}}\times \text{PACF}_{\text{C}}\times \text{VTVDC} \qquad \cdots\cdots(9)$$

式中：

$\text{功率}_{\text{一次侧}}$——互感器一次侧功率；

$\text{功率}_{\text{二次侧}}$——互感器二次侧功率；

VTR——电压互感器标称变比；

CTR——电流互感器标称变比；

MCF——仪表校正系数；

VTRCF_{C}——电压互感器变比校正系数；

$CTRCF_C$ ——电流互感器变比校正系数；

$PACF_C$ ——相角校正系数；

VTVDC ——电压互感器电压降校正。

仪表校正系数(MCF)由校准数据确定，校准数据是二次电流的函数。该仪表的每一相都应该进行校准，该过程应在起码两个不同的二次电压和两个不同的功率因数下进行，然后可内插得到试验条件时的实际(MCF)。每一相的相角校正系数($PACF_C$)计算发生在电压互感器相位移(γ)、电流互感器相位移(β)和功率计中的相位移(α)。相角校正系数的计算公式如下，按照式(10)进行内插计算可提供足够精确的校正。

$$PACF_C = \frac{\cos(\theta - \alpha + \beta - \gamma)}{\cos\theta} = \frac{\cos(\theta - \alpha + \beta - \gamma)}{PF} \quad \cdots\cdots(10)$$

式中：

$PACF_C$ ——相角校正系数；

α ——功率计相角位移；

β ——电流互感器相角的位移；

γ ——电压互感器相角的位移；

θ ——功率因数的反余弦。

注：近似的算法是假设功率因数为1时，相角校正系数也将等于1。

6.2 电功率换算为机械功率

如果燃气轮机通过齿轮箱驱动发电机时，则输出轴端的机械功率等于电功率除以发电机效率和齿轮箱效率。利用制造厂提供的性能资料可以确定不同负荷与相应的功率因数下的发电机效率以及齿轮箱效率。根据这些资料绘制出发电机效率和齿轮箱效率随输出电功率变化的曲线。

如果没有发电机性能资料，则发电机的各项损失可参考公认的有关资料计算得出。

6.3 耗热量、热效率及热耗率

6.3.1 耗热量

6.3.1.1 燃料流量的计算

按 GB/T 2624.1、GB/T 2624.2、GB/T 2624.3、GB/T 2624.4 的要求进行燃料流量的测量和计算。

6.3.1.2 燃料比能的计算

按 GB 384—1981 及相应标准来测定和计算，或通过协商由燃料生产厂提供。

6.3.1.3 燃料的显热

燃料的显热的计算公式见式(11)：

$$H_s = q_f(h_t - h_{Ref}) \quad \cdots\cdots(11)$$

式中：

H_s ——燃料的显热，单位为千焦每秒(kJ/s)；

q_f ——实际的燃料流量，单位为千克每秒(kg/s)；

h_t ——进入燃烧室的燃料比焓，单位为千焦每千克(kJ/kg)；

h_{Ref} ——基准温度下(一般为15 ℃)的燃料的比焓，单位为千焦每千克(kJ/kg)。

液体燃料和气体燃料的比焓应根据其组分，通过双方协商确定的公认的参考资料来计算或燃料生产厂提供。

6.3.1.4 耗热量的计算

计算公式见式(12)：

$$HI = q_f \times HV + H_s \qquad \cdots\cdots(12)$$

式中：

HI ——单位时间耗热量，单位为千焦每秒(kJ/s)；

q_f ——单位时间的实际燃料流量，单位为千克每秒(kg/s)；

HV——燃料在15 ℃时的等压净比能，单位为千焦每千克(kJ/kg)；

H_s ——燃料的显热，单位为千焦每秒(kJ/s)。

6.3.2 热效率

对应于净机械功率的热效率计算公式见式(13)：

$$\eta_t = P/HI \qquad \cdots\cdots(13)$$

式中：

η_t ——热效率；

P ——净机械功率，单位为千瓦(kW)；

HI ——单位时间耗热量，单位为千焦每秒(kJ/s)。

6.3.3 热耗率

计算公式见式(14)：

$$HR = \frac{3\ 600 \times HI}{P} = \frac{3\ 600}{\eta_t} \qquad \cdots\cdots(14)$$

式中：

HR ——热耗率，单位为千焦每千瓦时 kJ/(kW·h)；

HI ——单位时间耗热量，单位为千焦每秒(kJ/s)；

P ——净输出功率，单位为千瓦(kW)。

6.4 试验结果的修正——基本性能公式

当制造厂提供燃气轮机发电装置的性能修正曲线时，各种修正系数可以使用由修正曲线所得到的数值。

用于按规定的参考条件修正计算试验值的下列基本性能公式适用于本标准论及的任何型式燃气轮机。

修正功率表达见式(15)：

$$P_{corr} = \frac{P_{meas} + \sum_{i=1}^{n} \Delta_i}{\prod_{n=1}^{X} \alpha_n} \qquad \cdots\cdots(15)$$

修正热耗率表达见式(16)：

$$HR_{corr} = \frac{HR_{meas}}{\prod_{n=1}^{X} \beta_n} \qquad \cdots\cdots(16)$$

修正排气流量表达见式(17)：

$$m_{\text{exh corr}} = \frac{m_{\text{exh}}}{\prod_{n=1}^{X} \gamma_n} \quad \cdots\cdots (17)$$

修正排气能量表达见式(18)：

$$Q_{\text{exh corr}} = \frac{Q_{\text{exh}}}{\prod_{n=1}^{X} \varepsilon_n} \quad \cdots\cdots (18)$$

修正排气温度表达见式(19)：

$$t_{\text{exh corr}} = t_{\text{exh}} + \sum_{n=1}^{X} \delta_n \quad \cdots\cdots (19)$$

连乘修正系数 α_n、β_n、γ_n 和 ε_n 以及累加修正系数 Δ_n 和 δ_n 用于将实测结果修正到规定的基准条件。这时应注意实测的功率和热耗率是净值还是毛值，确保修正曲线使用相同的基准。

表 6 是用于功率的基本性能公式的累加修正系数。表 7 汇总了用于所有基本性能公式的修正系数。

表 6　用于功率的基本性能公式累加修正系数一览表

功　率	不可控的外界条件所要求的修正	说　　明
Δ_1	发电机功率因数	在功率测量位置实测
Δ_2	发电机励磁功率	励磁功率在功率测量后提供
Δ_3	辅助负荷	如果试验边界要求
Δ_4	变压器损失	如果试验边界要求

表 7　所有基本性能公式的修正系数一览表

功率	热耗率	排气流量	排气能量	排气温度	不可控的外界条件所要求的修正
α_1	β_1	γ_1	ε_1	δ_1	大气温度
α_2	β_2	γ_2	ε_2	δ_2	大气压力
α_3	β_3	γ_3	ε_3	δ_3	大气湿度
α_4	β_4	γ_4	ε_4	δ_4	燃料成分
α_5	β_5	γ_5	ε_5	δ_5	注入流体流量
α_6	β_6	γ_6	ε_6	δ_6	注入流体焓
α_7	β_7	γ_7	ε_7	δ_7	注入流体成分
α_8	β_8	γ_8	ε_8	δ_8	排气压力损失
α_9	β_9	γ_9	ε_9	δ_9	轴转速
α_{10}	β_{10}	γ_{10}	ε_{10}	δ_{10}	透平抽气
α_{11}	β_{11}	γ_{11}	ε_{11}	δ_{11}	燃料温度
α_{12}	β_{12}	γ_{12}	ε_{12}	δ_{12}	进气压力损失

在利用这些修正系数来计算与规定的参考条件有偏离时，性能可能会受到编写本标准时未预见到的某些过程或条件的影响。在这种情况，将需要另外的累加修正系数或连乘修正系数。

当这些修正系数不适用于所测试的特定型式的燃气轮机配置时，可以根据它们是连乘修正系数还是累加修正系数，分别简单的设置为1或零，如果所有试验条件与规定的参考条件完全相同，所有累加修正系数应是零。所有连乘修正系数应是1。某些修正系数只有在与规定的参考条件偏离很大时才有意义，否则可以忽略不计。例如，燃料成分的修正。如果试验前的不确定度分析表明其修正量并不大，则可以略去不计。修正量不大是指修正量小于0.05%。

在具体的试验情况下，适用于基本性能公式的修正取决于所测试的燃气轮机型号以及试验目的。用于不同型号燃气轮机和试验边界条件的基本性能公式的示例，可参见附录A。

6.5 修正系数的应用

6.5.1 基本计算公式的格式允许将实测的主参数，如功率、热耗率、排气流量或排气能量和排气温度等的修正效应（环境条件、注入流体等）予以分解，以便实测性能可按规定的参考条件进行修正。不同于规定的参考条件的试验边界，其参数的修正会影响试验性能的结果。

对每台燃气轮机来说，功率、热耗率、排气流量或排气能量和排气温度都随各种外部条件变化而变化。制造商可在试验之前生成一套适用于现场具体试验规程的修正曲线。每个修正系数都是通过只有一个参数的变化来计算，这个参数在偏离基本参考条件的可能范围内变化。某些修正系数是一些较小修正的总和或需要一个曲线族。例如，燃料成分的修正可分成对两个或多个成分的修正，以更好地体现燃料成分对燃气轮机性能的影响。

制造商有时提供的是标准条件下的修正曲线，而不是规定参考条件下的修正曲线。在这种情况下，对实测试验条件和特定的参考条件的相对修正应按式(20)和式(21)进行计算：

$$\alpha_1 = \frac{\alpha_{1a}}{\alpha_{1b}} \qquad \cdots\cdots (20)$$

$$\delta_1 = [\delta_{1a} - \delta_{1b}] \qquad \cdots\cdots (21)$$

式中下标：

a——从实测点修正到标准条件；

b——从规定的参考条件修正到标准条件。

作为取代应用计算公式和修正曲线的方式，也可以在试验后应用制造厂提供的燃气轮机模拟模型以及相应的试验数据和边界条件，这样可以对具体的试验结果同时进行所有修正计算。对不同的燃气轮机循环使用性能曲线和计算公式代替的模拟模型的的研究表明，由于修正系数之间的相互作用，产生的差异通常小于0.3%。而应用试验后的模型模拟的优点是，减少或消除生成修正曲线数量和采用修正曲线处理实际试验数据的工作量。

根据环境温度和其他外部特性，使用下列的连乘和累加修正系数可以将燃气轮机的功率、排气能量、排气流量和排气温度修正到规定的参考条件。

6.5.2 大气温度修正($\alpha_1 \beta_1 \gamma_1 \varepsilon_1 \delta_1$)

依据穿过试验边界的大气温度对燃气轮机性能进行修正。该进气温度测量应按照5.3所述。

6.5.3 大气压力修正($\alpha_2 \beta_2 \gamma_2 \varepsilon_2 \delta_2$)

依据现场大气压力（或经过试验各方同意的其他压力测点）进行燃气轮机性能的修正。此时大气压力测量应如5.2所述。

6.5.4　**大气湿度修正($\alpha_3\beta_3\gamma_3\varepsilon_3\delta_3$)**

依据穿过试验边界的空气湿度对燃气轮机性能的修正。此时空气湿度通常等于环境湿度,其测量应按5.10所述。

6.5.5　**燃料成分修正($\alpha_4\beta_4\gamma_4\varepsilon_4\delta_4$)**

基准燃料成分和实测燃料成分之间的燃料性能差异会影响到燃气轮机的性能。该燃料成分应在试验边界附近进行测量。对于气体燃料按照5.5的要求进行。对于液体燃料按照5.6的要求进行。

燃料成分的修正系数可由多个连乘系数的组合确定,以更好地反映燃料成分变化对燃气轮机性能的影响。在试验之前制造商应在具体试验规程中提供修正计算的示例。如果双方商定,在试验后燃料成分修正系数也可利用制造商的热力性能模拟模型来确定。在试验之前制造商应在具体试验规程中提供修正计算的示例。

6.5.6　**注入流体流量修正($\alpha_5\beta_5\gamma_5\varepsilon_5\delta_5$)**

根据穿过试验边界的注入流体流量,对燃气轮机的性能进行修正。该注入流体的流量应按照5.4的要求进行测量。

6.5.7　**注入流体焓修正($\alpha_6\beta_6\gamma_6\varepsilon_6\delta_6$)**

根据穿过试验边界的注入流体焓对燃气轮机的性能进行修正。该注入流体焓应针对已知的注入流体,按照适用版本的蒸汽表或其他适用标准进行计算。注入流体的压力应按照5.2进行测量。注入流体的温度应按照5.3进行测量。

6.5.8　**注入流体成分修正($\alpha_7\beta_7\gamma_7\varepsilon_7\delta_7$)**

基准注入流体成分和实测注入流体成分之间的差异会影响燃气轮机的性能。通常,注入流体为水或蒸汽时,其连乘修正系数等于1.0,而累加修正系数等于零。如果注入流体是整体煤气化联合循环装置中的氮/氧之类的气体混合物,则注入流体的成分会影响燃气轮机的性能,应按照5.5予以确定。

6.5.9　**排气压力损失修正($\alpha_8\beta_8\gamma_8\varepsilon_8\delta_8$)**

根据试验边界处的燃气轮机排气静压损失对燃气轮机性能进行修正(当排气流速较低时)。必要时,排气静压损失按照5.2进行测量。

6.5.10　**轴转速修正($\alpha_9\beta_9\gamma_9\varepsilon_9\delta_9$)**

根据轴转速与规定的参考条件的偏差,对燃气轮机的性能进行修正。见5.8条的转速测量方法。

6.5.11　**燃气轮机抽气修正($\alpha_{10}\beta_{10}\gamma_{10}\varepsilon_{10}\delta_{10}$)**

根据实测流过燃气轮机试验边界的全部抽气流量对燃气轮机性能进行校正。一般这种修正可适用于整体煤气化联合循环装置抽出大量压气机出口空气用于煤气化工艺流程。

6.5.12　**燃料温度修正($\alpha_{11}\beta_{11}\gamma_{11}\varepsilon_{11}\delta_{11}$)**

根据试验边界处的实测燃料温度对燃气轮机性能进行修正。该燃料温度应在试验边界附近进行测量。

6.5.13 进气压力损失修正($\boldsymbol{\alpha}_{12}\boldsymbol{\beta}_{12}\boldsymbol{\gamma}_{12}\boldsymbol{\varepsilon}_{12}\boldsymbol{\delta}_{12}$)

根据试验边界处的燃气轮机进气总压力损失对燃气轮机性能进行校正。这种校正取决于试验边界范围内的设备范围。如果需要,按照4.2测量进气总压力损失。

6.6 性能衰减

根据6.5进行修正的结果,反映了在性能试验时,燃气轮机在规定的参考条件下的热力性能。当合同或试验各方有要求时,可以对性能衰减进行附加修正。

7 试验不确定度

7.1 概述

由于测量不确定度的存在,试验结果具有不确定度。试验不确定度是指所有参量测量结果的不确定的程度。各测量值的总不确定度 U_{Ti} 有两个分量:系统分量 B_i 和随机分量 $2S_i$(如图2所示)。对于这两种不确定度其置信区间都应为95%。系统分量 B_i 是一个根据经验得出的估计值,表示在校准过程中未消除的平均误差。它是一个与重复测量值无关的常量。对于较高质量的仪器,系统不确定度会降低。

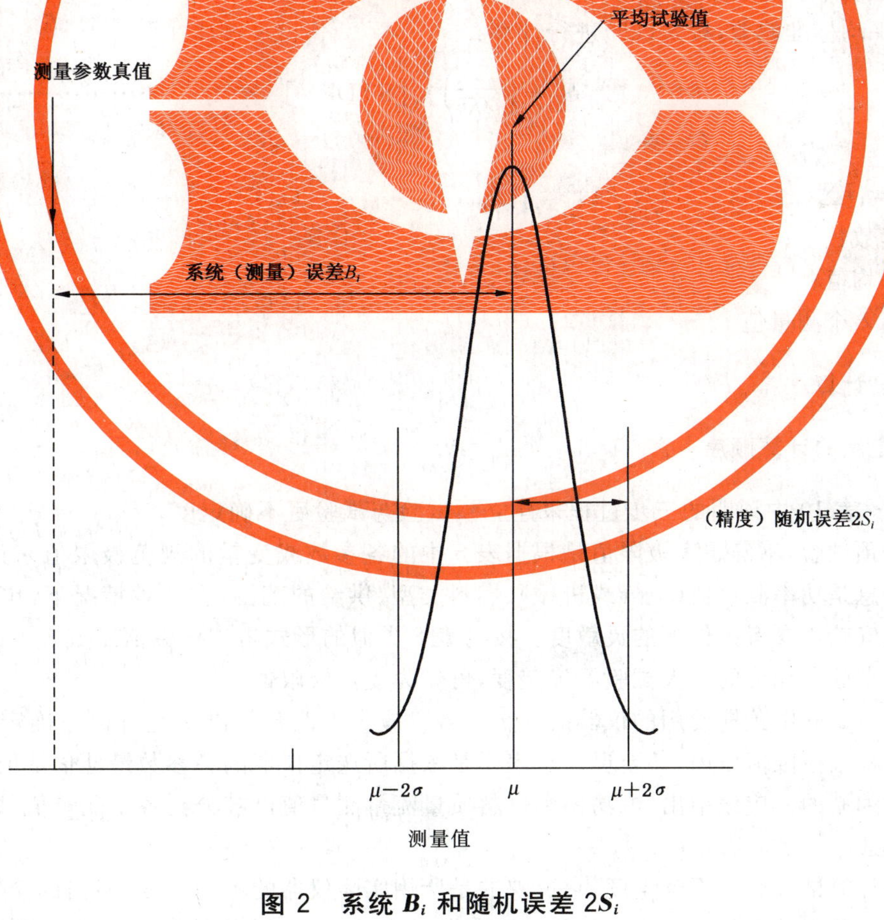

图2 系统 $\boldsymbol{B}_i$ 和随机误差 $2S_i$

随机不确定度 $2S_i$ 与标准偏差或可重复性类似,它表示测量值在平均值附近的分布。这是由于测量系统不可重复性,可通过增加用于测量给定参数的仪器数量和增加读数数量来降低其值。

对于所测量的各参数的总不确定度 U_{Ti} 可通过系统和随机分量的平方和的平方根(RSS)按式(22)来计算：

$$U_{\mathrm{Ti}}=[\{B_i^2+(2S_i)^2\}]^{0.5} \qquad (22)$$

式中：

U_{Ti}——测量值 i 系统不确定度与随机不确定度的综合；

B_i ——测量值 i 的系统不确定度；

$2S_i$——测量值 i 的随机不确定度。

注："i"表示非个别仪器测量的测量值。例如：不管用于测量环境温度的仪器有多少，环境温度的系统不确定度仅有一个 B_i。

各性能参数或变量均会对想要的结果产生一些影响，这种关系也称为灵敏度或影响系数 θ_i。多数灵敏度对各燃气轮机设计是唯一的，并由制造商提供或由试验获得。灵敏度系数通常等于试验工况下的相关修正曲线斜率。灵敏度为修正结果的影响百分数，分别用%/单位或%/%来表示。功率输出与热效率的不确定度的结果等见式(23)和式(24)。

$$U_{\mathrm{R}}=[\sum\theta_i^2\{B_i^2+(2S_i)^2\}]^{0.5} \qquad (23)$$

$$U_{\mathrm{R}}=[\sum(\theta_i U_{\mathrm{Ti}})^2]^{0.5} \qquad (24)$$

式中：

U_{R} ——不确定度的结果(诸如修正功率的不确定度)；

θ_i ——测量值 i 的灵敏度系数；

B_i ——系统不确定度；

S_i ——平均标准偏差，按式(25)进行计算：

$$S_i=\left(\frac{1}{\sqrt{N}}\right)\times[\mathrm{STDEV}] \qquad (25)$$

式中：

$\mathrm{STDEV}=\{[\sum(x_k-\overline{X})^2]/(N-1)\}^{0.5}$；

N ——读数数量；

$\overline{X}$ ——平均值；

x_k——第 k 个测量值。

7.2 不确定度计算

7.2.1 不确定度的计算顺序

按照表8～表10中说明的三步过程来建立预试验与试验后不确定度。

第一步是预试验，不确定度极限值是根据表5中的各参数或变量的规范极限值来计算的。不确定度所要求的信息是功率测量值(电气或机械)、燃料类型、供给的范围(在这种情况下，包括注水和抽气)以及在试验燃气轮机参考条件下的灵敏度。按与表8类似的形式将这些数值制成表。此类计算会得到这次具体规范试验所允许的最大试验不确定度，可作为规范极限值。

第二步是对试验中预期使用的仪器的评定。各方应努力改善标准所允许的不确定度，以确保试验后不确定度在标准极限值以内，甚至更小。表9是依据所选定仪器的各参数最佳估计值、校准水平以及各方的经验而编制的。应该指出，电功率和燃料质量流量测量值已被分到各个测量值，以使其结果在表5规定值的范围内。

第三步是计算试验后的不确定度，它反映的是所用实际仪器的不确定度、根据试验数据计算出的随机不确定度和试验条件下的灵敏度。从不确定度角度来看，如果试验后不确定度未超出标准极限不确定度，应认为试验是成功的。表10是试验后情况的计算示例。表中数据表明，所有结果在标准极限值内。

表 8 第 1 步：预试验不确定度计算，规范极限值

结果	参数	测量方法	表 5 极限值	预试验不确定度	灵敏度	$(B_i\theta)^2$	$(2S_i\theta)^2$	总 $\mathrm{UNC}(U_{\mathrm{Ri}})^2$	预试验 规范极限值
				B_i $2S_i$	θ[a]				第 1 步
功率	瓦小时	3 个仪表							
	伏特（比率）	经校准的 VTs							
	安培（比率）	经校准的 CTs							
	功率因数	电站仪表							
	时间(如需要)	数字仪表							
	总功率		0.25%		1			0.062 5	0.250
	辅助功率	电站仪表	5.00%		0.015			0.005 625	
	净功率						和	0.068 125	0.261
孔板因数	流量系数 C	根据校准数据			1				
	膨胀系数 ε	$f(\Delta p, p, \mathrm{MW})$			1				
	Δp	压差传感器			0.5				
	燃料压力 p	压力传感器			0.5				
	燃料温度 T	热电偶			−0.5				
	合计		0.40%		1			0.16	0.400
热量输入	孔板因数		0.40%		1			0.16	
	压缩因子 Z		0.10%		−0.5			0.002 5	
	容积 $\%V_i$		0.33%		1			0.108 9	
	热量输入						和	0.271 4	0.521

表 8（续）

结果	参数	测量方法	表 5 极限值	预试验不确定度 B_i $2S_i$	灵敏度 θ[a]	$(B_i\theta)^2$	$(2S_i\theta)^2$	总 $UNC(U_{Ri})^2$	预试验 规范极限值 第 1 步
热耗率	净功率和热输入的平方和的平方根						和	0.339 525	0.583
修正功率	进口空气温度	多个 RTDs	1 华氏度		0.4			0.16	
	大气压力	绝对压力传感器	0.075%		1			0.005 625	
	相对湿度	湿度计	2%		0.004			0.000 064	
	注水流量	孔板	2%		0.035			0.004 9	
	抽气流量	孔板	2%		0.021			0.001 764	
	净功率				1			0.068 125	
	修正功率						和	0.240 478	0.490
修正热耗率	进口空气温度		0.6℃		0.08			0.006 4	
	相对湿度		2%		0.007 6			0.000 231	
	注水流量		2%		0.013			0.000 676	
	注水温度 T		5 ℃		0.004			0.000 4	
	抽气流量		2%		0.011			0.000 484	
	热耗率				1			0.339 525	
	修正热耗率						和	0.347 716	0.590

[a] 本示例中的这些灵敏度是估计值。每次试验的灵敏度值取决于试验的燃气轮机的特性。

表 9 第 2 步：预试验计划不确定度计算

结果	参数	测量方法	相关性	目标 UNC	预试验不确定度		灵敏度	$(B_i\theta)^2$	$(2S_i\theta)^2$	总 UNC$(U_{Ri})^2$	预试验 UNC	预试验规范极限值
					B_i	$2S_i$	θ^{a}				第 2 步	第 1 步
功率	瓦小时	3 个仪表	是	0.10%	0.1	0	1	0.01		0.01		
	伏特（比率）	校准 VTs	是	0.10%	0.1	0	1	0.01		0.01		
	安培（比率）	0.3% 级 CTs	是	0.15%	0.15	0	1	0.022 5		0.022 5		
	功率因数	电站仪表		2.00%	1		0.02	0.000 4		0.000 4		
	时间（如需要）	数字仪子表		0.05%	不记录							
	总功率								和	0.042 9	0.207	0.250
	辅助功率	电站仪表		5%	3	2	0.015	0.002 03	0.000 9	0.002 925		
	净功率								和	0.045 825	0.214	0.261
孔板因数	流量系数 C	校准		0.25%	0.25	0	1	0.062 5	0	0.062 5		
	膨胀系数 ε	$f(\Delta p, p, \mathrm{MW})$		0.01%	0.002	0.001	1	0.000 004	0.000 001	0.000 005		
	Δp	压差传感器		0.25%	0.2	0.1	0.5	0.01	0.002 5	0.012 5		
	T	温度传感器		0.40%	0.25	0.1	−0.5	0.015 63	0.002 5	0.018 125		
	p	压力传感器		0.25%	0.2	0.1	0.5	0.01	0.002 5	0.012 5		
	总系数									0.105 63	0.325	0.400
热量输入	体积 $\%V_i$	色谱法		0.33%	0.3	0.1	1	0.09	0.01	0.1		
	压缩因子 Z	AGA8		0.10%	0.05	0	−0.5	0.000 63	0	0.000 625		
	孔板因数	同上					1			0.105 63		
	热量输入									0.206 255	0.454	0.521

表 9（续）

结果	参数	测量方法	相关性	目标 UNC	预试验不确定度		灵敏度	$(B_i\theta)^2$	$(2S_i\theta)^2$	总 UNC$(U_{Ri})^2$	预试验 UNC	预试验规范极限值
					B_i	$2S_i$	θ[a]				第 2 步	第 1 步
热耗率	净功率	取自上述结果								0.045 825		
	热输入	取自上述结果								0.206 255		
	热耗率									0.252 08	0.502	0.583
修正功率	进口空气温度	多个 RTDs		0.6℃	0.8	0.2	0.4	0.102 4	0.006 4	0.108 8		
	大气压力	绝对压力传感器		0.075%	0.075	0	1	0.005 63	0	0.005 625		
	相对湿度	湿度计		2%	2	0	0.004	0.000 054	0	0.000 064		
	注水流量	流量孔板		2%	1.75	0.75	0.035	0.003 75	0.000 689	0.004 441		
	抽气流量	流量孔板		2%	1.75	0.75	0.021	0.001 35	0.000 248	0.001 599		
	净功率						1			0.045 825		
	修正净功率									0.166 353	0.408	0.490
修正热耗率	进口空气温度			0.6℃	0.8	0.2	0.08	0.004 1	0.000 256	0.004 352		
	相对湿度			2%	2	0	0.007 6	0.000 23	0	0.000 231		
	注水流量			2%	1.75	0.75	0.013	0.000 52	0.000 095 1	0.000 613		
	注水温度 T			2.7 ℃	3	2	0.004	0.000 14	0.000 064	0.000 208		
	抽气流量			2%	1.75	0.75	0.011	0.000 37	0.000 068 1	0.000 439		
	热耗率						1			0.252 08		
	修正热耗率									0.257 922	0.508	0.590

[a] 本示例中的这些灵敏度是估计值[见表 8 注]。

表 10　第 3 步:试验后不确定度计算

结果	参数	试验不确定度		灵敏度	$(B_i\theta)^2$	$(2S_i\theta)^2$	总 $UNC(U_{Ri})^2$	试验 UNC	预试验 UNC	预试验规范极限值
		B_i	$2S_i$	θ[a]				第 3 步	第 2 步	第 1 步
功率	瓦小时	0.1	0	1	0.01		0.01			
	伏特（比率）	0.1	0	1	0.01		0.01			
	安培（比率）	0.15	0	1	0.022 5		0.022 5			
	功率因数	1		0.02	0.000 4		0.000 4			
	时间（有需要）	不记录								
	总功率					和	0.042 9	0.207	0.207	0.250
	辅助功率	3	2.2	0.015	0.002 025	0.001 089	0.003 114			
	净功率					和	0.046 014	0.215	0.214	0.261
流量孔板因数	流量系数 C	0.25	0	1	0.062 5	0	0.062 5			
	膨胀系数 ε	0.001 1	0.000 5	1	0.000 001 21	0.000 000 25	0.000 001 46			
	Δp	0.25	0.12	0.5	0.015 625	0.003 6	0.019 225			
	温度 T	0.25	0.15	−0.5	0.015 625	0.005 625	0.021 25			
	压力 p	0.25	0.13	0.5	0.015 625	0.004 225	0.019 85			
	流量孔板因数						0.122 826	0.350	0.325	0.400
热量输入	体积%V_i	0.175	0.11	0.874	0.023 394	0.009 242 9	0.032 637			
	压缩因子 Z	0.05	0	−0.5	0.000 625	0	0.000 625			
	流量孔板因数			1			0.122 826			
	热量输入						0.156 088	0.395	0.454	0.521

表 10（续）

结果	参数	试验不确定度		灵敏度	$(B_i\theta)^2$	$(2S_i\theta)^2$	总 UNC$(U_{Ri})^2$	试验 UNC	预试验 UNC	预试验规范极限值
		B_i	$2S_i$	θ[a]				第 3 步	第 2 步	第 1 步
热耗率	净功率						0.046 014			
	热量输入						0.156 088			
	热耗率						0.202 102	0.450	0.502	0.583
修正功率	进口空气温度	0.8	0.33	0.4	0.102 4	0.017 424	0.119 824			
	大气压力	0.075	0	1	0.005 625	0	0.005 625			
	相对湿度	2	0	0.004	0.000 064	0	0.000 064			
	注水流量	1.75	1	0.035	0.003 752	0.001 225	0.004 977			
	抽气流量	1.75	1	0.021	0.001 351	0.000 441	0.001 792			
	净功率			1			0.046 014			
	修正净功率						0.178 295	0.422	0.408	0.490
修正热耗率	进口空气温度	0.8	0.33	0.08	0.004 096	0.000 696 96	0.004 793			
	相对湿度	2	0	0.007 6	0.000 231	0	0.000 231			
	注水流量	1.75	1	0.013	0.000 518	0.000 169	0.000 687			
	注水温度 T	3	2	0.004	0.000 144	0.000 064	0.000			
	抽气流量	1.75	1	0.011	0.000 371	0.000 121	0.000			
	热耗率			1			0.202			
	修正热耗率						0.209	0.457	0.508	0.590

[a] 本示例中的这些灵敏度是估计值[见表 8 注]。

7.2.2 输出功率与热效率的计算

输出功率与热效率的不确定度等于各参数不确定度乘以其灵敏度系数的平方根。计算包括测量值和将试验点结果调整到规定的参考条件时的 θ 值。

计算程序如下：

a) 建立系统分量 B_i 和随机分量 $2S_i$；

b) 灵敏度 θ 可通过不同的方程进行计算，或由试验机组制造厂提供的数据得到；

c) 将 B_i 和 $2S_i$ 各乘以 θ，计算平方和得到数值 U_{Ri}^2。将所有的数值 U_{Ri}^2 取和，并取方根得到试验不确定度的结果；

d) 计算所有相关参数的附加项；

e) 燃气轮机试验通常不能在规定的进口温度与压力下进行，试验结果必须修正为规定的参考条件。考虑到压气机参数如进口温度、大气压力、相对湿度、以及其他要求的数值的不确定度与灵敏度，修正功率不确定度可采用与测量功率不确定度同样的方式得到；

f) 热耗率等于热量输入除以功率。通过建立影响热耗率各参数灵敏度，按上述步骤采用类似方法可得到修正热耗率的不确定度。

表 11 是燃料为气体燃料时的算例，该算例的功率不确定度为 0.56，热耗率的不确定度为 0.92。表 12 是燃料为液体燃料时的算例，该算例的功率不确定度为 0.56，热耗率的不确定度为 0.88。因为不确定度与系统、测试手段以及仪器仪表的精度密切相关。在具体工程中，合同双方应在试验前就不确定度达成共识，如有必要，还可在试验前按照本方法进行试验不确定度的评估，以便合同双方认可试验结果。

对于比较性试验，不确定度不能大于预期性能改变量的 10%。多次试验可以降低比较性试验的总不确定度。

表 11 试验不确定度计算

结果	参数	不确定度		灵敏度	$(B_i\,\theta)^2$	$(2S_i\,\theta)^2$	总	试验不确定度
		B_i	$2S_i$	θ			UNC$(U_{Ri})^2$	
功率	瓦小时	0.100 0	0.100 0	1.000 0	0.010 0	0.010 0	0.020 0	
	伏特（比率）	0.200 0	0.200 0	1.000 0	0.040 0	0.040 0	0.080 0	
	安培（比率）	0.200 0	0.200 0	1.000 0	0.040 0	0.040 0	0.080 0	
	辅助功率	4.000 0	2.000 0	0.010 0	0.001 6	0.000 4	0.002 0	
	净功率					和	0.182 0	0.426 6
燃料流量	燃料流量	0.500 0	0.250 0	1.000 0	0.250 0	0.062 5	0.312 5	
	时间（如需要）	0.100 0	0.000 0	1.000 0	0.010 0	0.000 0	0.010 0	
	压力	0.300 0	0.100 0	1.000 0	0.090 0	0.010 0	0.100 0	
	温度	1.000 0	1.000 0	0.200 0	0.040 0	0.040 0	0.080 0	
	燃料气常数	0.050 0	0.000 0	1.000 0	0.002 5	0.000 0	0.002 5	
	压缩因子	0.100 0	0.000 0	1.000 0	0.010 0	0.000 0	0.010 0	
	燃料流量总不确定度					和	0.515 0	0.717 6
热量输入	气体燃料比能	0.330 0	0.200 0	1.000 0	0.108 9	0.040 0	0.148 9	
	燃料流量						0.515 0	
	热量输入					和	0.663 9	0.814 8

表 11（续）

结果	参数	不确定度		灵敏度	$(B_i\theta)^2$	$(2S_i\theta)^2$	总 UNC$(U_{Ri})^2$	试验不确定度
		B_i	$2S_i$	θ				
热耗率	净功率						0.182 0	
	热量输入						0.663 9	
	热耗率					和	0.845 9	0.919 7
修正功率	进口空气温度	0.800 0	0.330 0	0.400 0	0.102 4	0.017 4	0.119 8	
	大气压力	0.075 0	0.000 0	1.000 0	0.005 6	0.000 0	0.005 6	
	相对湿度	2.000 0	0.000 0	0.004 0	0.000 1	0.000 0	0.000 1	
	注水流量	1.750 0	1.000 0	0.035 0	0.003 8	0.001 2	0.005 0	
	抽气流量	1.750 0	1.000 0	0.021 0	0.001 4	0.000 4	0.001 8	
	净功率			1.000 0			0.182 0	
	修正净功率					和	0.314 3	0.560 6
修正热耗率	进口空气温度	0.800 0	0.330 0	0.080 0	0.004 1	0.000 7	0.004 8	
	相对湿度	2.000 0	0.000 0	0.007 6	0.000 2	0.000 0	0.000 2	
	注水流量	1.750 0	1.000 0	0.013 0	0.000 5	0.000 2	0.000 7	
	注水温度	3.000 0	2.000 0	0.004 0	0.000 1	0.000 1	0.000 0	
	抽气流量	1.750 0	1.000 0	0.011 0	0.000 4	0.000 1	0.000 0	
	热耗率			1.000 0			0.845 9	
	修正热耗率					和	0.851 6	0.922 8

表 12　试验不确定度计算

结果	参数	不确定度		灵敏度	$(B_i\theta)^2$	$(2S_i\theta)^2$	总 UNC$(U_{Ri})^2$	试验不确定度
		B_i	$2S_i$	θ				
功率	瓦小时	0.100 0	0.100 0	1.000 0	0.010 0	0.010 0	0.020 0	
	伏特（比率）	0.200 0	0.200 0	1.000 0	0.040 0	0.040 0	0.080 0	
	安培（比率）	0.200 0	0.200 0	1.000 0	0.040 0	0.040 0	0.080 0	
	辅助功率	4.000 0	2.000 0	0.010 0	0.001 6	0.000 4	0.002 0	
	净功率					和	0.182 0	0.426 6
燃油流量	燃油流量	0.500 0	0.250 0	1.000 0	0.250 0	0.062 5	0.312 5	
	时间（如需要）	0.050 0	0.050 0	1.000 0	0.002 5	0.002 5	0.005 0	
	粘性	0.500 0	0.750 0	0.020 0	0.000 1	0.000 2	0.000 3	
	密度	0.400 0	0.200 0	1.000 0	0.160 0	0.040 0	0.200 0	
	燃油流量总不确定度					和	0.517 8	0.719 6

表 12（续）

结果	参数	不确定度		灵敏度	$(B_i\theta)^2$	$(2S_i\theta)^2$	总	试验不确定度
		B_i	$2S_i$	θ			$UNC(U_{Ri})^2$	
热量输入	燃油比能	0.250 0	0.100 0	1.000 0	0.062 5	0.010 0	0.072 5	
	燃油流量						0.517 8	
	热量输入					和	0.590 3	0.768 3
热耗率	净功率						0.182 0	
	热输入						0.590 3	
	热耗率					和	0.772 3	0.878 8
修正功率	进口空气温度	0.800 0	0.330 0	0.400 0	0.102 4	0.017 4	0.119 8	
	大气压力	0.075 0	0.000 0	1.000 0	0.005 6	0.000 0	0.005 6	
	相对湿度	2.000 0	0.000 0	0.004 0	0.000 1	0.000 0	0.000 1	
	注水流量	1.750 0	1.000 0	0.035 0	0.003 8	0.001 2	0.005 0	
	抽气流量	1.750 0	1.000 0	0.021 0	0.001 4	0.000 4	0.001 8	
	净功率			1.000 0			0.182 0	
	修正净功率					和	0.314 3	0.560 6
修正热耗率	进口空气温度	0.800 0	0.330 0	0.080 0	0.004 1	0.000 7	0.004 8	
	相对湿度	2.000 0	0.000 0	0.007 6	0.000 2	0.000 0	0.000 2	
	注水流量	1.750 0	1.000 0	0.013 0	0.000 5	0.000 2	0.000 7	
	注水温度	3.000 0	2.000 0	0.004 0	0.000 1	0.000 1	0.000 0	
	抽气流量	1.750 0	1.000 0	0.011 0	0.000 4	0.000 1	0.000 0	
	热耗率			1.000 0			0.772 3	
	修正热耗率					和	0.778 0	0.882 1

附　录　A
（资料性附录）
计 算 示 例

本附录包括热量输入(燃料流量、发热量及显热),电功率输出和修正性能(功率输出、热耗率、排气温度和排气流量)的计算示例。示例中的比能是以温度 25 ℃基准的。

A.1　热量输入计算

A.1.1　气体燃料流量试验数据(见表 A.1)

表 A.1　气体燃料流量试验数据

测量参数	符号	单位	数值
流体压力	p_f	MPa	2.75
流体温度	T_f	℃	26.67
差压	Δp	Pa	27 708.7
管道直径（测量）	D_{meas}	mm	203.177
孔板直径（测量）	d_{meas}	mm	110.477
孔板流量系数	C	—	0.603 8
管道测量温度	T_{meas}	℃	20
管道热膨胀系数	α_P	mm/mm·℃	16.65×10^{-6}
孔板测量温度	T_{meas}	℃	20
孔板热膨胀系数	α_{PE}	mm/mm·℃	16.65×10^{-6}

A.1.2　气体燃料成分(见表 A.2)

表 A.2　气体燃料成分

成分	分子式	摩尔分数	成分	分子式	摩尔分数
甲烷	CH_4	82.78%	*n*-丁烷	C_4H_{10}	0.50%
乙烷	C_2H_6	10.92%	异戊烷	C_5H_{12}	0.10%
丙烷	C_3H_8	5.00%	*n*-戊烷	C_5H_{12}	0.20%
异丁烷	C_4H_{10}	0.50%			

A.1.3　温度补偿后的管道与孔板尺寸

$$d=[1+\alpha_{PE}(T_f-T_{meas})]d_{meas}$$

$$=[1+0.000\,016\,65\times(26.7-20)]\times110.377=110.49\ \text{mm}$$

$$D=[1+\alpha_{PE}(T_f-T_{meas})]d_{meas}$$

$=[1+0.000\,016\,65\times(26.7-20)]\times 203.177=203.2\ \text{mm}$

A.1.4 β比

$$\beta=d/D=110.49/203.2=0.543\,75$$

A.1.5 气体混合物相对分子质量(计算数值见表 A.3)

$$MW_{gas}=\sum_{j=1}^{n}x_j MW_j$$

表 A.3 气体混合物相对分子质量计算

成　分	摩尔分数(X_j)	摩尔重量(MW_j)	($X_j MW_j$)
甲烷	82.78%	16.043	13.28
乙烷	10.92%	30.069	3.284
丙烷	5.00%	44.096	2.205
异丁烷	0.50%	58.122	0.291
n-丁烷	0.50%	58.122	0.291
异戊烷	0.10%	72.149	0.072
n-戊烷	0.20%	72.149	0.144
总　计			19.567

A.1.6 绝热指数

对典型的天然气成分,绝热指数($K=C_p/C_V$)可假定为1.3,更详细的计算可按以下部分所述的比热(C_p)函数来进行(见表 A.4)。

$$\begin{aligned}K&=C_p/(C_p-3.771\,2/MW_{gas})\\&=2.172\,0/(2.172\,0-8.314\,0/19.567)\\&=1.243\,2\end{aligned}$$

表 A.4 绝热指数计算

成分	摩尔分数(x_j)	分压($x_j p$)	相对分子质量(MW_j)	($x_j MW_j$)	比热 C_{pj}	$x_j MW_j C_{pj}$	$C_p=\sum x_j MW_j C_{pj}/\sum x_j MW_j$
甲烷	82.78%	2.276	16.043	13.280	2.372 4	31.505 4	
乙烷	10.92%	0.300 0	30.069	3.284	1.791 5	5.883 3	
丙烷	5.00%	0.137 5	44.096	2.205	1.707 3	3.764 6	
异丁烷	0.50%	0.013 8	58.122	0.291	1.675 5	0.486 7	
n-丁烷	0.50%	0.013 8	58.122	0.291	1.707 7	0.496 9	
异戊烷	0.10%	0.002 8	72.149	0.072	1.673 4	0.120 5	
n-戊烷	0.20%	0.005 5	72.149	0.144	1.674 8	0.241 2	
总计				19.567	12.602 6	42.498 6	2.172 0

A.1.7 常压下的比热(C_p)

在计算流量公式的绝热指数时,需要知道恒压下的比热。但是,质量流量通常与 C_p 具有较弱的相关性。因此,C_p 值通常可在大气压力和燃料温度下,从 GPSA 或 NIST 出版物获得,作为确定 C_p 的更准确方法,特别在实际燃料压力下比热较高的成分为液体时,应对成分的分压力下的比热值进行质量平均来计算 C_p。

表格中 C_p 值的单位是 J/(kg·K)。其数值是将在温度为 80 华氏度和分压力下确定的英制单位[Btu/(lbm·R)]数值转化为国际单位后的数值。英制单位[Btu/(lbm·R)]数值源自 NIST 2003 年 3 月版标准化学参考数据库。

A.1.8 膨胀系数

$$\begin{aligned}\varepsilon &= 1-(0.41+0.35\beta^4)\Delta P/(\mathrm{K}N_2P_f)\\ &= 1-(0.41+0.35\times 0.543\ 75^4)\times 27\ 708.7/(1.243\ 2\times 0.992\ 9\times 2\ 750\ 000)\\ &= 0.996\ 4\end{aligned}$$

式中:

$N_2=0.992\ 9$

A.1.9 渐近速度系数

$$E=\frac{1}{\sqrt{1-\beta^4}}=\frac{1}{\sqrt{1-0.543\ 75^4}}=1.046\ 8$$

A.1.10 气体燃料密度

$$\begin{aligned}\rho_{TP} &= \mathrm{MW}_{gas}P_f/Z_fRT_f\\ &= 19.567\times 2\ 750\ 000/(9.046\times 471.024\times 539.67)\\ &= 23.41\ \mathrm{kg/m^3}\end{aligned}$$

式中:

Z_f 是按 AGA 第 8 号报告将英制单位转换为国际单位的数值,$Z_f=9.046$;

R 的数值是将英制单位转换为国际单位的数值,$R=471.024\ \mathrm{Pa\cdot m^3/kg_{mol}\cdot R}$;

$\mathrm{kg_{mol}\cdot R}$ 是兰氏(Rankine)温标下的 $\mathrm{kg_{mol}}$ 值;

$T_f=539.67$ 兰氏度(Rankine)(80°F 相当于 539.67°R)。

A.1.11 雷诺数与孔板流量系数

PTC 22 孔板流量系数取自计量仪器的校准报告。如果要求对校准数据进行插补的话,参考 ASME PTC 19.5。

流量孔板的流量系数与雷诺数成函数关系,因此是一个迭代过程。先假设一个质量流量值,然后依次计算雷诺数、流量孔板的流量系数和质量流量。通常只需要对取之校准报告的系数值经过一次或两次迭代,即可收敛。

$$\begin{aligned}R_D &= M_f/(0.250\ 034\ 46\pi D\mu)\\ &= 6.872\ 7/(0.250\ 034\ 46\times\pi\times 0.203\ 18\times 10.666\ 4\times 10^{-6})\\ &= 4\ 037\ 340\end{aligned}$$

式中:

μ 为动力黏度,该值同样取自 NIST 2003 年 3 月版标准化学参考数据库。原单位为 lbm/ft·sec 的数值,经单位转换后 $\mu=10.666\ 4$ kg/m·sec

A.1.12 质量流量

$$M_f = N_1 d^2 C \varepsilon E_v (\rho_{TP} \Delta p)^{1/2}$$
$$= 1.117\ 8 \times 0.110\ 1^2 \times 0.603\ 8 \times 0.996\ 4 \times 1.046\ 8 \times (23.41 \times 27\ 708.7)^{1/2}$$
$$= 6.872\ 7\ \text{kg/s}$$
$$= 24\ 741.7\ \text{kg/h}$$

式中：

$N_1 = 1.117\ 8$；

$C = 0.603\ 8$(取自流量孔板校准报告)。

A.1.13 净比能(计算数值见表 A.5)

$$\text{LHV} = \sum_{j=1}^{n} x_j \text{MW}_j \text{LHV}_j / \sum_{j=1}^{n} x_j \text{MW}_j$$

$$\text{LHV} = 49\ 014.6\ \text{kJ/kg}$$

表 A.5 净比能计算

成分	分子式	摩尔分数 (x_j)	相对分子质量 (MW_j)	($x_j \text{MW}_j$)	净比能 (LHV_j)	$x_j \text{MW}_j \text{LHV}_j$	$\sum x_j \text{MW}_j \text{LHV}_j / \sum x_j \text{MW}_j$
甲烷	CH_4	82.78%	16.043	13.280	50 036.7	664 487.3	
乙烷	C_2H_6	10.92%	30.069	3.284	47 518.3	156 050.1	
丙烷	C_3H_8	5.00%	44.096	2.205	46 339.0	102 177.5	
异丁烷	C_4H_{10}	0.50%	58.122	0.291	45 565.9	13 259.7	
n-丁烷	C_4H_{10}	0.50%	58.122	0.291	45 724.0	13 305.6	
异戊烷	C_5H_{12}	0.10%	72.149	0.072	45 254.4	3 258.3	
n-戊烷	C_5H_{12}	0.20%	72.149	0.144	45 350.5	6 530.4	
总　计		100.00%		19.567		959 069	49 014.6

A.1.14 总比能(计算数值见表 A.6)

$$\text{HHV} = \sum_{j=1}^{n} x_j \text{MW}_j \text{HHV}_j / \sum_{j=1}^{n} x_j \text{MW}_j$$

$$\text{HHV} = 54\ 124.3\ \text{kJ/kg}$$

表 A.6 总比能计算

成分	分子式	摩尔分数 (x_j)	相对分子质量 (MW_j)	($x_j \text{MW}_j$)	总比能 (HHV_j)	$x_j \text{MW}_j \text{HHV}_j$	$\sum x_j \text{MW}_j \text{HHV}_j / \sum x_j \text{MW}_j$
甲烷	CH_4	82.78%	16.043	13.280	55 573.2	738 013.4	
乙烷	C_2H_6	10.92%	30.069	3.284	51 949.1	170 600.8	
丙烷	C_3H_8	5.00%	44.096	2.205	50 367.4	111 060.1	

表 A.6（续）

成分	分子式	摩尔分数 (x_j)	相对分子质量 (MW_j)	($x_j MW_j$)	总比能 (HHV_j)	$x_j MW_j HHV_j$	$\sum x_j MW_j HHV_j / \sum x_j MW_j$
异丁烷	C_4H_{10}	0.50%	58.122	0.291	49 386.3	14 371.4	
n-丁烷	C_4H_{10}	0.50%	58.122	0.291	49 544.3	14 417.4	
异戊烷	C_5H_{12}	0.10%	72.149	0.072	48 947.6	3 524.2	
n-戊烷	C_5H_{12}	0.20%	72.149	0.144	49 043.7	7 062.3	
总　计		100.00%		19.567		1 059 049.6	54 124.3

A.1.15　显热

本示例计算中的热耗率包括考虑实际燃料温度为 26.67 ℃，以及规定的参考燃料温度为 15.56 ℃时的显热，可使用 5.5.6 中的简化公式。

公式中，$h_t = 26.516\ kJ/kg$，$h_{Ref} = 0\ kJ/kg$。

$$H = q_f (h_T - h_{Ref})$$
$$= 24\ 741.7 \times (26.516 - 0) = 656\ 051\ kJ/h$$

A.1.16　总热量输入(LHV)

$$HI = LHV \times q_f + H$$
$$HI = 49\ 014.6 \times 24\ 741.7 + 656\ 051 = 1.213\ 4 \times 10^9\ kJ/h$$

式中：

HI——基于净比能的总热量输入。

A.2　电功率输出的计算

A.2.1　提要

本部分提供了采用三个功率表测量电功率输出的计算示例。

A.2.2　VT(电压互感器)试验数据(见表 A.7)

表 A.7　电压互感器试验数据

项　　目	符号	单位	1 相	2 相	3 相
电压 (测量值)	V_{AC}	V	69.28	68.95	69.63
电流(测量值)	I	mA	360	350	410
伏安(=$V \times I$/1 000)	Be	VA	24.941	24.133	28.548
相位角(测量值)	PAc	(°)	8	0	12
功率因数(=cos(PAc))	PF	—	0.990 268	1	0.978 148

A.2.3 VT(电压互感器)校准数据(见表 A.8)

表 A.8 电压互感器校准数据

项　目	符号	单位	1 相	2 相	3 相
零点时荷载	Bo	VA	0	0	0
校准试验点(Z)荷载	Bt	VA	200	200	200
校准试验点(Z)功率因数	PFt	—	0.85	0.85	0.85
校准试验点(Z)相位角	PAt	(°)	31.788 33	31.788 33	31.788 33
0VA 时的 RCF	RCFo	—	0.997 65	0.997 84	0.997 60
200 VA,0.85 PF 时的 RCF	RCFt	—	1.001 05	1.002 40	1.001 91
0VA 时的相位角误差	γ_o	(′)	0.61	1.30	0.75
200 VA,0.85 PF 时的相位角误差	γ_t	(′)	−0.46	−2.25	−2.48
RCF 差值＝RCFt－RCFo	RCFd	—	0.003 4	0.004 56	0.004 31
相位角差值＝$\gamma_t-\gamma_o$	γ_d	(′)	−1.07	−3.55	−3.23
校正系数比	VTRCFc	—	0.998 022	0.998 242	0.998 133
简化的 RCF(见下述解释)	VTRCFs	—	0.998 074	0.998 390	0.998 215
由简化增加的不确定度	UVTRCFs	—	0.027 125	0.003 838	0.021 656

注：表格中 VTRCFc 完整公式：

VTRCFc＝RCFo＋[Bc/Bt][RCFd×cos(PAt－PAc)＋(1/3 428)×sin(PAt－PAc)×γ_d)]；

略去 PF 和 PA 误差时，该公式简化如下：VTRCFs＝RCFo＋[Bc/Bt]×RCFd。

A.2.4 VT(电压互感器)电压降(见表 A.9)

表 A.9 电压互感器电压降计算

项　目	符号	单位	1 相	2 相	3 相
VT 处的电压表 1	Vlo	V	69.28		
VT 处的电压表 2	V2o	V	69.14		
VM 差值： Vd＝V1o－V2o	Vd	V	0.14	0.14	0.14
试验功率表处的电压表 1	Vlt	V	69.28	68.95	69.63
试验功率表处的电压表 2	V2t	V	69.12	68.77	69.43
试验功率表的修正读数： V2c＝V2t＋Vd	V2c	V	69.26	68.91	69.57
电压降： VTVD＝V1t－V2c	VTVD	V	0.02	0.04	0.06
电压降修正系数： VTVDC＝1＋VTVD/V1t	VTVDC	—	1.000 289	1.000 58	1.000 862

A.2.5 CT(电流互感器)修正(见表 A.10)

表 A.10 电流互感器修正

项　　目	符号	单位	1 相	2 相	3 相
CT 测量值	I	A	4 875.515	4 875.515	4 875.515
CT 额定电流	I_r	A	8 000	8 000	8 000
CT 百分比	I_p	%	60.943 94	60.943 94	60.943 94
比值修正系数(取自校准曲线)	CTRCFc	—	1.000 14	1.000 14	1.000 14

A.2.6 总发电功率(见表 A.11)

表 A.11 总发电功率计算

项　　目	符号	单位	1 相	2 相	3 相
仪表二次侧功率(测量值)	SW	W	209.055 3	210.104 2	207.539 8
电压降修正系数	VTVDC	—	1.000 289	1.000 58	1.000 862
VT 上的二次侧功率: SWvt=SW×VTVDC	SWvt	W	209.115 6	210.226 1	207.718 6
简化的 VTRCF	VTRCFs	—	0.998 293	0.998 28	0.998 35
一次侧视在功率因数 (包括变压器相位误差)	$\cos(\theta_2)$	—	0.999 8	1.000 0	0.995 8
反余弦(视在功率因数的相位角)	θ_2	rad	0.020 0	0.000 0	0.091 7
功率计相移,α	α	(′)	20.9	20.3	20.5
CT 相移,β	β	(′)	7	2	5
VT 相移,γ	γ	(′)	−3	−1	0
二次侧总相移	$-\alpha+\beta-\gamma$	(′)	10.9	3.3	5.5
用弧度表示的总相移, (乘以 $\pi/(180\times60)$)	$-\alpha+\beta-\gamma$	rad	0.003 2	0.001 0	0.001 6
相位角修正系数:PACFC= $\cos(\theta_2-\alpha+\beta-\gamma)/\cos(\theta)$	PACFC	—	0.999 932	1.000 000	0.999 852

注 1:当试验时的功率因数接近 1,如本例所示,则相位角校正系数 PACFC 可略去不计。

注 2:视在功率因数包括变压器相移动误差,即表示 $\cos(\theta_2)$是依据没有对互感器误差校正过的仪表;真值 PF=$\cos(\theta_2)$,式中 $\theta=\theta_2-\alpha+\beta-\gamma$。

注 3:根据 ASA 标准:

当功率表中电压电路中的电流超前于电压时,α 为正值。

当二次侧逆向电流超前于主电流时,β 为正值。

当二次侧逆向电压超前于主电压时,γ 为正值。

A.2.7 二次侧修正功率(见表 A.12)

表 A.12 二次侧修正功率计算

项　　目	符号	单位	1 相	2 相	3 相
SWc=SWvt×VTRCFs×PACF×CTRCFc	SWc	W	208.773 7	209.893 9	207.374
VT 互感器标定变比	VTR	—	120	120	120
CT 互感器标定变比	CTR	—	1 600	1 600	1 600
PWc=SWc×VTR×CTR/1 000	PWc	kW	40 084.55	40 299.63	39 815.8
实测功率	P_{meas}	kW	120 200.0		

A.3 修正性能(输出功率、热耗率、排气温度和排气流量)的计算(见表 A.13～表 A.16)

表 A.13 修正性能计算

参　数	单位	试验工况	规定的参考工况	功率输出修正系数 α	热耗率修正系数 β	排气流量修正系数 γ	排气温度修正系数 δ
进口空气温度	℃	26.67	20	0.958 0	1.012 3	0.970 4	−9.0
进口空气压力	MPa	0.101 325	0.101 279	1.013 7	0.999 1	1.013 9	0.0
进口空气相对湿度	%	60	70	1.000 0	0.999 1	1.000 9	0.0
燃料供应成分		见下表	见下表	0.999 0	1.000 3	1.000 1	0.0
燃料温度	℃	26.67	15.56	1.000 0	0.999 1	1.000 0	0.0
注入流体	kg/h	22 680	20 412	1.004 8	1.001 9	1.001 5	1.0
注入流体热焓	kJ/kg	391.7	391.7	1.000 0	1.000 0	1.000 0	0.0
注入流体成分		H_2O	H_2O	1.000 0	1.000 0	1.000 0	0.0
排气压力	Pa	3 487.1	3 736.2	1.001 6	0.998 1	1.000 0	1.0
轴转速	r/min	3 600	3 600	1.000 0	1.000 0	1.000 0	0.0
压气机抽气流量	kg/h	4 536	4 536	1.000 0	1.000 0	1.000 0	0.0
当量运行小时	h	350	200	0.998 4	1.000 9	0.999 6	−0.3
总修正系数	—			0.974 9	1.010 7	0.986 0	−7.3
注：修正系数由制造厂根据型号来确定。							

表 A.14 燃料成分对比

%

燃料分析(体积分数)	试验工况下	规定的参考条件下
甲烷	82.78	86.20
乙烷	10.92	8.60
丙烷	5.00	4.10
异丁烷	0.50	0.40
n-丁烷	0.50	0.40
异戊烷	0.10	0.15
n-戊烷	0.20	0.15

表 A.15 发电机参数引起的修正

参数	试验工况	规定的参考条件	功率输出修正系数
发电机功率因数	0.99	0.90	235
发电机氢气压力	不适用	不适用	不适用
发电机氢气纯度	不适用	不适用	不适用
总修正系数			235

表 A.16 修正计算结果

功率的修正		热耗率的修正	
测量值 P_{meas}	120 200	计算值 HR_{calc}	9 567
修正值 P_{corr}	123 060	修正值 HR_{corr}	9 466
排气流量的修正		排气温度的修正	
计算值 EF_{calc}	2 874 980	测量值 ET_{meas}	1 000.0
修正值 EF_{corr}	2 915 902	修正值 ET_{corr}	992.7

A.4 互感器损失计算

互感器损失由式(A.1)确定:

$$\mathrm{Loss_{TOTAL}} = \mathrm{Loss_{NO\text{-}LOAD}} + \mathrm{Loss_{LOAD}} \qquad \text{(A.1)}$$

式中:

$\mathrm{Loss_{TOTAL}}$ ——互感器总损失,单位为千瓦(kW);

$\mathrm{Loss_{NO\text{-}LOAD}}$ ——互感器空载损失,单位为千瓦(kW);

$\mathrm{Loss_{LOAD}}$ ——互感器负载损失,单位为千瓦(kW);

$\mathrm{Loss_{NO\text{-}LOAD}}$ ——根据工厂试验报告确定,它是一常数。

互感器负载损失由式(A.2)确定:

$$\mathrm{Loss_{LOAD}} = \mathrm{L_{1CORR}} + \mathrm{L_{2CORR}} \qquad \text{(A.2)}$$

式中：

L_{1CORR}——按参考条件修正后的 I^2R 损失，单位为千瓦(kW)；

L_{2CORR}——按参考条件修正后的杂散负载损失，单位为千瓦(kW)。

$Loss_{LOAD}$随着线圈温度、油温、外界条件、电压与负载而变化，因此，需要对从车间试验报告中得到的 $Loss_{LOAD}$值进行修正。此类修正可以用 IEEE C57.12.90 中的式(A.3)和式(A.4)进行：

$$L_{1CORR}=L_1\times n\times K\times\left(\frac{T_K+T_M}{T_K+T_R}\right)\left(\frac{T_K+T_{MC}}{T_K+T_M}\right) \quad\cdots\cdots(A.3)$$

$$L_{2CORR}=L_2\times n\times K\times\left(\frac{T_K+T_R}{T_K+T_M}\right)\left(\frac{T_K+T_M}{T_K+T_{MC}}\right) \quad\cdots\cdots(A.4)$$

式中：

L_1 ——在额定负载和额定线圈温度(T_R)下进行的工厂试验报告中得到的 I^2R 损失；

L_2 ——在额定负载和额定线圈温度(T_R)下进行的工厂试验报告中得到的杂散负载损失；

n ——无因次负载修正比值；

K ——无因次电压修正比值；

T_K ——互感器材料修正系数(铜：234.5 ℃)；

T_M ——在通常环境温度下的平均线圈温度，单位为摄氏度(℃)；

T_R ——根据工厂试验报告中的额定线圈温度，单位为摄氏度(℃)；

T_{MC}——修正到参考环境温度的平均线圈温度，单位为摄氏度(℃)。

采用式(A.5)和式(A.6)来确定 n 和 K：

$$n=\left[\frac{\text{试验负载}}{\text{额定负载}}\right]^2 \quad\cdots\cdots(A.5)$$

$$K=\left[\frac{\text{额定电压}}{\text{试验电压}}\right]^2 \quad\cdots\cdots(A.6)$$

式中：

试验负载——根据试验测得的功率值确定，见式(A.7)，单位为千伏安(kVA)；

试验电压——根据试验测得的电压值确定，见式(A.8)，单位为千伏(kV)；

额定负载——根据工厂试验报告确定，单位为千伏安(kVA)；

额定电压——根据工厂试验报告确定，单位为千伏(kV)。额定电压为相电压数值，采用对地的电压测量值乘$\sqrt{3}$。

$$\text{试验负载}=\left(\frac{P_{meas}}{PF_{meas}}\right)-\left(\frac{P_{LimeLoss}+P_{AuxMess}}{PF_{meas}}\right) \quad\cdots\cdots(A.7)$$

式中：

P_{meas} ——在发电机出线端子处测量的有用功率，单位为千瓦(kW)；

PF_{meas} ——试验工况下的发电机功率因数；

$P_{AuxMeas}$ ——实测的辅助负载，单位为千瓦(kW)；如果有的话，位于功率测量与互感器二次侧之间；

$P_{LimeLoss}$ ——功率测量值与互感器二次侧之间的线路损失，单位为千瓦(kW)。

$$\text{试验电压}=V_{meas}\times PT_{RAT10}\times\sqrt{3} \quad\cdots\cdots(A.8)$$

式中：

V_{meas} ——在互感器的二次侧实测的电压，单位为千伏(kV)。必要时应对仪表误差进行调整(对地相电压)；

PT_{RAT10}——仪用互感器设计数据。

用 IEEE C57.12.90 中的公式确定平均线圈温度 T_M，见式(A.9)：

$$T_{M} = T_{C} + T_{OM} \quad \cdots\cdots (A.9)$$

式中：

T_{C} ——修正后线圈平均温度与在油槽内测得的油温之差，单位为摄氏度(℃)；

T_{OM} ——在油槽内实测的油温，单位为摄氏度(℃)；

T_{C} 由式(A.10)确定：

$$T_{C} = T_{0} \times \left(\frac{试验负载}{额定负载}\right)^{2m} \quad \cdots\cdots (A.10)$$

式中：

T_{0} ——实测线圈平均温度(根据工厂试验报告确定)与在额定负载下油槽内测得的油温之间的差值；

m ——为常数。对于升压互感器为1.0，对辅助互感器为0.8。

线圈的平均温度是在高压线圈与低压线圈之间测量。

线圈温度 T_{MC} 的确定需要考虑环境温度差的影响，采用式(A.11)：

$$T_{MC} = T_{M} + (T_{A} - T_{AM}) \quad \cdots\cdots (A.11)$$

式中：

T_{A} ——额定条件下的环境温度，单位为摄氏度(℃)。它是确定互感器损失的依据。互感器损失按工厂试验报告数值；

T_{AM} ——实测的环境温度，单位为摄氏度(℃)。

参考文献

[1] ASME PTC 22—2005 Gas Turbines—Performance Test Codes

[2] ASME PTC 19.5—2004 Flow Measurement

[3] 国家质量技术监督局计量司.测量不确定度评定与表示指南.北京:中国计量出版社,2009.

[4] IEEE C57.12.90 Standard Test Code for Liquid—Immersed Distribution,Power,and Regulating Transformers

[5] NIST 标准化学参考数据库. http://webbook.nist.gov/.

ICS 25.120.30
J 61

中华人民共和国国家标准

GB/T 28687—2012

数控压铸机

Numerical control die casting machines

2012-09-03 发布　　2013-01-01 实施

中华人民共和国国家质量监督检验检疫总局
中国国家标准化管理委员会　发布

前　言

本标准按照 GB/T 1.1—2009 给出的规则起草。

本标准由中国机械工业联合会提出。

本标准由全国铸造机械标准化技术委员会(SAC/TC 186)归口。

本标准起草单位：宁波思进机械有限公司、广东雄新压铸有限公司、上海中桓数字自动化设备科技有限公司、深圳领威科技有限公司、东莞宜安电器制品有限公司、伊之密精密机械有限公司、广州数控设备有限公司、宁波东方压铸机床有限公司、宁波力劲机械有限公司。

本标准主要起草人：刘汝斌、王洪飞、詹体元、刘相尚、杨晓娟、余壮志、张玉洁、竺丰年、王新良。

数 控 压 铸 机

1 范围

本标准规定了数控压铸机的技术要求、精度、试验方法、检验规则及标志、包装、贮存和运输。

本标准适用于数控卧式冷室压铸机(以下简称数控压铸机)。

2 规范性引用文件

下列文件对于本文件的应用是必不可少的。凡是注日期的引用文件,仅注日期的版本适用于本文件。凡是不注日期的引用文件,其最新版本(包括所有的修改单)适用于本文件。

GB 2893 安全色

GB 2894 安全标志及其使用导则

GB/T 3766 液压系统通用技术条件

GB 5083 生产设备安全卫生设计总则

GB 5226.1—2008 机械电气安全 机械电气设备 第1部分:通用技术条件

GB/T 7932 气动系统通用技术条件

GB/T 7935 液压元件 通用技术条件

GB/T 9969 工业产品使用说明书 总则

GB/T 13306 标牌

GB 16754 机械安全 急停 设计原则

GB/T 17421.1—1998 机床检验通则 第1部分:在无负荷或精加工条件下机床的几何精度

GB 20906 压铸单元安全技术要求

GB/T 21269—2007 冷室压铸机

GB/T 25371 铸造机械 噪声声压级测量方法

GB/T 26220 工业自动化系统与集成 机床数值控制 数控系统通用技术条件

JB/T 5365.1 铸造机械清洁度测定方法 重量法

JB/T 5365.2 铸造机械清洁度测定方法 显微镜法

3 术语和定义

GB/T 21269—2007 第3章界定的以及下列术语和定义适用于本文件。

3.1

数控压铸机 numerical control die casting machines

使用计算机数控技术对其主要功能、性能、参数等实施控制和管理的压铸机。

3.2

快压射提速加速度 fast injection speed accelerating acceleration

由最后一段慢压射速度转换到最大快压射速度时,其速度差与该过程所需的时间(提速时间)的比值(见图5)。

3.3

压射压力冲击峰值 impacting peak value of injection pressure

在压铸机快压射结束的瞬时，因压射系统高速运动所具有的动能被部分转化成压力势能，致使压射油缸内液压介质的最大瞬时压力(P_{max})相比稳态压力(P_{200})所上升的比值(一般用百分数来表示)(见图4)。

3.4

快压射减速(高速刹车) fast injection speed decelerating (high speed braking)

快速压射接近终了时，通过压射液压系统的节流措施，使得压射运动部件的速度迅速下降，从而大幅降低压射压力冲击峰值的过程。

3.5

快压射减速(高速刹车)加速度 fast injection speed decelerating(high speed braking)acceleration

由较高的快压射速度快速降低到较低的压射速度(也称刹车速度)时，其速度差与该过程所需的时间(也称刹车时间)的比值(见图5)。

4 技术要求

4.1 一般要求

4.1.1 数控压铸机应符合本标准和 GB/T 21269 的要求，并按照经规定程序批准的图样及技术文件制造。

4.1.2 液压系统和液压元件应符合 GB/T 3766 和 GB/T 7935 的有关规定。对有承压通道的零部件，应经过耐压试验等。

4.1.3 电气系统应符合 GB 5226.1 的有关规定。

4.1.4 数控系统应符合 GB/T 26220 的有关规定。

4.1.5 气动系统应符合 GB/T 7932 的有关规定。

4.1.6 数控压铸机上应有铭牌，且液压、电气、气动等系统应有操作、指示、润滑、安全等标志(标牌)。铭牌、标牌和标志应符合 GB/T 13306 等有关标准的规定。

4.1.7 数控压铸机应有可靠的集中润滑系统，并应有润滑检测功能和声光报警提示等。

4.1.8 数控压铸机的压射机构应有工艺参数测试用传感器接口。

4.1.9 数控压铸机在连续工作时液压介质温度不应超过 55 ℃，当超过上述温度时应自动报警。

4.1.10 数控压铸机的清洁度应符合 GB/T 21269—2007 中的 6.1.9 的规定。

4.1.11 各运动部件的动作应准确、平稳、可靠。

4.1.12 数控压铸机应有“手动、半自动、全自动”工作模式。

4.1.13 数控压铸机随机供应的技术文件至少应包括使用说明书、合格证明书、装箱单。使用说明书应符合 GB/T 9969 的规定。

4.2 外观质量

4.2.1 机器的外观表面不应有图样未规定的凸起、凹陷、粗糙不平和其他损伤。

4.2.2 机器外露的加工表面不应有磕碰、划伤和锈蚀。

4.2.3 相配零件外露结合面的边缘应整齐、匀称、除设计规定外，错位量不应超过表1的规定。

表 1　零件结合面错位量

单位为毫米

结合面边缘边长尺寸	错位量
≤500	2
>500～1 250	3
>1 250～2 500	4
>2 500	5

4.2.4　外露的焊缝呈光滑的或均匀的鳞片状波纹表面。表面溅沫应清理干净，并应打磨平整。

4.2.5　装入沉孔的螺钉不应有突出零件表面；固定销一般应略凸出于零件表面；螺栓尾端应略凸出于螺母端面。

4.2.6　电镀、发黑零件的保护层应完整，不应有褪色、脱落和锈蚀现象。

4.2.7　机器上的各种管路、线路的外露部分，应布置紧凑、排列整齐、固定牢靠，不应与其他零部件发生干涉或碰撞。

4.2.8　机器的涂漆(喷塑)应符合技术文件的规定。

4.3　压射性能

4.3.1　数控压铸机主要压射性能参数见表 2。

表 2　数控压铸机的主要压射性能

锁模力 kN	慢压射速度(4 档以上并连续可调)m/s	最大空压射速度 m/s	建压时间 ms
≤1 000	0.03～0.80	≥7.0	≤20
>1 000～6 300	0.03～0.80	≥7.5	≤20
>6 300～16 000	0.03～0.80	≥7.5	≤25
>16 000	0.03～0.80	≥7.5	≤30

4.3.2　数控压铸机的其他压射性能：

a)　快压射提速加速度的最大值不应小于 50 g(g 为标准重力加速度)；

b)　快压射减速(高速刹车)加速度的最大值不应小于 40 g(g 为标准重力加速度)；

c)　压射压力冲击峰值不应大于 10%。

4.4　主要数控功能

4.4.1　合模控制至少应分为“合模启动”、“高速合模”、“低压合模”和“高压合模”四段进行。每一阶段的位置、速度和压力应能按工艺要求设定与调整。

4.4.2　合模终了所产生的合模力应具有自动检测及调整功能，并应有相关的安全保护功能。

4.4.3　开模控制至少应分为“慢速开模”、“快速开模”和“开模缓冲”三段进行。每一阶段的位置、速度和压力应能按工艺要求设定与调整。

4.4.4 压射控制至少应分为“慢速压射”、“快速压射”、“快压射减速(高速刹车)”、“增压”共四段进行。在“慢速压射”阶段内分为不应少于4段的多段进行控制。压射的每个阶段应可选择,其动作位置、速度等参数应实现闭环控制(闭环控制可以是实时的或非实时的)。

4.4.5 压射全阶段应显示“速度”、“压力”、“压射冲头位移”与“时间”的关系曲线图。各参数的特殊数据值(如“最大慢压射速度”、“最大快压射速度”、“快压射平均速度”、“快压射提速时间”、“增压建压时间”及“料柄厚度”等),应在数控系统上显示出来,或在一个专用的显示界面用数据图表表示出来。

4.4.6 压射回程、顶出、顶出返回的控制应按工艺要求设定与调整。

4.4.7 蓄能器充压压力参数值应能自动设定与调整,设定与调整应准确、可靠、重复性好。

4.5 数控精度

4.5.1 定位控制精度

开模、顶出的行程位置的重复定位精度偏差为±5.0%;压射行程位置的重复定位精度偏差为±3.0%。

4.5.2 压力控制精度

在负载条件下,合模、开模、顶出、顶出返回及压射回程动作的压力控制精度为其标称值的±3.0%;压射动作的压力控制精度为标称值的±2.0%;蓄能器充压的压力控制精度为标称值的±1.0%。

4.5.3 合模力、压射力控制精度

合模力、压射力的控制精度分别为标称值的±3.0%和±2.0%。

4.5.4 拉杠受力的控制精度

数控压铸机的每根拉杠实际承受的拉力值与设定值的误差不应大于±4%。

4.5.5 速度控制精度

在空载条件下,数控压铸机的合模、开模、顶出、顶出返回及压射回程动作的速度控制精度不应超过标称值的±8.0%;慢压射速度控制精度不应超过标称值的±2.0%;快压射速度控制精度不应超过标称值的±3.0%。

4.6 辅助功能

4.6.1 现场监控功能

数控压铸机应对压铸过程的综合数据进行记录、警示、警示记录、故障判定、故障记录等操作。

4.6.2 生产管理功能

数控压铸机应具备对生产过程中的相关产量、质量数据进行统计、储存、输出、打印等功能。

4.6.3 铸造工艺条件计算功能

数控压铸机应具备根据实际压铸零件数据,计算并提供工艺参数的参考值(即计算机辅助铸造工艺)等功能。

4.6.4 **模具参数存储功能**

数控压铸机应具备独立命名、存储200套以上模具工艺参数的功能。

4.6.5 **数据通信功能**

数控压铸机应具备通过网络对压铸机及主要辅机的工作状态、相关数据进行数据通信(含远程控制)的功能。

4.7 安全性能

4.7.1 数控压铸机的安全性能应符合GB 20906的规定。

4.7.2 数控压铸机的安全色应符合GB 2893的规定，安全标志应符合GB 2894的规定，安全卫生设计应符合GB 5083的规定。

4.7.3 数控压铸机应有防止产生失控运动或不正常动作顺序的联锁可靠措施。

4.7.4 蓄能器应由安全监察机构批准的生产厂制造，并应有合格证书。

4.7.5 数控压铸机急停装置应符合GB 16754的规定。

4.7.6 数控压铸机的运动安全防护装置，应具备安全联锁功能。

4.7.7 数控压铸机合模应采用双手控制，双手控制应符合GB 5226.1—2008中9.2.6.2的型式Ⅲ的规定。

4.7.8 数控压铸机的压铸模区应设置防护装置。

4.8 成套性

4.8.1 数控压铸机的成套性应包括各种密封元件的备件清单、专用工具和附件。

4.8.2 根据协议，可由制造厂提供由压铸件切边压力机、浇料装置、取件装置、喷涂装置、液压抽芯装置等组成的成套机组。

4.9 空运转

4.9.1 连续空运转时间不应少于16 h。

4.9.2 开、合模各阶段的位置、速度、压力应灵敏可调。

4.9.3 压射各阶段的位置、速度、压力应灵敏可调。

4.9.4 各紧固联接处不应松动。

4.9.5 电气控制系统应灵敏可靠。

4.9.6 数控压铸机在空运转条件下噪声声压级不应大于82 dB(A)。

4.9.7 急停装置应灵敏可靠。

4.10 负荷运转

4.10.1 数控压铸机在负荷运转前应进行空运转试验。

4.10.2 在正常工作条件下，进行实物压铸试验，试验过程中，各种参数应符合设计要求。

4.10.3 每压射一次，蓄能器的压力下降值不应超过工作压力的10%。

4.10.4 在进行实物压铸过程中，应达到4.9所规定的要求。

5 几何精度及检验方法

5.1 动模安装板与定模安装板工作表面间的平行度

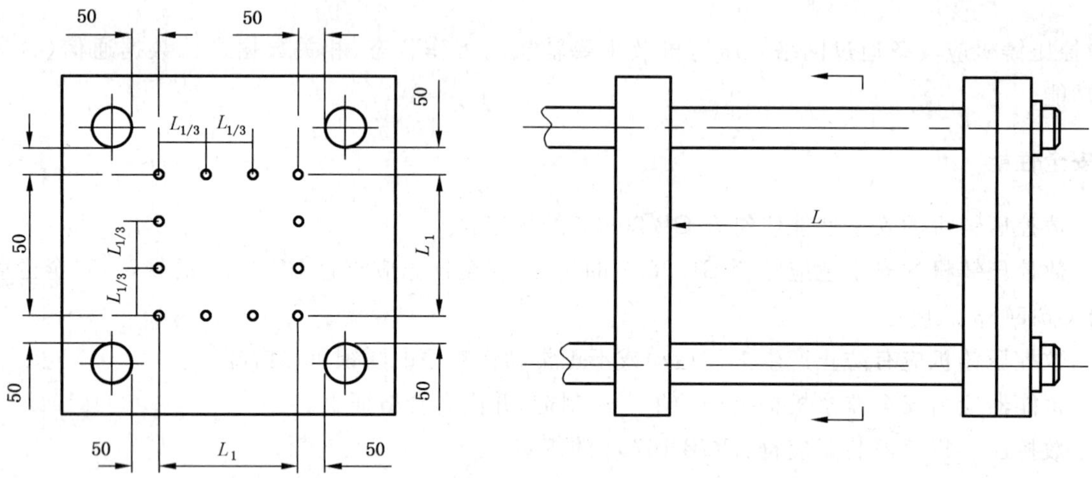

图 1 动模安装板与定模安装板工作表面间的平行度检验

5.1.1 检验方法

使动模安装板处于最大合模状态位置，按 GB/T 17421.1—1998 中 5.4.1.2.2 规定的方法，按12 个测点位置分别测量两座板内侧面对应点的距离读数值，计算最大与最小距离之差(见图 1)。

5.1.2 公差

测量值应小于表 3 中的 a 值。

表 3 精度公差值

单位为毫米

测量长度 L	公差值		
	a	a_1	a_2
≤25	0.03	0.02	0.02
>25～40	0.04	0.025	0.04
>40～63	0.05	0.03	0.06
>63～100	0.06	0.04	0.08
>100～160	0.08	0.05	0.1
>160～250	0.10	0.06	0.12
>250～400	0.12	0.08	0.15
>400～630	0.15	0.10	0.2
>630～1 000	0.20	0.12	0.25
>1 000～1 600	0.25	0.15	0.3
>1 600～2 500	0.30	0.20	0.35
>2 500～3 500	0.35	0.25	0.4

5.2 拉杠相互间的平行度

5.2.1 检验方法

使动模安装板处于最大开档位置，按 GB/T 17421.1—1998 中 5.4.1.2.3.1 规定的方法，分别在距动、定模安装板 80 mm 处，测量相邻拉杠之间内侧对应点的距离差(见图 2)。

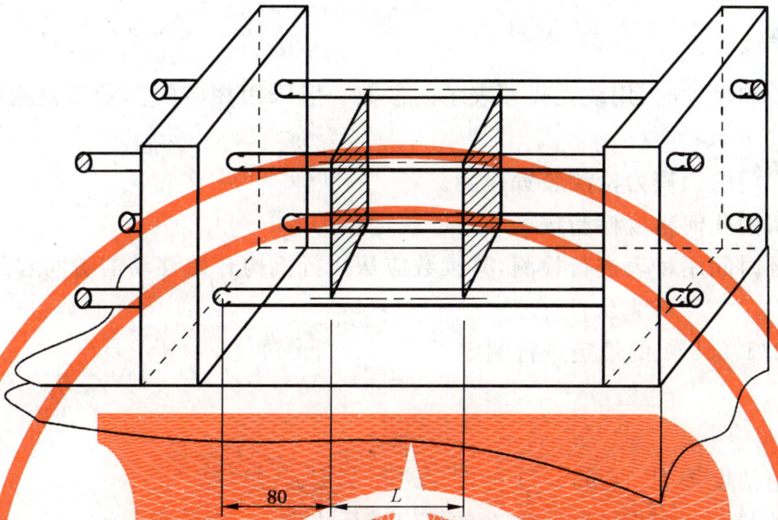

图 2 拉杠相互间的平行度检验

5.2.2 公差

测量值应小于表 3 中的 a_1 值。

5.3 压射室轴线与压射活塞杆轴线的重合度

5.3.1 检验方法

在压射室孔内装一检验棒，检验棒上固定一指示器，按 GB/T 17421.1—1998 中 5.4.4.2 规定的方法，分别测量压射活塞杆 *A-A* 和 *B-B* 截面的重合度误差，在每个截面上指示器读数的最大差值的 1/2 即为该截面上的重合度误差(见图 3)。

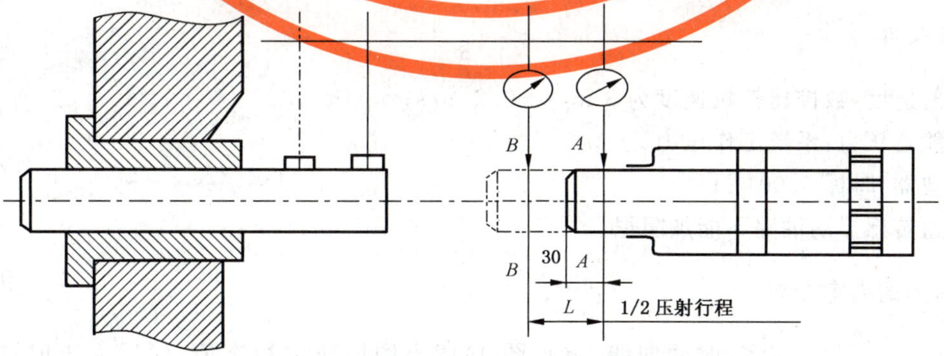

图 3 数控压铸机压射室轴线与活塞杆重合度误差检验

5.3.2 公差

数控压铸机测量值应小于表 3 中的 a_2 值。

6 试验方法

6.1 常规项目检验

6.1.1 在检查参数和尺寸时，用线性尺寸表示的参数一般采用相应的测量工具直接测量，也可用专门的检测装置检测。

6.1.2 合模力用专门的锁模力检测装置检测。

6.1.3 数控压铸机的几何精度检验按第 5 章的规定。

6.1.4 一次空循环时间用秒表进行检测，其读数应从执行机构开始移动的瞬间起到它停止的时间为止的时间间隔。

6.1.5 噪声按 GB/T 25371 的规定进行测定。

6.2 清洁度测定

6.2.1 油缸内部清洁度按 JB/T 5365.1 的规定进行测定。

6.2.2 液压系统的清洁度按 JB/T 5365.2 的规定进行测定。

6.3 最大空压射速度的测定

6.3.1 测定条件

a) 蓄能器压力：系统工作压力；

b) 示波器：时标 0.001 s。

6.3.2 判定

根据测定的压射压力、位移-时间曲线（见图 4），在快速起始点后和终止点前各减去 10% 的一段行程上求平均速度。

6.4 压射力、压射压力冲击峰值与建压时间的测定

6.4.1 测定条件

a) 压射速度：数控压铸机速度为 3 m/s±0.2 m/s；

b) 蓄能器压力：系统工作压力；

c) 示波器：时标 0.001 s；

d) 接通传感器的油路不能加阻尼。

6.4.2 压射力的判定

在测定的压射压力、位移-时间曲线上（见图 4）读出增压压力稳态值，然后由压射缸的内径计算确定。

6.4.3 压射压力冲击峰值的的判定

在测定的压射压力、位移-时间曲线上（见图 4），求出 P_{max} 与 P_{200} 之差并与 P_{200} 的比值（用百分数表示）。

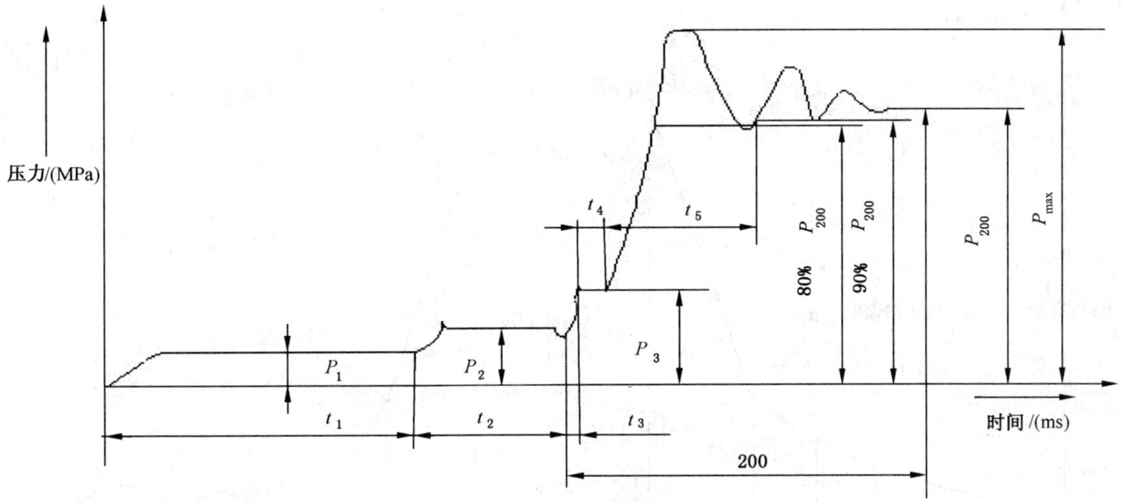

t_1——慢压射时间(包含多段慢压射的时间)；

t_2——快压射时间；

t_3——系统升压时间；

t_4——增压延时时间；

t_5——增压时间；

P_1 ——慢压射压力；

P_2 ——快压射压力；

P_3 ——系统压力；

P_{200}——增压压力稳态值；

P_{max}——最大瞬时压力值。

图 4　压射压力、位移-时间曲线图

6.4.4　建压时间的判定

在测定的压射压力、位移-时间曲线上(见图 4),求出 t_3、t_4、t_5 三个时间的和。

6.5　快压射提速加速度的测定

6.5.1　测定条件

a)　慢压射速度为 0.2 m/s～0.6 m/s；

b)　快压射速度为不小于 7.0 m/s；

c)　示波器:时标 0.001 s。

6.5.2　判定

在测定的压射速度-时间曲线上(见图 5),找出最大快压射速度($v_{快max}$)和最大慢压射速度($v_{慢max}$),两者的差值与 $t_{提速}$ 的比值为该次快压射提速加速度(换算成标准的重力加速度 g 来表达),将慢压射速度和快压射速度变化 10 次,求出 10 次的算术平均值即为数控压铸机的快压射提速加速度。

6.6　快压射减速(高速刹车)加速度的测定

6.6.1　测定条件

a)　快压射减速速度值为 0.5 m/s～3.0 m/s；

b)　快压射速度(平均速度)值为不小于 7.0 m/s；

c)　示波器:时标 0.001 s。

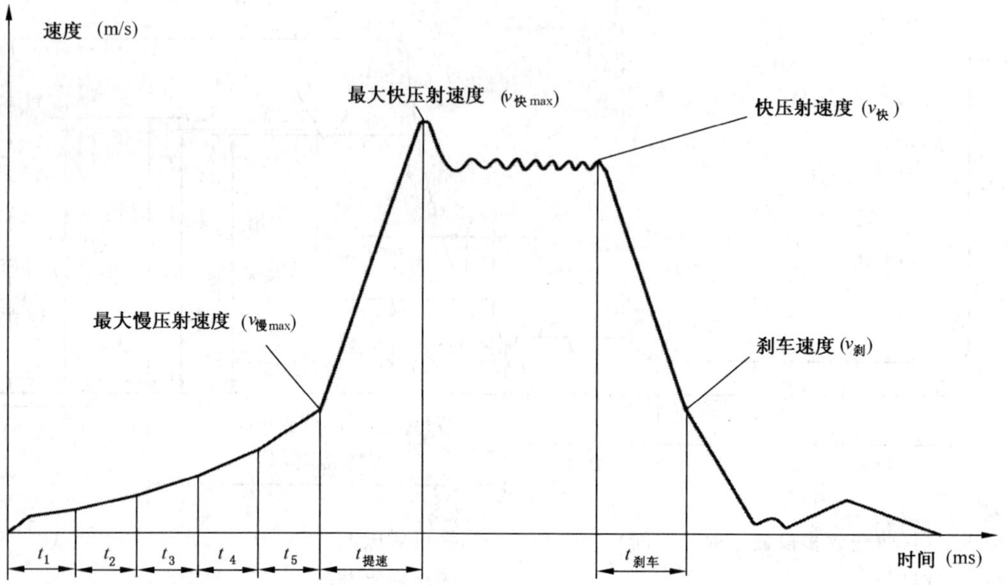

t_1 ——t_n 多段慢压射时间；

$t_{提速}$ ——快压射提速时间；

$t_{刹车}$ ——快压射减速(高速刹车)时间。

图 5 压射速度-时间曲线图

6.6.2 判定

在测定的压射速度-时间曲线上(见图 5)，找出快压射速度($v_{快}$)和刹车速度($v_{刹}$)，两者的差值与 $t_{刹车}$ 的比值为该次快压射减速加速度(换算成标准的重力加速度 g 来表达)，将快压射减速速度(刹车速度)和快压射速度变化 10 次，求出 10 次的算术平均值即为数控压铸机的快压射提速加速度。

6.7 最大金属浇注量的测定

最大金属浇注量由式(1)计算确定：

$$W=\frac{\pi D^2}{4}KL\rho \qquad \cdots\cdots(1)$$

式中：

W ——最大金属浇注量，单位为千克(kg)；

K ——压射室的充填系数，取 0.75；

D ——压射室直径(最大)，单位为米(m)；

L ——压射冲头的有效行程，单位为米(m)；

ρ ——浇注合金密度，单位为千克每立方米(kg/m^3)，(有关合金密度值：铝为 $2.5\times10^3\ kg/m^3$；镁为 $1.7\times10^3\ kg/m^3$；锌为 $6.6\times10^3\ kg/m^3$；铜为 $8.0\times10^3\ kg/m^3$)。

注：因用户模具、压射室结构的差异，实际金属浇注量与理论计算量会有差异。

6.8 主要数控功能、辅助功能的检测

采用目测法检查数控压铸机的主要数控功能和辅助功能。

6.9 数控精度的检测

6.9.1 定位控制精度的检测

在 0.3 m/s~0.5 m/s 的范围内某一匀速情况下，测量其动作(快压射除外)的中间停止位置，同一状态下重复 5 次的平均误差值即为其定位重复精度值。

6.9.2 压力控制精度的检测

采用压力传感器分别检测各动作的实际压力值与其设定值之差，同一状态下重复 5 次，其平均误差值即为该动作的压力控制精度值。

6.9.3 合模力、压射力控制精度的检测

采用应力传感器和压力传感器分别测算其实际压力值，该实测值与其设定值之差即为其控制精度值。

6.9.4 拉杠受力的控制精度的检测

采用应力传感器分别检测 4 根拉杠在 60%、80%和 100%的额定载荷时的实际受力值，并分别计算拉杠受力的控制精度值。

6.9.5 速度控制精度的检测

采用位移传感器、压射参数检测仪等分别检测(计算)出各种动作的实际速度，与其设定值或理论值的差值即为该动作的速度控制精度值。

7 检验规则

7.1 出厂检验

7.1.1 每台压铸机出厂前均应进行以下检验项目方可出厂：

a) 精度；

b) 动模座板行程、拉杠之间内尺寸，压铸模厚度，液压顶出器顶出行程；

c) 本标准中 4.1.4~4.1.9、4.1.11~4.1.13、4.2、4.4、4.6、4.8、4.9 规定的内容；

d) 累计生产 30 台时，随机抽检 1 台进行压射性能和清洁度检测。

7.1.2 所检项目应全部合格。

7.2 型式试验

7.2.1 压铸机在下列情况下应进行型式检验：

a) 新产品试制或老产品转厂生产的试制定型鉴定；

b) 产品在设计、工艺、材料上作重大改变时；

c) 正常生产时，定期或积累一定产量后应周期性进行一次检验；

d) 产品停产一年以上，恢复生产时；

e) 国家质量监督机构提出进行型式检验的要求时。

7.2.2 型式试验样机数量：批量在 10 台以内，随机抽检 1 台；批量大于 10 台，随机抽检 2 台。

7.2.3 型式试验应对第4章中所有项目进行检验,所检项目应全部合格。

7.2.4 当型式试验制造厂不具备条件时,允许在用户现场做试验。

8 标志、包装、运输、贮存

标志、包装、运输、贮存应符合GB/T 21269—2007第9章的规定。

ICS 25.120.30
J 61

中华人民共和国国家标准

GB/T 28688—2012

低压铸造机 技术条件

Low pressure die casting machine—Technical requirements

2012-09-03 发布 2013-01-01 实施

中华人民共和国国家质量监督检验检疫总局
中国国家标准化管理委员会 发布

前　言

本标准按照 GB/T 1.1—2009 给出的规则起草。

本标准由中国机械工业联合会提出。

本标准由全国铸造机械标准化技术委员会(SAC/TC 186)归口。

本标准起草单位:济南铸造锻压机械研究所有限公司、浙江万丰科技有限公司、天水华荣铸造机械有限公司。

本标准主要起草人:康敬乐、卢军、丁苏沛、张水勇、李建平。

低压铸造机　技术条件

1　范围

本标准规定了低压铸造机的技术要求、试验方法、检验规则、标志、包装与储运。

本标准适用于用低压铸造的方法来生产铝铸件的低压铸造机(以下简称铸造机)。

2　规范性引用文件

下列文件对于本文件的应用是必不可少的。凡是注日期的引用文件,仅注日期的版本适用于本文件。凡是不注日期的引用文件,其最新版本(包括所有的修改单)适用于本文件。

GB/T 191　包装储运图标志

GB/T 1184—1996　形状和位置公差　未注公差值

GB/T 3766　液压系统通用技术条件

GB 5226.1　机械电气安全　机械电气设备　第1部分:通用技术条件

GB/T 7932　气动系统通用技术条件

GB/T 9969　工业产品使用说明书　总则

GB/T 13306　标牌

GB/T 14039—2002　液压传动　油液　固体颗粒污染等级代号

GB/T 17421.1　机床检验通则　第1部分:在无负荷或精加工条件下机床的几何精度

GB 20905　铸造机械　安全要求

GB/T 25371　铸造机械　噪声声压级测量方法

GB/T 25711—2010　铸造机械　通用技术条件

JB/T 5365.2　铸造机械清洁度测量方法　显微镜法

JB/T 8356.1　机床包装　技术条件

JB/T 8356.2　机床　包装箱

3　术语和定义

本标准采用下列术语和定义。

3.1

加压速率　pressure-increasing rate

在低压铸造过程中,升液、充型和增压阶段,保温炉内的气体压力增长量与其时间之比。

3.2

升液压力　liquid-level-increasing pressure

在低压铸造过程中,升液管内的金属液上升至浇口处时,保温炉内所需的压力。

3.3

充型压力　fill-in pressure

在低压铸造过程中,金属液充满铸型时,保温炉内所需的压力。

3.4

保压压力　holding pressure

在低压铸造过程中，铸型充满后，为补缩的需要，在保温炉内的金属液面上施加比充型压力高的压力。

3.5

液位补偿压力　liquid-level compensating pressure

在低压铸造过程中，为保证充型开始以后的工艺参数重复再现，而不受金属液位变动的影响，在每后一次浇注前由系统自动增加一个铸件由于液位下降所对应的成型压力的增量。

3.6

升液时间　liquid-level-increasing time

在低压铸造过程中，升液管内的金属液上升至浇口处所需的时间。

3.7

充型时间　fill-in time

在低压铸造过程中，金属液从浇口处上升至充满铸型时所需的时间。

3.8

结壳时间　shelling time

在低压铸造过程中，在充型结束后，充型压力不变的条件下，铸型内的金属液凝固成金属薄壳时所需的时间。

3.9

增压时间　pressure-increasing time

在低压铸造过程中，保温炉内金属液面上的气体压力从充型压力升至保压压力时所需的时间。

3.10

保压时间　holding time

在低压铸造过程中，金属液充型后在凝固过程中，在保压压力下所持续的时间。

3.11

工艺参数的控制精度　controlling accuracy of technological parameters

在低压铸造过程中，每次浇注时保温炉内金属液面上的气体压力-时间曲线与给定曲线的接近程度。

4　技术要求

4.1　一般要求

4.1.1　铸造机应符合本标准的要求，并按经规定的程序批准的图样及技术文件制造。

4.1.2　铸造机的外购件应符合现行有关标准的规定。

4.1.3　铸造机的液压系统和气动系统应分别符合 GB/T 3766 和 GB/T 7932 的有关规定。

4.1.4　铸造机的电气系统应符合 GB 5226.1 的有关规定。

4.1.5　铸造机的安全要求应符合 GB 20905 的规定。

4.1.6　铸造机上的涂漆应符合技术文件的规定。

4.1.7　铸造机液压系统的固体颗粒污染等级应符合 GB/T 14039—2002 中规定的等级代号－/18/15 的要求。

4.1.8　随机技术文件的编制应符合 GB/T 9969 的规定。

4.2 外观质量

铸造机外观质量应符合 GB/T 25711—2010 第 5 章的规定。

4.3 几何精度

4.3.1 模板工作面之间平行度应符合 GB/T 1184—1996 表 B.3 中 9 级公差值的要求。

4.3.2 大导柱之间的平行度应符合 GB/T 1184—1996 表 B.3 中 9 级公差值的要求。

4.4 保温炉

4.4.1 保温炉的设计制造应符合有关标准和技术文件的规定。

4.4.2 在正常工作条件下,保温炉内金属液温度误差应符合下列规定:

——当有级功调位式控制时,不应大于±7 ℃;

——当采用 PID 控制时,不应大于±5 ℃

4.4.3 在正常工作条件下,保温炉外壳(炉盖和炉门周围及棒仓除外)平均温升不应大于 70 ℃。

4.4.4 在常温下,保温炉内气体泄漏率应符合下列规定:

——当采用炉体密封和罐体密封时,不应大于 40 L/min。

——当采用坩埚密封时,不应大于 25 L/min。

4.5 空运转

4.5.1 铸造机应按技术文件的要求进行空运转试验,连续空运转时间不应小于 8 h。

4.5.2 铸造机的各工作机构、操纵机构和安全保护装置,动作应灵活可靠、互相协调、运转平稳和无不正常的声响。

4.5.3 铸造机的下列工艺参数应方便可调,并应符合技术文件的规定:

——加压速率;

——升液时间;

——充型时间;

——结壳时间;

——增压时间;

——保压时间;

——升液压力;

——充型压力;

——保压压力;

——液位补偿压力;

——保温炉内金属液温度。

4.5.4 铸造机在空运转情况下,噪声值不应大于 83 dB(A)。

4.5.5 铸造机在升液、充型阶段,其加压速率控制精度不应大于 5%。

4.6 负荷试验

4.6.1 负荷运转试验前应进行空运转试验。

4.6.2 连续进行不应少于 3 次的实物浇注。

4.6.3 铸造机连续工作时,其液压系统工作液温度不应高于 55 ℃。

4.6.4 铸造机充型阶段工艺参数的控制精度不应大于 5%。

5 试验方法

5.1 常规检验

5.1.1 固体颗粒污染检验按 JB/T 5365.2 规定的方法进行测定。

5.1.2 噪声按 GB/T 25371 规定的方法进行测定。

5.1.3 几何精度按 GB/T 17421.1 规定的方法进行测定。

5.2 加压速率控制精度的测定

5.2.1 测定条件

——保温炉内的温度为常温；
——用专用密封件将浇注口密封；
——接通传感器的气路不应加阻尼；
——保温炉内不应有金属液。

5.2.2 测定方法

给铸造机设定一个加压速率，并按技术文件的要求进行加压，达到规定压力（略大于第 20 s 时的压力），在记录的压力-时间曲线上量出第 3 s、4 s、5 s、…18 s、19 s、20 s 所对应的压力，并计算出其相应的加压速率，以设定的加压速率为基准，找出 18 个点中的最大和最小加压速率值，分别按式(1)计算出加压速率控制精度，取其最大值为该次测定的加压速率控制精度。

$$Kn = | A - A' | / A' \times 100\% \qquad \cdots\cdots(1)$$

式中：
Kn ——第 n 秒时的加压速率控制精度，%；
A ——第 3 s、4 s、…、20 s 中的最大或最小加压速率，单位为兆帕每秒(MPa/s)；
A' ——设定的加压速率，单位为兆帕每秒(MPa/s)。

5.2.3 判定

给铸造机设定不同的加压速率，按上述方法，在升液、充型阶段的加压速率范围内，分别测出铸造机加压速率为最小值（在充型阶段推荐取 0.000 7 MPa/s）、区间值和最大值（在充型阶段推荐取 0.002 MPa/s）的加压速率控制精度，其最大一次的加压速率控制精度为铸造机的加压速率控制精度。

5.3 保温炉内金属液温度控制精度的测定

5.3.1 测定条件

——保温炉内金属液温度的设定值为 700 ℃；
——保温炉内的金属液大于或等于额定值的 50%；
——关闭气源截止阀，使保温炉内腔与大气接通；
——测温探头置于金属液内。

5.3.2 测定方法

在保温过程中，测定保温炉内的温度，测定时间不少于 10 min。

5.3.3 判定

测定值与设定值之差的最大值为保温炉温度控制精度。

5.4 保温炉内气体泄漏率的测定

5.4.1 测定条件

——保温炉内温度为室温；
——保温炉应处于密封状态。

5.4.2 测定方法

铸造机以适宜的加压速率进行充气，使保温炉内充气压力达到 0.2 MPa，用秒表计时，测定保温炉内气体压力降，测定时间为 4.5 min～5 min，然后按式(2)计算保温炉内气体泄漏率：

$$\Delta V=\frac{\Delta pV}{pt} \qquad \cdots\cdots(2)$$

式中：

ΔV ——保温炉内气体泄漏率，单位为升每分钟(L/min)；
p ——标准大气压，单位为兆帕(MPa)，取 0.1 MPa；
Δp ——保温炉内气体压力降，单位为兆帕(MPa)；
V ——保温炉内的充气容积，单位为升(L)；
t ——测定时间，单位为分钟(min)。

5.5 补偿压力的测定

5.5.1 泄漏补偿测定法

在空载条件下，在保温炉密封试验合格后，在保温炉接口处安装一个浮子流量计，将其流量调整到允许泄漏量的最大值，然后启动液面加压系统开始加压，用记录仪检验设定工艺参数和实际工艺参数的差别是否达到控制精度要求。

5.5.2 液位补偿测定法

实物浇注时，根据铸件(包括浇口)质量、金属液的密度和保温炉内腔尺寸，确定液面下降高度 Δh，然后计算出需要补偿的压力 Δp，并输入各工艺参数，然后启动液面加压系统开始加压，用记录仪检验设定工艺参数和实际工艺参数的差别，即可判定液位补偿能力。

5.6 充型阶段工艺参数控制精度的测定

5.6.1 测定条件

——根据铸件的工艺要求，确定铸造机的有关工艺参数；
——记录仪的时标为 1 s；
——接通传感器的气路不加阻尼；
——保温炉内的金属液应为额定容量。

5.6.2 测定方法

按技术文件的要求，连续不应少于 30 次(大型铸件除外)的实物浇注，记录其中连续 20 次的实物浇注过程中首件和尾件的气体压力-时间曲线，在充型阶段曲线上，以首件和尾件的充型压力的始点，找出时间间隔 1 s 时所对应的充型压力，分别记为 p_0、p_1、p_2…和 p_0'、p_1'、p_2'…，以首件的气体压力-时间曲线为给定曲线，然后按式(3)计算。

$$\delta_i = |(p_i' - p_i) - (p_0' - p_0)| / p_i \times 100\% \quad \cdots\cdots(3)$$

式中：

δ_i ——第 i 秒时的工艺参数控制精度，%；

p_i'——尾件第 i 秒时的充型压力，单位为兆帕(MPa)；

p_i ——首件第 i 秒时的充型压力，单位为兆帕(MPa)；

p_0'——尾件的充型始点压力，单位为兆帕(MPa)；

p_0 ——首件的充型始点压力，单位为兆帕(MPa)。

5.6.3 判定

在充型阶段 δ_i 的最大值为铸造机的工艺参数控制精度。

6 检验规则

6.1 出厂检验

6.1.1 每台铸造机应经供方质量检验部门检验合格后，并附有产品质量合格证明书方可出厂。

6.1.2 出厂检验按 4.1.4～4.1.7、4.2、4.3、4.4、4.5、4.6 的项目进行检验。所检项目应全部合格。

6.2 型式检验

6.2.1 有下列情况之一时，应进行型式检验：

——新产品鉴定时；

——正式投产后，如结构、材料、工艺有较大改变可能影响产品性能时；

——停产 2 年以上，恢复生产时；

——出厂检验结果与上次型式检验结果有较大差异时；

——国家质量监督机构提出进行型式检验要求时。

6.2.2 型式试验时抽检样品的数量：当每批产量小于等于 10 台时抽检样品 1 台；当每批产量大于 10 台时抽检样品 2 台。

6.2.3 型式检验项目为本标准规定的全部项目。

6.2.4 型式检验项目应全部合格。

6.2.5 当制造厂无条件进行型式试验时，允许在用户厂进行，但出厂前应进行空运转试验。

7 标志、包装、储运

7.1 铸造机的包装应符合 JB/T 8356.1 和 JB/T 8356.2 的有关规定，或符合订货合同的要求。

7.2 铸造机的包装储运图标志应符合 GB/T 191 的有关规定。

7.3 每台铸造机应在明显位置固定产品标牌，标牌应符合 GB/T 13306 的规定。

7.4 铸造机的储运应符合 GB/T 25711—2010 中第 8 章的规定。

ICS 25.120.30
J 61

中华人民共和国国家标准

GB/T 28689—2012

高效转子混砂机　技术条件

Efficient rotator mixer—Technical requirements

2012-09-03 发布　　2013-01-01 实施

中华人民共和国国家质量监督检验检疫总局
中国国家标准化管理委员会　发布

前　言

本标准按照 GB/T 1.1—2009 给出的规则起草。

本标准由中国机械工业联合会提出。

本标准由全国铸造机械标准化技术委员会(SAC/TC 186)归口。

本标准起草单位:济南铸造锻压机械研究所有限公司。

本标准主要起草人:姚继成、卢军、詹昌俊。

高效转子混砂机　技术条件

1　范围

本标准规定了高效转子混砂机的技术要求、试验方法、检验规则和标志、包装及运输。

本标准适用于高效转子混砂机(以下简称混砂机)

2　规范性引用文件

下列文件对于本文件的应用是必不可少的。凡是注日期的引用文件,仅注日期的版本适用于本文件。凡是不注日期的引用文件,其最新版本(包括所有的修改单)适用于本文件。

GB 5226.1　机械电气安全　机械电气设备　第1部分:通用技术条件

GB/T 6576　机床润滑系统

GB/T 7932　气动系统通用技术条件

GB/T 9969　工业产品使用说明书　总则

GB/T 10095.1　圆柱齿轮　精度制　第1部分:轮齿同侧齿面偏差的定义和允许值

GB/T 13306　标牌

GB/T 17421.1—1998　机床检验通则　第1部分:在无负荷或精加工条件下机床的几何精度

GB 20905　铸造机械　安全要求

GB/T 23570　金属切削机床焊接件　通用技术条件

GB/T 25371　铸造机械　噪声声压级测量方法

GB/T 25711—2010　铸造机械　通用技术条件

JB/T 5365.1　铸造机械清洁度测定方法　重量法

JB/T 8356.1　机床包装　技术条件

JB/T 8356.2　机床包装箱

3　技术要求

3.1　一般要求

3.1.1　混砂机应符合本标准的规定,并按经规定程序批准的图样和技术文件制造。

3.1.2　传动齿轮应传动平稳、灵活,并应符合 GB/T 10095.1 的规定。

3.1.3　电气系统应符合 GB 5226.1 的规定。

3.1.4　气动系统应符合 GB/T 7932 的规定。

3.1.5　润滑系统应润滑良好,应有观察供油情况的装置和指示油位的油标,并符合 GB/T 6576 的规定。

3.1.6　焊缝应均匀、平整,无气孔、夹渣、裂纹等缺陷,焊接质量应符合 GB/T 23570 的规定。

3.1.7　混砂机外表面不应有明显的凹凸不平等缺陷。

3.1.8　外露零部件的加工表面不应有锈蚀及碰、磕、划伤等缺陷。

3.1.9　检修门及外露运动机构应设有安全防护装置,并应符合 GB 20905 的规定。

3.1.10　各刮板及转子叶片等易损件的寿命不应低于 1 500 h,且应更换方便。

3.1.11 减速箱内部清洁度不应大于润滑油油标下限质量的0.02%。

3.1.12 混砂机上的各种标牌应固定在明显的位置，并应符合 GB/T 13306 的规定。

3.1.13 混砂机的涂漆应符合技术文件的规定。

3.1.14 随机技术文件的编制应符合 GB/T 9969 的规定。

3.2 混砂机装配精度

3.2.1 主轴轴线与底盘上平面的垂直度不应大于0.7/1 000。

3.2.2 底衬板上平面的平面度：金属衬板不应大于1.5/1 000；铸石衬板不应大于6.0/1 000。

3.2.3 底衬板接缝处的间隙：金属衬板不应大于1.5 mm；铸石衬板不应大于10.0 mm。

3.2.4 出砂门关闭后低于门框板上平面的值不应大于1.5 mm。

3.2.5 出砂门、取样门关闭后周边间隙不应大于1.5 mm。

3.2.6 转子架下端径向跳动不应大于1.0 mm。

3.2.7 转子叶片及刮板的混砂面应堆焊碳化钨或镶嵌硬质合金等耐磨金属，其表面硬度不应低于50 HRC。

3.3 空运转要求

3.3.1 空运转时间不应少于4 h。

3.3.2 各紧固、联接处不应松动。

3.3.3 各操纵机构、调整机构和控制机构应灵活、可靠。

3.3.4 气动、润滑系统及各种管路应安装整齐、密封良好，不应有渗漏现象。

3.3.5 各运动机构应运行平稳、可靠，不应有不正常声响，在空运转条件下，盘径小于2 000 mm 的混砂机噪声声压级不应超过80 dB(A)，盘径等于或大于2 000 mm 的混砂机噪声声压级不应超过85 dB(A)。

3.3.6 空运转4 h后，滚动轴承的温升不应大于35 ℃，最高温度不应高于70 ℃。

3.3.7 各电机的空运转电流不应超过额定电流的35%

3.4 负荷运转要求

3.4.1 混砂机负荷运转前应进行空运转试验。

3.4.2 混砂机每盘加料量不应低于2 000 kg。

3.4.3 混砂机每盘混辗周期(包含加料、混碾及卸料时间)不应大于150 s。

3.4.4 按规定的负载量及各种参数的要求进行负荷试验。

3.4.5 混砂机在额定负荷条件下运行应平稳、灵活。

3.4.6 残留砂量不应大于一次加砂量的2%。

3.4.7 按设计参数进行混砂，混砂性能应达到下列要求：

a) 型砂性能稳定率 $E_{稳}$ 不应大于8%；

b) 型砂性能均匀率 $E_{均}$ 不应大于5%；

c) 混制的型砂中不应有直径大于2.0 mm 的坚硬颗粒。

4 试验方法

4.1 常规检测项目

4.1.1 机器的噪声按 GB/T 25371 的规定进行检验。

4.1.2 机器的清洁度应按 JB/T 5365.1 的规定进行检验。

4.1.3 空运转 4 h 后,用点温计分别测量两端轴承座,取其最大值加 3 ℃修正值即轴承的最高温度,减去环境温度即为轴承的温升。

4.1.4 主轴轴线与底盘上平面的垂直度按 GB/T 17421.1—1998 中 5.5.1.2.4 规定进行检验。

4.1.5 底衬板上平面的平面度按 GB/T 17421.1—1998 中 5.3.2.2 的规定进行检验。

4.2 混砂性能的测定

4.2.1 型砂配方:旧砂 80%、新砂(粒度 70/140)20%、膨润土 2%、煤粉 2%、水分 4%~5%。

4.2.2 混砂性能试验方法:按规定的参数混制 3 盘型砂,在混碾周期结束后,从每盘型砂随机抽取 3 个砂样,在第 3 盘型砂取样后继续混制 30 s,再随机抽取 3 个砂样,并按取样顺序按 1~12 进行编号。

4.2.3 型砂性能测定项目:紧实率、透气性、湿压强度。

4.2.4 型砂稳定率按式(1)计算:

$$E_{稳} = \frac{|A_{均3} - A_{均9}|}{A_{均3}} \times 100\% \qquad (1)$$

式中:

$E_{稳}$ ——型砂稳定率,%;

$A_{均3}$ ——第 10、11、12 号砂样的性能平均值;

$A_{均9}$ ——第 1~9 号砂样的性能平均值。

4.2.5 型砂均匀率按式(2)计算:

$$E_{均} = \frac{|A_{max} - A_{min}|}{A_{均9}} \times 100\% \qquad (2)$$

式中:

$E_{均}$ ——型砂均匀率,%;

A_{max}——第 1~9 号砂样中型砂性能的最大值;

A_{min} ——第 1~9 号砂样型砂性能的最小值。

4.2.6 按规定卸完型砂后停机,清扫混砂机内的残留型砂,并将清扫出的型砂进行称重,计算型砂残留量。

5 检验规则

5.1 出厂检验

5.1.1 每台混砂机应经制造厂检验部门检验合格后,并附有产品质量合格证方可出厂。

5.1.2 出厂检验按 3.1.6~3.1.9、3.1.11~3.1.14、3.2、3.3 的要求进行。

5.2 型式试验

5.2.1 有下列情况之一时,应进行型式试验:

a) 新产品或老产品转厂生产的试制定型鉴定时;

b) 正式生产后如结构、材料、工艺有较大改变可能影响产品性能时;

c) 产品停产 2 年以上恢复生产时;

d) 国家质量监督机构提出型式试验要求时。

5.2.2 型式试验项目为本标准规定的所有项目,所检项目应全部合格。

5.2.3 型式试验时抽检样品的数量:

——当每批产量小于等于 10 台时抽检样品 1 台;

——当每批产量大于 10 台时抽检样品 2 台。

5.2.4 当制造厂不具备型式试验条件时,允许在用户现场做试验。

6 标志、包装及运输

6.1.1 混砂机的包装应符合 JB/T 8356.1 和 JB/T 8356.2 的规定,合同条件下按供需双方约定进行。

6.1.2 混砂机的标志、运输应符合 GB/T 25711—2010 第 8 章的规定。

ICS 25.120.30
J 61

中华人民共和国国家标准

GB/T 28690—2012

树脂砂再生成套设备　技术条件

Resin-bonded sand reclamation equipment—Technical requirements

2012-09-03 发布　　2013-01-01 实施

中华人民共和国国家质量监督检验检疫总局
中国国家标准化管理委员会　发布

前　言

本标准按照 GB/T 1.1—2009 给出的规则起草。

本标准由中国机械工业联合会提出。

本标准由全国铸造机械标准化技术委员会(SAC/TC 186)归口。

本标准起草单位:济南二机床集团有限公司、济南铸造锻压机械研究所有限公司。

本标准主要起草人:赵宗寅、王明刚、阎东兴、王立建、卢军、何洪江。

树脂砂再生成套设备　技术条件

1　范围

本标准规定了树脂砂再生成套设备的技术要求、试验方法、检验规则。

本标准适用于采用机械再生和热法再生的树脂砂再生成套设备(以下简称成套设备)。

2　规范性引用文件

下列文件对于本标准的应用是必不可少的。凡是注日期的引用文件,仅注日期的版本适用于本文件。凡是不注日期的引用文件,其最新版本(包括所有的修改单)适用于本文件。

GB 150　压力容器

GB/T 1184—1996　形状和位置公差　未注公差值

GB/T 1804—2000　一般公差　未注公差的线性和角度尺寸的公差

GB/T 3098.1—2010　紧固件机械性能　螺栓、螺钉和螺柱

GB 4053.1　固定式钢梯及平台安全要求　第1部分:钢直梯

GB 4053.2　固定式钢梯及平台安全要求　第2部分:钢斜梯

GB 4053.3　固定式钢梯及平台安全要求　第3部分:工业防护栏杆及钢平台

GB 5226.1　机械电气安全　机械电气设备　第1部分:通用技术条件

GB/T 7932　气动系统通用技术条件

GB 8959　铸造防尘技术规程

GB/T 9442　铸造用硅砂

GB/T 9969　工业产品使用说明书　总则

GB/T 10595　带式输送机

GB/T 13306　标牌

GB/T 16157　固定污染源排气中颗粒物测定与气态污染物采样方法

GB 16297　大气污染物综合排放标准

GB/T 20115.1　燃料加热装置基本技术条件　第1部分:通用部分

GB 20905　铸造机械　安全要求

GB/T 23570　金属切削机床焊接件　通用技术条件

GB/T 23934　热卷圆柱螺旋压缩弹簧　技术条件

GB/T 25370　铸造机械　术语

GB/T 25371　铸造机械　噪声声压级测量方法

GB 25492　落砂机　安全要求

GB/T 25711—2010　铸造机械　通用技术条件

GB 50050—2007　工业循环冷却水处理设计规范

GB 50235—2010　工业金属管道工程施工规范

GB 50270　输送设备安装工程施工及验收规范

GB 50277　铸造设备安装工程施工及验收规范

JB/T 3926.2　垂直斗式提升机　技术条件

JB/T 5548.1 电动激振器 第1部分:型式和基本参数
JB/T 5548.2 电动激振器 第2部分:技术条件
JB/T 6100 电磁皮带轮 技术条件
JB/T 6575 落砂机
JB/T 7689 悬挂式电磁除铁器
JB/T 7895 永磁筒式磁选机
JB/T 8711 悬挂式永磁除铁器
JB/T 10788 铸造用除尘器 通用技术条件

3 术语和定义

GB/T 25370 确定的以及下列术语和定义适用于本文件。

3.1

旧砂再生 sand reclamation

将粘结在旧砂砂粒表面的残留粘结物去除掉,使其恢复到接近于新砂的使用性能。

3.2

机械再生 mechanical regeneration

利用机械的或气流撞击的方式去除砂粒表面残留粘结物。

3.3

热法再生 thermal regeneration

主要利用热的作用将砂粒表面的残留粘结物烧掉的再生方法。

3.4

再生成套设备 reclamation equipments

为达到旧砂再生的目的所配备的工艺设备的总称。

注:一般包括落砂机、磁选机、破碎机、焙烧炉、再生机、微粉分离器、砂温调节器等主机设备,各主机设备间的输送设备、砂仓及除尘系统。

4 技术要求

4.1 一般要求

4.1.1 成套设备应按经规定程序批准的图样及技术文件制造。

4.1.2 成套设备的配置型式应与树脂砂工艺条件相适应,在正常使用条件下该成套设备所能适用的树脂砂工艺条件应在技术文件中明确规定。

4.1.3 各种零件的材质、力学性能和物理性能应符合有关标准或技术文件的规定。

4.1.4 机械加工零件的未注公差尺寸极限偏差不应低于 GB/T 1804—2000 规定的 m 级公差要求。

4.1.5 电气系统应符合 GB 5226.1 的规定。

4.1.6 气动系统应符合 GB/T 7932 的规定。

4.1.7 各单机设备的标牌应符合 GB/T 13306 的规定。

4.1.8 金属结构件的焊接应符合 GB/T 23570 的规定。

4.1.9 成套设备所采用的圆柱螺旋弹簧应符合 GB/T 23934 的规定。

4.1.10 电动激振器应符合 JB/T 5548.1 和 JB/T 5548.2 的规定。

4.1.11 成套设备的安全防护应符合 GB 20905 的有关规定。

4.1.12 成套设备的涂漆应符合技术文件的规定。

4.1.13 成套设备的安装应符合 GB 50270 和 GB 50277 的规定。

4.1.14 各单机设备应具有安全环保、工作可靠、高效节能、维修方便的特点，并符合有关标准或技术文件的规定。

4.1.15 成套设备的除尘应符合 GB 8959 的有关规定。

4.1.16 各单机设备的轴承及润滑部位应润滑防尘良好，设备使用说明书中对各部位的润滑应有具体规定。

4.1.17 在过共振区工作的振动设备应有可靠的制动或限幅措施，保证停机过程快速平稳。

4.1.18 设备说明书中应附有易损件的图样及型号，并应注明易损件的寿命。

4.1.19 随机技术文件应包括产品说明书、产品合格证和装箱单，随机文件的编制应符合 GB/T 9969 的规定。

4.1.20 随机文件、备件应齐全。

4.2 落砂机

4.2.1 落砂机除符合本标准的一般技术要求外还应符合 GB 25492 和 JB/T 6575 的规定。

4.2.2 落砂机的安装设计应保证激振器散热良好。

4.3 破碎再生机

4.3.1 破碎再生机应选用力学性能不低于 Q235A 的材料制造。

4.3.2 振动式破碎再生机体组焊完成后，应进行热时效处理，且不应扭曲变形。

4.3.3 破碎再生机安装激振器的底脚螺栓孔和激振器安装面的表面粗糙度和形位公差应符合 JB/T 5548.2 的规定，侧振式破碎再生机激振器底座安装面间的平行度应符合 GB/T 1184—1996 中附表 3 规定的 9 级公差要求。

4.3.4 破碎再生机所有螺栓紧固件均应采用高强度螺栓，其强度级别不应低于 GB/T 3098.1—2010 中 8.8 级的规定，并应采取防松措施，在正常使用条件下不应松动和产生断裂现象。

4.3.5 破碎再生机的空载双振幅宜在 6 mm～8 mm 范围内，并可根据工艺要求进行调整。

4.3.6 破碎再生机在空载条件下噪声声压级不应大于 85 dB(A)。

4.3.7 正常使用条件下，易损件的寿命不应小于 3 000 h。

4.3.8 破碎再生机的生产率应符合技术文件的规定。

4.4 焙烧炉

4.4.1 焙烧炉应符合 GB/T 20115.1 的规定。

4.4.2 砂子的焙烧温度应符合技术文件的规定，砂温应均匀。

4.5 再生机

4.5.1 再生机工作时应具有脱膜良好、砂粒不易破碎的特点。

4.5.2 正常工作条件下，再生机噪声声压级不应大于 85 dB(A)。

4.6 微粉分离器

4.6.1 在除尘系统正常工作的条件下，砂粒经微粉分离器分离后的微粉含量不应大于 0.3%。

4.6.2 微粉分离器的除尘接口应配风量调节阀。

4.7 砂温调节器

4.7.1 砂温调节器应能对旧砂进行冷却或加热，使用方如要求砂温调节器具有加热功能应在技术文件中特别规定。

4.7.2 砂温调节器工作时，砂子在调节器内应与冷却介质进行充分换热，热交换效率应大于70%。

4.7.3 经调节后的砂子温度应均匀，并能达到工艺规定的温度。

4.7.4 砂温调节器的内部不应产生冷凝水，正常工作条件下不应引起砂子堵塞。

4.7.5 以水为冷却介质的砂温调节器应进行水压试验，水压试验在0.5 MPa下保压30 min应无渗漏。

4.7.6 砂温调节器的循环水系统的管路设计应符合GB 50050—2007中3.2.9、3.2.10的规定。

4.7.7 砂温调节器配备制冷机组时，其冷冻水管路及其水箱应进行保温。

4.8 磁选机

4.8.1 磁选机应符合JB/T 6100、JB/T 7689、JB/T 7895、JB/T 8711的规定。

4.8.2 磁选机的磁场强度、配置型式和位置应能满足工艺条件。

4.9 输送设备

4.9.1 气力输送装置

4.9.1.1 输送设备中气力输送装置应为密相输送方式。

4.9.1.2 气力输送装置的罐体应符合GB 150的规定。

4.9.1.3 气力输送管道应采用无缝钢管制作，管子切口质量应符合GB 50235—2010中5.2.4的规定。

4.9.1.4 管道法兰面与管子中心的垂直度应符合GB 50235—2010中7.3.3的规定。

4.9.1.5 气力输送装置送砂管道应采用法兰联接，管道安装后水平度偏差为长度的0.5‰，最大不应超过30 mm；垂直度偏差为高度的1‰，最大不应超过15 mm。

4.9.1.6 管道安装时应设管道支架，管道支架安装应平整牢固，与管道接触应紧密，支架间距不应大于7.5 m。

4.9.1.7 气力输送装置的加砂阀、进排气阀开关应灵活，密封应可靠，工作过程中不应有漏气和漏砂现象。

4.9.1.8 气力输送装置排气时的噪声声压级不应大于85 dB(A)。

4.9.2 垂直斗式提升机

4.9.2.1 垂直斗式提升机应符合JB/T 3926.2的标准。

4.9.2.2 垂直斗式提升机的型式应满足砂温的要求。

4.9.3 带式输送机

4.9.3.1 带式输送机应符合GB/T 10595的规定。

4.9.3.2 皮带输送机的输送带应满足砂温的要求。

4.9.4 振动输送机

4.9.4.1 振动输送机的生产率应满足生产工艺的要求。

4.9.4.2 振动输送机机体应有足够的刚性，不应出现变形、裂纹或断裂现象。

4.9.4.3 振动输送机机体的侧向偏摆量不应大于2 mm，进、出料口两端振幅差值不应大于10%。

4.9.4.4 振动输送机机体两侧板对称点振动方向的双振幅差值不应大于在此两点所测振幅的平均值的20%。

4.10 除尘系统

4.10.1 除尘器应符合 JB/T 10788 的规定。

4.10.2 除尘系统应设计合理,防止管道堵塞,便于维护、清理。

4.10.3 除尘器的粉尘排放浓度应符合 GB 16297 和当地环保部门的规定。

4.10.4 除尘管道直径小于等于 300 mm 时,壁厚不应小于 2 mm;管道直径大于 300 mm 小于等于 900 mm 时,壁厚不应小于 3 mm,管道直径大于 900 mm 时,壁厚不应小于 4 mm。

4.10.5 除尘管道安装时,应设置支架进行固定,支架间距不应大于 7.5 m。

4.10.6 管路系统关键吸尘口应安装风量调节阀,除尘管道的弯头、三通连接处应采用法兰连接,直管部分的法兰间距不应大于 7.5 m。

4.10.7 除尘管道与工作时有振动的设备接口应采用软连接接头。

4.10.8 除尘罩的形式应能满足生产工艺要求,不应影响设备的操作和设备的维修。

4.10.9 除尘器和管道密封应良好,不应有漏风、漏水现象。

4.11 砂仓及平台

4.11.1 砂仓及平台的设计制造应符合技术文件的规定。

4.11.2 砂仓的容量应能满足工艺要求。

4.11.3 砂仓壁板的厚度根据容量及结构确定,不应小于 5 mm。

4.11.4 砂仓壁板间的焊接应采用连续焊缝。

4.11.5 各种平台顶面应采用花纹钢板焊接,钢板厚度不应小于 4 mm。

4.11.6 砂仓的防护栏杆、梯子及平台应符合 GB 4053.1、GB 4053.2、GB 4053.3 的规定。

4.12 空运转、负荷运转

4.12.1 各单机设备的空运转应在制造厂进行,空运转时间不应少于 4 h;负荷运转可在用户进行,负荷运转时间不应少于 2 h。

4.12.2 成套设备整机空运转可在用户进行,连续空运转时间不应少于 4 h;在空运转之后按额定生产率进行负荷运转,负荷运转时间不应少于 2 h。

4.12.3 各运动机构运转应正常,相邻零部件之间不应有不正常的摩擦、相碰等干涉现象。

4.12.4 电气控制系统应灵敏、可靠。

4.12.5 气动系统的动作应灵活、准确,不应漏气。

4.12.6 各单机应能在技术文件规定的额定生产率状态下正常工作,无异常现象。

4.12.7 成套设备的生产率应符合技术文件的规定,各单机生产率应匹配。

4.12.8 各管路不应漏水、漏气、漏砂、漏油;各阀门开关应灵活可靠。

4.12.9 各单机及连接部位均不应有漏砂及粉尘溢出现象。

4.12.10 除落砂机外,各单机设备的空载噪声不应大于 85 Db(A)。

4.12.11 再生砂的灼烧减量应达到技术文件的要求。

4.12.12 再生砂中微粉含量应小于 0.3%。

4.12.13 再生前后的砂子粒度分布相差不应大于一个筛号。

4.12.14 经成套设备再生冷却后的砂温不应大于 32 ℃;加热后的砂温不应小于 20 ℃。

4.12.15 经成套设备再生后的再生砂回收率不应小于 95%。

4.12.16 经成套设备再生后的呋喃树脂砂回用率不应小于 95%,酚醛树脂和酚脲树脂的回用率不应小于 85%。

5 试验方法

5.1 总则

在对本标准各项技术指标进行测定时，应按本章和测定各项技术指标所用器具的使用说明书的规定程序操作，保证测定数据的再现性。所用器具应标定证明能够满足测定要求。

5.2 成套设备噪声的测定

成套设备的噪声按 GB/T 25371 的规定测定。

5.3 粉尘排放浓度的测定

粉尘排放浓度按 GB/T 16157 的规定测定。

5.4 成套设备生产率的测定

成套设备在正常生产条件下，每隔 1 h 分别测量各单机设备的生产率，依次进行三次，取三次称量值的平均值，即为单机设备的生产率，从计算结果中取单机设备生产率的最小值，即为成套设备的生产率。

5.5 成套设备旧砂脱膜率的测定

在技术文件规定的工艺条件下，再生砂循环 10 次后，从破碎机出口部位与再生砂储砂斗内，分别取处于同一次再生循环内的旧砂和再生砂各 100 g，分别均匀地摊分在纸上，用匙子从不同处分别随机地取旧砂和再生砂各五份，每份 3 g，精确至 0.001 g，置于瓷舟内，加热至 1 000 ℃～1 050℃，保温 30 min，干燥冷却至室温。分别测出旧砂和再生砂各自的灼减量，并取其算术平均值。按式(1)进行计算，计算结果即为成套设备脱膜率。

$$Rr=\frac{L_2-L_3}{L_2}\times 100\% \qquad \cdots\cdots(1)$$

式中：

Rr ——脱膜率，%；

L_2 ——旧砂灼减量，单位为克(g)；

L_3 ——再生砂灼减量，单位为克(g)。

5.6 再生砂温度测定

在成套设备正常工作过程中，用分辨率为 0.2 ℃的温度计在再生砂储砂斗入口处每隔 30 min 测量一次再生砂温度，测三次，取算术平均值，即为再生砂温度。

5.7 再生砂回收率的测定

称量再生前的一定质量的旧砂 W_1，将这部分旧砂经成套设备再生后再进行称量质量为 W_2，连续称量三次，取其平均值并按式(2)进行计算，计算结果即为再生砂回收率。

$$S_U=\frac{W_2}{W_1}\times 100\% \qquad \cdots\cdots(2)$$

式中：

S_U ——再生砂回收率；

W_1 ——再生前的旧砂质量(包括不可破碎量和微粉量，仅磁选废料除外)，单位为千克(kg)；

W_2——再生后再生砂的质量，单位为千克(kg)。

5.8 微粉含量的测定

在技术文件规定的工艺条件下，再生砂循环 10 次后，从再生砂储砂斗内，取处于同一次再生循环内的再生砂 1 000 g，均匀地摊分在纸上，用匙子从不同处分别随机取再生砂三份，每份 100 g，精确至 0.01 g。分别用 140 目筛(200 目筛)进行筛分，称量筛下物质量，取算术平均值，并与砂样平均质量进行重量百分比计算，计算结果即为微粉含量。

注：微粉，30/50、40/70 为 140 目筛以下；50/100、70/140 为 200 目筛以下。

5.9 砂调温器热交换效率的测定

在砂调温器正常工作状态下，测定砂子入口温度 t_1 和出口温度 t_2，测量冷却介质的进口温度 T_1 和出口温度 T_2，按式(3)进行计算，计算结果即为砂调温器的热交换效率。

$$\eta=\frac{cm(t_1-t_2)}{CM(T_2-T_1)}\times 100\% \qquad (3)$$

式中：

η ——热交换效率；

t_1 ——砂子入口温度，单位为摄氏度(℃)；

t_2 ——砂子出口温度，单位为摄氏度(℃)；

T_1——冷却介质的进口温度，单位为摄氏度(℃)；

T_2——冷却介质的出口温度，单位为摄氏度(℃)；

c ——砂子的比热，单位为千焦每千克摄氏度[kJ/(kg℃)]；

m ——砂调温器的生产率，单位为千克每小时(kg/h)；

C ——冷却介质的比热，单位为千焦每千克摄氏度[kJ/(kg℃)]；

M ——冷却介质单位时间的流量，单位为千克每小时(kg/h)。

5.10 磁选机磁感应强度的测定

5.10.1 磁选滚筒磁感应强度的测定

永磁筒式磁选机按 JB/T 7895 的规定测定；电磁筒式磁选机按 JB/T 6100 的规定测定。

5.10.2 带式磁选机磁感应强度的测定

永磁带式磁选机按 JB/T 8711 的规定测定；电磁带式磁选机按 JB/T 7689 的规定测定。

5.11 砂子的粒度的测定

砂子的粒度按 GB/T 9442 的规定测定。

6 检验规则

6.1 出厂检验

6.1.1 成套设备应经供方检验合格后方可出厂。

6.1.2 如无特别协议，出厂前应按 4.1.5～4.1.7、4.1.9～4.1.12、4.1.16、4.1.19、4.1.20、4.2.1、4.3.5、4.3.6、4.4.1、4.5.2、4.6.2、4.7.5、4.8.1、4.9.1.2、4.9.1.7、4.9.2.1、4.9.3.1、4.9.4.3、4.9.4.4、4.10.1、4.11.6、4.12.1、4.12.3～4.12.5、4.12.8～4.12.10 的规定进行检验，所检项目应全部合格。

6.2 型式检验

6.2.1 有下列情况之一时，应进行型式检验：

a) 新产品或老产品转厂生产的试验定型鉴定时；

b) 正式生产后如结构、工艺、材料有较大改变可能影响产品性能时；

c) 正常生产时，每三年进行一次；

d) 停产二年以上、恢复正常生产时；

e) 国家质量监督机构提出型式试验要求时。

6.2.2 型式试验时抽验样品的数量：当每批产量小于等于 10 台时抽检样品一台；当每批产量大于 10 台时抽检样品 2 台。

6.2.3 型式试验应对本标准中所有项目进行检验，所检验项目应全部合格。

6.2.4 当制造厂不具备型式检验条件时，允许在用户现场做试验。

7 包装、标志、储运

成套设备的包装、标志、储运应符合 GB/T 25711—2010 中第 8 章的规定。

ICS 25.100.50
J 41

中华人民共和国国家标准

GB/T 28691—2012

高精度梯形螺纹拉削丝锥

High precision trapezoidal thread broaching tap

2012-09-03 发布　　2013-01-01 实施

中华人民共和国国家质量监督检验检疫总局
中国国家标准化管理委员会　发布

前言

本标准按照GB/T 1.1—2009给出的规则起草。

本标准由中国机械工业联合会提出。

本标准由全国刀具标准化技术委员会(SAC/TC 91)归口 。

本标准主要起草单位:河南一工工具有限公司、四川天虎工具有限责任公司、成都工具研究所。

本标准主要起草人:赵建敏、孔春艳、王裔孝、沈士昌、樊英杰、孙景春。

高精度梯形螺纹拉削丝锥

1 范围

本标准规定了高精度梯形螺纹拉削丝锥的型式和尺寸、螺纹公差、技术要求、标志和包装的基本要求。

本标准适用于加工梯形螺纹(JB/T 2886—2008 中 7、8、9 级非配作螺母)用的高精度梯形螺纹拉削丝锥(以下简称丝锥)。

2 规范性引用文件

下列文件对于本文件的应用是必不可少的。凡是注日期的引用文件,仅注日期的版本适用于本文件。凡是不注日期的引用文件,其最新版本(包括所有的修改单)适用于本文件。

GB/T 5796.1—2005 梯形螺纹 第 1 部分:牙型(ISO 2901:1993,MOD)

JB/T 2886—2008 机床梯形丝杠、螺母 技术条件

3 型式和尺寸

3.1 丝锥的型式尺寸按图 1 和表 1 规定。

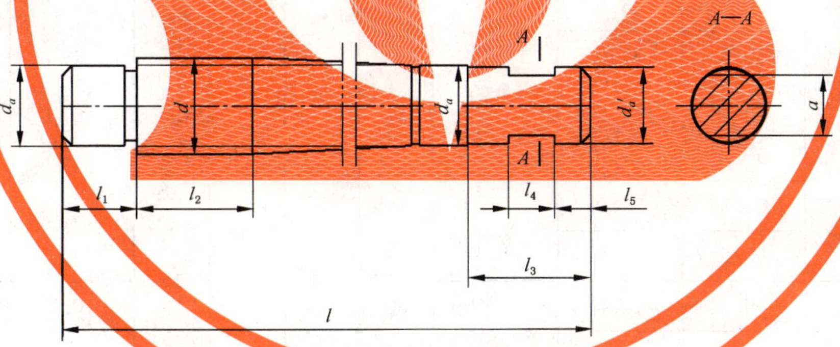

a) 螺纹公称直径小于或等于 30 mm

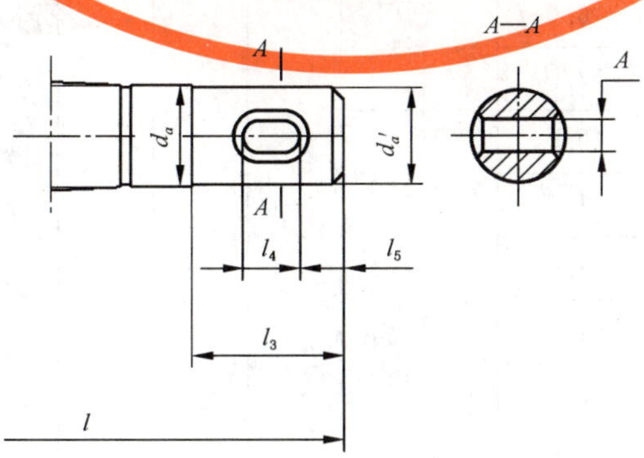

b) 螺纹公称直径大于 30 mm

说明:校准部分长度尺寸 l_2 为 5～6 个螺距 P。总长度尺寸 l 及每组支数,根据使用需要确定。

图 1

表 1

单位为毫米

<table>
<tr><th rowspan="2">代号</th><th rowspan="2">螺距
P</th><th rowspan="2">大径
d</th><th colspan="2">d_a</th><th rowspan="2">l_1</th><th rowspan="2">l_3
min</th><th rowspan="2">l_4</th><th rowspan="2">l_5</th><th rowspan="2">a</th><th colspan="2">A</th></tr>
<tr><th>尺寸</th><th>公差
(h8)</th><th>尺寸</th><th>公差
(H12)</th></tr>
<tr><td>Tr8×1.5</td><td>1.5</td><td>8.3</td><td>6.5</td><td rowspan="3">$^{0}_{-0.022}$</td><td rowspan="8">25</td><td rowspan="7">42</td><td rowspan="7">12</td><td rowspan="7">12</td><td>5.0</td><td rowspan="11">—</td><td rowspan="11">—</td></tr>
<tr><td>Tr10×2</td><td rowspan="5">2</td><td>10.5</td><td>8.0</td><td>6.3</td></tr>
<tr><td>Tr12×2</td><td>12.5</td><td>10.0</td><td>7.1</td></tr>
<tr><td>Tr16×2</td><td>16.5</td><td>14.0</td><td rowspan="3">$^{0}_{-0.027}$</td><td>11.2</td></tr>
<tr><td>Tr18×2</td><td>18.5</td><td>16.0</td><td>12.5</td></tr>
<tr><td>Tr20×2</td><td>20.5</td><td>18.0</td><td>14.0</td></tr>
<tr><td>Tr12×3</td><td rowspan="13">3</td><td>12.5</td><td>9.0</td><td>$^{0}_{-0.022}$</td><td>7.1</td></tr>
<tr><td>Tr14×3</td><td>14.5</td><td>11.0</td><td>$^{0}_{-0.027}$</td><td rowspan="24">56</td><td rowspan="4">18</td><td rowspan="24">15</td><td>9.0</td></tr>
<tr><td>Tr24×3</td><td>24.5</td><td>21.0</td><td rowspan="5">$^{0}_{-0.033}$</td><td rowspan="23">30</td><td>16.0</td></tr>
<tr><td>Tr26×3</td><td>26.5</td><td>23.0</td><td>18.0</td></tr>
<tr><td>Tr28×3</td><td>28.5</td><td>25.0</td><td>20.0</td></tr>
<tr><td>Tr30×3</td><td>30.5</td><td>27.0</td><td rowspan="20">20</td><td rowspan="8">—</td><td rowspan="8">8</td><td rowspan="8">$^{+0.15}_{0}$</td></tr>
<tr><td>Tr32×3</td><td>32.5</td><td>29.0</td></tr>
<tr><td>Tr36×3</td><td>36.5</td><td>33.0</td><td rowspan="4">$^{0}_{-0.039}$</td></tr>
<tr><td>Tr40×3</td><td>40.5</td><td>37.0</td></tr>
<tr><td>Tr44×3</td><td>44.5</td><td>41.0</td></tr>
<tr><td>Tr50×3</td><td>50.5</td><td>47.0</td></tr>
<tr><td>Tr55×3</td><td>55.5</td><td>52.0</td><td rowspan="2">$^{0}_{-0.046}$</td></tr>
<tr><td>Tr60×3</td><td>60.5</td><td>57.0</td></tr>
<tr><td>Tr16×4</td><td rowspan="3">4</td><td>16.5</td><td>12.0</td><td rowspan="3">$^{0}_{-0.027}$</td><td>10.0</td><td rowspan="8">—</td><td rowspan="8">—</td></tr>
<tr><td>Tr18×4</td><td>18.5</td><td>14.0</td><td>11.2</td></tr>
<tr><td>Tr20×4</td><td>20.5</td><td>16.0</td><td rowspan="2">12.5</td></tr>
<tr><td>Tr22×5</td><td rowspan="4">5</td><td>22.5</td><td>17.0</td><td rowspan="8">$^{0}_{-0.033}$</td></tr>
<tr><td>Tr24×5</td><td>24.5</td><td>19.0</td><td>14.0</td></tr>
<tr><td>Tr26×5</td><td>26.5</td><td>21.0</td><td>16.0</td></tr>
<tr><td>Tr28×5</td><td>28.5</td><td>23.0</td><td>18.0</td></tr>
<tr><td>Tr30×6</td><td rowspan="5">6</td><td>31.0</td><td>24.0</td><td>20.0</td></tr>
<tr><td>Tr32×6</td><td>33.0</td><td>26.0</td><td rowspan="4">—</td><td rowspan="4">8</td><td rowspan="4">$^{+0.15}_{0}$</td></tr>
<tr><td>Tr34×6</td><td>35.0</td><td>28.0</td></tr>
<tr><td>Tr36×6</td><td>37.0</td><td>30.0</td></tr>
<tr><td>Tr40×6</td><td>41.0</td><td>34.0</td><td>$^{0}_{-0.039}$</td></tr>
</table>

表 1（续）

单位为毫米

<table>
<tr><th rowspan="2">代号</th><th rowspan="2">螺距
P</th><th rowspan="2">大径
d</th><th colspan="2">d_a</th><th rowspan="2">l_1</th><th rowspan="2">l_3
min</th><th rowspan="2">l_4</th><th rowspan="2">l_5</th><th rowspan="2">a</th><th colspan="2">A</th></tr>
<tr><th>尺寸</th><th>公差
(h8)</th><th>尺寸</th><th>公差
(H12)</th></tr>
<tr><td>Tr38×7</td><td rowspan="4">7</td><td>39.0</td><td>31.0</td><td rowspan="9">0
−0.039</td><td rowspan="4">30</td><td rowspan="8">56</td><td rowspan="6">20</td><td rowspan="6">15</td><td rowspan="17">—</td><td rowspan="6">8</td><td rowspan="8">+0.15
0</td></tr>
<tr><td>Tr40×7</td><td>41.0</td><td>33.0</td></tr>
<tr><td>Tr42×7</td><td>43.0</td><td>35.0</td></tr>
<tr><td>Tr44×7</td><td>45.0</td><td>37.0</td></tr>
<tr><td>Tr46×8</td><td rowspan="4">8</td><td>47.0</td><td>38.0</td><td rowspan="13">32</td></tr>
<tr><td>Tr48×8</td><td>49.0</td><td>40.0</td></tr>
<tr><td>Tr50×8</td><td>51.0</td><td>42.0</td><td rowspan="7">26</td><td rowspan="2">17</td><td rowspan="2">10</td></tr>
<tr><td>Tr52×8</td><td>53.0</td><td>44.0</td></tr>
<tr><td>Tr40×10</td><td rowspan="5">10</td><td>41.0</td><td>30.0</td><td rowspan="9">63</td><td>15</td><td>8</td><td rowspan="5">+0.18
0</td></tr>
<tr><td>Tr65×10</td><td>66.0</td><td>55.0</td><td rowspan="4">0
−0.046</td><td rowspan="4">17</td><td rowspan="4">12</td></tr>
<tr><td>Tr70×10</td><td>71.0</td><td>60.0</td></tr>
<tr><td>Tr75×10</td><td>76.0</td><td>65.0</td></tr>
<tr><td>Tr80×10</td><td>81.0</td><td>70.0</td></tr>
<tr><td>Tr44×12</td><td rowspan="4">12</td><td>45.0</td><td>32.0</td><td rowspan="2">0
−0.039</td><td>20</td><td>15</td><td>8</td><td rowspan="2">+0.15
0</td></tr>
<tr><td>Tr50×12</td><td>51.0</td><td>38.0</td><td rowspan="3">26</td><td rowspan="3">17</td><td>10</td></tr>
<tr><td>Tr85×12</td><td>86.0</td><td>73.0</td><td rowspan="2">0
−0.046</td><td rowspan="2">12</td><td rowspan="2">+0.18
0</td></tr>
<tr><td>Tr90×12</td><td>91.0</td><td>78.0</td></tr>
</table>

注 1：在不等径成组丝锥，在第一粗锥、第二粗锥、第……粗锥的柄部应分别切制 1 条、2 条……圆环标志，以示区别。

注 2：丝锥按直槽或螺旋槽生产，由制造厂决定。

注 3：d_a'与 d_a 基本尺寸相同，公差由制造厂决定。

3.2 拉削长度分为如下四组：

≥18 mm～≤30 mm；>30 mm～≤50 mm；>50 mm～≤80 mm；>80 mm～≤120 mm。

3.3 标记示例：

a) Tr24×5 右旋，拉削长度 30 mm～50 mm，单支，1 级梯形螺纹拉削丝锥的标记为：

梯形螺纹拉削丝锥　Tr24×5-1　30-50　GB/T 28691—2012

b) Tr90×12 右旋，拉削长度 80mm～120mm，两支组，2 级梯形螺纹拉削丝锥的标记为：

梯形螺纹拉削丝锥　两支组 Tr90×12-2　80-120　GB/T 28691—2012

c) Tr30×12(P6)左旋，拉削长度 50mm～80mm，两支组，2 级梯形螺纹拉削丝锥的标记为：

梯形螺纹拉削丝锥　两支组 Tr30×12(P6)L-2　50-80　GB/T 28691—2012

4 螺纹公差

丝锥的螺纹公差分为三级：1 级、2 级和 3 级。丝锥的螺纹牙型按 GB/T 5796.1 的规定，尺寸极限偏差按图 2 和表 2 规定，中径应在校准部分起点处检查。

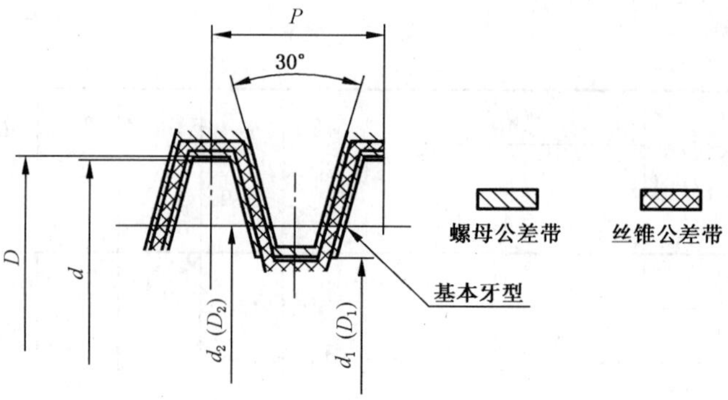

图 2

表 2

<table>
<tr><td rowspan="3">公称直径
d
mm</td><td rowspan="3">螺距
P
mm</td><td colspan="2" rowspan="2">大径 d</td><td colspan="6">中径 d_2</td><td rowspan="2">小径 d_1</td><td colspan="2" rowspan="2">螺距偏差
μm</td><td rowspan="2">牙侧角
偏差
(′)</td></tr>
<tr><td colspan="2">1 级</td><td colspan="2">2 级</td><td colspan="2">3 级</td></tr>
<tr><td>下偏差
μm</td><td>上偏差
μm</td><td>下偏差
μm</td><td>上偏差
μm</td><td>下偏差
μm</td><td>上偏差
μm</td><td>下偏差
μm</td><td>上偏差
μm</td><td>下、上
偏差
μm</td><td>测量
牙数</td><td>1、2、3
级</td><td>1、2、3
级</td></tr>
<tr><td rowspan="3">5.6～11.2</td><td>1.5</td><td>+70</td><td rowspan="21">自
行
规
定</td><td rowspan="7">+25</td><td rowspan="7">+47</td><td rowspan="7">+34</td><td rowspan="7">+56</td><td rowspan="7">+43</td><td rowspan="7">+64</td><td rowspan="21">自
行
规
定</td><td rowspan="21">7</td><td rowspan="10">±10</td><td rowspan="7">±10</td></tr>
<tr><td>2</td><td>+79</td></tr>
<tr><td>3</td><td>+89</td></tr>
<tr><td rowspan="5">>11.2～22.4</td><td>2</td><td>+84</td></tr>
<tr><td>3</td><td>+94</td></tr>
<tr><td>4</td><td>+113</td></tr>
<tr><td>5</td><td>+119</td></tr>
<tr><td>8</td><td>+150</td><td>+30</td><td>+55</td><td>+40</td><td>+65</td><td>+50</td><td>+75</td><td>±8</td></tr>
<tr><td rowspan="7">>22.4～45.0</td><td>3</td><td>+106</td><td rowspan="2">+25</td><td rowspan="2">+47</td><td rowspan="2">+34</td><td rowspan="2">+56</td><td rowspan="2">+43</td><td rowspan="2">+63</td><td rowspan="2">±10</td></tr>
<tr><td>5</td><td>+125</td></tr>
<tr><td>6</td><td>+140</td><td rowspan="4">+30</td><td rowspan="4">+55</td><td rowspan="4">+40</td><td rowspan="4">+65</td><td rowspan="4">+50</td><td rowspan="4">+75</td><td rowspan="11">±12</td><td rowspan="5">±8</td></tr>
<tr><td>7</td><td>+150</td></tr>
<tr><td>8</td><td>+158</td></tr>
<tr><td>10</td><td>+168</td></tr>
<tr><td>12</td><td>+178</td><td>+36</td><td>+66</td><td>+48</td><td>+78</td><td>+60</td><td>+90</td></tr>
<tr><td rowspan="6">>45.0～90.0</td><td>3</td><td>+113</td><td rowspan="2">+25</td><td rowspan="2">+47</td><td rowspan="2">+34</td><td rowspan="2">+56</td><td rowspan="2">+43</td><td rowspan="2">+64</td><td rowspan="2">±10</td></tr>
<tr><td>4</td><td>+126</td></tr>
<tr><td>8</td><td>+168</td><td rowspan="3">+30</td><td rowspan="3">+55</td><td rowspan="3">+40</td><td rowspan="3">+65</td><td rowspan="3">+50</td><td rowspan="3">+75</td><td rowspan="4">±8</td></tr>
<tr><td>9</td><td rowspan="2">+178</td></tr>
<tr><td>10</td></tr>
<tr><td>12</td><td>+200</td><td>+36</td><td>+66</td><td>+48</td><td>+78</td><td>+60</td><td>+90</td></tr>
<tr><td colspan="14">注 1：各级丝锥小径 d_1 均应小于被加工螺母的最小小径(丝锥小径由牙底圆弧与牙侧切点处测量)。
注 2：丝锥大径 d、中径 d_2、小径 d_1 的基本尺寸分别和梯形内螺纹基本尺寸 D、D_2、D_1 相同。</td></tr>
</table>

5 技术要求

5.1 丝锥的公差

5.1.1 形状和位置公差

丝锥各部分外径(刀齿部分为大径)对公共轴线的径向圆跳动按表3规定。

表3 单位为毫米

丝锥螺纹公差级别	切削部分	校准部分	前导、后导及柄部
1、2、3级	0.02	0.015	0.015

5.1.2 长度公差

丝锥各部分长度尺寸公差为h18。

5.1.3 丝锥螺纹公差和丝锥大径

5.1.3.1 丝锥螺纹公差的要求参见附录A。

5.1.3.2 丝锥大径的要求参见附录B。

5.2 丝锥的材料和硬度

5.2.1 材料

丝锥用W6Mo5Cr4V2或同等性能的其他牌号高速工具钢制造;
高性能丝锥用W2Mo9Cr4VCo8或同等性能的其他牌号高性能高速钢制造。

5.2.2 硬度

普通高速钢丝锥:刀齿和后导部不低于63 HRC;前导部不低于61 HRC;柄部不低于40 HRC。
高性能高速钢丝锥:刀齿和后导部不低于65 HRC;前导部不低于62 HRC;柄部不低于40 HRC。

5.2.3 表面处理

丝锥允许进行表面强化处理。

5.3 丝锥的外观和表面粗糙度

丝锥表面不得有裂纹、刻痕、锈迹以及磨削烧伤等影响使用性能的表面缺陷。
丝锥的前面和容屑槽的连接应圆滑。
丝锥的表面粗糙度按表4规定。

表4 单位为微米

项　　目	丝锥螺纹公差级别
	1、2、3级
螺纹表面(包括顶面)、刀齿前面、刀齿后面	*Rz*3.20
前导、后导及柄部表面	*Ra*0.63

5.4 丝锥螺纹部分牙型

丝锥螺纹部分牙型应进行铲磨(包括牙顶),校准部分大径应有倒锥度。

丝锥不完全齿应修除。

6 标志和包装

6.1 标志

6.1.1 产品上应标志:

——制造厂或销售商的商标;

——螺纹代号及螺纹公差级别;

——丝锥螺旋方向(左螺旋标 L,右螺旋不标志);

——丝锥的拉削长度;

——成组丝锥的粗锥记号;

——材料代号。

6.1.2 包装盒上应标志:

——制造厂或销售商的名称、地址和商标;

——丝锥的标记;

——材料代号或牌号;

——件数;

——制造年月。

6.2 包装

丝锥在包装前应经防锈处理,包装应牢固,防止运输过程中损伤。

附 录 A
（资料性附录）
关于丝锥螺纹公差的几点说明

A.1 丝锥中径公差 T_{d_2}、下偏差 ei、上偏差 es 数值，是按 t（JB/T 2886—2008 中非配作螺母 8 级中径公差 T_{D_2}）的百分比计算得出。由表 A.1 给出。

表 A.1

单位为微米

丝锥螺纹公差级别	丝锥中径下偏差 ei	丝锥中径公差 T_{d_2}	丝锥中径上偏差 es
1 级	0.30t	0.25t	0.55t
2 级	0.40t		0.65t
3 级	0.5t		0.75t

A.2 本标准规定的丝锥中径公差带相对于内螺纹中径公差带关系，按图 A.1 所示。

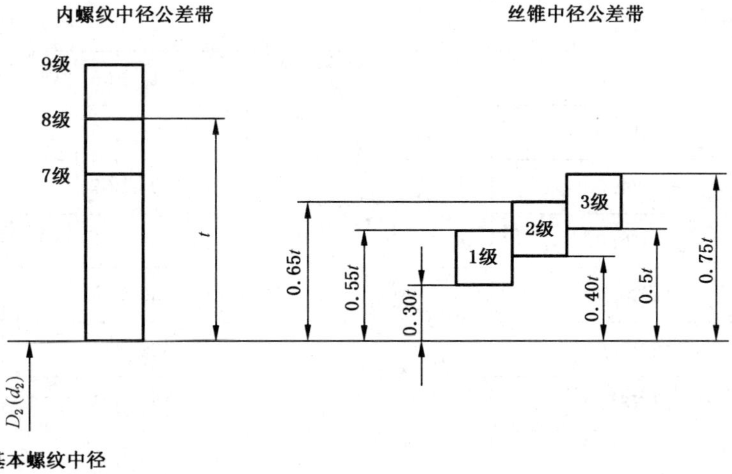

注：基本牙型的螺纹中径（$D_2=d_2$）。

图 A.1

A.3 与各级丝锥相适应的加工内螺纹精度见表 A.2。

表 A.2

丝锥螺纹公差级别	相适应的内螺纹中径精度
1 级	7 级
2 级	8 级和 9 级
3 级	9 级

由于影响攻丝尺寸的因素很多，诸如拉削的材料性质、机床和工装的精度、切削速度、润滑冷却液种类等。因此，表 A.2 所列丝锥适应范围，仅作为选择丝锥时的参考。使用者可按加工条件，生产经验或通过试验，选用适当的丝锥螺纹公差级别。

附 录 B
（资料性附录）
关于丝锥大径的说明

B.1 GB/T 5796.3—2005 与 JB/T 2886—2008 存在差异，本附录给出了基于 JB/T 2886—2008 的丝锥大径基本尺寸及公差的参考值（见表 B.1）。

表 B.1

单位为毫米

规　格	螺母大径 D		丝锥大径 d	
	基本尺寸	公　差	基本尺寸	公　差
T10×2	10.00	${}^{+0.328}_{0}$	10.295	${}^{0}_{-0.0492}$
T12×2	12.00		12.295	
T16×2	16.00		16.295	
T18×2	18.00	${}^{+0.355}_{0}$	18.320	${}^{0}_{-0.053}$
T20×2	20.00		20.320	
T12×3	12.00	${}^{+0.372}_{0}$	12.335	${}^{0}_{-0.056}$
T14×3	14.00		14.335	
T24×3	24.00	${}^{+0.408}_{0}$	24.367	${}^{0}_{-0.061}$
T26×3	26.00		26.367	
T30×3	30.00	${}^{+0.428}_{0}$	30.385	${}^{0}_{-0.064}$
T32×3	32.00		32.385	
T36×3	36.00		36.385	
T40×3	40.00		40.385	
T44×3	44.00		44.385	
T50×3	50.00	${}^{+0.440}_{0}$	50.396	${}^{0}_{-0.066}$
T55×3	55.00		55.396	
T60×3	60.00		60.396	${}^{0}_{-0.066}$
T16×4	16.00		16.396	
T18×4	18.00		18.396	
T20×4	20.00		20.396	
T22×5	22.00	${}^{+0.515}_{0}$	22.464	${}^{0}_{-0.077}$
T24×5	24.00		24.464	
T26×5	26.00		26.464	
T28×5	28.00		28.464	

表 B.1（续）

单位为毫米

规格	螺母大径 D		丝锥大径 d	
	基本尺寸	公差	基本尺寸	公差
T30×6	30.00	+0.578 0	30.520	0 −0.087
T34×6	34.00		34.520	
T36×6	36.00		36.520	
T40×6	40.00		40.520	
T46×8	46.00	+0.690 0	46.621	0 −0.104
T48×8	48.00		48.621	
T50×8	50.00		50.621	
T52×8	52.00		52.621	
T40×10	40.00	+0.745 0	40.671	0 −0.110
T65×10	65.00	+0.790 0	65.711	0 −0.120
T70×10	70.00		70.711	
T80×10	80.00		80.711	
T44×12	44.00	+0.865 0	44.779	0 −0.130
T50×12	50.00		50.779	
T55×12	55.00		55.779	
T85×12	85.00	+0.895 0	85.806	0 −0.134
T90×12	90.00		90.806	

ICS 37.100.10
J 87

中华人民共和国国家标准

GB/T 28692—2012

印刷机械　热熔胶订设备　通用试验方法

Printing machinery—Hot glue thermobinder—General test method

2012-09-03 发布　　2013-01-01 实施

中华人民共和国国家质量监督检验检疫总局
中国国家标准化管理委员会　发布

前　言

本标准按照 GB/T 1.1—2009 给出的规则起草。

本标准由中国机械工业联合会提出。

本标准由全国印刷机械标准化技术委员会(SAC/TC 192)归口。

本标准负责起草单位:深圳市精密达机械有限公司、温州市鑫光机械有限公司、北人集团公司、北京印刷机械研究所。

本标准参加起草单位:淮南光华光神机械电子有限公司、浙江平湖英厚机械有限公司、西安理工大学、济南利达尔装订机械有限公司。

本标准主要起草人:张爱云、方培巧、李英敏、孟祥富、谢士根、刘昕、孙玉华、吕丰足。

印刷机械　热熔胶订设备　通用试验方法

1　范围

本标准规定了热熔胶订设备的术语和定义、试验条件及其通用性能的试验方法。

本标准适用于热熔胶订包封皮机、胶粘装订联动机等热熔胶订设备(以下简称胶订机)。

2　规范性引用文件

下列文件对于本文件的应用是必不可少的。凡是注日期的引用文件,仅注日期的版本适用于本文件。凡是不注日期的引用文件,其最新版本(包括所有的修改单)适用于本文件。

GB 5226.1—2008　机械电气安全　机械电气设备　第1部分:通用技术条件

JB/T 6531　印刷机械　噪声声功率级测定方法

JB/T 9123—2010　印刷机械　热熔胶订包封皮机

CY/T 40—2007　书刊装订用EVA型热熔胶使用要求及检测方法

3　术语和定义

下列术语和定义适用于本文件。

3.1

热熔胶订设备　hot glue thermobinder

用热熔胶将书帖或散页集成的书芯与封皮粘接在一起形成书本(含书籍、本册)的设备。

3.2

胶订牢固度　perfect binding fastness

使单张书页从书背的粘接界面脱离所需的垂直拉力。

4　试验条件

4.1　书帖

书帖应符合下列要求:

——书帖用52 g/m² 凸版纸折成;

——书帖应平服整齐并经过捆扎或类似操作;

——书帖应无明显折角、皱褶、残页等;

——三折或三折以上书帖,应划口排除空气。

4.2　封皮

封皮采用120 g/m²～250 g/m² 的胶版纸。每批封皮的尺寸一致,封皮定位边到书背中心的距离一致。

4.3　热熔胶

4.3.1　EVA胶的技术指标及要求应符合CY/T 40—2007中4.1.1的要求,见附录A中表A.1。

4.3.2 PUR胶的技术指标及要求应符合附录A中表A.2的要求。

4.4 仪器仪表

试验用主要仪器仪表参见附录B,或使用同等以上精度的其他仪器仪表。试验前仪器、仪表应进行校准并应在有效期内。

4.5 试验环境

试验环境应满足下列条件:

——环境温度18 ℃～28 ℃;

——相对湿度50%～65%。

4.6 设备状态

胶订机应按使用说明书要求进行装配调试,设备应处于正常工作状态。

5 试验方法

5.1 空运转试验

5.1.1 试验方法

直线式以最高速度空运转不少于30 min;非直线式以最高速度空运转不少于20 min,以80%的最高速度空运转不少于40 min;联动机以最高速度空运转不少于10 min,以80%的最高速度空运转不少于60 min,以60%的最高速度空运转不少于20 min。停机后目视胶订机状况,并使用红外线测温仪测量轴承的温升(胶锅处轴承除外)。

空运转试验时,应开动胶订机所有装置及附属设备。

5.1.2 试验结果判定

试验结果应满足以下内容:

a) 机器无异常声响;

b) 零件无卡阻或自发性位移;

c) 气路、油路畅通,无漏气、漏油现象;

d) 轴承的工作温升不应大于30 ℃。

5.2 安全装置试验

5.2.1 检验项目

5.2.1.1 目测检查项目如下(除查看警示标牌和使用说明书外,其他项目应开机试验):

a) 电气柜(箱)门上是否有“当心触电”醒目的警告标示;

b) 铣背处是否有防护罩及“当心机器伤人”的警告标示;

c) 胶锅处是否有类似“防烫伤”的警告标示;

d) 手动放书芯附近是否有防夹手安全装置和“当心伤手”的警告标示;联动机胶订部分自动进书芯处是否有红色急停按钮;

e) 使用说明书是否对胶锅的使用与维护和可能造成的危害及相应的防范措施进行了说明;是否有“未经培训合格的人员不准许操作机器”的警示。

5.2.1.2 其他检查项目如下(开机试验):

a) 检查外露的运动零部件是否有防护装置;固定式防护装置是否安装牢固,且只有借助工具才能打开;外露的人体可触及的零部件的尖角是否倒钝;
b) 检查当打开活动防护罩时,是否能启动机器;
c) 手动接书本处是否有“当心伤手”的警告标示;联动机胶订部分自动落书处是否有红色急停按钮;
d) 联动机上是否有声音和灯光警告,用秒表检测开机前声音预报警装置能否发出让人听到的声响并延时 3 s 后才启动;
e) 当传动系统发生过载时,机器是否自动停车;
f) 联动机的胶订部分是否有排废气和抽纸屑装置;抽纸屑管路入口端是否有真空度检测故障控制装置;
g) 上封皮装置附近是否有红色急停按钮;主操作面板(屏)是否有急停按钮;
h) 操作显示屏是否有安全运行、工作状态、故障等显示信息。

5.2.2 试验结果判定

对 5.2.1 的检验项目的合格标准是:除 5.2.1.2 的 b)项为否定以外,其余应为肯定且完整有效。

5.3 电气安全试验

5.3.1 切断电源后,目视或手动检查电气系统是否布线整齐,排列有序,接头牢固;各种标记是否齐全、清晰和正确。

5.3.2 对胶订机进行启动、运行、调整速度、停机各 3 次,目视检查电气系统是否工作正常、灵敏可靠。

5.3.3 按 GB 5226.1—2008 中的 18.2,进行保护联结电路连续性的检验。

5.3.4 按 GB 5226.1—2008 中的 18.3,进行绝缘电阻的试验。

5.3.5 按 GB 5226.1—2008 中的 18.4,进行耐压试验。

5.4 基本参数测试

5.4.1 试验方法

5.4.1.1 极限长度和极限宽度试验

按产品标准或产品使用说明书中规定的胶订长度以及胶订宽度的最大值和最小值,分别准备书帖和匹配的封皮,用不小于机器最高速度 50%的装订速度,连续装订书本厚度为 10 mm 的书本,直线式不少于 5 本,其他型式的数量不小于书夹数量。

5.4.1.2 极限厚度试验

按产品标准或机器使用说明书中规定的胶订厚度的最大值和最小值准备书帖和匹配的封皮,用不小于机器最高速度 50%的装订速度,连续装订 32 开或 16 开的书本,直线式不少于 5 本,其他型式的数量不小于书夹数量。

5.4.1.3 最高速度试验

按产品标准或使用说明书中规定的最高速度,连续装订非极限幅面尺寸、厚度为 10 mm 的书本,直线式不少于 5 本,其他型式的数量不小于书夹数量。

5.4.2 试验结果判定

5.4.2.1 胶订机的运转性能应按 5.1.2 进行判定。

5.4.2.2 控制系统应能识别有无书芯，有书芯时供给封皮，若单独出现书芯或封皮能自动停车。

5.4.2.3 成品质量应按5.8中的各项试验结果进行判定。

5.5 常规胶订试验

5.5.1 试验方法

使用非极限幅面的书帖和封皮，以80%的机器最高速度装订厚度为10 mm、30 mm的书本，稳定工作后，分别连续装订书本数量不少于书夹数量的5倍。

5.5.2 试验结果判定

同基本参数测试的试验结果判定(见5.4.2)。

5.6 噪声试验

5.6.1 对热熔胶订包封皮机，开动所有噪声源，在进行5.5常规胶订试验时，用普通声级计测量胶订机噪声。直线式以机器最高速度、非直线式以80%的最高工作速度进行测试。

5.6.2 胶订机周围不应放置障碍物，与墙壁之间的距离大于2 m，环境噪声修正系数按JB/T 6531计算。

5.6.3 测量点水平位置见图1，其中第i点为巡回测量最大噪声点。测量点距地面高度为1.5 m，距机器四周外轮廓线1 m。图示测量点为参考点，测量点可根据测量轨迹长短增加或减少测量点，距离为(2±0.5)m。

5.6.4 机器噪声以算术平均值计算，应符合JB/T 9123—2010的4.9的规定[不应大于80 dB(A)]。

5.6.5 对于联动机的胶订部分，不单独试验噪声，而在检测联动机的整体性能时测试噪声。

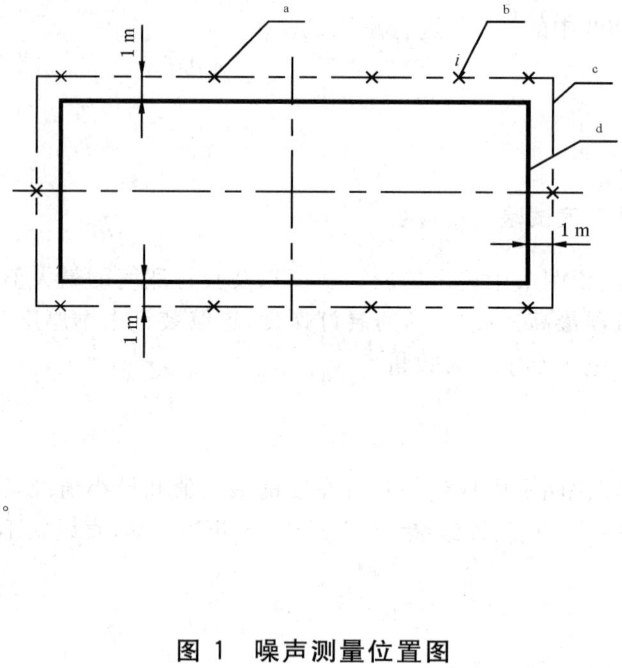

说明：

a 噪声测量点。

b 巡回测量最大噪声点i。

c 测量点轨迹线。

d 机器外轮廓线。

图1 噪声测量位置图

5.7 热熔胶温度稳定性试验

5.7.1 试验方法

胶订机稳定工作后，选定胶液里的一点，使用精度为1%的热电偶测温仪每隔10 min测量一次，共测 5 次，测量值之间的最大差值为热熔胶温度稳定误差。

5.7.2 试验结果判定

热熔胶温度稳定误差不应超过 5 ℃。

5.8 成品质量检测

5.8.1 检测对象及条件

由 5.4 基本参数测试和 5.5 常规胶订试验所得成品经过完全固化后进行抽样检测。

5.8.2 外观检测

5.8.2.1 取胶订后的毛本，目测检查书芯与封皮包合后的成品外观质量。
5.8.2.2 检测项目包括书背应平直、无空胶、无岗线、粘合牢固和棱角分明。
5.8.2.3 每批成品按此方法抽样测试 5 至 10 本。

5.8.3 书背文字中心线对书背中心线的误差检测

5.8.3.1 试验方法

5.8.3.1.1 见图 2，找出书背天头端和地脚端的中点，用直线将两中点连接起来，该直线为书背中心线。
5.8.3.1.2 将书背上离天头端最近的文字中心点与离地脚端最近的文字中心点连成直线并延长至两端，该直线为书背文字中心线。
5.8.3.1.3 用游标卡尺测量两中心线在天头端和地脚端的距离，该距离即为书背文字中心线对书背中心线的误差，包括平移误差 δ(左图)和歪斜误差 δ_1、δ_2(右图)，每批成品按此方法抽样测试 5 至 10 本。

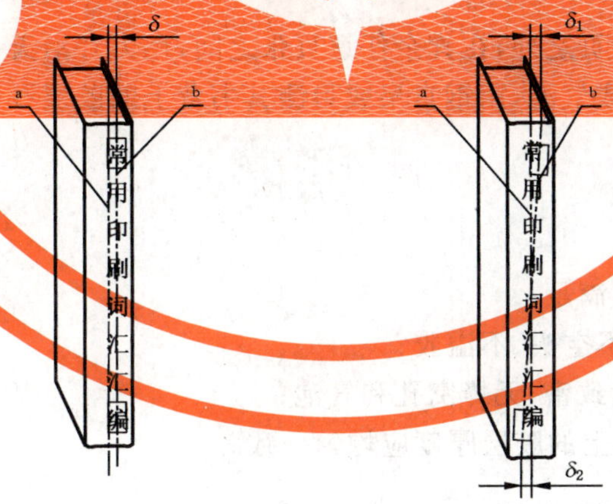

说明：

a 书背中心线；

b 书背文字中心线。

图 2 书背文字中心线对书背中心线误差检测示意图

5.8.3.2 试验结果判定

各项误差应符合表 1 的规定。

表 1　书背文字中心线对书背中心线平移误差和书背文字歪斜误差　单位为毫米

书背厚度	书背文字中心对书背中心线平移误差 δ	书背文字歪斜误差 δ_1、δ_2
≤10	≤0.5	≤0.3
>10～30	≤1.0	≤0.5
>30	≤1.5	≤1.0

5.8.4　书背厚度与书本厚度的误差检测

5.8.4.1　试验方法

用游标卡尺测量书背处的厚度和书本的厚度，两者之差即为书背厚度与书本厚度的误差。测量时要求力度均匀一致。测量书背厚度时，至少测量 3 个点，即天头、中腰、地脚三处，取其中的最大值作为书背厚度。测量书本厚度时尽量靠近前口，每批成品按此方法抽样测试 5 至 10 本。

5.8.4.2　试验结果判定

少量适宜的渗胶有利于书芯页与页之间的粘结，侧胶层也会增加书背厚度，因此书背厚度会大于书本厚度。书背厚度与书本厚度的误差应为：

a)　书本厚度不大于 8 mm 时，书背厚度误差不应大于 1.0 mm；

b)　书本厚度大于 8 mm 时，书背厚度误差不应大于 1.5 mm。

5.8.5　书背胶层均匀性检测

5.8.5.1　试验方法

除毛本的前 10 页和后 10 页之外，在其余任意页张之间，用刀片沿天头地脚方向切开以露出书背胶层，观察胶层截面有无蜂窝孔或气泡，用钢直尺或目测其书背上的胶层厚度。每批成品按此方法抽样测试 5 至 10 本。

5.8.5.2　试验结果判定

对书背胶层质量的检查应满足：

a)　天头地脚处有满胶，不空头、不溢胶；

b)　书背胶层截面应连续致密，无蜂窝孔和气泡；

c)　书背沿天头地脚方向上的胶层厚度应均匀一致。

5.8.6　天头到地脚铣背歪斜误差检测

5.8.6.1　试验方法

取胶订后的毛本，先整齐裁去封皮，露出书芯，然后使书本平躺于水平基准面上，直角尺靠紧书背，用钢直尺分别在天头处和地脚处测量同一页书背到书口之间的距离 L_1 和 L_2，见图 3。两距离之差为铣背歪斜误差 Δ，见公式(1)。每批成品抽样检测 5 至 10 本。

$$\Delta = L_1 - L_2 \qquad \cdots\cdots(1)$$

式中：

L_1——天头处书背到书口的距离，单位为毫米(mm)；

L_2——地脚处书背到书口的距离，单位为毫米(mm)。

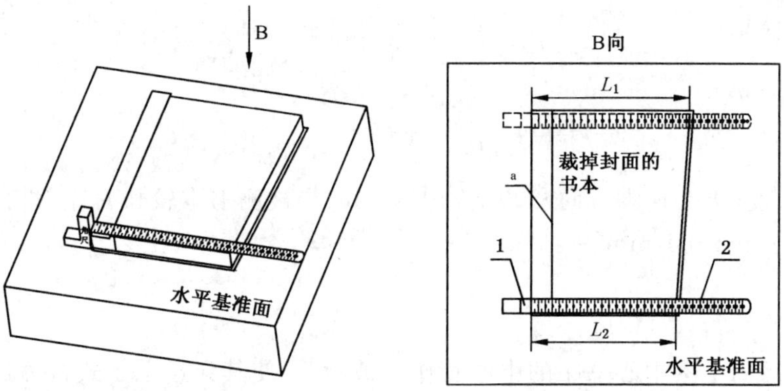

说明：

1——直角尺；

2——钢直尺。

a 封皮裁切线。

图 3　天头到地脚铣背歪斜误差检测示意图

5.8.6.2　试验结果判定

天头到地脚铣背歪斜误差不应大于 1.0 mm。

5.8.7　封皮对书芯天头地脚方向窜动误差检测

5.8.7.1　试验方法

5.8.7.1.1　见图 4，取胶订后的毛本，用游标卡尺测量天头地脚方向书芯的定位端（天头端或地脚端）到对应的封皮边沿的距离。

5.8.7.1.2　以书芯定位端为基准，封皮边沿高出书芯（左图）的距离或封皮边沿低于书芯（右图）的距离均为窜动误差，每批成品抽样 5 至 10 本检测。

注：该试验方法是基于书芯定位端与封皮边沿相平齐的理想状态。如果书芯与封皮的来料不允许将书芯定位端与封皮边沿调整至相平齐，计算窜动误差时应减去书芯定位端与封皮边沿差距的初始值。

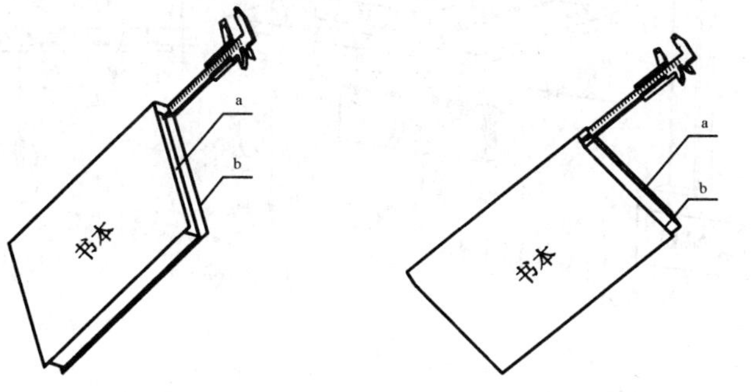

说明：

a 书芯定位端；

b 封皮边沿。

图 4　封皮对书芯天头地脚方向窜动误差检测示意图

5.8.7.2　试验结果判定

封皮对书芯天头地脚方向的窜动误差不应大于 1.5 mm。

5.8.8 胶订牢固度检测

5.8.8.1 试验条件

试验条件如下：

a) 书本取样长度(天头地脚方向)200 mm±5 mm(当被测书本较长时应裁切)；

b) 书本厚度 10 mm±1 mm。

5.8.8.2 试验方法

5.8.8.2.1 取胶订后的毛本中心书帖的中心页作为被测页,使其穿过电子式拉力试验机上部固定端平板中间的细条缝。

5.8.8.2.2 被测页两侧其他书页应以该细条缝为中心线分摊于平板上,为使其固定,可使用压板压住两侧书页(见图 5)。施压时压板不应接触书背,施压的程度以使书背与平板之间的高度差保持在 20 mm±2 mm 为宜。

5.8.8.2.3 拉力试验机下部的活动端应带有夹具,且夹具的作用长度等于书本取样长度。用夹具将被测页夹稳,夹持方式以被测页在试验过程中均匀受力为宜;夹具与被测页的接触面应使用橡胶或类似的材料,以提供足够摩擦力又不伤害书页。

5.8.8.2.4 设定拉力试验机速度小于 5 mm/s,启动拉力试验机,当被测页所受拉力达到 90 N(EVA 胶)或 110 N(PUR 胶)时,观察被测页是否从涂胶处脱开。每批样品按此方法抽样测试 3 至 5 本。

5.8.8.3 试验结果判定

试验结果判定如下：

a) 书芯摊开不漏底,无掉页；

b) 被测页不应被拉脱。

注：若拉力未达到 90 N(EVA 胶)或 110 N(PUR 胶)而书页自身被撕裂,可判定为合格。

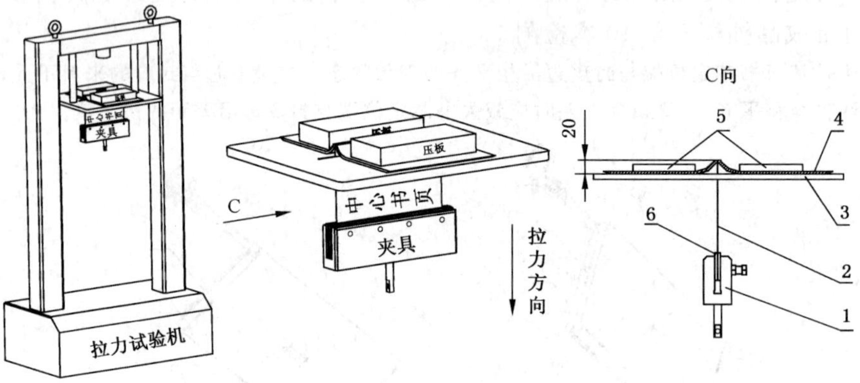

说明：

1——夹具；

2——中心书页(被测页)；

3——平板；

4——书本；

5——压板；

6——橡胶垫。

图 5 胶订牢固度检测示意图

5.9 胶订机稳定性及胶订成品合格率测试试验

5.9.1 试验方法

在进行 5.5 常规胶订试验时，按公式(2)计算胶订成品合格率 η。

$$\eta=\frac{N-n}{N}\times 100\% \qquad \cdots\cdots(2)$$

式中：

N ——供封皮总数量(张)；

n ——不合格成品本数(本)。

注：除封皮和书芯不合格因素外，一次故障按供封皮 1 张计算。

5.9.2 试验结果判定

符合 5.8 的试验结果判定的书本为胶订合格成品，胶订成品合格率不应低于 98%。

附 录 A
（规范性附录）
书刊装订用热熔胶技术指标及要求

A.1 书刊装订用EVA热熔胶技术指标及要求

表 A.1 书刊装订用 EVA 热熔胶技术指标及要求

技术指标			背胶		边胶
名称	单位	环境条件	非涂布纸	涂布纸	
软化点	℃	25 ℃±3 ℃	>82		>69
抗拉强度	MPa	25 ℃±3 ℃	>3	>4	>3
断裂伸长率	%	25 ℃±3 ℃	>200	>300	>200
熔融黏度	Pa·s	180 ℃	3.0～6.0	4.0～6.5	1.5～4.0
热稳定性	—	180 ℃,24 h	黏度变化量小于1.5 Pa·s,外观无明显变化		
脆性温度	—	0 ℃冰水	胶的标准式样片,在冰水混合物中对折不断裂		

A.2 书刊装订用PUR热熔胶技术指标及要求

表 A.2 书刊装订用 PUR 热熔胶技术指标及要求

技术指标		环境条件	要 求
名称	单位		
开放时间	s	相对湿度(60±5)%	≤10
固化时间	h		48
抗拉强度	MPa	25 ℃±3 ℃	>6
断裂伸长率	%	25 ℃±3 ℃	>400
熔融黏度	Pa·s	130 ℃	2.8～4.5
热稳定性	—	110 ℃,24 h	黏度变化量小于3倍,外观无明显变化
游离甲苯二异氰酸脂	g/kg	—	≤10

附　录　B
（资料性附录）
试验用仪器仪表

B.1　试验用主要仪器仪表参见表 B.1。

表 B.1　试验用仪器仪表

检验项目	仪器仪表名称	规格或范围	最大允许测量误差或精度
环境温度和湿度	多频道室内外温湿度计	温度：−50 ℃～+70 ℃ 湿度：2%～98%	温度：1 ℃ 湿度：3%
轴承温升	红外线测温仪	(0～250)℃	0.5 ℃
热熔胶温度	热电偶测温仪	(0～300)℃	1%
电气试验、安全试验	秒表	15 min/周期	0.1 s
电气试验	综合安规测试仪	电压：000 V，电阻：1 GΩ 电流：5 A	电压：2%，电阻：3% 电流：3%
噪声	声级计	40 dB(A)～120 dB(A)	1.0 dB(A)
噪声	钢卷尺	5 m	1 mm
书背平直度	塞尺	0.02 mm～1.00 mm	2 μm，1 级
幅面尺寸、书本厚度	游标卡尺	0～300 mm	0.02 mm
天头到地脚铣背歪斜误差	钢直尺	300 mm，150 mm	<1 mm
封皮对书芯天头地脚方向窜动误差	游标卡尺	0～150 mm	0.02 mm
胶订牢固度	电子式拉力试验机	300 N，有效拉伸空间 850 mm，有效试验宽度 400 mm	1 级精度，拉力机应有自动记录和绘图功能

参 考 文 献

[1] GB/T 9851.7 印刷技术术语 第7部分:印后加工术语
[2] GB/T 25681 印刷机械 胶粘装订联动机
[3] CY/T 28—1999 装订质量要求及检验方法—平装

ICS 65.060.10
T 68

中华人民共和国国家标准

GB/T 28693—2012

农林拖拉机和机械照明和光信号装置的要求

Tractors and machinery for agricultural and forestry—Requirements of the lighting and light-signalling devices

2012-09-03 发布 2013-01-01 实施

中华人民共和国国家质量监督检验检疫总局
中国国家标准化管理委员会 发布

前　言

本标准按照 GB/T 1.1—2009 给出的规则起草。

本标准由中国机械工业联合会提出。

本标准由全国拖拉机标准化技术委员会(SAC/TC 140)归口。

本标准起草单位:国家拖拉机质量监督检验中心、中国一拖集团有限公司。

本标准主要起草人:高波、王彬彬、徐惠娟、胡晓华、陈嵩。

农林拖拉机和机械
照明和光信号装置的要求

1 范围

本标准规定了农林拖拉机和机械照明及光信号装置的一般要求、主要性能要求、产品检验要求、检验和判定规则。

本标准适用于农林拖拉机和机械(以下简称拖拉机)。

2 规范性引用文件

下列文件对于本文件的应用是必不可少的。凡是注日期的引用文件,仅注日期的版本适用于本文件。凡是不注日期的引用文件,其最新版本(包括所有的修改单)适用于本文件。

GB 4785 汽车及挂车外部照明和光信号装置的安装规定

GB/T 10485 道路车辆 外部照明和光信号装置 环境耐久性

GB 11564 机动车回复反射器

GB 18447.1 拖拉机 安全要求 第1部分:轮式拖拉机

GB 18447.2 拖拉机 安全要求 第2部分:手扶拖拉机

GB 18447.3 拖拉机 安全要求 第3部分:履带拖拉机

GB 18447.4 拖拉机 安全要求 第4部分:皮带传动式拖拉机

JB/T 6701 拖拉机 前照灯

3 术语和定义

下列术语和定义适用于本文件。

3.1

拖拉机前照灯 tractors headlights

提供远光,或近光,或远、近光的照明拖拉机前方道路的灯具。

3.2

远光灯 main-beam headlamp

照明拖拉机前方远距离道路的灯具。

3.3

近光灯 dipped-beam headlamp

照明拖拉机前方道路,对来车的驾驶员和其他道路使用者不造成眩目或不舒适感的灯具。

3.4

前位灯 front position (side) lamp

从拖拉机前方观察,表明拖拉机存在和宽度的灯具。

3.5

后位灯 rear position (side) lamp

从拖拉机后方观察,表明拖拉机存在和宽度的灯具。

3.6

制动灯　stop lamp

向拖拉机后方其他道路使用者表明，拖拉机正在制动的灯具。

3.7

转向信号灯　direction-indicator lamp

用于向其他道路使用者表明，拖拉机将向左或向右转向的灯具。

3.8

危险警告信号灯　hazard-warning signal lamp

同时打开拖拉机上所有的转向信号灯，以引起其他道路使用者注意，拖拉机暂时具有某种特殊危险。

3.9

非三角形后回复反射器　reflex reflector

由一个或多个回复反射光学单元组成，具有回复反射功能的器件。可通过外来光源照射后的反射光，向位于光源附近的观察者表明拖拉机存在的装置。

非三角形回复反射器为外形不是三角形的回复反射器。外形可做成简单形状，在正常观察距离内不易于常用字母、数字或三角形相混淆，但允许采用与简单字母 O、I、U 或数字 8 相似形状制成。

3.10

工作灯　work lamp

用于工作区域或作业过程中照明的灯具。

3.11

配光镜　lens

通过发光面透射光束灯的最外面的部件。

4　一般要求

4.1　拖拉机上安装的照明和光信号装置应是经检验合格的产品。

4.2　若无特殊说明，成对配置的灯具应符合下列规定。

4.2.1　安装时对称于拖拉机纵向中心平面。

4.2.2　照明和光信号装置的颜色应是均匀的，以致目视不能看到明显的差别。光色应符合表 1 的规定，色度特性应符合 GB 4785 的要求。

4.3　满足本标准功能要求的不同的灯具，可以是独立灯，也可以彼此组合、复合或混合的灯。

4.4　若无特殊规定，只有转向信号灯和危险警告信号灯工作时应是闪烁的。危险警告信号灯可由诸转向信号灯工作时发出。

4.5　照明和光信号装置安装数量应符合表 1 的规定。

表 1　照明和光信号装置的安装数量和光色汇总表

序号	灯具名称	数量(只)	光色	安装要求
1	远光灯	2 或 4	白色	必装
2	近光灯	2 或 4	白色	必装
3	转向信号灯	前、后各不少于 2	琥珀色	必装
4	前位灯	2 或 4	白色	必装
5	后位灯	2	红色	必装

表 1（续）

序号	灯具名称	数量(只)	光色	安装要求
6	制动灯	2	红色	必装
7	危险报警信号灯	前、后各不少于 2	琥珀色	必装
8	后牌照灯	以能照亮牌照安装区域为限	白色	必装
9	工作灯	无特殊要求(一般 1 或 4)	白色	必装
10	非三角形后回复反射器	2 或 4/	红色	必装
11	前雾灯	2	白色或黄色	选装
12	后雾灯	1 或 2	红色	选装
13	倒车灯	1 或 2	白色	选装
14	驻车灯	数量由部局而定： 前、后各 2 只或两侧各 1 只	前为白色、后为红色，若与侧转向信号灯混合则为琥珀色	选装
15	示廓灯	前、后各 2	前为白色、后为红色	总宽大于 2.10 m 的选装，其他禁装

5 主要性能要求

5.1 拖拉机前照灯

5.1.1 拖拉机前照灯分类、安装、外观质量、光电参数、配光性能、抗环境试验等性能的要求，应符合 JB/T 6701 的规定。并按表 2 检验项目和顺序进行检验。

5.1.2 前照灯装在拖拉机上后，每只近光光束照射在前方 10 m 处屏幕上的明暗截止线应清晰，其水平线高度、中心位置应符合 GB 18447.1、GB 18447.3、GB 18447.4 的规定，其中 H_2 : H 应小于 0.7，左右灯近光明暗截止线中心均不得向左偏移，允许向右偏移小于 350 mm。如图 1 所示。

5.1.3 前照灯装在拖拉机上后，远光光束照射位置在前方 10 m 处的屏幕上应高于近光光束照射位置，低于前照灯基准中心离地距离。如图 1 所示。每只远光灯的发光强度可根据拖拉机标定功率的不同，其远光光束发光强度最小值应符合 GB 18447.1、GB 18447.2、GB 18447.3 或 GB 18447.4 的规定，见表 3。当同时打开各远光灯照射时，其总的最大远光发光强度应不大于 225 000 cd，该总的最大远光发光强度可为各单个灯的最大发光强度之和。

表 2 前照灯产品检验时检验项目和顺序汇总表

序号	检验项目	整灯试样							
		试样编号							
		1	2	3	4	5	6	7	8
1	外观质量	√	√	√	√	√	√	√	√
2	光电参数	√	√	√	√	√	√	√	√
3	配光性能要求	√	√	√	√	√	√	√	√
4	耐电压试验	√	√	√	√	√	√	√	√
5	耐温度试验	√	√						
6	耐振动试验			√	√				
7	耐冲击试验			√	√				

表 2（续）

序号	检验项目	整灯试样							
		试样编号							
		1	2	3	4	5	6	7	8
8	防溅试验	√	√						
9	耐盐雾试验	√	√						
10	防尘试验					√	√		
11	反光镜劣化性					√	√		
12	连续点亮性							√	√
13	装车检验	一台套							

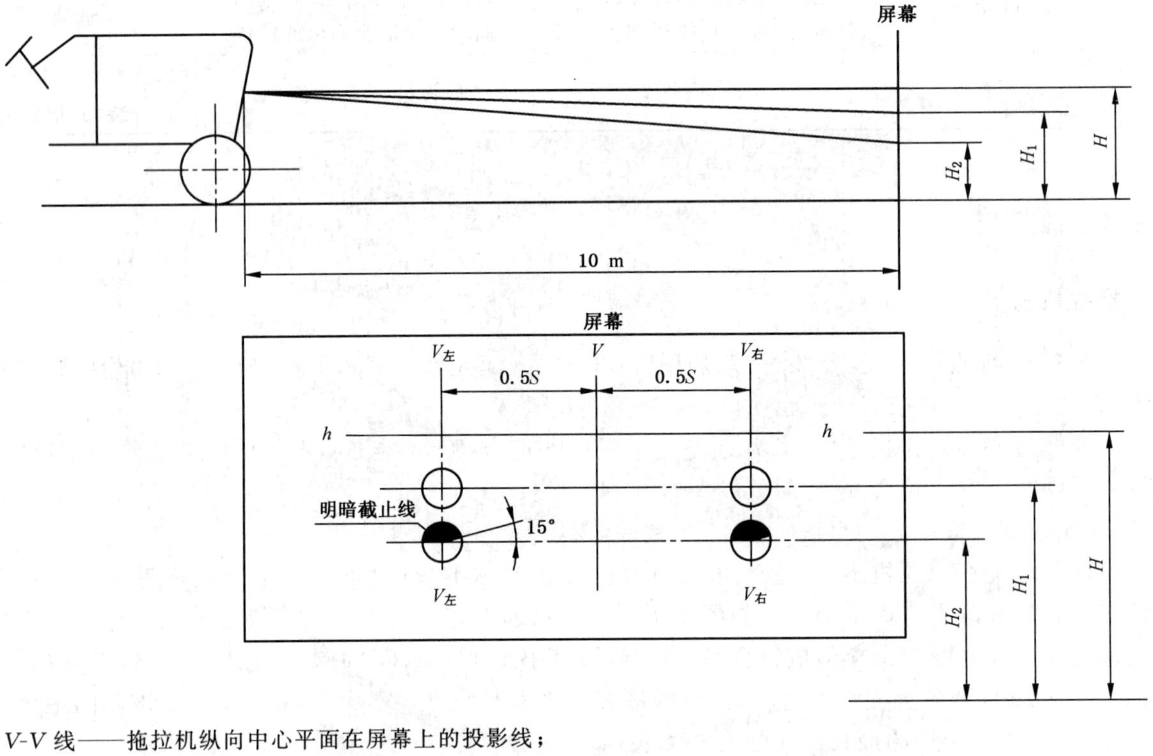

V-V 线——拖拉机纵向中心平面在屏幕上的投影线；
h-h 线 ——前照灯基准中心高度水平线；
S ——左右前照灯基准中心距离；
H ——前照灯基准中心离地距离；
H_1 ——远光光束中心离地距离；
H_2 ——近光明暗截止线转角或光束中心离地距离。

图 1 前照灯装在拖拉机上后左右远近光光束照射在前方 10 m 屏幕上的位置

表 3 远光光束发光强度最小值要求（共电电瓶处于充电状态）

拖拉机类型	前照灯发光强度/cd(坎德拉)
标定功率＞18 kW	8 000
标定功率≤18 kW	6 000
注：对拖拉机上装有 4 只前照灯，其中两只对称的远光灯发光强度达到要求时，则视为符合要求。	

5.2 转向信号灯

5.2.1 转向信号灯的配光性能要求，应符合农林拖拉机和机械用转向信号灯的规定。抗环境试验等要求应符合 GB/T 10485 的规定。并按表 4 检验项目和顺序进行检验。

5.2.2 转向信号灯装在拖拉机上后，其闪烁频率 $f=(1.5\pm0.5)$ Hz，起动时间应不大于 1.5 s，闪烁时每次点亮时间与熄灭时间应均等。检验用专用仪器测量 60 s 的闪烁次数，而得出闪烁频率；起动时间应测量开关开启到第 1 次点亮的时间，并重复测量 5 次取其平均值；连续截取数段一次闪烁的点亮时间与熄灭时间进行比值计算，结果等于或近似等于 1 即可。

5.2.3 若拖拉机带挂车，拖拉机上的转向信号灯控制开关应能控制挂车上的转向信号灯。

5.2.4 在某一转向信号灯发生故障（短路除外）时，其他的转向信号灯应能继续工作，但闪烁频率可以不同于上述规定的频率。

表 4 灯光信号产品检验时检验项目和顺序汇总表

序号	检验项目	整灯试样																配光镜或材料试样		
		试样编号																试样编号		
		1	2	3	4	5	6	7	8	9	10	11	12	13	14	15	16	1	2	3
1	外观质量	√	√	√	√	√	√													
2	光电参数	√	√	√	√	√	√													
3	配光性能要求	√	√	√	√	√	√													
4	热循环试验	√	√																	
5	热变形试验	√	√																	
6	防水试验	√	√																	
7	盐雾试验	√	√																	
8	随机振动试验			√	√															
9	防尘试验			√	√															
10	耐清洁的润滑油					√	√													
11	耐燃油					√	√													
12	耐清洗液					√	√													
13	配光镜强度试验							√	√	√	√	√	√	√	√	√	√			
14	光源辐照试验																	√	√	√
15	装车检验	1 台套																		
注：配光镜强度试验只针对前信号灯（前转向灯、前位灯和前危险报警信号灯）																				

5.3 制动灯

5.3.1 制动灯的配光性能要求，应符合农林拖拉机和机械用制动灯的规定。抗环境试验等要求应符合 GB/T 10485 的规定。并按表 4 检验项目和顺序进行检验。

5.3.2 制动灯装在拖拉机上后，分别打开装在拖拉机上的制动灯和后位灯，制动灯的发光强度应大于后位灯的发光强度 5 倍以上。并在拖拉机正后方 150 m 处夜晚目视可辨别出制动灯和后位灯。

5.4 位灯

5.4.1 前、后位灯的配光性能要求，应符合农林拖拉机和机械用前位灯、后位灯的规定。抗环境试验等要求应符合 GB/T 10485 的规定。并按表 4 检验项目和顺序进行检验。

5.4.2 后位灯装在拖拉机上后，分别打开装在拖拉机上的后位灯和制动灯，后位灯的发光强度应小于制动灯的发光强度的 1/5。并在拖拉机正后方 150 m 处夜晚目视可辨别出后位灯和制动灯。

5.5 危险警告信号灯

5.5.1 危险警告信号灯的配光性能要求，应符合农林拖拉机和机械用转向信号灯的规定。抗环境试验等要求应符合 GB/T 10485 的规定。并按表 4 检验项目和顺序进行检验。

5.5.2 危险警告信号灯装在拖拉机上后，由单独配置的开关打开全部转向信号灯，并同步闪烁。闪光频率应达到(1.5±0.5)Hz。起动光信号开关后，在不大于 1.5 s 时间内应发光，接着按规定的频率闪烁。

5.5.3 若拖拉机带挂车，拖拉机上的危险警告信号控制开关也应能控制挂车上的所有转向信号灯，即使发动机控制装置处于不能再启动的情况下，也应能发出危险警告信号。

5.6 非三角形后回复反射器

5.6.1 非三角形后回复反射器的形状、尺寸、结构、色度、光度和抗环境试验的要求，应符合 GB 11564 的规定。并按表 5 检验项目和顺序进行。

5.6.2 非三角形后回复反射器装在拖拉机上后，应符合 GB 18447.1、GB 18447.3、GB 18447.4 的规定。夜间在正后方 150 m 处用光照度强度为 18 000 cd 前照灯照射时，在照射位置就能确认其反射光。

表 5 非三角形后回复反射器产品检验时检验项目和顺序汇总表

序号	检验项目	整灯试样编号							
		1	2	3	4	5	6	7	8
1	一般要求	√	√	√	√	√	√	√	√
2	形状、尺寸和结构	√	√	√	√	√	√	√	√
3	色度试验	√	√	√	√	√	√	√	√
4	光度试验	√	√	√	√	√	√	√	√
5	耐热性试验	√	√	√	√	√	√	√	√
6	耐透水性试验	√	√						
7	防水试验	√	√						
8	防尘试验	√	√						
9	耐润滑油试验			√	√				
10	耐燃油试验			√	√				
11	耐腐蚀性试验					√	√		
12	镜背试验					√	√		
13	耐撞击试验							√	√

5.7 其他照明和光信号装置

后牌照灯、工作灯、前雾灯、后雾灯、倒车灯、驻车灯、示廓灯外观质量、光电参数、配光性能要求和抗环境试验等要求应符合相关标准的规定和 GB/T 10485 的规定。并按表 4 检验项目和顺序进行检验。

6 产品检验要求

6.1 产品检验范围

装配在农林拖拉机和机械上的照明和信号装置应通过产品检验。正式生产的产品有下列情况之一时，也应进行产品检验：

a) 转厂生产时；

b) 产品结构、材料、工艺有较大改变，可能影响产品性能时；

c) 正常生产时，每两年进行一次；

d) 产品停产一年以上，恢复生产时；

e) 出厂检验的结果与上次产品检验结果有较大差异的。

6.2 检验时检验项目和顺序

6.2.1 前照灯产品检验时检验项目和顺序可按表 3 进行。

6.2.2 灯光信号产品检验时检验项目和顺序可按表 4 进行。

6.2.3 非三角形后回复反射器产品检验时检验项目和顺序可按表 5 进行。

7 检验和判定规则

7.1 按第 6 章对照明和光信号装置产品检验时，若有某项不符合规定要求时，需重新按规定批次抽样，并按双倍的该项试样数量重新进行该项目检验。

7.2 通过检验并符合规定要求的可认为产品合格。

ICS 25.200
J 36

中华人民共和国国家标准

GB/T 28694—2012

深层渗碳　技术要求

Technical requirement of deep carburizing

2012-09-03 发布　　2013-03-01 实施

中华人民共和国国家质量监督检验检疫总局
中国国家标准化管理委员会　发布

前　言

本标准按 GB/T 1.1—2009 给出的规则起草。

本标准由全国热处理标准化委员会(SAC/TC 75)提出并归口。

本标准负责起草单位：江苏丰东热技术股份有限公司、北京机电研究所、西安福莱特热处理有限公司。

本标准参加起草单位：广东世创金属科技有限公司、上海市机械制造工艺研究所有限公司、南京高精齿轮集团有限公司热处理分厂、天龙科技炉业(无锡)有限公司、大连华锐股份有限公司重型热处理厂、南京高速齿轮箱制造有限公司、天津创真金属科技有限公司、爱协林热处理系统(北京)有限公司。

本标准主要起草人：向建华、邵周俊、杨鸿飞、张志鹏、张志冲、施剑峰、刘军。

本标准参加起草人：董小虹、任颂赞、蔡红、朱百智、湛宪宪、樊永君、汪正兵、刘臻、姜敬东、殷汉奇。

深层渗碳　技术要求

1　范围

本标准规定了深层渗碳材料、深层渗碳设备要求、深层渗碳工艺、质量检验、安全卫生和节能要求。

本标准适用于工件的深层渗碳。

2　规范性引用文件

下列文件对于本文件的应用是必不可少的。凡是注日期的引用文件，仅注日期的版本适用于本文件。凡是不注日期的引用文件，其最新版本(包括所有的修改单)适用于本文件。

GB/T 224　钢的脱碳层深度测定方法

GB/T 230.1　金属材料　洛氏硬度试验　第1部分：试验方法(A、B、C、D、E、F、G、H、K、N、T标尺)

GB/T 683　化学试剂　甲醇

GB/T 3864　工业氮

GB/T 4340.1　金属材料　维氏硬度试验　第1部分：试验方法

GB/T 4341　金属肖氏硬度试验方法

GB 5959.1　电热装置的安全　第1部分：通用要求

GB 5959.4　电热装置的安全　第4部分：对电阻加热装置的特殊要求

GB 6819　溶解乙炔

GB/T 7232　金属热处理工艺术语

GB/T 9450　钢件渗碳淬火硬化层深度的测定和校核

GB/T 9452　热处理炉有效加热区测定方法

GB/T 10067.4　电热装置基本技术条件　第4部分：间接电阻炉

GB 15735　金属热处理生产过程安全卫生要求

GB/T 16923　钢件的正火与退火

GB/T 16924　钢件的淬火与回火

GB/Z 18718　热处理节能技术导则

GB/T 25744—2010　钢件渗碳淬火回火金相检验

3　术语和定义

GB/T 7232中所界定的以及下列术语和定义适用于本文件。

3.1

心部组织　core structure

距表面3倍于渗碳淬火有效硬化层深度区域的组织。

3.2

碳势均匀度　carbon potential uniformity

在试验温度下热稳定状态时的碳势均匀程度。碳势均匀度表示为：在规定的各个测量点上所测的最高和最低碳势的差。

4 深层渗碳材料

4.1 钢种的选择

钢种应采用本质细晶粒钢。深层渗碳钢种按零件的性能要求选择，特殊要求的零件按需要选用特殊钢种。

4.2 材料检验及确认

4.2.1 在深层渗碳处理前，应对钢种进行确认，并提出材料成分分析报告。

4.2.2 必要时对低高倍组织、非金属夹杂物、金属平均晶粒度、内部缺陷以及材料淬透性和力学性能进行检测。

5 深层渗碳设备要求

5.1 一般要求

5.1.1 深层渗碳设备的设计、制造和安全性应符合 GB 5959.1、GB 5959.4 和 GB/T 10067.4 中的有关规定。

5.1.2 深层渗碳设备应为单台渗碳炉或渗碳热处理生产线(由渗碳炉、冷却装置、回火设备、清洗机、装卸料机构、备料台、气氛系统和控制系统等组成)。渗碳炉有井式炉、密封箱式炉、底装料立式炉和真空渗碳炉等。

5.1.3 深层渗碳设备应具有良好的可靠性，以适应长时间连续生产的特点。采用计算机控制及管理系统的渗碳设备一般应具有设备故障报警和自诊断功能。

5.2 渗碳炉

5.2.1 温度控制

5.2.1.1 渗碳炉的加热方式一般为电加热或燃料加热，最高使用温度一般为 1 050 ℃。

5.2.1.2 加热设备应满足有效加热区炉温均匀性和控温仪表精度等级的要求(见表 1)，有效加热区的炉温均匀性应按 GB/T 9452 规定。

表 1 深层渗碳炉温均匀性和控温仪表精度等级要求(不大于)

工件级别	炉温均匀性	控温仪表精度等级
重要件	±5 ℃	0.2 级
一般件	±8 ℃	0.5 级

5.2.1.3 深层渗碳炉一般采用多区加热、设置循环风扇和导风装置，以保证炉温均匀性和气氛均匀性。

5.2.1.4 应按 GB/T 9452 的规定对控温系统进行校准，以保证控温精度。

5.2.1.5 深层渗碳炉应配有温度记录装置。

5.2.2 气氛控制

5.2.2.1 渗碳气氛应是可控气氛，炉内碳势均匀度≤±0.05%。

5.2.2.2 渗碳气氛的主要化工原料应满足表 2 的要求。

表 2 化工原料技术要求

名称	主要成分(体积分数)	标准
丙烷	纯度≥90%,总硫含量≤15 mg/m³	—
异丙醇	纯度>98.5%,水含量<0.3%	—
溶解乙炔	纯度>98.0%	GB 6819
甲醇	纯度≥99.5%,水含量<0.3%	GB/T 683
工业氮	纯度≥99.5%,氧含量≤0.5%	GB/T 3864

5.2.2.3 深层渗碳炉应配有碳势控制系统,并配有定碳孔、试样孔和取气口,必要时可设置双路碳势检测系统,一路用于控制,另一路用于监控,必要时可切换控制。

5.2.2.4 渗碳气氛控制可采用程序控制或专家系统在线控制的方式。

5.2.2.5 渗碳炉应有良好的密封性,炉内气氛不得有泄漏现象,炉膛内压力应保持稳定正压。

5.3 球化退火及淬火加热设备

5.3.1 有效加热区内温度均匀性在设定温度处应不大于±10 ℃。

5.3.2 淬火加热炉应配备气氛供给和控制系统。

5.4 冷却设备

5.4.1 淬火冷却设备一般应配备淬火介质的加热和冷却装置,并具有导向搅拌系统和温度调节系统。

5.4.2 淬火介质的使用温度范围应符合 GB/T 16924 的规定。

5.4.3 淬火介质质量应符合相关标准的规定。

5.4.4 深层渗碳缓冷坑或冷却设备应能通保护气氛或滴注有机液体。特殊要求的可以配备温度控制装置。

5.5 回火设备

有效加热区内温度均匀性在设定温度处不大于±10 ℃。

5.6 设备的维修、保养和检定

应制定定期维修、保养和检定制度,并严格执行,存有详细记录。

6 深层渗碳工艺

6.1 深层渗碳工艺方法

6.1.1 工艺方法 1:渗碳→缓冷→球化退火→加热淬火→清洗→回火。

6.1.2 工艺方法 2:渗碳→淬火→清洗→球化退火→加热淬火→清洗→回火。

6.1.3 工艺方法 3:渗碳→淬火→清洗→回火。

6.2 处理前的准备工作

6.2.1 按工件的质量要求,确定防渗部位的防渗措施,了解钢材的牌号(或化学成分)和预先热处理是否符合要求。

6.2.2 应去除氧化皮及锈斑,并清洗、干燥;检查工件或试样是否有裂纹,必要时进行无损检测。

6.2.3 结构设计和制造应不影响深层渗碳的质量。

6.2.4 检查深层渗碳设备及测量控制设备是否正常。

6.2.5 检查形成气氛的原料及形成气氛的装置是否正常。

6.2.6 随炉试样,过程试样可参照 GB/T 25744—2010 中第 4 章的要求执行。

6.3 深层渗碳处理

6.3.1 装炉

工件应装在有效加热区内,并装入随炉试样和过程试样。

注:随炉试样是作为检查深层渗碳淬火回火后质量的标准试样;过程试样是作为检查深层渗碳过程中不同时间渗碳情况的标准试样。

6.3.2 升温

控制升温速度,使零件各部分之间不产生明显的温差,必要时应分段升温。

6.3.3 排气

工件从进炉后,应通氮气进行排气处理,通气量按炉子容积而定。当温度升到 750 ℃时,通入载气,直到升至深层渗碳温度。

6.3.4 渗碳

通富化气,调整气氛碳势到设定值,按工件技术要求确定深层渗碳保温时间。

6.3.5 碳势测量及校准

碳势检测可按现场条件使用氧探头碳势测定仪、红外仪或热丝仪等,定期对碳势控制系统实施校准。

6.3.6 过程试样的检验并记录

定时取出过程试样,检验深层渗碳情况,并作记录。

6.3.7 冷却

对要求降温直接淬火的工件,淬火前应注意均温。非直接淬火的工件缓冷时应采取防止或减少氧化脱碳的措施。必要时用保护气氛或滴注有机液体方法进行保护。缓冷时应采取措施,以减少畸变和防止开裂。

6.4 渗碳后淬火与回火

6.4.1 淬火加热、冷却及回火设备应符合 5.3、5.4、5.5 的规定。

6.4.2 必要时可在淬火前进行球化退火,球化退火应符合 GB/T 16923 的规定。

6.4.3 淬火回火加热温度和保温时间参照 GB/T 16924 规定,并应符合工件材料的要求。

6.4.4 淬火加热时应采取防止氧化脱碳措施,工件淬火后应及时回火。

6.4.5 大件深层渗碳时应保证工件各部位的温度均匀性、对工件采取合理的加热和冷却方法。

6.4.6 淬火介质应满足 5.4.2、5.4.3 的规定。

6.4.7 淬火加热及冷却时,应采取措施减少工件畸变、防止工件开裂。

6.5 后续工序

6.5.1 清除工件上残留的淬火介质和其他残留物。

6.5.2 测量工件畸变情况并作记录，必要时进行校直。

6.5.3 分析随炉试样深层渗碳淬火回火质量，并作记录。

6.5.4 对工件进行防锈处理。

6.5.5 整理处理过程中所有记录（温度、碳势、过程检查和最终检查情况及其他必要的事项）。

7 质量检验

7.1 硬度

7.1.1 表面硬度

表面硬度应在最终处理后的工件上测量，测量部位按工件技术要求确定，若有特别协议可在随炉试样表面测量。测量应符合 GB/T 230.1、GB/T 4340.1 和 GB/T 4341 的规定。深层渗碳表面硬度不均匀度允许偏差应符合表 3 的规定。

表 3 表面硬度不均匀度允许偏差

工件类型	硬度不均匀度允许偏差[a]		
	HRC	HV1	HS
重要件[b]	≤3	≤75	≤5
一般件	≤4	≤102	≤6

[a] 局部深层渗碳硬度测量位置不应在渗碳与未渗碳交界处。

[b] 重要件是指对质量有特殊要求的零件。

7.1.2 心部硬度

深层渗碳心部硬度一般在随炉试样上测量，若有特殊要求，则可解剖工件进行测量。心部硬度应符合相关标准或技术协议要求。

7.2 有效硬化层深度

7.2.1 一般应在最终热处理后随炉试样的横截面上进行测量，若有特别协议时，可在工件横截面上进行测量。

7.2.2 硬化层深度测量方法应符合 GB/T 9450 的规定。硬化层不均匀度允许偏差小于 10%。

7.3 表面碳浓度

表面碳浓度可按剥层法或光谱法检测，一般为 0.75% wt～1.1% wt。当要求韧度较好时，取下限；当要求耐磨性较好时，取上限。

7.4 金相组织

7.4.1 金相组织可按 GB/T 25744 中有关的规定进行检验并评级。

7.4.2 渗碳件经过淬火、回火后，金相组织应符合表 4 的要求。

表 4　深层渗碳淬火回火后金相组织的要求

工件类型	金相组织级别级				晶界内氧化层深要求 μm	非马氏体组织层深要求 μm
	马氏体	残留奥氏体	碳化物	心部组织		
重要件	≤3 级	≤4 级	≤2 级	≤3 级	≤30	≤30
一般件	≤4 级	≤4 级	≤3 级	≤4 级	≤60	≤60

7.5　心部力学性能

一般工件可不作心部力学性能检查，有特殊要求时，可用同一材料制成直径与被测部位相同长 200 mm 的试样，做防渗处理后，与工件进行同样热处理，制成标准力学性能试样，按常规测定试样抗拉强度、屈服强度、伸长率、断面收缩率和冲击韧度。

7.6　深层渗碳缺陷检查

7.6.1　畸变

深层渗碳、球化处理、淬火回火后可用特定量具测量工件畸变情况，测量内容可根据工件技术要求确定。畸变量(可为校直后畸变量)应在技术要求范围内。

7.6.2　裂纹

一般工件用目测检查裂纹是否存在，重要件选用无损检测法检查裂纹。

7.6.3　表面脱碳

按 GB/T 224 的规定的方法测定表面脱碳。

8　安全卫生和节能要求

安全卫生要求应符合 GB/T 15735 的规定，节能要求应符合 GB/Z 18718 的规定。

ICS 73.120
J 77

中华人民共和国国家标准

GB/T 28695—2012

离心机转鼓强度计算规范

Standard of strength calculation for centrifugal drum

2012-09-03 发布　　　　2013-03-01 实施

中华人民共和国国家质量监督检验检疫总局
中国国家标准化管理委员会 发布

前　言

本标准按照 GB/T 1.1—2009 给出的规则起草。

本标准的附录 A、附录 B 是资料性附录。

本标准由中国机械工业联合会提出。

本标准由全国分离机械标准化技术委员会(SAC/TC 92)归口。

本标准负责起草单位:天津大学、合肥通用机械研究院、四川大学。

本标准主要起草人:谭蔚、张德友、陈志。

离心机转鼓强度计算规范

1 范围

本标准规定了离心机转鼓旋转时转鼓壳体的环向应力的计算、各种系数的选取、转鼓强度的评定、有限元分析方法应用的指导性原则以及疲劳强度评定。

本标准适用于周向和轴向均匀承载的、厚度均匀的圆柱形或圆锥形的过滤转鼓或沉降转鼓的壳体。转鼓可带衬里、筛网或不带衬里、筛网。转鼓的材料必须是成分均一的韧性金属材料，并在选材时已考虑到了操作温度、介质对材料的影响。

本标准不适用于下列条件的离心机转鼓：

a） 转鼓壁厚度与半径之比 $\delta/r_1>0.15$；

b） 负荷转鼓的动能小于 750 J；

c） 用电动机驱动的家用脱水机；

d） 转鼓圆周速度大于 300 m/s；

e） 专用于核工业领域的高速离心机。

2 规范性引用文件

下列文件对于本文件的应用是必不可少的。凡是注日期的引用文件，仅注日期的版本适用于本文件。凡是不注日期的引用文件，其最新版本（包括所有的修改单）适用于本文件。

GB/T 228.1 金属材料 拉伸试验 第1部分：室温试验方法

GB/T 3075 金属材料 疲劳试验 轴向力控制方法

JB 4732 钢制压力容器 分析设计标准

JB/T 9095 离心机、分离机锻焊件常规无损检测

3 符号

下列符号适用于本文件。

a：转鼓加强箍的高度，m；

A：转鼓加强箍的横截面积，m^2；

b_1，b_2：转鼓壁上相邻两孔的中心距，m；

c：加强箍间距，m；

d：开孔直径，m；

e：加强箍的厚度（径向），m；

G：最大允许装料量（质量），kg；

h：转鼓有效高度，m；

H：圆锥形转鼓母线长度，m；

K：焊缝及开孔的系数；

K_1：焊接接头系数；

K_2、K_3、K_4:与开孔位置有关的转鼓壁开孔系数;

m:筛网总质量,kg;

N:转鼓母线上的孔数;

N_1:加强箍个数;

n_{-1}:转鼓材料的疲劳强度极限安全系数;

q:鼓壁开孔引起的表观密度减小系数;

r:圆锥形转鼓小端内半径,m;

r_1:转鼓内半径或圆锥形转鼓大端内半径,m;

r_2:转鼓壁平均半径或圆锥形转鼓大端平均半径,m;

r_3:物料环的内半径,m;

Z:加强箍系数;

α:鼓壁交错孔连线间的夹角(见图 2),(°);

β:圆锥形转鼓的半锥角,(°);

δ:转鼓壁厚度,m;

δ_s:筛网当量厚度,m;

ρ_1:转鼓材料的密度,kg/m^3;

ρ_2:物料或湿滤饼的密度(最大值),kg/m^3;

ρ_3:筛网或衬里材料的密度,kg/m^3;

σ_1:空转鼓旋转时转鼓壁的环向应力,MPa;

σ_2:由均匀分布物料离心压力所引起的鼓壁的环向应力,MPa;

σ_3:由非均匀分布物料离心压力所引起的鼓壁的环向应力,MPa;

σ_4:筛网或衬里的质量对转鼓壁产生的环向应力,MPa;

R_m:转鼓材料标准抗拉强度下限值,MPa;

R_{el}($R_{p0.2}$):转鼓材料标准常温屈服强度(或 0.2%的延伸强度),MPa;

R_D:转鼓材料在常温下经 10 万小时断裂的持久强度的平均值,MPa;

σ_t:转鼓壁内总的环向应力,MPa;

ω:角速度,rad/s。

4 转鼓旋转时鼓壁内的环向应力

4.1 转鼓旋转时鼓壁内的环向应力的分类

转鼓旋转时鼓壁内的环向应力可分为空转鼓旋转时鼓壁内的环向应力、由物料等载荷离心压力产生的鼓壁环向应力两种情况。

离心机转鼓结构示意图见图 1。

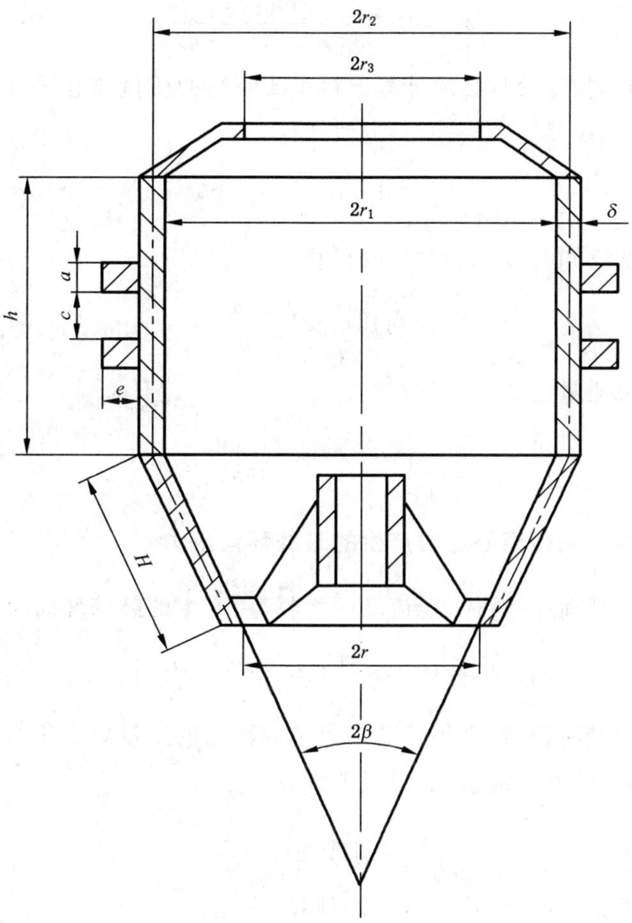

图 1　离心机转鼓结构示意图

4.2　空转鼓旋转时鼓壁内的环向应力

空转鼓旋转时鼓壁内的环向应力应按式(1)计算：

$$\sigma_1 = 10^{-6} \times q\rho_1 r_2^2 \omega^2 \qquad \cdots\cdots(1)$$

式中：对于开孔转鼓，q 按公式(16)选取；对于不开孔转鼓，$q=1$。

4.3　圆筒形转鼓内由物料等载荷离心压力产生的鼓壁环向应力

圆筒形转鼓内由物料等载荷离心压力产生的鼓壁环向应力应按物料载荷质量均布和质量非均布两种情况分别进行计算。

4.3.1　对质量均布的物料载荷(如液体、能流动的浓浆等)产生的鼓壁环向应力应按式(2)或式(3)计算。

4.3.1.1　当物料密度 ρ_2 已知时，σ_2 应按式(2)计算：

$$\sigma_2 = 10^{-6} \times \rho_2 \omega^2 r_1 \left[\frac{r_1^2 - r_3^2}{2\delta}\right] \qquad \cdots\cdots(2)$$

4.3.1.2　当物料总质量已知时，σ_2 应按式(3)计算：

$$\sigma_2 = 10^{-6} \times \frac{G r_1 \omega^2}{2\pi h\delta} \qquad \cdots\cdots(3)$$

4.3.2 对质量非均布的物料载荷(如纺织品、毛皮等)产生的鼓壁环向应力应按式(4)计算：

$$\sigma_3 = 10^{-6} \times \frac{\omega^2 G(r_1^3 - r_3^3)}{3\pi h\delta(r_1^2 - r_3^2)} \quad \cdots\cdots(4)$$

4.3.3 如果转鼓带衬里或装有筛网,必须计算出衬里或筛网的质量离心压力产生的鼓壁环向应力。

圆筒形转鼓内筛网的当量厚度应按式(5)近似计算：

$$\delta_s = \frac{m}{2\pi r_1 h\rho_3} \quad \cdots\cdots(5)$$

4.3.3.1 当筛网材料密度已知时,σ_4 应按式(6)计算：

$$\sigma_4 = 10^{-6} \times \frac{\rho_3 r_1^2 \omega^2 \delta_s}{\delta} \quad \cdots\cdots(6)$$

4.3.3.2 当筛网材料的总质量已知时,σ_4 应按式(7)计算：

$$\sigma_4 = 10^{-6} \times \frac{m r_1 \omega^2}{2\pi h\delta} \quad \cdots\cdots(7)$$

4.4 圆锥形转鼓内由物料等载荷离心压力产生的鼓壁环向应力

4.4.1 对质量均布的物料载荷(如液体、能流动的物料等)产生的鼓壁环向应力应按式(8)计算：

$$\sigma_2 = 10^{-6} \times \frac{1}{2}\rho_2 \omega^2 r_1 \left[\frac{r_1^2 - r_3^2}{\delta\cos\beta}\right] \quad \cdots\cdots(8)$$

4.4.2 如果转鼓带衬里或装有筛网,必须计算出衬里或筛网的质量离心压力产生的鼓壁环向应力。

圆锥形转鼓内筛网的当量厚度应按式(9)近似计算：

$$\delta_s = \frac{m}{\pi(r_1 + r)H\rho_3} \quad \cdots\cdots(9)$$

4.4.2.1 当筛网材料密度已知时,σ_4 应按式(10)计算：

$$\sigma_4 = 10^{-6} \times \frac{\rho_3 r_1^2 \omega^2 \delta_s}{\delta} \quad \cdots\cdots(10)$$

4.4.2.2 当筛网材料的总质量已知时,σ_4 应按式(11)计算：

$$\sigma_4 = 10^{-6} \times \frac{\omega^2 m r_1^2}{\pi(r_1 + r)H\delta} \quad \cdots\cdots(11)$$

5 各种系数的选取

5.1 加强箍系数

5.1.1 转鼓可以装加强箍。

5.1.2 当装有加强箍时,加强箍的截面形状宜采用正方形或者矩形。

5.1.3 加强箍的间距 c 不大于 $2.5\sqrt{r_2 \times \delta}$,最上面加强箍截面距拦液板高度 c_1 不大于 $1.2c$。

5.1.4 加强箍的材料应采用相同或者优于转鼓壁的材料。

5.1.5 加强箍对转鼓壁有补增强度的作用。可用加强箍系数 Z 来加以修正。

5.1.6 当不用加强箍时,加强箍系数取为 $Z=1$。

5.1.7 装有加强箍时,加强箍系数按式(12)计算：

$$Z = 1 + \frac{N_1 A}{\delta h} \quad \cdots\cdots(12)$$

5.2 焊接接头系数

5.2.1 考虑焊接对转鼓壁焊缝处强度的削弱，引入焊接接头系数 K_1。

5.2.2 焊接接头系数根据 JB/T 9095 中规定的转鼓焊缝检查及验收要求，按照检测方法、无损检测长度的比例确定，见表 1。

表 1 焊接接头系数

检测方法	射线检测		超声波检测
	100%检测	局部检测	100%检测
焊接接头系数 K_1	0.95	0.8	0.8

5.3 开孔系数

5.3.1 转鼓上开孔一方面使得鼓壁强度受到削弱，另一方面使得鼓壁表观密度减小。应用开孔系数和表观密度减小系数来考虑开孔对转鼓强度的影响。

5.3.2 孔在鼓壁上均匀分布时，开孔系数 K_2、K_3 与开孔位置有关，见图 2。其值由式(13)、式(14)确定，使用时应采用下列 K_2、K_3、K_4 值中的较小值。

$$K_2=\frac{b_1-d}{b_1} \qquad (13)$$

$$K_3=V\frac{b_2-d}{b_2} \qquad (14)$$

式中：V——夹角 α 的函数，$V=\frac{1+\tan^2\alpha}{\sqrt{1+3\tan^2\alpha}}$，$V$ 可从表 2 中查出。

表 2 数值 V 与夹角 α 的对照表

α(°)	0	2.5	5.0	7.5	10	12.5	15	17.5	20
V	1	0.999	0.996	0.992	0.986	0.979	0.972	0.965	0.958
α(°)	22.5	25	27.5	30	32.5	35	37.5	40	42.5
V	0.952	0.947	0.944	0.943	0.944	0.948	0.955	0.966	0.981
α(°)	45	47.5	50	52.5	55	57.5	60	62.5	65
V	1.000	1.014	1.055	1.093	1.139	1.196	1.265	1.350	1.456
α(°)	67.5	70	72.5	75	77.5	80	82.5	85	90
V	1.588	1.758	1.981	2.282	2.710	3.359	4.499	6.641	∞

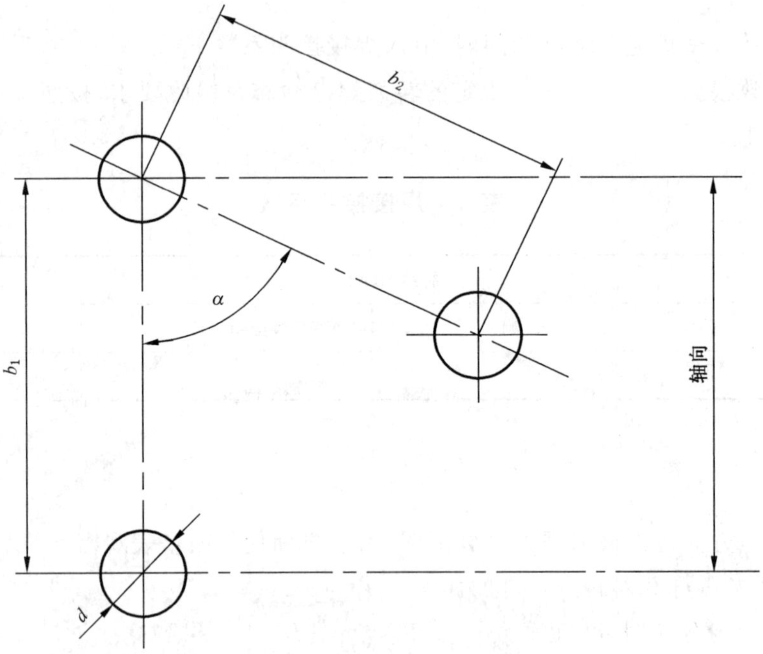

图 2　开孔位置关系图

5.3.3　对单排孔和对一排靠近转鼓底部的孔和(或)一排靠近上环边的孔,其开孔系数由式(15)确定:

$$K_4 = \frac{h - Nd}{h} \qquad \cdots\cdots(15)$$

5.3.4　当转鼓壁不开孔时,K_2、K_3、K_4 均为 1。

5.4　焊接接头及开孔系数

5.4.1　在转鼓开孔系数中,未考虑孔边缘的应力集中。焊缝区不应开孔。

5.4.2　焊缝区不开孔时,K 值应取 K_1、K_2、K_3、K_4 中的较小值。

5.4.3　焊缝区开孔不可避免时,K 值则应取 K_2、K_3、K_4 中的较小值与焊接接头系数 K_1 相乘。

5.5　鼓壁开孔引起的表观密度减小系数

鼓壁开孔引起的表观密度减小系数按式(16)计算:

$$q = \frac{b_1 b_2 \cdot \sin\alpha - \dfrac{\pi d^2}{4}}{b_1 b_2 \cdot \sin\alpha} = 1 - \frac{\pi d^2}{4\pi b_1 b_2 \sin\alpha} \qquad \cdots\cdots(16)$$

6　转鼓强度评定

6.1　圆筒形转鼓的环向总应力

圆筒形开孔转鼓的环向总应力应按物料载荷质量均布和质量非均布两种情况分别评定。如果转鼓内无筛网或筛板,则 $\delta_s = 0$,或 $m = 0$。

6.1.1　对于质量均布的物料载荷(如液体、能流动的浓浆等),按式(17)计算:

$$\sigma_t = (\sigma_1 + \sigma_2 + \sigma_4)/K \leqslant [\sigma] \qquad \cdots\cdots(17)$$

6.1.1.1 当物料密度已知时，按式(18)计算：

$$\sigma_t = 10^{-6} \times \frac{\omega^2}{K}\left[q\rho_1 r_2^2 + \rho_2 \frac{(r_1^2 - r_3^2) r_1}{2\delta Z} + \rho_3 \frac{\delta_s r_1^2}{\delta Z}\right] \leqslant [\sigma] \quad \cdots\cdots (18)$$

6.1.1.2 当物料总质量已知时，按式(19)计算：

$$\sigma_t = 10^{-6} \times \frac{\omega^2}{K}\left[q\rho_1 r_2^2 + \frac{G r_1}{2\pi h \delta Z} + \frac{m r_1}{2\pi h \delta Z}\right] \leqslant [\sigma] \quad \cdots\cdots (19)$$

6.1.2 对于质量非均布的物料载荷(如纺织品、毛皮等)，按式(20)计算：

$$\sigma_t = (\sigma_1 + \sigma_3 + \sigma_4)/K \leqslant [\sigma] \quad \cdots\cdots (20)$$

当物料总质量已知时，按式(21)计算：

$$\sigma_t = 10^{-6} \times \frac{\omega^2}{K}\left[q\rho_1 r_2^2 + \frac{G(r_1^3 - r_3^3)}{3\pi h \delta Z (r_1^2 - r_3^2)} + \frac{m r_1}{2\pi h \delta Z}\right] \leqslant [\sigma] \quad \cdots\cdots (21)$$

对圆筒形无孔转鼓，环向总应力可按式(17)～式(21)计算，式中的 $q=1, K=K_1$。

6.2 圆锥形转鼓的环向总应力

圆锥形开孔转鼓的环向总应力按式(22)计算：

$$\sigma_t = (\sigma_1 + \sigma_2 + \sigma_4)/K \leqslant [\sigma] \quad \cdots\cdots (22)$$

当物料密度已知时，按式(23)计算：

$$\sigma_t = 10^{-6} \times \frac{\omega^2}{K}\left[q\rho_1 r_2^2 + \rho_2 \frac{(r_1^2 - r_3^2) r_1}{2\delta \cdot \cos\beta} + \rho_3 \frac{\delta_s r_1^2}{\delta}\right] \leqslant [\sigma] \quad \cdots\cdots (23)$$

对圆锥形无孔转鼓，环向总应力可按式(22)、式(23)计算，式中的 $q=1, K=K_1$。

6.3 材料的许用应力

由于本标准未考虑到的因素，故计算出的环向应力不得超过下列两个许用应力值中较小值。

$$[\sigma] = \begin{cases} 0.50 R_{el} \\ 0.33 R_m \end{cases} \quad \cdots\cdots (24)$$

式中 R_{el} 是有明显屈服现象的钢材的标准常温屈服强度；对屈服点不明显的钢材，R_{el} 用 0.2%延伸强度 $R_{p0.2}$ 或者奥氏体材料的 1%延伸强度。奥氏体材料的 1%延伸强度可以按照 GB/T 228.1 规定的方法由试样实测确定。

7 有限元分析方法应用的指导性原则

7.1 基本原则

最适宜的方法是采用有限元分析方法来预测转鼓(或转鼓组件)的应力和变形，在此基础上进行强度评定。

7.2 分析模型

7.2.1 分析模型应当考虑鼓内物料对转鼓组件的离心压力以及随转鼓半径的变化。对带加强箍的转鼓，需要考虑在过盈量下的套合力。

7.2.2 一般转鼓组件由多件组成，可直接建立包含转鼓壁、转鼓底和拦液板等零件的计算模型，并应当充分考虑各部件之间的相互影响。

7.2.3 当采用轴对称模型时，结构、载荷以及约束条件均应当是轴对称的；采用经过简化的轴对称模型时，应当分析各种简化对分析结果造成的影响；当这种影响不可忽略时，应采用三维分析模型。

7.2.4 一般情况下，沿壁厚方向的单元数量应当不少于三个。在应力变化较大的位置、应力水平较高的位置或进行重点考核的位置应当使用更密的网格，使计算得到的结果是收敛的。

7.3 分析软件

应当优先选择成熟的大型商业有限元分析软件。

7.4 静强度校核

静强度校核可以在线弹性分析的基础上，采用应力分类评价原则进行。应力分类方法可以参考 JB 4732 中的规定，但分析人员应当充分考虑到本标准对材料许用应力的取法与 JB 4732 的区别，以避免得到过于保守的结果。

8 疲劳强度评定

8.1 当转鼓(或转鼓组件)承受交变载荷作用时，应当考虑进行疲劳强度评定。

8.2 在疲劳分析之前，应当首先确认结构的静强度能够得到保证。

8.3 当实际应力变化幅度非恒定时，可以采用折算方法。

8.4 转鼓疲劳强度评定，优先采用 JB 4732 中给出的疲劳设计曲线按式(25)进行强度评定。当 JB 4732 不能满足需求时，可以按照 GB/T 3075 的规定实际测定材料的疲劳曲线，经评定后使用。

$$n_{-1}=\frac{R_{\mathrm{D}}}{\sigma_{\mathrm{t}}} \qquad (25)$$

其中安全系数 $n \geqslant 1.2$。

附 录 A
（资料性附录）
转鼓强度计算公式汇总表

A.1 环向总应力 σ_t

A.1.1 圆筒形转鼓

A.1.1.1 圆筒形无孔转鼓

物料按密度计，应按式(A.1)计算：

$$\sigma_t = 10^{-6} \times \frac{\omega^2}{K_1}\left[\rho_1 r_2^2 + \rho_2 \frac{(r_1^2 - r_3^2) r_1}{2\delta Z} + \rho_3 \frac{\delta_s r_1^2}{\delta Z}\right] \quad \cdots\cdots(A.1)$$

物料按质量计，应按式(A.2)计算：

$$\sigma_t = 10^{-6} \times \frac{\omega^2}{K_1}\left[\rho_1 r_2^2 + \frac{G r_1}{2\pi h \delta Z} + \frac{m r_1}{2\pi h \delta Z}\right] \quad \cdots\cdots(A.2)$$

A.1.1.2 圆筒形开孔转鼓

物料按密度计，应按式(A.3)计算：

$$\sigma_t = 10^{-6} \times \frac{\omega^2}{K}\left[q\rho_1 r_2^2 + \rho_2 \frac{(r_1^2 - r_3^2) r_1}{2\delta Z} + \rho_3 \frac{\delta_s r_1^2}{\delta Z}\right] \quad \cdots\cdots(A.3)$$

物料按质量计，应按式(A.4)计算：

$$\sigma_t = 10^{-6} \times \frac{\omega^2}{K}\left[q\rho_1 r_2^2 + \frac{G r_1}{2\pi h \delta Z} + \frac{m r_1}{2\pi h \delta Z}\right] \quad \cdots\cdots(A.4)$$

A.1.2 圆锥形转鼓

A.1.2.1 圆锥形无孔转鼓

物料按密度计，应按式(A.5)计算：

$$\sigma_t = 10^{-6} \times \frac{\omega^2}{K_1}\left[\rho_1 r_2^2 + \rho_2 \frac{(r_1^2 - r_3^2) r_1}{2\delta \cdot \cos\beta} + \rho_3 \frac{\delta_s r_1^2}{\delta}\right] \quad \cdots\cdots(A.5)$$

A.1.2.2 圆锥形开孔转鼓

物料按密度计，应按式(A.6)计算：

$$\sigma_t = 10^{-6} \times \frac{\omega^2}{K}\left[q\rho_1 r_2^2 + \rho_2 \frac{(r_1^2 - r_3^2) r_1}{2\delta \cdot \cos\beta} + \rho_3 \frac{\delta_s r_1^2}{\delta}\right] \quad \cdots\cdots(A.6)$$

A.2 鼓壁厚度 δ

A.2.1 圆筒形转鼓

A.2.1.1 圆筒形无孔转鼓

物料按密度计，应按式(A.7)计算：

$$\delta=\frac{\rho_2(r_1^2-r_3^2)r_1+2Z\rho_3\delta_s r_1^2}{2Z(10^6\times[\sigma]\cdot K_1\omega^{-2}-\rho_1 r_2^2)} \quad\cdots\cdots(A.7)$$

物料按质量计，应按式(A.8)计算：

$$\delta=\frac{(Gr_1+mr_1Z)}{2\pi hZ(10^6\times[\sigma]\cdot K_1\omega^{-2}-\rho_1 r_2^2)} \quad\cdots\cdots(A.8)$$

A.2.1.2 圆筒形开孔转鼓

物料按密度计，应按式(A.9)计算：

$$\delta=\frac{\rho_2(r_1^2-r_3^2)r_1+2Z\rho_3\delta_s r_1^2}{2Z(10^6\times[\sigma]\cdot K_1\omega^{-2}-q\rho_1 r_2^2)} \quad\cdots\cdots(A.9)$$

物料按质量计，应按式(A.10)计算：

$$\delta=\frac{(Gr_1+mr_1Z)}{2\pi hZ(10^6\times[\sigma]\cdot K\omega^{-2}-q\rho_1 r_2^2)} \quad\cdots\cdots(A.10)$$

A.2.2 圆锥形转鼓

A.2.2.1 圆锥形无孔转鼓

物料按密度计，应按式(A.11)计算：

$$\delta=\frac{\rho_2(r_1^2-r_3^2)r_1+2\rho_3\delta_s r_1^2\cdot\cos\beta}{2(10^6\times[\sigma]\cdot K_1\omega^{-2}-\rho_1 r_2^2)\cdot\cos\beta} \quad\cdots\cdots(A.11)$$

A.2.2.2 圆锥形开孔转鼓

物料按密度计，应按式(A.12)计算：

$$\delta=\frac{\rho_2(r_1^2-r_3^2)r_1+2\rho_3\delta_s r_1^2\cdot\cos\beta}{2(10^6\times[\sigma]\cdot K\omega^{-2}-q\rho_1 r_2^2)\cdot\cos\beta} \quad\cdots\cdots(A.12)$$

附　录　B
（资料性附录）
离心机转鼓强度计算实例

B.1　圆筒形转鼓强度计算

B.1.1　设计条件

转鼓内半径 $r_1=0.4$ m；
转鼓平均半径 $r_2=0.404$ m；
物料环内半径 $r_3=0.285$ m；
转鼓有效高度 $h=0.4$ m；
转鼓壁厚 $\delta=0.008$ m；
加强箍数目 $N_1=2$；
加强箍截面积 $A=ae=0.020\times0.018=3.6\times10^{-4}$ m^2；
转鼓开孔数/开孔直径 1 020/ϕ0.008 m；
两相邻孔的中心距 $b_1=0.040$ m，$b_2=0.032$ m；
转鼓壁上交错孔连线的夹角 $\alpha=51.32°$；
转鼓转速 $n=1\ 500$ r/min；
转鼓材料 06Cr19Ni10，密度 $\rho_1=7\ 930$ kg/m^3；
筛网材料的质量 $m=7.9$ kg，密度 $\rho_3=7\ 850$ kg/m^3；
处理物料的密度 $\rho_2=1\ 360$ kg/m^3（最大装料量 135 kg）；
转鼓结构图见图 B.1。

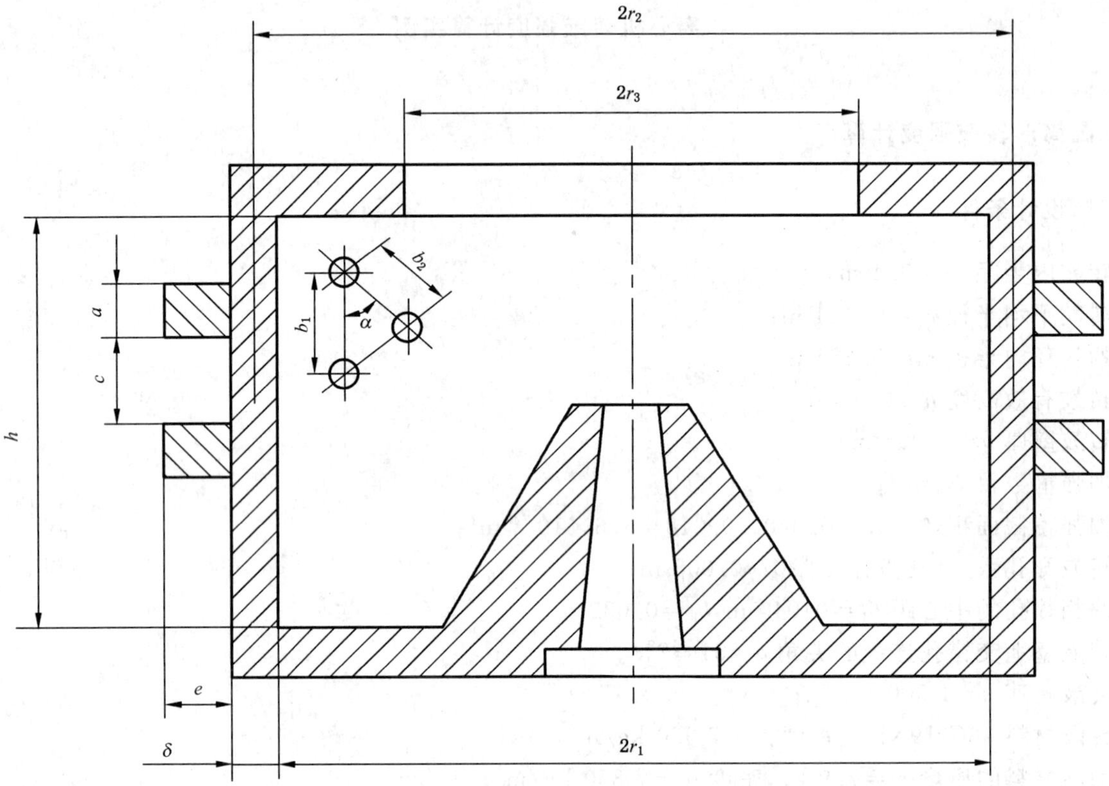

图 B.1

B.1.2 转鼓旋转时鼓壁内的环向应力

B.1.2.1 空转鼓旋转时鼓壁内的环向应力

$$\sigma_1 = 10^{-6} \times q\rho_1 r_2^2 \omega^2 \quad \cdots\cdots\cdots\cdots(B.1)$$

$$q = 1 - \pi d^2/(4b_1 b_2 \cdot \sin\alpha) = 1 - \pi \times 0.008^2/(4 \times 0.04 \times 0.032 \times \sin 51.32°) = 0.949\ 7$$

式中：

$\omega = \frac{\pi n}{30} = \frac{\pi \times 1\ 500}{30} = 157$ rad/s。

将有关各值代入式(B.1)：

$\sigma_1 = 10^{-6} \times 0.949\ 7 \times 7\ 930 \times 0.404^2 \times 157^2 = 30.298$ MPa

B.1.2.2 圆筒形转鼓内由物料载荷离心压力产生的鼓壁环向应力

对物料质量均布，且密度已知时：

$$\sigma_2 = 10^{-6} \times \rho_2 \omega^2 r_1 \left[\frac{r_1^2 - r_3^2}{2\delta Z}\right] \quad \cdots\cdots\cdots\cdots(B.2)$$

$$Z = 1 + \frac{N_1 A}{\delta h} = 1 + \frac{2 \times 3.6 \times 10^{-4}}{0.008 \times 0.4} = 1.225$$

将有关各值代入式(B.2)：

$$\sigma_2 = 10^{-6} \times 1\ 360 \times 157^2 \times 0.4 \times \left[\frac{0.4^2 - 0.285^2}{2 \times 1.225 \times 0.008}\right] = 53.893\ \text{MPa}$$

B.1.2.3 转鼓内筛网引起的环向应力

$$\sigma_4 = 10^{-6} \times \frac{\rho_3 r_1^2 \omega^2 \delta_s}{\delta Z} \qquad \cdots\cdots(B.3)$$

式(B.3)中筛网的当量厚度 δ_s 按式(B.4)近似计算：

$$\delta_s = \frac{m}{2\pi r_1 h \rho_3} = \frac{7.9}{2\pi \times 0.4 \times 0.4 \times 7\ 850} = 0.001\ \text{m} \qquad \cdots\cdots(B.4)$$

$$\sigma_4 = 10^{-6} \times \frac{\rho_3 r_1^2 \omega^2 \delta_s}{\delta Z} = 10^{-6} \times \frac{7\ 850 \times 0.4^2 \times 157^2 \times 0.001}{0.008 \times 1.225} = 3.159\ \text{MPa}$$

B.1.3 转鼓强度评定

圆筒形转鼓的环向总应力

$$\sigma_t = (\sigma_1 + \sigma_2 + \sigma_4)/K \qquad \cdots\cdots(B.5)$$

式中：

K ——焊接接头及开孔系数，K 为 K_1、K_2、K_3 中的最小值，或 K 为 K_2、K_3 中的最小值与 K_1 的乘积；

K_1——焊接接头系数，经100%射线探伤检验的转鼓焊接接头系数 $K_1=0.95$；

K_2——转鼓壁开孔系数，$K_2=(b_1-d)/b_1=(0.04-0.008)/0.04=0.8$；

K_3——转鼓壁开孔系数，$K_3=V(b_2-d)/b_2$。

V 与 α 的有关系数，由表2查得：$\alpha=51.32°$时，$V=1.075$。

$$K_3 = V(b_2 - d)/b_2 = 1.075 \times (0.032 - 0.008)/0.032 = 0.806$$

最后取 $K=0.8$。

将有关各值代入式(B.5)：

$$\sigma_t = (30.298 + 53.893 + 3.159)/0.8 = 109.188\ \text{MPa}$$

对奥氏体不锈钢06Cr19Ni10的 σ_s，应取产生1%残余伸长时的应力，此值由试验测取，然后按6.3求出[σ]，要求 σ_t 满足以下强度条件，即

$$\sigma_t = (\sigma_1 + \sigma_2 + \sigma_4)/K \leqslant [\sigma]$$

B.2 圆锥形转鼓强度计算

B.2.1 设计条件(见图 B.2)

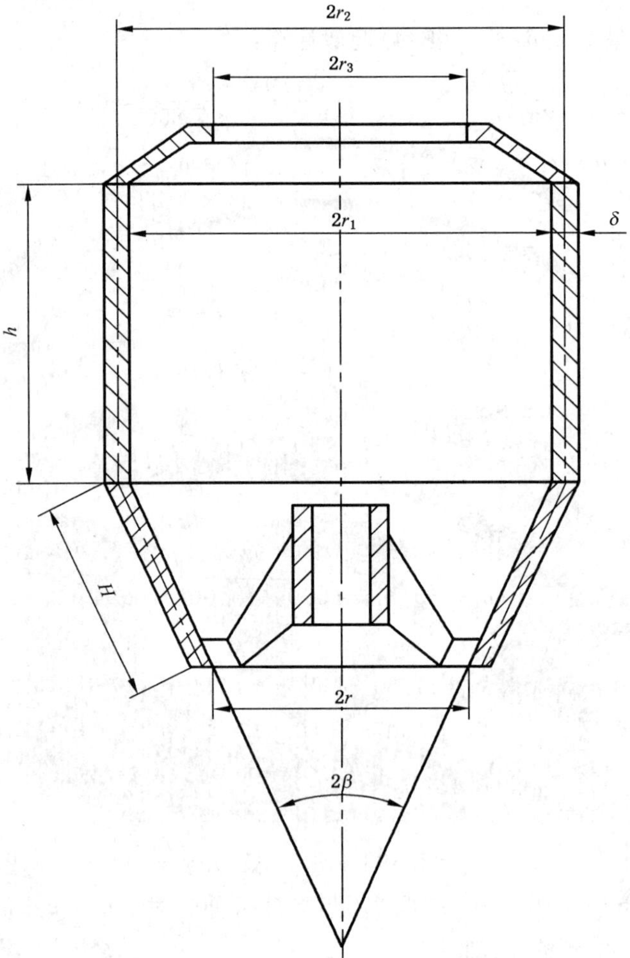

图 B.2

转鼓内半径(圆锥大端)$r_1=0.6$ m;

转鼓平均半径(圆锥大端)$r_2=0.612$ m;

物料环的内半径(圆锥大端)$r_3=0.44$ m;

转鼓壁厚度 $\delta=0.012$ m;

圆锥部分的半锥角 $\beta=23°$;

转鼓转速 $n=975$ r/min;

转鼓材料为 Q245R,$R_m=410$ MPa,$R_{el}=245$ MPa;

转鼓材料密度 $\rho_1=7\ 930\ kg/m^3$;

被处理物料的密度 $\rho_2=1\ 500\ kg/m^3$。

B.2.2 转鼓旋转时鼓壁内的环向应力

B.2.2.1 空转鼓旋转时鼓壁内的环向应力

$$\sigma_1 = 10^{-6} \times q\rho_1 r_2^2 \omega^2 \quad \cdots\cdots(B.6)$$

式中：

q ——鼓壁开孔引起的表观密度减小系数，此处圆锥形部分不开滤孔，$q=1$；

ω ——角速度，$\omega=\frac{\pi n}{30}=\frac{\pi\times 975}{30}=102.1\ \text{rad/s}$。

将有关各值代入式(B.6)，即：

$$\sigma_1 = 10^{-6} \times 1 \times 7\ 930 \times 0.612^2 \times 102.1^2 = 30.962\ \text{MPa}$$

B.2.2.2 圆锥形部分由物料载荷离心压力产生的鼓壁环向应力

$$\sigma_2 = 10^{-6} \times \frac{1}{2}\rho_2\omega^2 r_1 \left[\frac{r_1^2 - r_3^2}{\delta\cos\beta}\right] = 10^{-6} \times \frac{1}{2} \times 1\ 500 \times 102.1^2 \times 0.6 \times \frac{0.6^2 - 0.44^2}{2 \times 0.012 \times \cos 23^\circ}$$
$$= 70.666\ \text{MPa}$$

B.2.3 转鼓强度评定

圆锥形部分的环向总应力

$$\sigma_t = (\sigma_1 + \sigma_2)/K \leqslant [\sigma]$$

式中：

K ——焊接接头系数，100%射线检验，取 $K_1=0.95$；

$[\sigma]$ ——材料的许用应力，取 $0.33R_m$ 与 $0.50R_{el}$ 两值中的小者。

$$0.33R_m = 0.33 \times 410 = 135.30\ \text{MPa}$$
$$0.50R_{el} = 0.50 \times 245 = 122.50\ \text{MPa}$$

取 $[\sigma]=122.50\ \text{MPa}$：

$$\sigma_t = (30.962 + 70.666)/0.95 = 106.977\ \text{MPa} \leqslant [\sigma]$$

本例题转鼓内无筛网。若转鼓内有筛网，则筛网的当量厚度应按式(B.7)近似计算：那么

$$\delta_s = \frac{m}{\pi(r_1 + r)H\rho_3} \quad \cdots\cdots(B.7)$$

ICS 73.120
J 77

中华人民共和国国家标准

GB/T 28696—2012

离心机　分离机转鼓平衡　检验规范

Centrifuge—Separator drum balance—Inspection standard

2012-09-03 发布　　　　2013-03-01 实施

中华人民共和国国家质量监督检验检疫总局
中国国家标准化管理委员会　发布

前　言

本标准按照 GB/T 1.1—2009 给出的规则起草。

本标准由中国机械工业联合会提出。

本标准由全国分离机械标准化技术委员会(SAC/TC 92)归口。

本标准负责起草单位：安庆中船柴油机有限公司、合肥通用机械研究院、浙江轻机实业有限公司、南京中船绿洲机器有限公司、海申机电总厂。

本标准主要起草人：曹立和、王良恩、张德友、吴将天、孙自鸿、周进、赵关忠、李振威、肖海、王贵云。

引　言

本标准主要根据 ISO 11342:1998《机械振动　挠性转子机械平衡的方法和准则》、GB/T 6557—2009《挠性转子机械平衡的方法和准则》、GB/T 9239《机械振动　恒态(刚性)转子平衡品质要求》以及我国分离机械行业现状及发展的实际需要来制定，在相关技术内容上与 GB/T 6557—2009 等同，而 GB/T 6557—2009 在技术内容上又等同于 ISO 11342:1998。

近年来，各类离心机、分离机转鼓与转子平衡技术在国内外有了新的发展，并且积累了更多的平衡实践经验，为进一步提高离心机、分离机的安全可靠性，减少机器振动，特制定本标准，以适应分离机械行业提高产品质量和技术能力的需要。

本标准在挠性转子机械平衡方法和准则上等同 GB/T 6557—2009，符合我国分离机械行业实情并与国家相关标准相衔接且有利于与国际标准接轨。当然在其他技术内容的制定上有细分的差异。

离心机　分离机转鼓平衡　检验规范

1　范围

本标准规定了工业用离心机转鼓平衡准则、分离机转鼓平衡准则、转鼓平衡校正、转鼓平衡校正人员及平衡校正安全要求、转鼓平衡校正报告等检验规范和要求。

本标准适用于各种具有金属转鼓(衬包或不衬包)工业用离心机,包括工业脱水机(以下简称离心机)和各种工业用碟式分离机、管式分离机、室式分离机(以下简称分离机)转鼓在平衡设备上平衡和现场校正。

2　规范性引用文件

下列文件对于本文件的应用是必不可少的。凡是注日期的引用文件,仅注日期的版本适用于本文件。凡是不注日期的引用文件,其最新版本(包括所有的修改单)适用于本文件。

GB/T 4201　平衡机的描述检验与评定

GB/T 4774　分离机械　名词术语

GB/T 6444　机械振动　平衡词汇

GB/T 6557—2009　挠性转子机械平衡的方法和准则(ISO 11342:1998/Cor.1:2000,IDT)

GB/T 9239.1　机械振动　恒态(刚性)转子平衡品质要求　第1部分:规范与平衡允差的检验

GB/T 9239.2　机械振动　恒态(刚性)转子平衡品质要求　第2部分:平衡误差

GB/T 10895—2004　离心机　分离机　机械振动测试方法(ISO 10816-1:1995,NEQ)

JB/T 9390　卧式硬支承平衡机　技术条件

JB/T 9392　单面立式平衡机　技术条件

JB/T 9393　卧式软支承平衡机　技术条件

3　术语和定义

GB/T 4774、GB/T 6444 界定的以及下列术语和定义适用于本文件。

3.1

刚性转子　rigid rotor

在直至最高工作转速的任意转速下旋转,由给定的不平衡量的分布引起的挠曲低于允许限度的转子。

3.2

挠性转子　flexible rotor

由于弹性挠曲不能认为是刚性的转子。

注1:弹性挠曲是指转子旋转时在弹性范围内的弯曲变形。

注2:GB/T 6557—2009 附录 H 中给出了关于挠性转子相关术语的定义,可作为参考。

3.3

剩余不平衡　residual unbalance

平衡后转子上剩余的任何形式的不平衡量。

3.4

平衡 balancing

检验并在必要时调整转子质量分布，以保证在对应的工作转速频率下，剩余不平衡或轴颈振动和作用于轴承的力在规定限值内的工艺过程。

3.5

现场平衡 field balancing

转子在原机组轴承和支承结构上而不是在平衡机上进行平衡的过程。

3.6

现场平衡设备 field balancing equipment

不安装在平衡机上，而是在装配好的机器上进行平衡操作提供数据的组合测量仪器。

3.7

低速平衡 low speed balancing

在被平衡转子能视为刚性转子的转速下进行平衡的过程。

3.8

高速平衡 high speed balancing

在被平衡转子不能视为刚性转子的转速下进行平衡的过程。

4 离心机转鼓平衡准则

4.1 准则的选择

离心机转鼓的工作转速通常低于一阶挠曲临界转速的 70%，因此对平衡而言认为转子是刚性的。评定准则为按允许的剩余不平衡限值来制定。基于振动限值来确定刚性转子平衡允差，这种情况的主要目的是限制特定平面内的振动，应由产品标准的振动限值或用户的要求来决定。

离心机中符合挠性转子特性的机型按分离机转鼓平衡准则执行。

确定转子是刚性还是挠性的方法及由观测试验质量组效应来进行不平衡校正计算的方法参见附录 A、附录 B。

4.2 剩余不平衡量的评定方法

4.2.1 许用剩余不平衡量

根据所选的平衡品质级别 G，由式(1)得出许用剩余不平衡量 U_{per}：

$$U_{per}=1\ 000\ \frac{(e_{per}\times \Omega)\times m}{\Omega} \qquad \cdots\cdots(1)$$

式中：

U_{per} ——许用剩余不平衡量的数值，单位为克毫米(g·mm)；

$(e_{per}\times\Omega)$——选择的平衡品质级别 G 的数值，单位为毫米每秒(mm/s)；

e_{per} ——许用剩余不平衡度，单位为千克米每千克(kg·m/kg)或米(m)，但更实用的单位为微米(μm)；

m ——转子质量的数值，单位为千克(kg)；

Ω ——工作转速的角速度数值，单位为弧度每秒(rad/s)。

4.2.2 许用剩余不平衡量向允差平面的分配

4.2.2.1 单面

就单面校正而言，U_{per}全部在该平面上。

4.2.2.2 双面

许用剩余不平衡量U_{per}按质心到另一侧允差平面的距离的比例进行分配(见图1)。如果允差平面为A和B支承平面，则适用式(2)和式(3)：

$$U_{perA}=\frac{U_{per}\times L_B}{L} \quad\cdots\cdots(2)$$

$$U_{perB}=\frac{U_{per}\times L_A}{L} \quad\cdots\cdots(3)$$

式中：

U_{perA}——A支承平面上许用剩余不平衡量；

U_{perB}——B支承平面上许用剩余不平衡量；

U_{per}——(总的)许用剩余不平衡量(在质心平面)；

L_A——从质心平面到A支承平面的距离；

L_B——从质心平面到B支承平面的距离；

L——支承跨距。

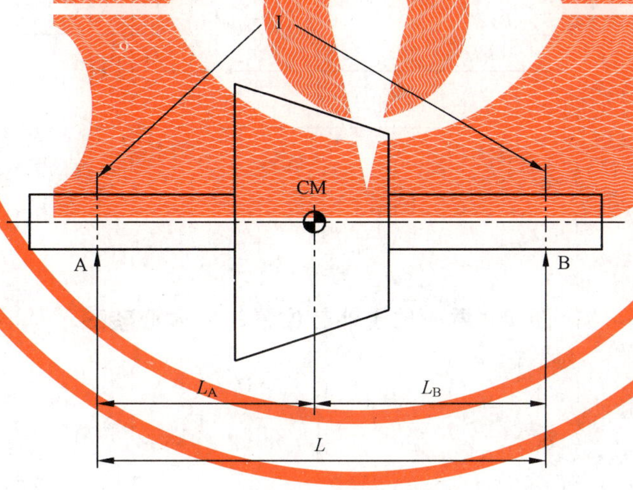

说明：

A ——A支承平面；

B ——B支承平面；

I ——允差平面(即支承平面)；

CM——质心。

图1 质心不对称的内质心转鼓

4.2.2.3 对内质心转鼓的限制

内质心转鼓的一般外形简图见图1。如果质心靠近某一支承平面，对该支承平面计算出的允差值就很大，接近U_{per}的值，而远离质心的支承平面的允差值就变得很小，接近于零。为避免极端允差状态，应限定：

——较大的允差值不宜大于 0.7 U_{per}；

——较小的允差值不宜小于 0.3 U_{per}。

4.2.2.4 对外质心转鼓的限制

外质心转鼓的一般外形简图见图 2。根据式(2)和式(3)计算允差值。然而，为了避免极端允差状态，应限定：

——较大的允差值不宜大于 1.3 U_{per}；

——较小的允差值不宜小于 0.3 U_{per}。

外质心转鼓不平衡量的上限值与内质心转鼓不平衡量的上限值是不同的。这里假设设计的 B 支承和支承结构能够承受施加的外悬质量的静载荷，因而它也能相应地承担由不平衡引起的较大载荷。若不是这种情况，宜采用内质心转鼓的限制条件。

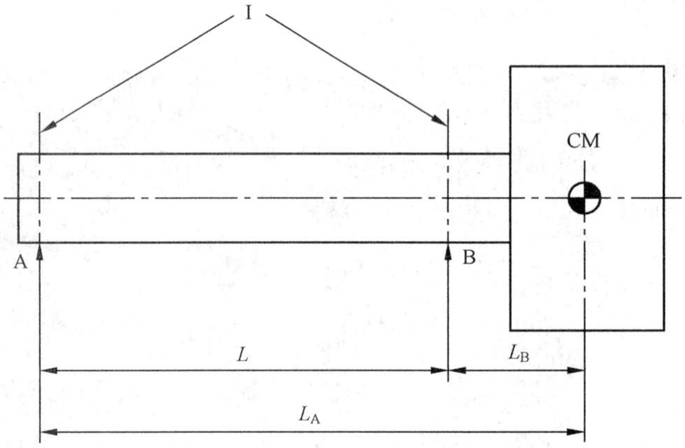

说明：

I ——允差平面(即支承平面)；

CM——质心。

图 2 质心位于外悬位置的外质心转鼓

4.3 剩余不平衡量的检验

4.3.1 总则

在允差平面而不是在校正平面检验转鼓的剩余不平衡量是合理的。

任何测量都包含误差，平衡误差应符合 GB/T 9239.2 的规定。

4.3.2 在平衡机上的检验

首先应根据 GB/T 9239.2 检查和(或)处理系统误差。

当在平衡机上进行检验时，可直接测量剩余不平衡量，其测量值应符合上述规定要求。

4.3.3 不在平衡机上的检验

剩余不平衡量可以不在平衡机上测定，例如在现场使用平衡设备仪器进行检验。用影响系数法或等效的方法评定示值，但示值的所有变化必须只是由试验质量引起。

5 分离机转鼓平衡准则

5.1 准则的选择

5.1.1 分离机转鼓按转子特性和平衡要求通常视作挠性转子。评定准则按照振动限值或允许的剩余不平衡量来制定。

5.1.2 挠性转子评定平衡品质是在平衡设备或试验台上，考核轴承座或轴的同频振动，平衡设备或试验台应和现场条件相近。

5.1.3 评定平衡品质的另一种做法是考核剩余不平衡量。对于用低速平衡方法平衡的挠性转子，可用这种评定方式在低速下进行评定，不必使用高速平衡设备。

5.2 振动限值准则的评定方法

5.2.1 高速平衡设备上的评定

5.2.1.1 转鼓应以低加速率升速以保证不抑制振动峰，如不可能在整个转速范围进行测量，应测量一阶挠曲临界转速的70%和最大工作转速之间所有明显的振动峰。

5.2.1.2 转鼓在最大工作转速应保持足够长的时间以消除任何瞬态影响，然后进行测量。

5.2.2 试验台上的评定

试验台上评定转鼓的不平衡最终状态时，平衡设备仪器应符合有关规定。评定方法可按GB/T 6557的规定执行。

5.2.3 振动限值

振动限值通常采用振动速度值评定，按GB/T 10895—2004附录B的规定。

5.3 剩余不平衡限值的评定

5.3.1 低速下评定

低速下评定可按GB/T 9239.1中对刚性转子评定的方法进行。

5.3.2 工作转速下评定

在工作转速下评定，必须选择两个适当的试验平面，并说明校正平面的轴向位置。

6 转鼓平衡校正

6.1 转鼓部件及其安装规定

6.1.1 转鼓的零部件应符合设计要求。

6.1.2 转鼓部件组装后，应有校正用的同轴基准面。

6.1.3 传感器和支架在平衡转速范围内应没有明显影响振动测量的共振。

6.1.4 由于产品标准的规定，当出现下列之一情形时，可不予进行转鼓平衡校正：

——转鼓累计总去重量已超出产品标准所限定最大总校正质量要求；

——转鼓已超出产品标准所规定的使用寿命期限。

解除上述限制条件，须由制造方设计部门决定。

6.2 平衡校正设备及其仪器

6.2.1 立式、卧式平衡机

转鼓平衡校正一般应在立式或卧式平衡机上进行。立式或卧式平衡机应符合 GB/T 4201、JB/T 9390、JB/T 9392、JB/T 9393 的规定。

6.2.2 平衡仪器设备

转鼓平衡校正的仪器设备应符合制造方所依据的国家相关标准并在检定的有效期内。传感器的量程和灵敏度应能满足平衡校正对平衡精度的需要，可采用测振传感器。

当转鼓按挠性转子进行平衡校正时，应采用与机型的振动特性相匹配的测量装置和传感器。

6.3 平衡校正

转鼓按选定的平衡方法和准则进行平衡校正，按设计规定的位置和加重结构进行校正后的去(加)重，应进行复测，同时在平衡校正报告表上记录。

6.4 转鼓平衡的验收

离心机、分离机转鼓平衡校正验收应符合设计要求，其剩余不平衡限值或振动限值应符合相关标准规定。

7 转鼓平衡校正人员及平衡校正安全要求

7.1 人员

7.1.1 参与转鼓平衡校正的人员应由具有平衡校正方法的基础知识和经验的专业技术人员和高级技工来承担。

7.1.2 平衡机或平衡仪器设备操作员应熟悉平衡机或平衡仪器结构、原理并经过专业培训取得相应资质。企业对操作员应颁发上岗证。

7.1.3 平衡校正报告表的签发应由取得岗位资格证书的人员负责。

7.2 安全

7.2.1 转鼓平衡校正时，高速旋转件紧固部位或联接处应有可靠的防松措施，转动部分有防护措施，特别是在试加重的情况下，以防止加重物的飞出。操作人员可能触及的有危险的外露转动件应采取距离防护或设置防护装置，确保人身安全。

7.2.2 平衡现场必要时应设有安全警示标志，以提示潜在的危险。

8 转鼓平衡校正报告

转鼓平衡校正结果应填写校正报告表，其内容应符合表 1 的规定(见表 1、图 3 和图 4)，与校正相关的现场记录，连同转鼓平衡校正报告表，在校正完成后应整理成书面报告归档保存。

表 1 转鼓平衡校正报告表

校正时间： 年 月 日				室 温： ℃								
校正地点：				平衡机(或平衡仪)型号：								
转鼓参数	型号	编号	质量 kg	设计转速 r/min	支承参数 mm	L	L_1	L_2	L_A	L_B	R_1	R_2

平衡次数	平衡转速 r/min	平衡参数	校正Ⅰ面		校正Ⅱ面		整机振动测量值/(mm/s)		
			不平衡量	相角 0°	不平衡量	相角 0°	测点位置	平衡前	平衡后
1		初始不平衡量/(g·mm)					V_x		
		加/去重量/g					V_y		
		剩余不平衡量/(g·mm)					V_z		
2		初始不平衡量/(g·mm)					V_x		
		加/去重量/g					V_y		
		剩余不平衡量/(g·mm)					V_z		
3		初始不平衡量/(g·mm)					V_x		
		加/去重量/g					V_y		
		剩余不平衡量/(g·mm)					V_z		
4		初始不平衡量/(g·mm)					V_x		
		加/去重量/g					V_y		
		剩余不平衡量/(g·mm)					V_z		
5		初始不平衡量/(g·mm)					V_x		
		加/去重量/g					V_y		
		剩余不平衡量/(g·mm)					V_z		
复测剩余不平衡量/(g·mm)							最终整机振动值/(mm/s)		
最终去(加)重量/g							V_x		
等效总去(加)重量/g							V_y		
最终校正后振动速度/(mm/s)				总校正次数			V_z		
平衡后振动评价									
备 注									

注 1：平衡次数可根据厂家具体情况作适当增减。

注 2：整机振动测量和最终整机振动值部分仅限采用整机平衡法填写，平衡机上测试可不作要求。

操作员：　　　　　　监读员和记录员：　　　　　　校正签发员：

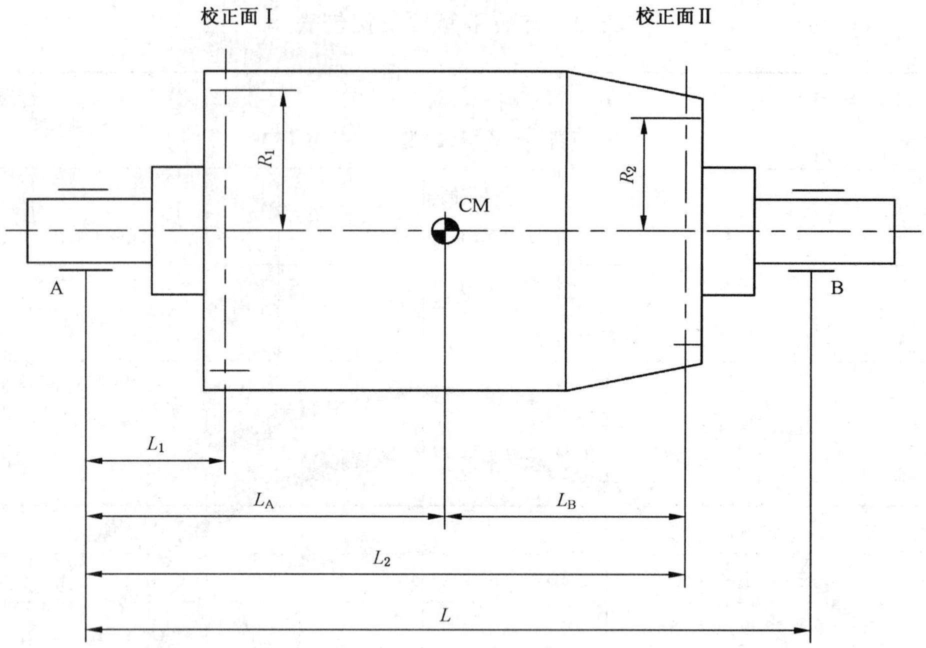

图 3　内质心转鼓平衡校正支承简图

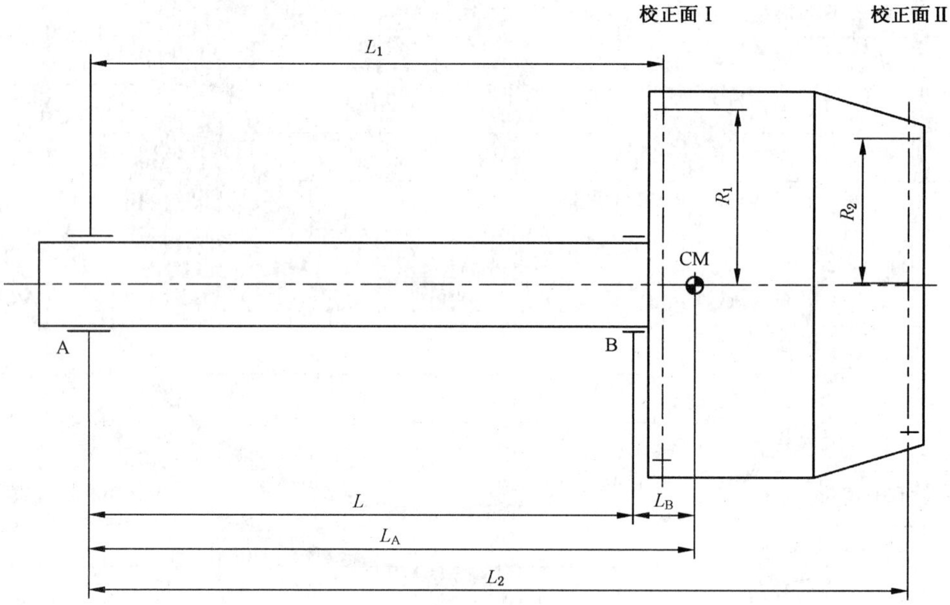

图 4　外质心转鼓平衡校正支承简图

附 录 A
（资料性附录）
确定转子是刚性的还是挠性的方法

A.1 概述

本附录说明了确定转子是刚性的还是挠性的方法。如果确定转子属于刚性范畴，可用低速平衡方法来平衡。通常，挠性转子需要在高速下，采用如 GB/T 6557—2009 中第 7 章的方法进行平衡，然而有的转子按定义是挠性的但处于边界，也可以采用 GB/T 6557—2009 中第 6 章中给出的专门方法做低速平衡。

转子的物理外形对平衡而言不足以确定转子是属于刚性范畴还是挠性范畴。如果转子在高速下工作，它可能靠近或超越临界转速，转子会有明显弯曲，因此要求高速平衡。如果转子最高工作转速与第一阶挠曲临界转速之比小于 0.7，对平衡而言认为转子是刚性的。

A.2 转子是刚性的还是挠性的确定

下述各段之一或更多可用来确定转子是刚性的还是挠性的，从而确定采取的平衡方法：

A.2.1 向转子制造厂咨询以明确转子结构型式和特性以及推荐的平衡方法（见 GB/T 6557—2009 第 5 章）。

A.2.2 如果转子的最大工作转速与第一阶挠曲临界转速之比小于 0.7，对平衡而言转子被认为是刚性的。

A.2.3 另一办法是进行下述试验，按照 GB/T 9239.1 中规定的方法在低速下做两面平衡。

将转子装在能使转子至少可升速至工作转速，而且轴承及其支座的刚度和阻尼与现场安装类似的设备上，使转子逐渐升速至工作转速，注意在整个期间振动要在安全限值以内，在升速和降速过程中以转速函数的形式记录振动读数。

如果振动不随转速发生明显的变化，那么转子是刚性的，或者转子虽然是挠性的但其振型不平衡量较小。按 A.3 规定的柔性试验可以确定转子属于哪一种情况。

如果在升速或降速期间振动发生了明显变化，那么存在以下一个或多个可能性：

a) 转子是挠性的；

b) 转子是刚性的但支承是柔性的；

c) 转子有部件移位，它明显地是转速或温度的函数。

如果降速至零转速期间的振动读数与以往降速过程的读数重复，为帮助区分这些可能性，可将转子再次升速至工作转速进行检查，如果转子已稳定，可进行 A.3 中规定的柔性试验以确定转子是刚性的或者是挠性的。

注：将转子升速至其工作转速或超速时，由于离心力的影响，有的部件可能发生移位并稳定在新的位置。例如，发电机和电动机转子常常要求定位性的运转，使铜线绕组和支承系统径向向外移动至它们的最终位置。

如果读数不重复，那么转子的不平衡量是可变的，在校正此问题之前，转子一般不能平衡至公差内。

A.3 转子的柔性试验

转子中央或在预期能引起较大转子振动的适当位置加一个质量块，将转子升速至工作转速，注意在整个升速期间要保证振动在安全限值内，如果在升速期间振动幅值过大，减小此块的质量并重复此过程，在工作转速及与A.2.3中相同位置测量振动矢量，用新测量值对在A.2.3中记录的振动矢量进行矢量相减的办法确定该质量对振动的影响，其结果用 A 表示。

把转子停下来并取下该质量块，在与该质量块相同的角度位置上放置两个质量块，这两个质量块应放置在靠近转子两端的平面上，并与单个质量块产生的准静不平衡量相同而不引起任何附加的偶不平衡，再将转子升速至工作转速，测量振动矢量，用该矢量减去A.2.3得到的矢量，确定这两个质量块对转子的影响，其结果用 B 表示。

A.4 柔性试验数据的评定

计算矢量(A-B)的幅值，如果该值除以矢量 A 的幅值小于0.2时，对平衡而言，转子通常认为是刚性的；相反，如果大于或等于0.2，应按挠性转子对待。

如有足够的转子系统的模化数据，有可能用分析的办法得到A.4中计算该比例所需的数据，因而不必进行柔性试验。用这种方法时，必需准确地模化转子-支承系统的刚度和阻尼特性。

附 录 B
（资料性附录）
不平衡校正计算的方法

下面是由观测试验质量组效应来计算不平衡校正的一种方法。

图 B.1 中，矢量$\overrightarrow{OA}$表示对某个任意参考角度而绘出的初始振动；矢量$\overrightarrow{OB}$表示当在转子上加一试验质量组时在同一转速下对同一参考角度绘出的合成振动；那么，试验质量组的“效应”用矢量$\overrightarrow{AB}$表示其幅值和角度。因此，为使原始振动为零，试验质量组应移过角度$\angle BAO$，并且试验质量组中每个质量的大小应按比例$\dfrac{AO}{AB}$进行调整。

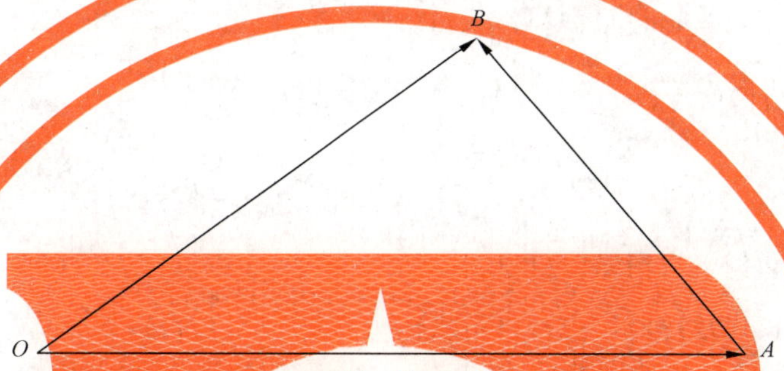

图 B.1 试验质量组的矢量效应

ICS 21.100.20
J 11

中华人民共和国国家标准

GB/T 28697—2012/ISO 20516:2007
部分代替 GB/T 301—1995

滚动轴承
调心推力球轴承和调心座垫圈
外形尺寸

Rolling bearings—
Aligning thrust ball bearings and aligning seat washers—
Boundary dimensions

(ISO 20516:2007,IDT)

2012-09-03 发布　　2013-03-01 实施

中华人民共和国国家质量监督检验检疫总局
中国国家标准化管理委员会　发布

前　言

本标准按照 GB/T 1.1—2009 给出的规则起草。

本标准代替 GB/T 301—1995《滚动轴承　推力球轴承　外形尺寸》中的单向和双向外调心推力球轴承部分。

本标准使用翻译法等同采用 ISO 20516:2007《滚动轴承　调心推力球轴承和调心座垫圈　外形尺寸》。

与本标准中规范性引用的国际文件有一致性对应关系的我国文件如下：

——GB/T 274—2000　滚动轴承　倒角尺寸　最大值(ISO 582:1995,IDT)

——GB/T 6930—2002　滚动轴承　词汇(ISO 5593:1997,IDT)

——GB/T 7811—2007　滚动轴承　参数符号(ISO 15241:2001,IDT)

本标准还做了下列编辑性修改：

——用小数点符号"."代替","；

——删除了国际标准中资料性概述要素。

本标准由中国机械工业联合会提出。

本标准由全国滚动轴承标准化技术委员会(SAC/TC 98)归口。

本标准起草单位：嵊州市美亚特种轴承厂、洛阳轴承研究所有限公司。

本标准主要起草人：周友华、李飞雪、周友峰、赵文祥。

滚动轴承 调心推力球轴承和调心座垫圈 外形尺寸

1 范围

本标准规定了带和不带调心座垫圈的单向和双向调心推力球轴承的外形尺寸。

2 规范性引用文件

下列文件对于本文件的应用是必不可少的。凡是注日期的引用文件，仅注日期的版本适用于本文件。凡是不注日期的引用文件，其最新版本(包括所有的修改单)适用于本文件。

ISO 582 滚动轴承 倒角尺寸 最大值(Rolling bearings—Chamfer dimensions—Maximum values)

ISO 5593 滚动轴承 词汇(Rolling bearings—Vocabulary)

ISO 15241 滚动轴承 参数符号(Rolling bearings—Symbols for quantities)

3 术语和定义

ISO 5593 界定的以及下列术语和定义适用于本文件。

3.1

调心推力球轴承〈单向轴承〉 aligning thrust ball bearing

通过一个调心座圈可适应轴承轴线与轴承座轴线间一定量的角偏斜的推力球轴承。

注：调心座圈的球形背面与一个调心座垫圈或轴承座中对应的凹球面相配。

3.2

调心推力球轴承〈双向轴承〉 aligning thrust ball bearing

通过调心座圈可适应轴承轴线与轴承座轴线间一定量的角偏斜的推力球轴承。

注：调心座圈的球形背面与调心座垫圈或轴承座中对应的凹球面相配。

3.3

单向调心推力球轴承 single-direction aligning thrust ball bearing

仅用于承受一个方向轴向载荷的调心推力球轴承。

3.4

双向调心推力球轴承 double-direction aligning thrust ball bearing

用于承受两个方向轴向载荷的调心推力球轴承。

3.5

中轴圈 central shaft washer

安装在轴上的中圈。

4 符号

ISO 15241 给出的以及下列符号适用于本文件。

除另有说明外，图 1～图 4 中所示符号和表 1～表 6 中所示数值均表示公称尺寸。

注：除另有说明外，符号均适用于单向和双向轴承。

A：调心表面中心高度

B：双向轴承中轴圈高度

C：调心座垫圈高度

D：调心座圈外径

D_1：调心座圈内径

$D_{1\,s\,min}$：调心座圈最小单一内径

D_2：调心座垫圈内径

D_3：调心座垫圈外径

d：单向轴承轴圈内径

d_1：单向轴承轴圈外径

$d_{1\,s\,max}$：单向轴承轴圈最大单一外径

d_2：双向轴承中轴圈内径

d_3：双向轴承中轴圈外径

$d_{3\,s\,max}$：双向轴承中轴圈最大单一外径

R：调心座圈和调心座垫圈调心表面半径

r：单向轴承轴圈和调心座垫圈背面倒角尺寸

$r_{s\,min}$：单向轴承轴圈和调心座垫圈背面最小单一倒角尺寸

r_1：双向轴承中轴圈端面倒角尺寸

$r_{1\,s\,min}$：双向轴承中轴圈端面最小单一倒角尺寸

T：单向调心推力球轴承高度

T_1：带调心座垫圈的单向调心推力球轴承高度

T_2：双向调心推力球轴承高度

T_3：带调心座垫圈的双向调心推力球轴承高度

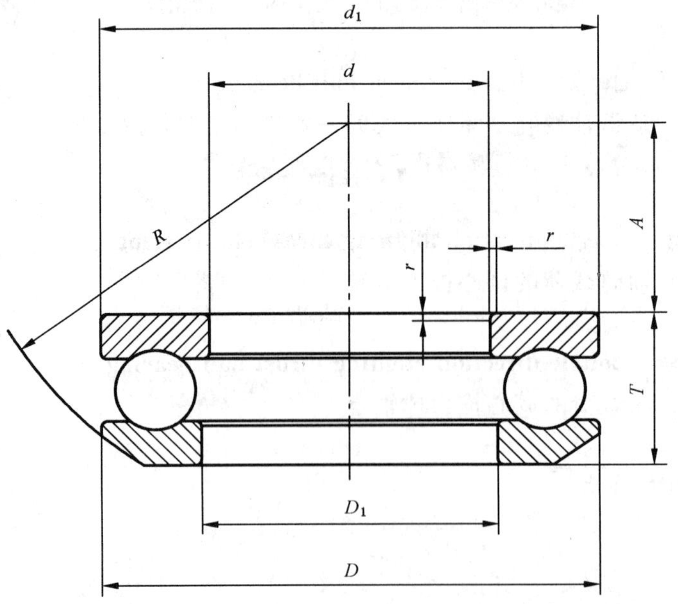

图 1　单向调心推力球轴承

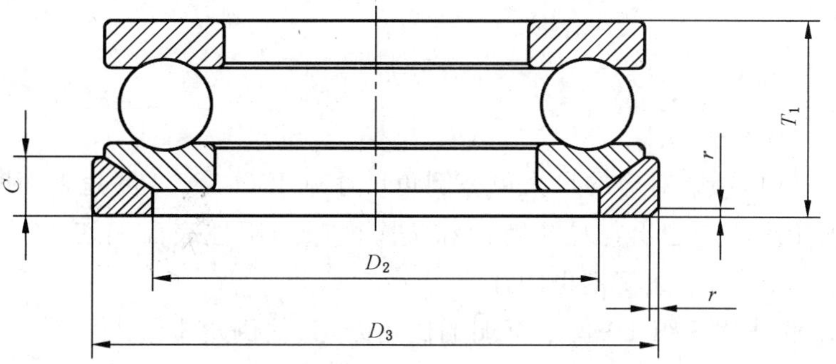

图 2　带调心座垫圈的单向调心推力球轴承

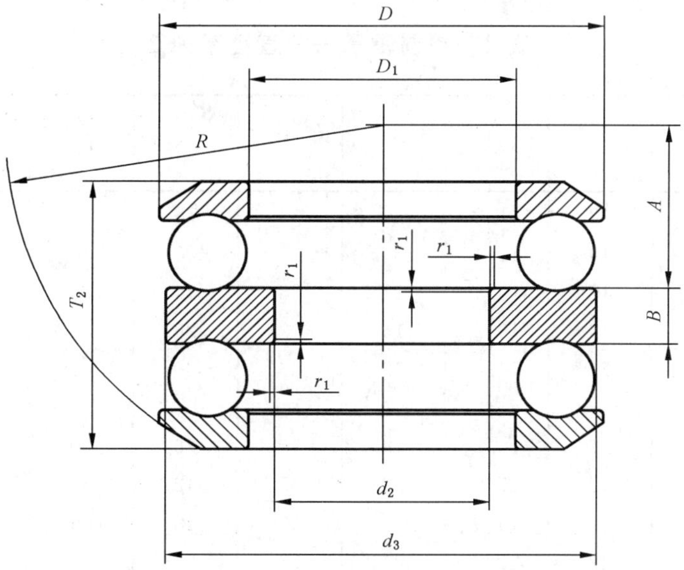

图 3　双向调心推力球轴承

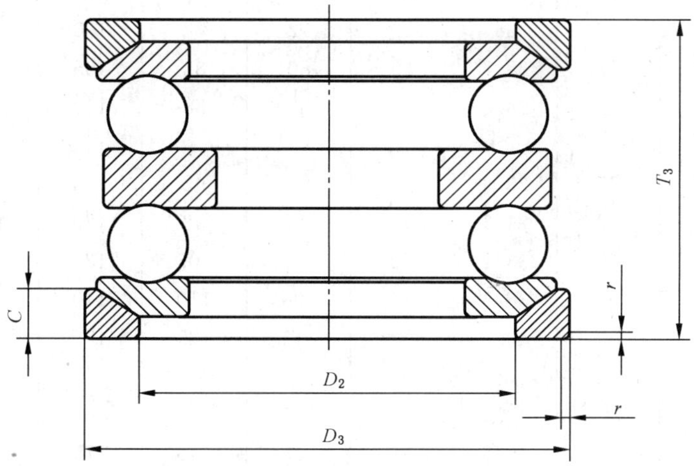

图 4　带调心座垫圈的双向调心推力球轴承

5 外形尺寸

5.1 总则

表 1～表 6 中 $r_{s\ min}$和 $r_{1\ s\ min}$对应的最大单一倒角尺寸见 ISO 582。倒角表面的确切形状未作规定，但其在轴向平面内的轮廓不应超出与垫圈背面和垫圈内(外)圆柱表面相切、半径为 $r_{s\ min}$的假想圆弧。对于垫圈端面和内圆柱表面，上述规定也同样适用于 $r_{1\ s\ min}$。

倒角尺寸 r 和 r_1 仅适用于图 1～图 4 标明的倒角处，其他倒角未给出尺寸，但不应为锐角。

5.2 单向调心推力球轴承和带调心座垫圈的单向调心推力球轴承

单向调心推力球轴承和带调心座垫圈的单向调心推力球轴承的尺寸见表 1～表 3。

表 1 单向轴承——直径系列 2

单位为毫米

d	D	$d_{1\ s\ max}$	$D_{1\ s\ min}$	T max	A	R	D_2	D_3	T_1	C	$r_{s\ min}$
10	26	26[a]	12	11.6	8.5	22	18	28	13	3.5	0.6
12	28	28[a]	14	11.4	11.5	25	20	30	13	3.5	0.6
15	32	32[a]	17	13.3	12	28	24	35	15	4	0.6
17	35	35[a]	19	13.2	16	32	26	38	15	4	0.6
20	40	40[a]	22	14.7	18	36	30	42	17	5	0.6
25	47	47[a]	27	16.7	19	40	36	50	19	5.5	0.6
30	52	52[a]	32	17.8	22	45	42	55	20	5.5	0.6
35	62	62[a]	37	19.9	24	50	48	65	22	7	1
40	68	68[a]	42	20.3	28.5	56	55	72	23	7	1
45	73	73[a]	47	21.3	26	56	60	78	24	7.5	1
50	78	78[a]	52	23.5	32.5	64	62	82	26	7.5	1
55	90	90[a]	57	27.3	35	72	72	95	30	9	1
60	95	95[a]	62	28	32.5	72	78	100	31	9	1
65	100	100[a]	67	28.7	40	80	82	105	32	9	1
70	105	105[a]	72	28.8	38	80	88	110	32	9	1
75	110	110[a]	77	28.3	49	90	92	115	32	9.5	1
80	115	115[a]	82	29.5	46	90	98	120	33	10	1
85	125	125[a]	88	33.1	52	100	105	130	37	11	1
90	135	135[a]	93	38.5	45	100	110	140	42	13.5	1.1
100	150	150[a]	103	40.9	52	112	125	155	45	14	1.1
110	160	160[a]	113	40.2	65	125	135	165	45	14	1.1
120	170	170[a]	123	40.8	61	125	145	175	46	15	1.1
130	190	187	133	47.9	67	140	160	195	53	17	1.5
140	200	197	143	48.6	87	160	170	210	55	17	1.5
150	215	212	153	53.3	79	160	180	225	60	20.5	1.5

表 1（续）

单位为毫米

d	D	$d_{1\,s\,max}$	$D_{1\,s\,min}$	T max	A	R	D_2	D_3	T_1	C	$r_{s\,min}$
160	225	222	163	54.7	74	160	190	235	61	21	1.5
170	240	237	173	58.7	91	180	200	250	65	21.5	1.5
180	250	247	183	58.2	112	200	210	260	66	21.5	1.5
190	270	267	194	65.7	98	200	230	280	73	23	2
200	280	277	204	65.3	125	225	240	290	74	23	2
220	300	297	224	65.6	118	225	260	310	75	25	2
240	340	335	244	81.6	122	250	290	350	92	30	2.1
260	360	355	264	82.8	152	280	305	370	93	30	2.1
280	380	375	284	85	143	280	325	390	94	31	2.1
300	420	415	304	100.5	164	320	360	430	112	34	3
320	440	435	325	100.5	157	320	380	450	112	36	3
340	460	455	345	100.3	199	360	400	470	113	36	3
360	500	495	365	116.7	172	360	430	510	130	43	4

[a] 如果 $d_{1\,s\,max}$ 与 D 的公称值相同，应规定其公差，以使轴圈外表面与公称直径为 D 的轴承座内孔之间留有间隙。

表 2 单向轴承——直径系列 3

单位为毫米

d	D	$d_{1\,s\,max}$	$D_{1\,s\,min}$	T max	A	R	D_2	D_3	T_1	C	$r_{s\,min}$
25	52	52[a]	27	19.8	21	45	38	55	22	6	1
30	60	60[a]	32	22.6	22	50	45	62	25	7	1
35	68	68[a]	37	25.6	24	56	52	72	28	7.5	1
40	78	78[a]	42	28.5	28	64	60	82	31	8.5	1
45	85	85[a]	47	30.1	25	64	65	90	33	10	1
50	95	95[a]	52	34.3	28	72	72	100	37	11	1.1
55	105	105[a]	57	39.3	30	80	80	110	42	11.5	1.1
60	110	110[a]	62	38.3	41	90	85	115	42	11.5	1.1
65	115	115[a]	67	39.4	38.5	90	90	120	43	12.5	1.1
70	125	125[a]	72	44.2	43	100	98	130	48	13	1.1
75	135	135[a]	77	48.1	37	100	105	140	52	15	1.5
80	140	140[a]	82	47.6	50	112	110	145	52	15	1.5
85	150	150[a]	88	53.1	43	112	115	155	58	17.5	1.5
90	155	155[a]	93	54.6	40	112	120	160	59	18	1.5
100	170	170[a]	103	59.2	46	125	135	175	64	18	1.5
110	190	187	113	67.2	51	140	150	195	72	20.5	2
120	210	205	123	74.1	63	160	165	220	80	22	2.1

表 2（续）

单位为毫米

d	D	$d_{1\ s\ max}$	$D_{1\ s\ min}$	T max	A	R	D_2	D_3	T_1	C	$r_{s\ min}$
130	225	220	134	80.3	53	160	177	235	86	26	2.1
140	240	235	144	84.9	68	180	190	250	92	26	2.1
150	250	245	154	83.7	89.5	200	200	260	92	26	2.1
160	270	265	164	91.7	77	200	215	280	100	29	3
170	280	275	174	91.3	105	225	220	290	100	29	3
180	300	295	184	99.3	91	225	240	310	109	32	3
190	320	315	195	111	104	250	255	330	121	33	4
200	340	335	205	118.4	92	250	270	350	130	38	4

[a] 如果 $d_{1\ s\ max}$ 与 D 的公称值相同，应规定其公差，以使轴圈外表面与公称直径为 D 的轴承座内孔之间留有间隙。

表 3　单向轴承——直径系列 4

单位为毫米

d	D	$d_{1\ s\ max}$	$D_{1\ s\ min}$	T max	A	R	D_2	D_3	T_1	C	$r_{s\ min}$
25	60	60[a]	27	26.4	19	50	42	62	29	8	1
30	70	70[a]	32	30.1	20	56	50	75	33	9	1
35	80	80[a]	37	34	23	64	58	85	37	10	1.1
40	90	90[a]	42	38.2	26	72	65	95	42	12	1.1
45	100	100[a]	47	42.4	29	80	72	105	46	12.5	1.1
50	110	110[a]	52	45.6	35	90	80	115	50	14	1.5
55	120	120[a]	57	50.5	28	90	88	125	55	15.5	1.5
60	130	130[a]	62	54	34	100	95	135	58	16	1.5
65	140	140[a]	68	60.2	40	112	100	145	65	17.5	2
70	150	150[a]	73	63.6	34	112	110	155	69	19.5	2
75	160	160[a]	78	69	42	125	115	165	75	21	2
80	170	170[a]	83	72.2	36	125	125	175	78	22	2.1
85	180	177	88	77	47	140	130	185	83	23	2.1
90	190	187	93	81.2	40	140	140	195	88	25.5	2.1
100	210	205	103	90	50	160	155	220	98	27	3
110	230	225	113	99.7	59	180	170	240	109	29	3
120	250	245	123	107.3	70	200	185	260	118	32	4
130	270	265	134	115.2	58	200	200	280	128	38	4
140	280	275	144	117	83	225	206	290	131	38	4
150	300	295	154	125.9	69	225	225	310	140	41	4
160	320	315	164	135.3	84	250	240	330	150	41.5	5
170	340	335	174	141	74	250	255	350	156	46	5
180	360	355	184	148.3	97	280	270	370	164	46.5	5

[a] 如果 $d_{1\ s\ max}$ 与 D 的公称值相同，应规定其公差，以使轴圈外表面与公称直径为 D 的轴承座内孔之间留有间隙。

5.3 双向调心推力球轴承和带调心座垫圈的双向调心推力球轴承

双向调心推力球轴承和带调心座垫圈的双向调心推力球轴承的尺寸见表 4～表 6。

表 4 双向轴承——直径系列 2

单位为毫米

d[a]	d_2	D	$d_{3\ s\ max}$	$D_{1\ s\ min}$	T_2 max	B	A	R	D_2	D_3	T_3	C	$r_{s\ min}$	$r_{1\ s\ min}$
15	10	32	32[b]	17	24.6	5	10.5	28	24	35	28	4	0.6	0.3
20	15	40	40[b]	22	27.4	6	16	36	30	42	32	5	0.6	0.3
25	20	47	47[b]	27	31.4	7	16.5	40	36	50	36	5.5	0.6	0.3
30	25	52	52[b]	32	32.6	7	20	45	42	55	37	5.5	0.6	0.3
35	30	62	62[b]	37	37.8	8	21	50	48	65	42	7	1	0.3
40	30	68	68[b]	42	38.6	9	25	56	55	72	44	7	1	0.6
45	35	73	73[b]	47	39.6	9	23	56	60	78	45	7.5	1	0.6
50	40	78	78[b]	52	42	9	30.5	64	62	82	47	7.5	1	0.6
55	45	90	90[b]	57	49.6	10	32.5	72	72	95	55	9	1	0.6
60	50	95	95[b]	62	50	10	30.5	72	78	100	56	9	1	0.6
65	55	100	100[b]	67	50.4	10	38.5	80	82	105	57	9	1	0.6
70	55	105	105[b]	72	50.6	10	36.5	80	88	110	57	9	1	1
75	60	110	110[b]	77	49.6	10	47.5	90	92	115	57	9.5	1	1
80	65	115	115[b]	82	51	10	45	90	98	120	58	10	1	1
85	70	125	125[b]	88	59.2	12	49.5	100	105	130	67	11	1	1
90	75	135	135[b]	93	69	14	42	100	110	140	76	13.5	1.1	1
100	85	150	150[b]	103	72.8	15	49	112	125	155	81	14	1.1	1
110	95	160	160[b]	113	71.4	15	62	125	135	165	81	14	1.1	1
120	100	170	170[b]	123	71.6	15	58.5	125	145	175	82	15	1.1	1.1
130	110	190	189.5	133	85.8	18	63	140	160	195	96	17	1.5	1.1
140	120	200	199.5	143	86.2	18	83.5	160	170	210	99	17	1.5	1.1
150	130	215	214.5	153	95.6	20	74.5	160	180	225	109	20.5	1.5	1.1
160	140	225	224.5	163	97.4	20	70	160	190	235	110	21	1.5	1.1
170	150	240	239.5	173	104.4	21	87	180	200	250	117	21.5	1.5	1.1
180	150	250	249	183	102.4	21	108.5	200	210	260	118	21.5	1.5	2
190	160	270	269	194	116.4	24	93.5	200	230	280	131	23	2	2
200	170	280	279	204	115.6	24	120.5	225	240	290	133	23	2	2
220	190	300	299	224	115.2	24	114	225	260	310	134	25	2	2

[a] d 为表 1 中规定的相应单向轴承直径系列 2 轴圈的内径。

[b] 如果 $d_{3\ s\ max}$ 与 D 的公称值相同，应规定其公差，以使轴圈外表面与公称直径为 D 的轴承座内孔之间留有间隙。

表 5 双向轴承——直径系列 3

单位为毫米

d[a]	d_2	D	$d_{3\ s\ max}$	$D_{1\ s\ min}$	T_2 max	B	A	R	D_2	D_3	T_3	C	$r_{s\ min}$	$r_{1\ s\ min}$
25	20	52	52[b]	27	37.6	8	18	45	38	55	42	6	1	0.3
30	25	60	60[b]	32	41.3	9	19.5	50	45	62	46	7	1	0.3
35	30	68	68[b]	37	47.2	10	21	56	52	72	52	7.5	1	0.3
40	30	78	78[b]	42	54.1	12	23.5	64	60	82	59	8.5	1	0.6
45	35	85	85[b]	47	56.2	12	21	64	65	90	62	10	1	0.6
50	40	95	95[b]	52	64.7	14	23	72	72	100	70	11	1.1	0.6
55	45	105	105[b]	57	72.6	15	25.5	80	80	110	78	11.5	1.1	0.6
60	50	110	110[b]	62	70.7	15	36.5	90	85	115	78	11.5	1.1	0.6
65	55	115	115[b]	67	71.9	15	34.5	90	90	120	79	12.5	1.1	0.6
70	55	125	125[b]	72	80.4	16	39	100	98	130	88	13	1.1	1
75	60	135	135[b]	77	87.2	18	32.5	100	105	140	95	15	1.5	1
80	65	140	140[b]	82	86.2	18	45.5	112	110	145	95	15	1.5	1
85	70	150	150[b]	88	95.2	19	39	112	115	155	105	17.5	1.5	1
90	75	155	155[b]	93	97.2	19	36.5	112	120	160	106	18	1.5	1
100	85	170	170[b]	103	105.5	21	42	125	135	175	115	18	1.5	1
110	95	190	189.5	113	118.4	24	47	140	150	195	128	20.5	2	1
120	100	210	209.5	123	131.2	27	58	160	165	220	143	22	2.1	1.1
130	110	225	224	134	140.6	30	48	160	177	235	152	26	2.1	1.1
140	120	240	239	144	149.8	31	62.5	180	190	250	164	26	2.1	1.1
150	130	250	249	154	147.7	31	84	200	200	260	164	26	2.1	1.1
160	140	270	269	164	162.3	33	71	200	215	280	179	29	3	1.1
170	150	280	279	174	161.5	33	100	225	220	290	179	29	3	1.1
180	150	300	299	184	173.7	37	85	225	240	310	193	32	3	2
190	160	320	319	195	195.1	40	97.5	250	255	330	215	33	4	2
200	170	340	339	205	208.8	42	85	250	270	350	232	38	4	2

[a] d 为表 2 中规定的相应单向轴承直径系列 3 轴圈的内径。

[b] 如果 $d_{3\ s\ max}$ 与 D 的公称值相同，应规定其公差，以使轴圈外表面与公称直径为 D 的轴承座内孔之间留有间隙。

表 6 双向轴承——直径系列 4

单位为毫米

d[a]	d_2	D	$d_{3\ s\ max}$	$D_{1\ s\ min}$	T_2 max	B	A	R	D_2	D_3	T_3	C	$r_{s\ min}$	$r_{1\ s\ min}$
25	15	60	60[b]	27	49.8	11	15	50	42	62	55	8	1	0.6
30	20	70	70[b]	32	56.2	12	16	56	50	75	62	9	1	0.6
35	25	80	80[b]	37	63.1	14	18.5	64	58	85	69	10	1.1	0.6
40	30	90	90[b]	42	69.5	15	22	72	65	95	77	12	1.1	0.6
45	35	100	100[b]	47	78.9	17	23.5	80	72	105	86	12.5	1.1	0.6

表 6（续）

单位为毫米

d[a]	d_2	D	$d_{3\,s\,max}$	$D_{1\,s\,min}$	T_2 max	B	A	R	D_2	D_3	T_3	C	$r_{s\,min}$	$r_{1\,s\,min}$
50	40	110	110[b]	52	83.2	18	30	90	80	115	92	14	1.5	0.6
55	45	120	120[b]	57	92	20	22.5	90	88	125	101	15.5	1.5	0.6
60	50	130	130[b]	62	99	21	28	100	95	135	107	16	1.5	0.6
65	50	140	140[b]	68	109.4	23	34	112	100	145	119	17.5	2	1
70	55	150	150[b]	73	114.2	24	28.5	112	110	155	125	19.5	2	1
75	60	160	160[b]	78	123	26	36.5	125	115	165	135	21	2	1
80	65	170	170[b]	83	128.5	27	30.5	125	125	175	140	22	2.1	1
85	65	180	179.5	88	138	29	40.5	140	130	185	150	23	2.1	1.1
90	70	190	189.5	93	143.5	30	34.5	140	140	195	157	25.5	2.1	1.1
100	80	210	209.5	103	160	33	43.5	160	155	220	176	27	3	1.1

[a] d 为表 3 中规定的相应单向轴承直径系列 4 轴圈的内径。

[b] 如果 $d_{3\,s\,max}$ 与 D 的公称值相同，应规定其公差，以使轴圈外表面与公称直径为 D 的轴承座内孔之间留有间隙。

参 考 文 献

［1］ ISO 104:2002 Rolling bearings—Thrust bearings—Boundary dimensions, general plan

ICS 21.100.20
J 11

中华人民共和国国家标准

GB/T 28698—2012

滚动轴承 电机用深沟球轴承 技术条件

Rolling bearings—Deep groove ball bearings for electric motors—Specifications

2012-09-03 发布　　2013-03-01 实施

中华人民共和国国家质量监督检验检疫总局
中国国家标准化管理委员会 发布

前　言

本标准按照GB/T 1.1—2009给出的规则起草。

本标准由中国机械工业联合会提出。

本标准由全国滚动轴承标准化技术委员会(SAC/TC 98)归口。

本标准起草单位:洛阳轴研科技股份有限公司、人本集团有限公司、宁波摩士集团有限公司、常熟长城轴承有限公司、山东华天滚动轴承有限公司、无锡市堰微精密轴承厂、重庆长江轴承股份有限公司、浙江新昌新轴实业有限公司。

本标准主要起草人:宋丽、刘斌、黄兆熊、邵彦、李学超、顾茂林、胡勇、庞启兴。

滚动轴承　电机用深沟球轴承　技术条件

1　范围

本标准规定了一般用途电机用内径为 3 mm～120 mm 的深沟球轴承(以下简称轴承)的技术要求、测量和试验方法、检验规则、标志、防锈及包装。

本标准适用于轴承制造厂的生产检验和用户验收。

2　规范性引用文件

下列文件对于本文件的应用是必不可少的。凡是注日期的引用文件,仅注日期的版本适用于本文件。凡是不注日期的引用文件,其最新版本(包括所有的修改单)适用于本文件。

GB/T 272—1993　滚动轴承　代号方法

GB/T 307.1—2005　滚动轴承　向心轴承　公差

GB/T 307.2—2005　滚动轴承　测量和检验的原则及方法

GB/T 307.3—2005　滚动轴承　通用技术规则

GB/T 2828.1—2003　计数抽样检验程序　第1部分:按接受质量限(AQL)检索的逐批检验抽样计划

GB/T 7811—2007　滚动轴承　参数符号

GB/T 8597—2003　滚动轴承　防锈包装

GB/T 18254—2002　高碳铬轴承钢

GB/T 24605—2009　滚动轴承　产品标志

GB/T 24610.2—2009　滚动轴承　振动测量方法　第2部分:具有圆柱孔和圆柱外表面的向心球轴承

GB/T 25769—2010　滚动轴承　径向游隙的测量方法

JB/T 1255—2001　高碳铬轴承钢滚动轴承零件热处理技术条件

JB/T 2781—2005　滚动轴承　微型球轴承　技术条件

JB/T 2974—2004　滚动轴承　代号方法的补充规定

JB/T 5314—2002　滚动轴承　振动(加速度)测量方法

JB/T 6639—2004　滚动轴承零件　骨架式丁腈橡胶密封圈　技术条件

JB/T 6641—2007　滚动轴承　残磁及其评定方法

JB/T 7047—2006　滚动轴承　深沟球轴承振动(加速度)　技术条件

JB/T 7048—2002　滚动轴承零件　工程塑料保持架　技术条件

JB/T 7050—2005　滚动轴承　清洁度评定方法

JB/T 7051—2006　滚动轴承零件　表面粗糙度测量和评定方法

JB/T 7752—2005　滚动轴承　密封深沟球轴承　技术条件

JB/T 8571—2008　滚动轴承　密封深沟球轴承　防尘、漏脂、温升性能试验规程

JB/T 10187—2011　滚动轴承　深沟球轴承振动(速度)技术条件

JB/T 10239—2001　滚动轴承　深沟球轴承卷边防尘盖　技术条件

JB/T 10336—2002　滚动轴承及其零件　补充技术条件

JB/T 10337—2002　滚动轴承零件　冲压保持架　技术条件

3　符号

GB/T 7811—2007 给出的符号适用于本文件。

4　代号方法

轴承的代号方法按 GB/T 272—1993 和 JB/T 2974—2004 的规定。

代号示例：

6204 - 2RZ /P6 CM V2

- V2——振动组别：轴承的振动（速度）值为 V2 组
- CM——轴承游隙：电机轴承径向游隙
- /P6——公差等级：6 级公差
- 2RZ——密封型式：两面带橡胶密封圈（非接触式）
- 6204——基本代号：深沟球轴承

5　技术要求

5.1　套圈和滚动体材料及热处理

轴承内、外圈和滚动体采用符合 GB/T 18254—2002 规定的 GCr15、GCr15SiMn 钢制造，热处理质量按 JB/T 1255—2001 或产品图样的规定。也可采用与其性能相当或更优的其他材料制造。

5.2　保持架

冲压保持架一般采用 08 或 10 钢板制造，其他技术要求按 JB/T 10337—2002 的规定；工程塑料保持架一般采用 PA66-GF25 制造，其他技术要求按 JB/T 7048—2002 的规定。有特殊要求时按产品图样的规定。

5.3　密封圈及防尘盖

骨架式丁腈橡胶密封圈的技术要求按 JB/T 6639—2004 的规定；卷边防尘盖的技术要求按 JB/T 10239—2001 的规定。有特殊要求时按产品图样的规定。

5.4　公差

轴承的公差不应低于 GB/T 307.1—2005 中 6 级公差的要求。

5.5　表面粗糙度

轴承配合表面和端面的表面粗糙度不应低于 GB/T 307.3—2005 表 1 中 6 级公差的要求。

5.6　径向游隙

轴承的径向游隙按表 1 的规定。有特殊要求时，由制造厂与用户协商确定。

表 1 电机用深沟球轴承径向游隙

单位为毫米

轴承公称内径 d/mm		径向游隙	
超过	到	min	max
3[a]	10	3	10
10	18	4	11
18	30	5	12
30	50	9	17
50	80	12	22
80	120	18	30
[a] 包括 3 mm。			

5.7 配合

轴承与轴和外壳孔的配合按附录 A 的规定。

5.8 清洁度

轴承的清洁度按 JB/T 7050—2005 的规定。

5.9 残磁

轴承的残磁限值按 JB/T 6641—2007 的规定。

5.10 润滑及密封性能

轴承填装的润滑脂应能满足使用要求，轴承的润滑和密封性能按 JB/T 7752—2005 的规定。有特殊要求时，按产品图样的规定。

5.11 振动

轴承的振动特性以振动（速度）值或振动（加速度）值评定。单个轴承的振动（速度）值不应低于 JB/T 10187—2011 中 V1 组的限值，单个轴承振动（加速度）值不应低于 JB/T 7047—2006 中 Z1 组的限值。根据配套电机要求，可按更高的振动组别及其峰值限值的要求。对轴承振动或异常声有其他特别要求时，由制造厂与用户协商确定。

5.12 摩擦力矩

对轴承的启动摩擦力矩或动态摩擦力矩有要求时，具体指标和检测方法由制造厂与用户协商确定。

5.13 其他

其他技术要求按 GB/T 307.3—2005 和 JB/T 10336—2002 的规定。

6 测量和试验方法

6.1 公差的测量

轴承尺寸公差和旋转精度的测量方法按 GB/T 307.2—2005 的规定。

6.2 表面粗糙度的测量

轴承配合表面和端面表面粗糙度的测量方法按 JB/T 7051—2006 的规定。

6.3 径向游隙的测量

轴承径向游隙的测量方法按 GB/T 25769—2010 和 JB/T 2781—2005 中 5.3 的规定。

6.4 清洁度的测定

轴承清洁度的测定按 JB/T 7050—2005 的规定。

6.5 残磁的测量

轴承残磁的测量方法按 JB/T 6641—2007 的规定。

6.6 防尘、漏脂、温升性能的试验

轴承的防尘、漏脂、温升性能试验按 JB/T 8571—2008 的规定。

6.7 振动的测量

轴承振动的测量方法按 GB/T 24610.2—2009 和 JB/T 5314—2002 的规定。

7 检验规则

轴承的检验分为出厂检验和型式检验。具体的检查项目、抽样方案、接收质量限 AQL 也可与用户协商确定。

7.1 出厂检验

轴承应按 GB/T 2828.1—2003 的规定进行抽样检查，使用一般检查水平Ⅱ级，采用正常检查一次抽样方案，接收质量限 AQL 值主要检查项目为 1.5，次要检查项目为 4.0。检查项目见表 2。

表 2 检查项目

序号	主要检查项目	序号	次要检查项目
1	公差	1	配合表面和端面的表面粗糙度
2	径向游隙	2	残磁
3	振动(速度或加速度)	3	外观质量
4	旋转灵活性	4	标志和包装

7.2 型式检验

7.2.1 轴承型式检验项目包括出厂检验以及 5.8 和 5.10 规定的检查项目。

7.2.2 轴承在下列情况之一时进行型式检验：

a) 试制的新产品；

b) 设计、材料、工艺等有改变，可能影响产品质量和性能时；

c) 连续生产的产品历经两年时；

d) 产品连续停产半年以上,恢复生产时;

e) 用户提出要求时。

8 标志

轴承的标志按 GB/T 24605—2009 的规定。

9 包装

经检验合格的轴承成品按 GB/T 8597—2003 的规定进行防锈包装。

附 录 A
（规范性附录）
轴承与轴和外壳孔的配合

与轴承配合的轴和外壳孔的公差带按表 A.1 的规定。

表 A.1

<table>
<tr><th colspan="2">轴承公称内径 d/mm</th><th colspan="2">公差带</th></tr>
<tr><th>超过</th><th>到</th><th>轴</th><th>外壳孔</th></tr>
<tr><td>3[a]</td><td>10</td><td rowspan="2">js 5
(j 5)</td><td rowspan="7">H 6、H 7
或
JS 6、JS 7
(J 6、J 7)</td></tr>
<tr><td>10</td><td>18</td></tr>
<tr><td>18</td><td>30</td><td rowspan="4">k 5</td></tr>
<tr><td>30</td><td>50</td></tr>
<tr><td>50</td><td>80</td></tr>
<tr><td>80</td><td>100</td></tr>
<tr><td>100</td><td>120</td><td>m 5</td></tr>
<tr><td colspan="4">[a] 包括 3 mm。</td></tr>
</table>